왜! 초등수학을 영역별로 학습해야 하는가?

○○초등학교 6학년 기말고사 기출문제

가로가 125 cm, 세로가 20 cm인 직사각형을 밑면으로 하고, 높이가 20 cm인 직육면체 모양의 물통이 있습니다. 이 물통을 이용하여 한 모서리의 길이가 1 m인 정육면체 모양의 물통에 물을 가득 채우려면 몇 번을 채워야 합니까?

제시된 문제는 서울 ○○ 초등학교 6학년 기말고사에 출제된 문제 중 학생들이 어려워했던 문제입니다. 단순한 도형의 부피 문제로 보이지만 실제로는 여러 가지 수학 개념을 묻는 통합형 문제라고 할 수 있습니다.

먼저 초4 과정의 '(세 자리 수)×(두 자리 수)', 초5 과정의 '다각형의 넓이', 초6 과정의 '직육면체의 부피'를 모두 알아야 해결할 수 있는 문제입니다.

초등수학뿐만 아니라 중·고등 수학 문제 중 일부는 이전 학년에서 학습했던 개념을 활용하여 해결하는 통합형 문제가 출제되므로 영역별로 개념을 확실하게 알고 있어야 합니다.

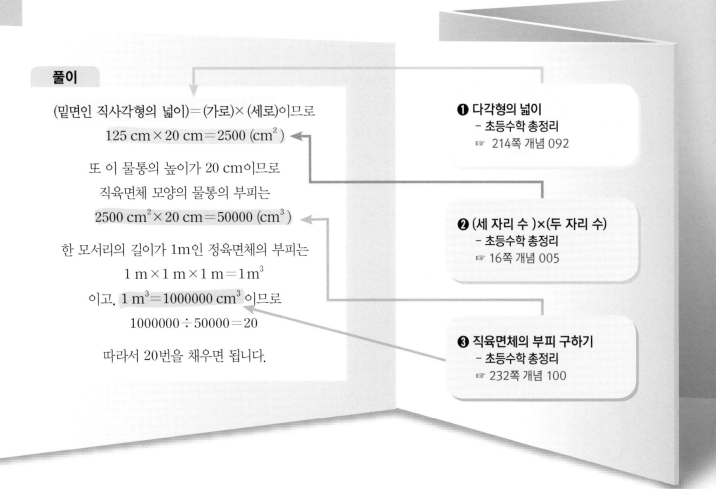

풀이

(밑면인 직사각형의 넓이)= (가로)× (세로)이므로

$$125 \text{ cm} \times 20 \text{ cm} = 2500 \text{ (cm}^2)$$

또 이 물통의 높이가 20 cm이므로
직육면체 모양의 물통의 부피는

$$2500 \text{ cm}^2 \times 20 \text{ cm} = 50000 \text{ (cm}^3)$$

한 모서리의 길이가 1 m인 정육면체의 부피는

$$1 \text{ m} \times 1 \text{ m} \times 1 \text{ m} = 1 \text{ m}^3$$

이고, $1 \text{ m}^3 = 1000000 \text{ cm}^3$ 이므로

$$1000000 \div 50000 = 20$$

따라서 20번을 채우면 됩니다.

❶ 다각형의 넓이
 - 초등수학 총정리
 ☞ 214쪽 개념 092

❷ (세 자리 수)×(두 자리 수)
 - 초등수학 총정리
 ☞ 16쪽 개념 005

❸ 직육면체의 부피 구하기
 - 초등수학 총정리
 ☞ 232쪽 개념 100

[초등수학 영역별 필수개념 총정리는 초등수학을 학년 구분 없이 영역별로 연계하여 학습할 수 있는 개념 학습서입니다.]

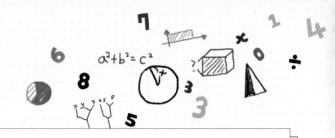

〈초등수학 총정리〉는
다음 학생들에게 꼭 필요한 교재입니다.

 초등수학의 필수 개념을 단기간에 복습하고 싶은 초6 또는 예비 중1

초등수학의 개념은 중학수학의 기본 바탕이 되므로 초등수학의 개념을 정확하게 이해하지 못하면 중학수학이 어려워집니다. 〈초등수학 총정리〉는 중학교에 입학하기 전 초등수학의 필수 개념을 단 기간에 복습할 수 있는 개념 학습서입니다.

 초등수학의 필수 개념을 영역별로 학습하고 싶은 초4 또는 초5

초등수학은 5개의 영역(수와 연산, 도형, 측정, 규칙성, 자료와 가능성)으로 구성되어 있습니다. 〈초등수학 총정리〉는 초등수학의 필수개념을 학년 구분 없이 영역별로 연계하여 학습의 흐름을 끊지 않고 개념의 연장선에서 학습할 수 있는 교재입니다.

 학습 결손 부분을 보충하고 싶은 초5 또는 초6 학생

〈초등수학 총정리〉는 초4 과정부터 초6 과정까지 교과서 개념과 중요 문제들을 동일한 영역 안에 서 학년별로 정리한 교재입니다. 따라서 이전 학년에 배웠던 내용 중 학습 결손이 있거나 학습량이 부족했던 부분은 사전처럼 찾아서 학습할 수 있습니다.

초등수학 총정리

영역별 필수개념

이 책의
활용법

1 초등수학의 필수 개념을 3단계 학습 System으로 마스터할 수 있어요.

초4 과정부터 초6 과정까지 교과서의 중요 개념과 문제들을 3단계로 엄선하여 정리하였습니다. 초3과 초4는 예습용으로, 초5와 초6은 복습용으로 교재를 활용할 수 있습니다.

2 초등수학의 필수 개념을 영역별로 연계 학습할 수 있어요.

교육과정에서 제시된 초등수학의 5개의 영역(수와 연산, 도형, 측정, 규칙성, 자료와 가능성)을 학습의 흐름을 끊지 않고 영역별로 연계 학습할 수 있습니다.

3 수학 사전처럼 이전 학년에 배웠던 내용 중 원하는 부분을 찾아 학습할 수 있어요.

초5, 6 또는 예비 중1은 이전에 배웠던 내용 중 필요한 개념을 찾아 학습할 수 있고, 중학생의 경우는 중등 문제에서 활용되는 초등 연산 또는 도형 부분만을 선별하여 학습할 수 있습니다.

4 단원 통합 문제와 사고력 문제를 대비하는 개념서로 활용할 수 있어요.

초등수학의 필수 개념을 확실하게 이해하면 수학적 사고력과 문제해결력을 기를 수 있고, 연산 속도도 빨라집니다. 따라서 단원 통합 문제와 사고력 문제도 대비할 수 있습니다.

이 책의
구성과 특징

1 핵심 개념과 3단계 학습 System

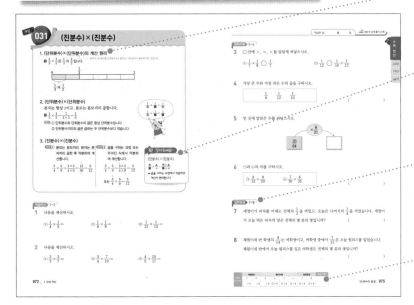

핵심 개념
교과서의 중요 개념을 보기
쉽게 정리하였어요.

꼭! 알아두세요~
해당 개념을 한눈에 이해할
수 있도록 표나 그림으로 제
시하였어요.

3단계 학습 System
개념 확인 문제를 '개념연산
→원리이해→실력완성'의 3
단계로 제시하였어요.

Self Check
각 문항의 정오를 스스로 체
크하며 확인할 수 있어요.

2 반드시 알아야 하는 필수 문제

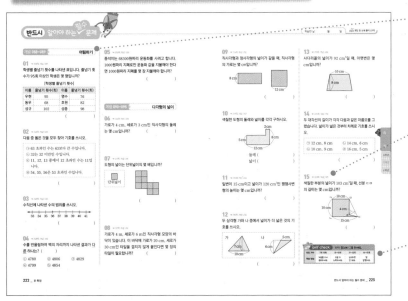

주제별 필수 문제
주제별로 학교 평가에 자주
출제되는 문제들을 체계적
으로 정리하였어요.

개념 링크
문제와 연계되는 해당 개념
을 링크하였습니다. 틀린 문
제는 개념 확인 후 다시 풀
어 보세요.

Self Check
맞힌 개수를 스스로 체크하고
그에 맞는 학습 전략을 제시
하였어요.

I
수와 연산

001 만/다섯 자리 수

1. 만

1000이 10이면 10000입니다. 이것을 10000 또는 1만이라 쓰고, 만 또는 일만이라고 읽습니다.

1000이 10인 수 ➡	쓰기	10000 또는 1만
	읽기	만 또는 일만

참고 10000이 2, 3, 4…… 인 수를 20000, 30000, 40000……이라 쓰고 이만, 삼만, 사만……이라고 읽습니다.

2. 다섯 자리 수

10000이 3개, 1000이 5개, 100이 7개, 10이 2개, 1이 9개인 수를 35729라 쓰고, 삼만 오천칠백이십구라고 읽습니다.

참고 다섯 자리 수의 자릿값

	만의 자리	천의 자리	백의 자리	십의 자리	일의 자리
숫자	3	5	7	2	9
수	30000	5000	700	20	9

➡ 35729＝30000＋5000＋700＋20＋9

꼭! 알아두세요~

만(10000)
① 9000보다 1000 큰 수
② 9900보다 100 큰 수
③ 9990보다 10 큰 수
④ 9999보다 1 큰 수

개념연산 1~2

1 ☐ 안에 알맞은 수를 써넣으시오.

10000은 7000보다 ☐ 큰 수이고, 9000보다 ☐ 큰 수입니다.

2 수를 읽거나 수로 나타내어 보시오.

(1) 60000 ➡ ( )   (2) 83512 ➡ ( )

(3) 칠만 ➡ ( )   (4) 이만 팔천칠백구십오 ➡ ( )

원리이해 3~5

3 나타내는 수가 <u>다른</u> 것을 찾아 기호를 쓰시오.

> ㉠ 9999보다 1 큰 수   ㉡ 9990보다 10 큰 수
>
> ㉢ 9950보다 50 큰 수   ㉣ 9900보다 1000 큰 수

(   )

4 73824와 백의 자리 숫자가 같은 것을 찾아 기호를 쓰시오.

> ㉠ 86125   ㉡ 50287   ㉢ 13809   ㉣ 98364

(   )

5 수를 **보기**와 같이 나타내시오.

> **보기**
> $$89562 = 80000 + 9000 + 500 + 60 + 2$$

45080 = (   )

실력완성 6~7

6 수정이는 10000원짜리 동화책을 사려고 합니다. 수정이가 1000원짜리 지폐 6장이 있다면 얼마가 더 있어야 동화책을 살 수 있습니까?   (   )

7 다정이의 저금통에는 10000원짜리 지폐 2장, 1000원짜리 지폐 6장, 100원짜리 동전 9개, 10원짜리 동전 5개가 들어 있습니다. 다정이의 저금통에 들어 있는 돈은 모두 얼마입니까?   (   )

Self Check	개념연산		원리이해			실력완성		선생님 확인
	1	2	3	4	5	6	7	
	○/X	/4	○/X	○/X	○/X	○/X	○/X	

십만, 백만, 천만

1. 십만, 백만, 천만

	쓰기		읽기
10000이 10인 수	100000	10만	십만
10000이 100인 수	1000000	100만	백만
10000이 1000인 수	10000000	1000만	천만

2. 천만까지의 수

10000이 4567개 이면 <u>45670000</u> 또는 4567만이라 쓰고,
└─── 숫자가 0인 경우는 읽지 않습니다.
사천오백육십칠만이라고 읽습니다.

참고 45670000의 자릿값

	천만의 자리	백만의 자리	십만의 자리	만의 자리
숫자	4	5	6	7
수	40000000	5000000	600000	70000

➡ 45670000＝40000000＋5000000＋600000＋70000

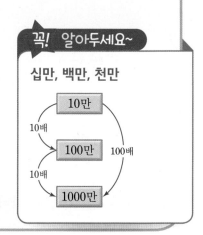

꼭! 알아두세요~

십만, 백만, 천만

10만
↓ 10배
100만 100배
↓ 10배
1000만

개념연산 1~2

1 빈 곳에 알맞은 수를 써넣으시오.

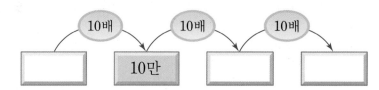

10배   10배   10배

[ ]   →   10만   →   [ ]   →   [ ]

2 수를 읽거나 수로 나타내어 보시오.

(1) 51960000 ➡ (   )

(2) 2134279 ➡ (   )

(3) 육천칠백오십이만 ➡ (   )

(4) 삼십팔만 천육백구십일 ➡ (   )

원리이해 3~6

3 나타내는 수가 <u>다른</u> 것을 찾아 기호를 쓰시오.

> ㉠ 10000이 1000인 수　　　㉡ 1000의 1000배　　　㉢ 1000만

（　　　　　　　）

4 나타내는 수가 가장 큰 것을 찾아 기호를 쓰시오.

> ㉠ 10000이 10인 수　　　㉡ 10000의 100배　　　㉢ 1000000의 10배

（　　　　　　　）

5 수로 나타낼 때 0의 개수가 더 많은 것의 기호를 쓰시오.

> ㉠ 삼천오백만 육천　　　㉡ 이백팔십만 사백칠십

（　　　　　　　）

6 75206271에서 천만의 자리 숫자가 나타내는 수와 십만의 자리 숫자가 나타내는 수의 합은 얼마입니까?　　　　　　（　　　　　　　）

실력완성 7~8

7 어느 연필 공장에서 연필 356만 개를 수출하려고 합니다. 이 연필을 10000개씩 묶어서 포장하면 모두 몇 묶음으로 포장할 수 있습니까?　　　　（　　　　　　　）

8 ㉠이 나타내는 수는 ㉡이 나타내는 수의 몇 배입니까?

> 25645972
> 　㉠　㉡

（　　　　　　　）

	개념연산		원리이해			실력완성		선생님 확인
Self Check	1	2	3	4	5	6	7	8	
	○ / X	/ 4	○ / X	○ / X	○ / X	○ / X	○ / X	○ / X	

억/조

1. 억

(1) 1000만이 10이면 100000000입니다. 이것을 100000000 또는 1억이라 쓰고, 억 또는 일억이라고 읽습니다.

쓰기	100000000 또는 1억
읽기	억 또는 일억

1000만이 10인 수 ➡

(2) 1억이 2543개이면 254300000000 또는 2543억이라 쓰고, 이천오백사십삼억이라고 읽습니다.

참고 254300000000의 자릿값

	천억의 자리	백억의 자리	십억의 자리	억의 자리
숫자	2	5	4	3
수	200000000000	50000000000	4000000000	300000000

➡ 254300000000＝200000000000＋50000000000＋4000000000＋300000000

2. 조

(1) 1000억이 10이면 1000000000000입니다. 이것을 1000000000000 또는 1조라 쓰고, 조 또는 일조라고 읽습니다.

쓰기	1000000000000 또는 1조
읽기	조 또는 일조

1000억이 10인 수 ➡

(2) 1조가 9876개이면 9876000000000000 또는 9876조라 쓰고, 구천팔백칠십육조라고 읽습니다.

➡ 일의 자리부터 네 자리씩 끊은 다음, 단위를 조, 억, 만, 일로 하여 왼쪽부터 차례대로 읽습니다.

참고 9876000000000000의 자릿값

	천조의 자리	백조의 자리	십조의 자리	조의 자리
숫자	9	8	7	6
수	9000000000000000	800000000000000	70000000000000	6000000000000

➡ 9876000000000000＝9000조＋800조＋70조＋6조

개념연산 1~2

1 1억에 대한 설명으로 <u>틀린</u> 것을 찾아 기호를 쓰시오.

㉠ 만이 10000인 수입니다.   ㉡ 100만의 10배입니다.   ㉢ 일억이라고 읽습니다.

(   )

2 다음을 수로 나타내고, 읽어 보시오.

> 조가 3405, 억이 2178인 수

쓰기 (   ), 읽기 (   )

원리이해 ▶ 3~6

3 억이 3691, 만이 5823, 일이 1742인 수에서 숫자 6은 얼마를 나타냅니까?

(   )

4 숫자 5가 나타내는 수가 같은 것끼리 선으로 이어 보시오.

321511232378   •   •   528346911009

154392649026   •   •   203561001023

589621077834   •   •   451234169732

5 수로 나타내었을 때 0의 개수가 더 많은 것의 기호를 쓰시오.

> ㉠ 3067만의 100배인 수   ㉡ 오백십억 칠천팔백이십일만

(   )

6 다음 수에서 숫자 5가 50000000000000를 나타내는 것은 어느 것입니까?

> 5154515652781243
> ㉠ ㉡ ㉢ ㉣ ㉤

(   )

실력완성 ▶ 7

7 어느 과자 공장에서 1년 동안 5380억 개의 과자를 만든다고 합니다. 10년 동안 만드는 과자는 모두 몇 개입니까?

(   )

Self Check	개념연산		원리이해			실력완성	선생님 확인
	1	2	3	4	5	6	7
	○ / ×	○ / ×	○ / ×	○ / ×	○ / ×	○ / ×	○ / ×

004 뛰어세기/수의 크기 비교

1. 뛰어세기

☆씩 뛰어 세면 ☆의 자리 수가 1씩 커집니다.

예 ① 10000씩 뛰어서 세기

10000씩 뛰어서 세면 만의 자리 숫자가 1씩 커집니다.

39000 ─ 49000 ─ 59000 ─ 69000 ─ 79000

② 1억씩 뛰어서 세기

1억씩 뛰어서 세면 억의 자리 숫자가 1씩 커집니다.

253억 ─ 254억 ─ 255억 ─ 256억 ─ 257억

③ 1조씩 뛰어서 세기

1조씩 뛰어서 세면 조의 자리 숫자가 1씩 커집니다.

51조 ─ 52조 ─ 53조 ─ 54조 ─ 55조

참고 어느 자리가 얼마큼 변하고 있는지 알아보면 몇 씩 뛰어세었는지 알 수 있습니다.

2. 수의 크기 비교

① 자릿수가 같은지 다른지 비교합니다.

② 자릿수가 다르면 자릿수가 많은 수가 더 큰 수입니다.

예 6542145797 ⟩ 654214579
　　　 10자리 수　　　　 9자리 수

③ 자릿수가 같으면 가장 높은 자리 숫자부터 차례대로 비교하여 처음으로 다른 숫자가 나왔을 때 그 자리의 숫자가 큰 쪽이 더 큰 수입니다.

예 654**8**146797 ⟩ 654**7**146797
　　　　　　 8>7

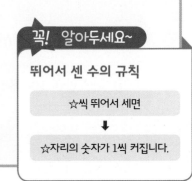

꼭! 알아두세요~

뛰어서 센 수의 규칙

☆씩 뛰어서 세면
↓
☆자리의 숫자가 1씩 커집니다.

개념연산 1~2

1 1억씩 뛰어서 세어 보시오.

426억 ─ ☐ ─ ☐ ─ ☐ ─ ☐

2 두 수의 크기를 비교하여 ○ 안에 ＞, ＝, ＜를 알맞게 써넣으시오.

(1) 278954 ○ 1398452

(2) 61486426 ○ 6754802

(3) 25358924 ○ 25348924

(4) 2조 7184억 ○ 2조 7174억

수
와
연
산

4학년
5학년
6학년

원리이해 3~5

3 뛰어 세기를 하였습니다. 얼마씩 뛰어서 세었습니까?

| 6145억 | — | 6345억 | — | 6545억 | — | 6745억 | — | 6945억 |

(   )

4 수정이네 자동차는 1년에 20000 km씩 달린다고 합니다. 빈 곳에 알맞은 수를 써넣으시오.

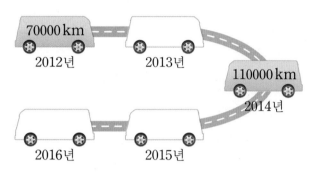

70000 km
2012년   2013년
110000 km
2014년
2016년   2015년

5 큰 수부터 차례대로 기호를 쓰시오.

ㄱ 293조 4576억   ㄴ 293459600000000
ㄷ 이백구십삼조 사천오백팔십육억

(   )

실력완성 6~7

6 어느 회사의 올해 총 자산은 1864억 원입니다. 매년 회사의 자산이 10억씩 증가한다면 3년 후 이 회사의 총 자산은 얼마입니까?   (   )

7 ☐ 안에는 0부터 9까지의 숫자 중 어느 숫자를 넣어도 된다고 합니다. 큰 수부터 차례대로 기호를 쓰시오.

ㄱ 3892☐1593   ㄴ 38☐157236   ㄷ 394☐58197

(   )

Self Check	개념연산		원리이해			실력완성		선생님 확인
	1	2	3	4	5	6	7	
	○ / X	/ 4	○ / X	○ / X	○ / X	○ / X	○ / X	

개념 005

(세 자리 수)×(두 자리 수)

1. (세 자리 수)×(몇 십)

(1) (몇백)×(몇십)은 (몇)×(몇)을 계산한 다음 그 값에 곱하는 두 수의 0의 수만큼 0을 씁니다.

→ (몇)×(몇)의 곱에 있는 0과 상관없이 곱하는 두 수의 0의 개수만큼 0을 씁니다.

예 400×30의 계산

0이 3개

$$400×30=12000$$

$$4×3=12$$

$$\begin{array}{r} 4 \\ \times\ 3 \\ \hline 12 \end{array}$$ ➡ $$\begin{array}{r} 400 \\ \times\ \ 30 \\ \hline 12000 \end{array}$$ 0이 3개

400의 30배는 4×3의 1000배와 같아!

(2) (세 자리 수)×(몇십)은 (세 자리 수)×(몇)을 계산한 다음 그 값에 0을 1개 붙입니다.

→ (세 자리 수)×(몇)의 값의 10배

예 325×30의 계산

$$325×30=9750$$

$$325×3=975$$

$$\begin{array}{r} 325 \\ \times\ \ \ 3 \\ \hline 975 \end{array}$$ ➡ $$\begin{array}{r} 325 \\ \times\ \ 30 \\ \hline 9750 \end{array}$$ 0이 1개

2. (세 자리 수)×(두 자리 수)

① (세 자리 수)×(두 자리 수의 일의 자리 수)를 계산합니다.

② (세 자리 수)×(두 자리 수의 십의 자리 수)를 계산합니다.

③ ①과 ②를 더합니다.

계산의 편리함을 위해 일의 자리의 0을 생략합니다.

예 125×45의 계산

① 125× 5 = 625
② 125×40=5000
③ 125×45=5625

①+②

$$\begin{array}{r} 125 \\ \times\ \ \ 5 \\ \hline 625 \end{array}$$ ➡ $$\begin{array}{r} 125 \\ \times\ \ 40 \\ \hline 5000 \end{array}$$ ➡ $$\begin{array}{r} 125 \\ \times\ \ 45 \\ \hline 625 \\ 5000 \\ \hline 5625 \end{array}$$

개념연산 1~2

1 다음을 계산하시오.

(1) 300×80=

(2) 293×30=

(3) $$\begin{array}{r} 116 \\ \times\ \ 60 \\ \hline \end{array}$$

2 다음을 계산하시오.

(1) 375×52=

(2) 627×23=

(3) $$\begin{array}{r} 236 \\ \times\ \ 43 \\ \hline \end{array}$$

원리이해 ▶ 3~6

3 400×40과 계산 결과가 같은 것을 찾아 기호를 쓰시오.

| ㉠ 300×60 | ㉡ 800×20 | ㉢ 700×30 |

(　　　　　　　　)

4 계산이 <u>틀린</u> 사람은 누구입니까?

수진 : 125×30＝3750

지영 : 564×20＝10280

하영 : 461×50＝23050

(　　　　　　　　)

5 계산 결과가 큰 것부터 차례대로 기호를 쓰시오.

| ㉠ 905×18 | ㉡ 329×48 | ㉢ 523×35 |

(　　　　　　　　)

6 두 계산 결과의 합을 구하시오.

| 192×48 | | 534×61 |

(　　　　　　　　)

실력완성 ▶ 7~8

7 승현이는 하루에 500원씩 용돈을 받습니다. 30일 동안 승현이가 받은 용돈은 모두 얼마입니까?

(　　　　　　　　)

8 어느 자동차 공장에서는 하루에 자동차를 32대씩 생산한다고 합니다. 365일 동안 자동차를 몇 대 생산할 수 있습니까?

(　　　　　　　　)

Self Check	개념연산		원리이해				실력완성		선생님 확인
	1	2	3	4	5	6	7	8	
	/ 3	/ 3	O / X	O / X	O / X	O / X	O / X	O / X	

몇십으로 나누기/(두 자리 수)÷(두 자리 수)

1. 몇십으로 나누기

(1) (몇백 몇십)÷(몇십)

예 $240 \div 40$의 계산

$$240 \div 40 = 6$$
$$24 \div 4 = 6$$

$$\begin{array}{r} 6 \\ 40 \overline{)240} \\ 240 \\ \hline 0 \end{array}$$

몫은 나누는 수와 몫의 곱이 나눌 수보다 크지 않으면서 가장 가까워지는 수를 찾아야 해!

(2) (세 자리 수)÷(몇십)

예
$$30 \times 7 = 210$$
$$30 \times 8 = 240$$
$$30 \times 9 = 270$$

➡

$$\begin{array}{r} 8 \leftarrow 몫 \\ 30 \overline{)252} \\ 240 \\ \hline 12 \leftarrow 나머지 \end{array}$$

$$252 \div 30 = 8 \cdots 12$$

[검산] $30 \times 8 + 12 = 252$

2. (두 자리 수)÷(두 자리 수)

예

몫을 1 크게 합니다. →

$$\begin{array}{r} 6 \\ 12 \overline{)90} \\ 72 \\ \hline 18 \end{array}$$
나머지가 나누는 수보다 큽니다.(×)

몫을 1 작게 합니다. ←

$$\begin{array}{r} 7 \\ 12 \overline{)90} \\ 84 \\ \hline 6 \end{array}$$
나머지는 항상 나누는 수보다 작아야 합니다.

$$90 \div 12 = 7 \cdots 6 \Rightarrow [검산] \ 12 \times 7 + 6 = 90$$

$$\begin{array}{r} 8 \\ 12 \overline{)90} \\ 96 \end{array}$$
뺄 수 없습니다.(×)

꼭! 알아두세요~

(두 자리 수)÷(두 자리 수)
① 나머지는 나누는 수보다 항상 작습니다.
② 나머지가 나누는 수보다 크면 몫을 크게 하여 다시 계산합니다.

개념연산 1~3

1 다음을 계산하시오.

(1) $270 \div 30 =$

(2) $320 \div 80 =$

(3) $70 \overline{)560}$

2 다음을 계산하고 몫과 나머지를 구하시오.

(1)
$20 \overline{)157}$
몫 : _____
나머지 : _____

(2)
$50 \overline{)432}$
몫 : _____
나머지 : _____

3　다음을 계산하고 검산하시오.

(1)
　　24) 9 9

[검산] 24 × ☐ + ☐ = 99

(2)
　　17) 8 7

[검산] 17 × ☐ + ☐ = 87

 원리이해 ▸ 4~6

4　나눗셈의 몫이 다른 하나를 찾아 기호를 쓰시오.

| ㉠ 320÷40　　㉡ 490÷70　　㉢ 480÷60 |

（　　　　　　　　）

5　나머지가 같은 것끼리 선으로 이어 보시오.

134÷40　•　　　•　314÷50

428÷60　•　　　•　204÷30

664÷80　•　　　•　498÷70

6　몫이 작은 것부터 차례대로 기호를 쓰시오.

| ㉠ 99÷11　　㉡ 84÷21　　㉢ 57÷19 |

（　　　　　　　　）

실력완성 ▸ 7~8

7　어느 인형 공장에서 인형 288개를 한 상자에 30개씩 담았습니다. 인형은 몇 상자가 되고 몇 개가 남습니까?　　　　　　　　　　　（　　　　　,　　　　　）

8　수확한 고구마 93 kg을 한 상자에 18 kg씩 나누어 담으려고 합니다. 고구마를 몇 상자까지 담을 수 있습니까?　　　　　　　　　　　（　　　　　　　　）

Self Check	개념연산			원리이해			실력완성		선생님 확인
	1	2	3	4	5	6	7	8	
	/3	/2	/2	O/X	O/X	O/X	O/X	O/X	

(세 자리 수)÷(두 자리 수)

1. 몫이 한 자리 수인 (세 자리 수)÷(두 자리 수)

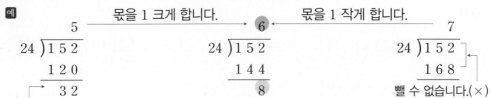

예

몫을 1 크게 합니다. → **6** ← 몫을 1 작게 합니다.

```
       5                      6                      7
  24)152                 24)152                 24)152
     120                    144                    168
      32                      8
```

나머지가 나누는 수
보다 큽니다.(×)

$152 \div 24 = 6 \cdots 8$ ➡ [검산] $24 \times 6 + 8 = 152$

뺄 수 없습니다.(×)

참고 나눌 수의 왼쪽 두 자리의 수가 나누는 수에 의해 나눠지지 않으면 몫은 한 자리 수입니다.

2. 몫이 두 자리 수인 (세 자리 수)÷(두 자리 수)

① 나눌 수의 왼쪽 두 자리 수를 먼저 나눕니다. → 나눌 수의 앞의 두 자리 수가 나누는 수보다 크거나 같으면 몫은 두 자리 수입니다.

② ①의 나머지와 나눌 수의 일의 자리 수를 내려서 다시 나눕니다.

예

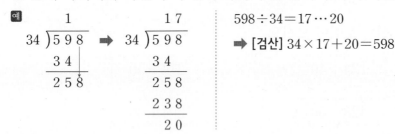

```
       1              17
  34)598    ➡    34)598
     34              34
    258             258
                    238
                     20
```

$598 \div 34 = 17 \cdots 20$

➡ [검산] $34 \times 17 + 20 = 598$

꼭! 알아두세요~

(세 자리 수)÷(두 자리 수)

① 나눌 수의 왼쪽 두 자리의 수가
   나누는 수보다 작으면
   → 몫은 한 자리 수

② 나눌 수의 왼쪽 두 자리의 수가
   나누는 수보다 크거나 같으면
   → 몫은 두 자리 수

개념연산 ▶ 1~2

1 ㉠과 ㉡에 알맞은 수를 각각 구하시오.

$$164 \div 26 = ㉠ \cdots 8$$
$$412 \div 55 = 7 \cdots ㉡$$

(㉠ :   , ㉡ :   )

2 나눗셈을 하고 검산하시오.

(1)
```
12)295
```

(2)
```
27)443
```

(3)
```
32)682
```

[검산] _____

[검산] _____

[검산] _____

원리이해 3~6

3 나머지가 같은 것끼리 선으로 이어 보시오.

| $145 \div 20$ | • | • | $575 \div 61$ |

| $437 \div 70$ | • | • | $661 \div 82$ |

| $296 \div 30$ | • | • | $423 \div 58$ |

4 어떤 수를 38로 나누었더니 몫이 9이고 나머지가 25이었습니다. 어떤 수는 얼마입니까?

(　　　　　　　)

5 나머지가 다른 것을 찾아 기호를 쓰시오.

　㉠ $175 \div 14$　　㉡ $378 \div 23$　　㉢ $409 \div 19$

(　　　　　　　)

6 몫이 큰 것을 찾아 기호를 쓰시오.

　㉠ $769 \div 46$　　　　㉡ $486 \div 25$

(　　　　　　　)

실력완성 7~8

7 보람이는 초콜릿 138개를 한 상자에 16개씩 담아 포장하였습니다. 포장하고 남은 초콜릿은 몇 개입니까?

(　　　　　　　)

8 길이가 366 cm인 색 테이프를 한 도막이 15 cm가 되도록 자르려고 합니다. 15 cm짜리 도막은 몇 개까지 만들 수 있습니까?

(　　　　　　　)

Self Check	개념연산		원리이해				실력완성		선생님 확인
	1	2	3	4	5	6	7	8	
	○ / X	/ 3	○ / X	○ / X	○ / X	○ / X	○ / X	○ / X	

008 분모가 같은 진분수의 덧셈

1. 분수의 합이 진분수가 되는 경우

분모는 그대로 두고 분자끼리 더합니다.

예 $\dfrac{3}{5} + \dfrac{1}{5}$의 계산

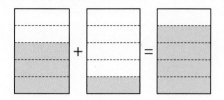

분자끼리 더합니다.

$$\dfrac{3}{5} + \dfrac{1}{5} = \dfrac{3+1}{5} = \dfrac{4}{5}$$

분모는 그대로

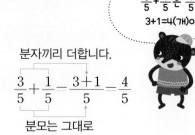

$\dfrac{3}{5} + \dfrac{1}{5}$ 은 $\dfrac{1}{5}$이 3+1=4(개)야!

2. 분수의 합이 가분수가 되는 경우

① 분모는 그대로 두고 분자끼리 더합니다.

② 계산한 결과가 가분수이면 대분수로 바꾸어 나타냅니다.

예 $\dfrac{3}{4} + \dfrac{2}{4}$의 계산

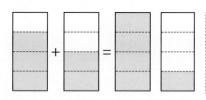

분자끼리 더합니다.

$$\dfrac{3}{4} + \dfrac{2}{4} = \dfrac{3+2}{4} = \dfrac{5}{4} = 1\dfrac{1}{4}$$

분모는 그대로   가분수 → 대분수

꼭! 알아두세요~

분모가 같은 진분수의 덧셈

분모가 같은 진분수의 합은 분모는 그대로 두고, 분자끼리 더합니다. 즉,

분자끼리 더합니다.

$$\dfrac{\blacktriangle}{\blacksquare} + \dfrac{\bigstar}{\blacksquare} = \dfrac{\blacktriangle + \bigstar}{\blacksquare}$$

분모는 그대로

개념연산 1~2

1 다음을 계산하시오.

(1) $\dfrac{2}{4} + \dfrac{1}{4} =$

(2) $\dfrac{4}{7} + \dfrac{2}{7} =$

(3) $\dfrac{5}{13} + \dfrac{6}{13} =$

(4) $\dfrac{7}{15} + \dfrac{7}{15} =$

(5) $\dfrac{3}{14} + \dfrac{7}{14} =$

(6) $\dfrac{8}{17} + \dfrac{5}{17} =$

2 다음을 계산하시오.

(1) $\dfrac{4}{5} + \dfrac{2}{5} =$

(2) $\dfrac{5}{7} + \dfrac{6}{7} =$

(3) $\dfrac{5}{10} + \dfrac{8}{10} =$

(4) $\dfrac{11}{15} + \dfrac{13}{15} =$

(5) $\dfrac{6}{11} + \dfrac{7}{11} =$

(6) $\dfrac{11}{14} + \dfrac{9}{14} =$

원리이해 ▶ 3~6

3 ○ 안에 >, =, <를 알맞게 써넣으시오.

(1) $\dfrac{5}{18} + \dfrac{7}{18}$ ○ $\dfrac{17}{18}$

(2) $\dfrac{9}{16} + \dfrac{5}{16}$ ○ $\dfrac{14}{16}$

(3) $\dfrac{11}{13}$ ○ $\dfrac{2}{13} + \dfrac{8}{13}$

4 계산 결과가 진분수일 때, ☐ 안에 들어갈 수 있는 자연수를 모두 구하시오.

$$\dfrac{☐}{13} + \dfrac{9}{13}$$

(   )

5 계산 결과가 1보다 큰 것을 찾아 기호를 쓰시오.

㉠ $\dfrac{3}{10} + \dfrac{5}{10}$ ㉡ $\dfrac{2}{12} + \dfrac{9}{12}$ ㉢ $\dfrac{4}{6} + \dfrac{5}{6}$

(   )

6 가장 큰 분수와 가장 작은 분수의 합을 구하시오.

$\dfrac{4}{8}$ $\dfrac{5}{8}$ $\dfrac{7}{8}$ $\dfrac{6}{8}$

(   )

실력완성 ▶ 7~8

7 가연이와 진수는 함께 피자를 먹고 있습니다. 가연이는 전체의 $\dfrac{3}{8}$ 을, 진수는 전체의 $\dfrac{2}{8}$ 를 먹었습니다. 가연이와 진수가 먹은 피자의 합은 전체의 얼마입니까?

(   )

8 은지는 매일 숙제를 합니다. 어제는 $\dfrac{7}{12}$ 시간, 오늘은 $\dfrac{11}{12}$ 시간 동안 숙제를 했습니다. 은지가 어제와 오늘 숙제를 한 시간은 모두 몇 시간입니까?   (   )

Self Check	개념연산		원리이해			실력완성		선생님 확인
	1	2	3	4	5	6	7	8	
	/6	/6	/3	○/X	○/X	○/X	○/X	○/X	

분모가 같은 대분수의 덧셈

1. 분수 부분의 합이 진분수인 대분수의 덧셈

예 $2\frac{2}{4}+3\frac{1}{4}$의 계산

진분수는 진분수끼리 더합니다.

$$2\frac{2}{4}+3\frac{1}{4}=(2+3)+\left(\frac{2}{4}+\frac{1}{4}\right)=5+\frac{3}{4}=5\frac{3}{4}$$

자연수는 자연수끼리 더합니다.

2. 분수 부분의 합이 가분수인 대분수의 덧셈

방법 ① 자연수는 자연수끼리, 진분수는 진분수끼리 더한 후 분수 부분의 결과가 가분수이면 대분수로 나타냅니다.

예 $3\frac{4}{5}+2\frac{3}{5}=(3+2)+\left(\frac{4}{5}+\frac{3}{5}\right)$
$$=5+\frac{7}{5}=5+1\frac{2}{5}=6\frac{2}{5}$$

방법 ② 대분수를 가분수로 바꾸어 더하고, 결과를 대분수로 바꾸어 나타냅니다.

예 $3\frac{4}{5}+2\frac{3}{5}=\frac{19}{5}+\frac{13}{5}$
$$=\frac{32}{5}=6\frac{2}{5}$$

참고 (대분수)+(가분수)의 계산 ⇨ 대분수를 가분수로 바꾸거나 가분수를 대분수로 바꾸어 계산합니다.

꼭! 알아두세요~

분모가 같은 대분수의 덧셈

① 자연수는 자연수끼리

↓

② 진분수는 진분수끼리

↓

①+②

개념연산 **1~2**

1 다음을 계산하시오.

(1) $2\frac{1}{8}+5\frac{5}{8}=$

(2) $6\frac{4}{11}+3\frac{6}{11}=$

(3) $4\frac{7}{13}+1\frac{4}{13}=$

(4) $1\frac{3}{10}+5\frac{2}{10}=$

2 다음을 계산하시오.

(1) $4\frac{5}{6}+5\frac{4}{6}=$

(2) $6\frac{10}{14}+8\frac{9}{14}=$

(3) $5\frac{9}{17}+6\frac{12}{17}=$

(4) $2\frac{3}{7}+3\frac{6}{7}=$

(5) $5\frac{7}{12}+4\frac{9}{12}=$

(6) $9\frac{11}{15}+3\frac{7}{15}=$

원리이해 3~5

3 ㉠과 ㉡이 나타내는 분수의 합을 구하시오.

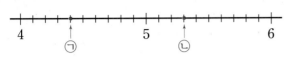

(　　　　　　　　)

4 계산 결과를 비교하여 ○ 안에 >, =, <를 알맞게 써넣으시오.

$$3\frac{7}{16}+2\frac{5}{16} \bigcirc 4\frac{3}{16}+1\frac{10}{16}$$

5 계산 결과가 큰 것부터 차례대로 기호를 쓰시오.

㉠ $1\frac{4}{12}+3\frac{6}{12}$　　　　㉡ $2\frac{3}{12}+2\frac{8}{12}$

㉢ $2\frac{7}{12}+1\frac{11}{12}$　　　　㉣ $1\frac{9}{12}+2\frac{11}{12}$

(　　　　　　　　)

실력완성 6~7

6 주환이네 집에서 학원까지의 거리는 $1\frac{3}{6}$ km이고, 학원에서 학교까지의 거리는 $2\frac{1}{6}$ km입니다. 주환이가 학원을 거쳐 학교로 가려면 몇 km를 가야합니까?

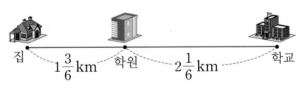

집　　　$1\frac{3}{6}$ km　학원　　$2\frac{1}{6}$ km　　학교

(　　　　　　　　)

7 지연이는 수학 공부를 어제는 $1\frac{5}{12}$시간, 오늘은 $1\frac{10}{12}$시간 했습니다. 지연이가 어제와 오늘 수학 공부를 한 시간은 모두 몇 시간입니까?　　　(　　　　　　　　)

Self Check	개념연산		원리이해			실력완성		선생님 확인
	1	2	3	4	5	6	7	
	/4	/6	○/X	○/X	○/X	○/X	○/X	

분모가 같은 진분수의 뺄셈/(자연수)-(분수)

1. 분모가 같은 진분수의 뺄셈

분모는 그대로 두고 분자끼리 뺍니다.

예 $\dfrac{4}{5}-\dfrac{2}{5}$의 계산

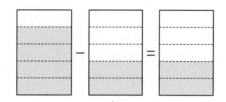

분자끼리 뺍니다.

$$\dfrac{4}{5}-\dfrac{2}{5}=\dfrac{4-2}{5}=\dfrac{2}{5}$$

분모는 그대로

2. 자연수와 분수의 뺄셈

(1) 자연수와 진분수의 뺄셈

자연수에서 <u>1만큼을 가분수로 만들어</u> 분수 부분끼리 뺄셈을 합니다.

└→ 분모를 빼는 분수의 분모와 같도록 맞춰줍니다.

예 $3-\dfrac{2}{5}=2\dfrac{5}{5}-\dfrac{2}{5}=2+\left(\dfrac{5}{5}-\dfrac{2}{5}\right)=2+\dfrac{3}{5}=2\dfrac{3}{5}$

(2) 자연수와 대분수의 뺄셈

방법 ① 자연수에서 1만큼을 가분수로 만들어 계산합니다.

예 $3-1\dfrac{2}{5}=2\dfrac{5}{5}-1\dfrac{2}{5}=(2-1)+\left(\dfrac{5}{5}-\dfrac{2}{5}\right)=1+\dfrac{3}{5}=1\dfrac{3}{5}$

방법 ② 자연수와 대분수를 모두 가분수로 바꾸어 계산합니다.

예 $3-1\dfrac{2}{5}=\dfrac{15}{5}-\dfrac{7}{5}=\dfrac{15-7}{5}=\dfrac{8}{5}=1\dfrac{3}{5}$

꼭! 알아두세요~

자연수와 분수의 뺄셈

자연수에서 1만큼 가분수로 만들어 분수끼리 계산합니다.

개념연산 1~2

1 다음을 계산하시오.

(1) $\dfrac{3}{4}-\dfrac{2}{4}=$

(2) $\dfrac{8}{9}-\dfrac{5}{9}=$

(3) $\dfrac{10}{13}-\dfrac{6}{13}=$

2 다음을 계산하시오.

(1) $3-\dfrac{2}{5}=$

(2) $5-\dfrac{5}{6}=$

(3) $7-\dfrac{4}{9}=$

(4) $6-2\dfrac{3}{7}=$

(5) $9-5\dfrac{2}{9}=$

(6) $8-4\dfrac{7}{15}=$

원리이해 3~6

3 계산 결과를 비교하여 ○ 안에 >, =, <를 알맞게 써넣으시오.

$$\frac{12}{15} - \frac{4}{15} \bigcirc \frac{14}{15} - \frac{6}{15}$$

4 분모가 13인 진분수가 2개 있습니다. 합이 $\frac{7}{13}$이고, 차가 $\frac{3}{13}$인 두 진분수를 구하시오.

(　　　　　　　　　)

5 빈칸에 알맞은 수를 써넣으시오.

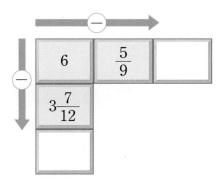

6 1부터 10까지의 자연수 중에서 □ 안에 들어갈 수 있는 수는 모두 몇 개입니까?

$$7 - \frac{3}{11} < 6\frac{\square}{11}$$

(　　　　　　　　　)

실력완성 7~8

7 정욱이와 동생이 함께 우유를 마셨습니다. 정욱이는 전체의 $\frac{5}{8}$를, 동생은 전체의 $\frac{3}{8}$을 마셨습니다. 정욱이는 동생보다 우유를 얼마만큼 더 마셨습니까?　(　　　　　　　)

8 길이가 8 m인 끈이 있습니다. 이 중에서 $6\frac{4}{9}$ m를 포장하는 데 사용했습니다. 남은 끈은 몇 m입니까?　(　　　　　　　)

Self Check	개념연산		원리이해				실력완성		선생님 확인
	1	2	3	4	5	6	7	8	
	/3	/6	○/×	○/×	○/×	○/×	○/×	○/×	

분모가 같은 대분수의 뺄셈

1. 분수 부분의 차가 진분수인 대분수의 뺄셈

자연수는 자연수끼리, 진분수는 진분수끼리 뺍니다.

예 　　　진분수는 진분수끼리 뺍니다.

$$4\frac{5}{7} - 2\frac{2}{7} = (4-2) + \left(\frac{5}{7} - \frac{2}{7}\right) = 2 + \frac{3}{7} = 2\frac{3}{7}$$

자연수는 자연수끼리 뺍니다.

$3\frac{1}{4} - 1\frac{3}{4}$의 계산 결과를 $2\frac{2}{4}$로 하지 않도록 주의하자!

2. 분수 부분끼리 뺄수 없는 대분수의 뺄셈

방법① 빼어지는 분수의 자연수에서 1만큼을 가분수로 만들어 계산합니다.

예 $3\frac{1}{4} - 1\frac{3}{4} = 2\frac{5}{4} - 1\frac{3}{4}$

$$= (2-1) + \left(\frac{5}{4} - \frac{3}{4}\right)$$

$$= 1 + \frac{2}{4} = 1\frac{2}{4}$$

참고 $3\frac{1}{4} = 2 + 1\frac{1}{4} = 2 + \frac{5}{4} = 2\frac{5}{4}$

방법② 대분수를 가분수로 바꾸어 계산합니다.

예 $3\frac{1}{4} - 1\frac{3}{4} = \frac{13}{4} - \frac{7}{4}$

$$= \frac{6}{4} = 1\frac{2}{4}$$

참고 계산 결과가 가분수이면 대분수로 고쳐서 나타냅니다.

꼭! 알아두세요~

분모가 같은 대분수의 뺄셈

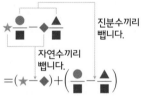

진분수끼리 뺍니다.
자연수끼리 뺍니다.

$$= (\bigstar - \blacklozenge) + \left(\frac{\bullet}{\blacksquare} - \frac{\blacktriangle}{\blacksquare}\right)$$

＊ 진분수끼리 뺄 수 없을 때는 자연수에서 1만큼을 가분수로 바꾸어 계산합니다.

개념연산 1~2

1 다음을 계산하시오.

(1) $3\frac{2}{3} - 1\frac{1}{3} =$ 　　　　(2) $5\frac{4}{5} - 2\frac{2}{5} =$

(3) $9\frac{10}{14} - 4\frac{5}{14} =$ 　　　(4) $8\frac{13}{15} - 6\frac{7}{15} =$

2 다음을 계산하시오.

(1) $5\frac{1}{6} - 2\frac{5}{6} =$ 　(2) $8\frac{4}{7} - 3\frac{6}{7} =$ 　(3) $7\frac{3}{8} - 4\frac{7}{8} =$

(4) $9\frac{4}{15} - 4\frac{11}{15} =$ 　(5) $6\frac{3}{12} - 1\frac{9}{12} =$ 　(6) $11\frac{9}{16} - 8\frac{15}{16} =$

수
와
연
산

4학년
5학년
6학년

원리이해 ▶ 3~6

3 수직선에서 ㉠에 알맞은 수를 구하시오.

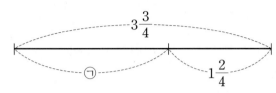

$3\frac{3}{4}$

$\bigcirc$

$1\frac{2}{4}$

(　　　　　)

4 계산 결과가 더 큰 것의 기호를 쓰시오.

㉠ $4\frac{13}{21}-2\frac{10}{21}$	㉡ $5\frac{8}{21}-3\frac{6}{21}$

(　　　　　)

5 계산 결과가 $1\frac{4}{7}$인 것의 기호를 쓰시오.

㉠ $8\frac{2}{7}-5\frac{4}{7}$	㉡ $7\frac{4}{12}-5\frac{11}{12}$	㉢ $3\frac{3}{10}-1\frac{9}{10}$	㉣ $4\frac{3}{7}-2\frac{6}{7}$

(　　　　　)

6 ☐ 안에 들어갈 대분수를 구하시오.

$$\square + 3\frac{4}{6} = 5\frac{1}{6}$$

(　　　　　)

실력완성 ▶ 7~8

7 동민이는 $3\frac{8}{10}$ L의 물이 들어 있는 물뿌리개로 화단에 물을 주었습니다. 물뿌리개에 남아

있는 물의 양이 $1\frac{5}{10}$ L일 때, 화단에 준 물의 양은 몇 L입니까?　(　　　　　)

8 어머니는 $6\frac{3}{16}$ kg의 밀가루 중에서 $1\frac{7}{16}$ kg의 밀가루를 수제비를 만드는 데 사용하셨습

니다. 남아 있는 밀가루의 양은 몇 kg입니까?　　　　　 (　　　　　)

Self Check	개념연산		원리이해				실력완성		선생님 확인
	1	2	3	4	5	6	7	8	
	/4	/6	○/X	○/X	○/X	○/X	○/X	○/X	

소수 두 자리 수/소수 세 자리 수

1. 소수 두 자리 수

(1) 0.01 ← 1을 100으로 나눈 것 중 하나는 1보다 작아지므로 소수나 분수로 나타낼 수 있습니다.

① 전체를 똑같이 100으로 나눈 것 중의 1을 분수로 $\frac{1}{100}$ 이라고 합니다.

② 분수 $\frac{1}{100}$ 을 소수로 0.01이라 쓰고, 영점 영일이라고 읽습니다. ← $\frac{1}{100}=0.01$

(2) 1보다 큰 소수 두 자리 수

① 예를 들어 2.34는 이점 삼사라고 읽습니다.

② 소수는 필요한 경우 오른쪽 끝자리에 0을 붙여 나타낼 수 있습니다. ← 소수점 아래에 0은 끝자리 숫자가 아니면 생략할 수 없습니다.

예 2와 2.0은 같은 수이며 2.0을 이점 영이라고 읽습니다.

참고 소수를 읽을 때 소수점 아래 숫자는 자릿값을 읽지 않고, 숫자만 차례대로 하나씩 읽습니다. 예 2.34 ➡ 이점 삼사(○), 이점 삼십사(×)

```
        2.34
일의 자리 숫자이며      소수 둘째 자리 숫자
2를 나타냅니다.        이며 0.04를 나타냅
                     니다.
     소수 첫째 자리 숫자이며
     0.3을 나타냅니다.
```

2. 소수 세 자리 수

(1) 0.001

① 전체를 똑같이 1000으로 나눈 것 중의 1을 분수로 $\frac{1}{1000}$ 이라고 합니다.

② 분수 $\frac{1}{1000}$ 을 소수로 0.001이라 쓰고, 영점 영영일이라고 읽습니다. ← $\frac{1}{1000}=0.001$

(2) 1보다 큰 소수 세 자리 수

예를 들어 2.345는 이점 삼사오라고 읽습니다.

```
      2.345
            ➡ 일의 자리 숫자 ➡ 2
            ➡ 소수 첫째 자리 숫자 ➡ 3
            ➡ 소수 둘째 자리 숫자 ➡ 4
            ➡ 소수 셋째 자리 숫자 ➡ 5
```

꼭! 알아두세요~

소수 두 자리 수

2.34

① 읽기 : 이점 삼사
② 자릿값
 2 : 일의 자리
 3 : 소수 첫째 자리
 4 : 소수 둘째 자리
 ➡ 2.34=2+0.3+0.04

개념연산 1~2

1 ☐ 안에 알맞은 수나 말을 써넣으시오.

분수 $\frac{15}{100}$ 를 소수로 나타내면 [ ] 이고, [ ]라고 읽습니다.

2 ☐ 안에 알맞은 수를 써넣으시오.

(1) 0.001이 54개인 수는 ☐ 입니다. (2) 0.357은 0.001이 ☐ 개인 수입니다.

원리이해 3~5

3 소수 둘째 자리 숫자가 같은 두 소수를 찾아 ◯표 하시오.

> 4.38   9.72   5.16   3.98

4 관계있는 것끼리 선으로 이어 보시오.

0.096	•	•	0.001이 7개인 수
0.007	•	•	영점 육영사
0.604	•	•	$\dfrac{96}{1000}$

5 소수에서 숫자 3이 나타내는 수를 쓰시오.

(1) 4.1<u>3</u>5 ➡ (   )   (2) 2.<u>3</u>84 ➡ (   )

(3) 5.02<u>3</u> ➡ (   )   (4) 3.00<u>3</u> ➡ (   )

실력완성 6~7

6 진호는 연필 100자루를 가지고 있습니다. 이 중에서 16자루는 새 연필입니다. 새 연필은 전체 연필의 얼마인지 소수로 나타내어 보시오.   (   )

7 아래 카드를 한 번씩 모두 사용하여 만들 수 있는 가장 작은 소수 세 자리 수는 무엇입니까?

(   )

Self Check	개념연산		원리이해			실력완성		선생님 확인
	1	2	3	4	5	6	7	
	◯ / X	/ 2	◯ / X	◯ / X	/ 4	◯ / X	◯ / X	

013 소수 사이의 관계/소수의 크기 비교

1. 소수 사이의 관계

(1) 1, 0.1, 0.01, 0.001 사이의 관계

① 1의 $\frac{1}{10}$배는 0.1, 0.1의 $\frac{1}{10}$배는 0.01, 0.01의 $\frac{1}{10}$배는 0.001입니다.

② 0.001의 10배는 0.01, 0.01의 10배는 0.1, 0.1의 10배는 1입니다.

$$\boxed{1} \quad \overset{\frac{1}{10}\text{배}}{\underset{10\text{배}}{\rightleftarrows}} \quad \boxed{0.1} \quad \overset{\frac{1}{10}\text{배}}{\underset{10\text{배}}{\rightleftarrows}} \quad \boxed{0.01} \quad \overset{\frac{1}{10}\text{배}}{\underset{10\text{배}}{\rightleftarrows}} \quad \boxed{0.001}$$

참고 소수를 10배 하면 소수점의 위치가 오른쪽으로 한 자리 옮겨지고, $\frac{1}{10}$배를 하면 소수점의 위치가 왼쪽으로 한 자리 옮겨집니다.

(2) 단위 사이의 관계

① 길이의 단위 : 1 mm=0.1 cm, 1 cm=0.01 m, 1 m=0.001 km

② 무게의 단위 : 1 g=0.001 kg, 1 kg=0.001 t

③ 들이의 단위 : 1 mL=0.001 L

2. 소수의 크기 비교

① 자연수 부분이 다를 때에는 자연수 부분이 큰 쪽이 더 큰 소수입니다. 예 3.4>2.7, 5.38<9.15, 1.01>0.876

② 자연수 부분이 같을 때에는 소수 첫째, 둘째, 셋째 자리 숫자를 차례로 비교하여 큰 쪽이 더 큰 소수입니다.

예 소수 첫째 자리 비교 : 4.51>4.38, 0.391<0.63

소수 둘째 자리 비교 : 2.07>2.06, 0.978<0.992

소수 셋째 자리 비교 : 3.146>3.143, 0.530<0.534

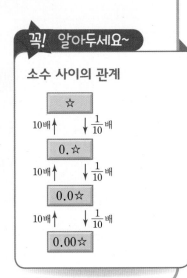

꼭! 알아두세요~

소수 사이의 관계

개념연산 1~2

1 □ 안에 알맞은 수를 써넣으시오.

(1) 3의 $\frac{1}{10}$배는 □이고, $\frac{1}{100}$배는 □입니다.

(2) 0.009의 10배는 □이고, 100배는 □입니다.

2 두 수의 크기를 비교하여 ○ 안에 >, =, <를 알맞게 써넣으시오.

(1) 15.24 ○ 12.79

(2) 0.48 ○ 0.52

(3) 3.28 ○ 3.275

수와 연산

4학년
5학년
6학년

원리이해 3~7

3 0.5와 같은 수를 찾아 기호를 쓰시오.

> ㉠ 0.005의 10배   ㉡ 0.005의 100배
>
> ㉢ 0.5의 $\frac{1}{10}$ 배   ㉣ 5의 $\frac{1}{100}$ 배

(   )

4 ㉠이 나타내는 수는 ㉡이 나타내는 수의 몇 배입니까?

> 47.627
> ㉠ ㉡

(   )

5 단위 사이의 관계가 <u>틀린</u> 것을 모두 찾아 기호를 쓰시오.

> ㉠ 41 cm=0.41 m   ㉡ 164 mL=1.64 L
>
> ㉢ 5 mm=0.05 cm   ㉣ 270 g=0.27 kg

(   )

6 가장 큰 수와 가장 작은 수를 각각 찾아 쓰시오.

> 6.859   6.47   6.803   6.91

가장 큰 수 (   ), 가장 작은 수 (   )

7 3.5보다 크고 4.3보다 작은 소수를 모두 찾아 쓰시오.

> 3.5   3.67   4.24   4.81   3.25

(   )

실력완성 8

8 어떤 수를 $\frac{1}{100}$ 배 하였더니 0.693이 되었습니다. 어떤 수를 10배 한 수는 얼마입니까?

(   )

Self Check	개념연산		원리이해					실력완성	선생님 확인
	1	2	3	4	5	6	7	8	
	/ 2	/ 3	O / X	O / X	O / X	O / X	O / X	O / X	

자연수 부분이 없는 소수의 덧셈

자연수 부분이 없는 소수의 덧셈은 소수점의 자리를 맞추어 자연수의 덧셈과 같은 방법으로 계산하고, 소수점을 그대로 내려 찍습니다.

1. 자연수 부분이 없는 소수 한 자리 수의 덧셈

예 0.4+0.8의 계산

① 0.1이 몇 개인 수로 계산하기

$$0.4 \rightarrow 0.1이 4개$$
$$+\ \ 0.8 \rightarrow 0.1이 8개$$
$$\overline{\hspace{2cm}}$$
$$1.2 \rightarrow 0.1이 12개$$

② 세로로 계산하기

$$
\begin{array}{r}
1\ \ \\
0.4 \\
+\ 0.8 \\
\hline
1.2
\end{array}
$$

→ 소수점의 자리를 맞추어 쓰고 같은 자리 수끼리 계산합니다.

참고 같은 자리 숫자끼리의 합이 10이거나 10보다 크면 바로 윗자리로 받아올림하여 계산합니다.

2. 자연수 부분이 없는 소수 두 자리 수의 덧셈

예 0.26+0.39의 계산

① 0.01이 몇 개인 수로 계산하기

$$0.26 \rightarrow 0.01이 26개$$
$$+\ \ 0.39 \rightarrow 0.01이 39개$$
$$\overline{\hspace{3cm}}$$
$$0.65 \rightarrow 0.01이 65개$$

② 세로로 계산하기

$$
\begin{array}{r}
1\ \ \ \\
0.26 \\
+\ 0.39 \\
\hline
0.65
\end{array}
$$

꼭! 알아두세요~

자연수 부분이 없는 소수의 덧셈
소수점의 자리를 맞추어 자연수의 덧셈과 같은 방법으로 계산하고, 소수점을 그대로 내려 찍습니다.

개념연산 1~2

1 다음을 계산하시오.

(1) $0.4+0.2=$

(2) $0.7+0.9=$

(3) $0.8+0.5=$

(4)
$$
\begin{array}{r}
0.3 \\
+\ 0.4 \\
\hline
\end{array}
$$

(5)
$$
\begin{array}{r}
0.6 \\
+\ 0.5 \\
\hline
\end{array}
$$

(6)
$$
\begin{array}{r}
0.9 \\
+\ 0.8 \\
\hline
\end{array}
$$

2 다음을 계산하시오.

(1) $0.14+0.82=$

(2) $0.56+0.29=$

(3) $0.18+0.39=$

(4)
$$
\begin{array}{r}
0.73 \\
+\ 0.22 \\
\hline
\end{array}
$$

(5)
$$
\begin{array}{r}
0.38 \\
+\ 0.28 \\
\hline
\end{array}
$$

(6)
$$
\begin{array}{r}
0.95 \\
+\ 0.51 \\
\hline
\end{array}
$$

원리이해 3~6

3 계산 결과가 가장 작은 것을 찾아 기호를 쓰시오.

> ㉠ 0.4+0.8　　　　　㉡ 0.7+0.2
> ㉢ 0.6+0.9　　　　　㉣ 0.8+0.8

(　　　　　　　　　)

4 계산 결과가 같은 것끼리 선으로 이어 보시오.

0.62+0.54	·	·	1.09
0.36+0.48	·	·	0.84
0.86+0.23	·	·	1.16

5 계산 결과가 1보다 큰 것을 모두 찾아 기호를 쓰시오.

> ㉠ 0.4+0.8　　　　　㉡ 0.2+0.6
> ㉢ 0.34+0.57　　　　㉣ 0.56+0.45

(　　　　　　　　　)

6 어떤 수에 0.73을 더해야 할 것을 잘못하여 뺐더니 0.65가 되었습니다. 어떤 수를 구하시오.

(　　　　　　　　　)

실력완성 7~8

7 집에서 도서관까지의 거리는 0.9 km이고 도서관에서 학교까지의 거리는 0.5 km입니다. 집에서 도서관을 거쳐 학교까지 가려면 몇 km를 가야 합니까?

집　　　-0.9km- 도서관 0.5km 학교

(　　　　　　　　　)

8 무게가 0.49 kg인 가방 안에 무게가 0.74 kg인 책 한 권을 넣었습니다. 책이 들어 있는 가방의 무게는 몇 kg입니까?

(　　　　　　　　　)

Self Check	개념연산		원리이해				실력완성		선생님 확인
	1	2	3	4	5	6	7	8	
	/6	/6	O / X	O / X	O / X	O / X	O / X	O / X	

자연수 부분이 있는 소수의 덧셈

1. 자연수 부분이 있는 소수 두 자리 수의 덧셈

소수점의 자리를 맞추어 자연수의 덧셈과 같은 방법으로 계산하고, 소수점을 그대로 내려 찍습니다.

예 3.27+2.58의 계산

① 0.01이 몇 개인 수로 계산하기

$$
\begin{array}{r}
3.27 \rightarrow 0.01\text{이 } 327\text{개} \\
+\quad 2.58 \rightarrow 0.01\text{이 } 258\text{개} \\
\hline
5.85 \rightarrow 0.01\text{이 } 585\text{개}
\end{array}
$$

② 세로로 계산하기

$$
\begin{array}{r}
1 \\
3.27 \\
+\ 2.58 \\
\hline
5.85
\end{array}
$$

→ 소수점의 자리를 맞추어 쓰고 받아올림에 주의하여 같은 자리 수끼리 계산합니다.

2. 소수점 아래 자릿수가 다른 소수의 덧셈

끝자리 뒤에 숫자 0이 있는 것으로 생각하고 자릿수를 맞추어 계산합니다.

예 4.6+2.72의 계산

① 0.01이 몇 개인 수로 계산하기

$$
\begin{array}{r}
4.60 \rightarrow 0.01\text{이 } 460\text{개} \\
+\quad 2.72 \rightarrow 0.01\text{이 } 272\text{개} \\
\hline
7.32 \rightarrow 0.01\text{이 } 732\text{개}
\end{array}
$$

② 세로로 계산하기

$$
\begin{array}{r}
4.60 \\
+\ 2.72 \\
\hline
7.32
\end{array}
$$

주의 소수점의 자리를 맞추지 않고 숫자끼리 맞추어 계산하지 않도록 주의합니다.

> **꼭! 알아두세요~**
>
> **소수점 아래 자릿수가 다른 소수의 덧셈**
>
> 소수점 아래 자릿수가 다른 소수의 덧셈에서 부족한 자릿수는 0이 있는 것으로 생각하고, 자릿수를 맞추어 계산합니다.

개념연산 1~2

1 다음을 계산하시오.

(1) 5.46+3.18=

(2) 2.64+1.72=

(3) 3.57+5.96=

(4)
$$
\begin{array}{r}
1.16 \\
+\ 8.73 \\
\hline
\end{array}
$$

(5)
$$
\begin{array}{r}
4.58 \\
+\ 2.19 \\
\hline
\end{array}
$$

(6)
$$
\begin{array}{r}
6.63 \\
+\ 3.88 \\
\hline
\end{array}
$$

2 다음을 계산하시오.

(1) 4.7+1.56=

(2) 2.67+6.9=

(3) 1.8+3.64=

(4)
$$
\begin{array}{r}
7.4 \\
+\ 3.25 \\
\hline
\end{array}
$$

(5)
$$
\begin{array}{r}
3.82 \\
+\ 3.9 \\
\hline
\end{array}
$$

(6)
$$
\begin{array}{r}
5.6 \\
+\ 6.43 \\
\hline
\end{array}
$$

원리이해 3~6

3   가장 큰 수와 가장 작은 수의 합을 구하시오.

| 3.46 | 2.97 | 2.38 | 3.07 |

(   )

4   1부터 9까지 자연수 중에서 □ 안에 들어갈 수 있는 수를 모두 구하시오.

$$2.56+3.87<\square.36$$

(   )

5   ○ 안에 >, =, <를 알맞게 써넣으시오.

$$2.5+3.76 \bigcirc 6.28$$

6   두 거리의 합은 몇 m입니까?

| 1.8 m | 562 cm |

(   )

실력완성 7~8

7   세연이와 효정이가 함께 감자를 캡니다. 세연이는 감자를 5.37 kg 캤고, 효정이는 세연이 보다 감자를 1.45 kg 더 많이 캤습니다. 효정이가 캔 감자의 무게는 몇 kg입니까?

(   )

8   정민이는 어제 물을 1.3 L 마셨고, 오늘은 어제보다 0.27 L를 더 마셨습니다. 정민이가 어 제와 오늘 마신 물의 양은 모두 몇 L입니까?

(   )

Self Check	개념연산		원리이해				실력완성		선생님 확인
	1	2	3	4	5	6	7	8	
	/6	/6	○/X	○/X	○/X	○/X	○/X	○/X	

016 자연수 부분이 없는 소수의 뺄셈

자연수 부분이 없는 소수의 뺄셈은 소수점의 자리를 맞추어 자연수의 뺄셈과 같은 방법 으로 계산하고, 소수점을 그대로 내려 찍습니다.

1. 자연수 부분이 없는 소수 한 자리 수의 뺄셈

예 $0.7-0.3$의 계산

① 0.1이 몇 개인 수로 계산하기

$$
\begin{array}{r}
0.7 \rightarrow 0.1 \text{이 } 7\text{개} \\
- \quad 0.3 \rightarrow 0.1 \text{이 } 3\text{개} \\
\hline
0.4 \rightarrow 0.1 \text{이 } 4\text{개}
\end{array}
$$

② 세로로 계산하기

$$
\begin{array}{r}
0.7 \\
- \quad 0.3 \\
\hline
0.4
\end{array}
$$

→ 소수점의 자리를 맞추어 쓰고 같은 자리 수끼리 계산합니다.

2. 자연수 부분이 없는 소수 두 자리 수의 뺄셈

예 $0.93-0.45$의 계산

① 0.01이 몇 개인 수로 계산하기

$$
\begin{array}{r}
0.93 \rightarrow 0.01 \text{이 } 93\text{개} \\
- \quad 0.45 \rightarrow 0.01 \text{이 } 45\text{개} \\
\hline
0.48 \rightarrow 0.01 \text{이 } 48\text{개}
\end{array}
$$

② 세로로 계산하기

$$
\begin{array}{r}
\overset{810}{0.9\,3} \\
- \quad 0.4\,5 \\
\hline
0.4\,8
\end{array}
$$

참고 각 자리 숫자끼리 뺄 수 없을 때에는 바로 앞자리에서 받아내림 하여 계산합니다.

> 꼭! 알아두세요~
>
> **자연수 부분이 없는 소수의 뺄셈**
>
> 소수점의 자리를 맞추어 자연수의 뺄셈과 같은 방법으로 계산하고, 소수점을 그대로 내려 찍습니다.

개념연산 1~2

1 다음을 계산하시오.

(1) $0.9-0.5=$

(2) $0.8-0.2=$

(3) $0.7-0.4=$

(4)
$$
\begin{array}{r}
0.5 \\
- \quad 0.1 \\
\hline
\end{array}
$$

(5)
$$
\begin{array}{r}
0.6 \\
- \quad 0.5 \\
\hline
\end{array}
$$

(6)
$$
\begin{array}{r}
0.9 \\
- \quad 0.4 \\
\hline
\end{array}
$$

2 다음을 계산하시오.

(1) $0.56-0.24=$

(2) $0.72-0.38=$

(3) $0.45-0.19=$

(4)
$$
\begin{array}{r}
0.88 \\
- \quad 0.47 \\
\hline
\end{array}
$$

(5)
$$
\begin{array}{r}
0.93 \\
- \quad 0.24 \\
\hline
\end{array}
$$

(6)
$$
\begin{array}{r}
0.67 \\
- \quad 0.59 \\
\hline
\end{array}
$$

원리이해 3~6

3 ㉠−㉡의 값을 구하시오.

| ㉠ 0.1이 8개인 수 ㉡ 0.1이 5개인 수 |

(　　　　　　　　　)

4 계산 결과가 가장 작은 것을 찾아 기호를 쓰시오.

| ㉠ 0.5−0.1　　　　㉡ 0.7−0.6
㉢ 0.8−0.2　　　　㉣ 0.9−0.4 |

(　　　　　　　　　)

5 계산 결과가 같은 것끼리 선으로 이어 보시오.

$0.56-0.18$ ・　　　・ 0.47

$0.73-0.26$ ・　　　・ 0.38

$0.64-0.45$ ・　　　・ 0.19

6 ☐ 안에 알맞은 수를 구하시오.

$$0.73-☐=0.59-0.15$$

(　　　　　　　　　)

실력완성 7~8

7 승훈이는 마트에 가서 돼지고기 0.9 kg과 닭고기 0.5 kg을 샀습니다. 돼지고기를 닭고기보다 몇 kg 더 많이 샀습니까?　　　　　　(　　　　　　　　　)

8 길이가 0.92 m인 철사가 있습니다. 이 중에서 0.68 m를 미술시간에 사용하였습니다. 남은 철사는 몇 m입니까?　　　　　　(　　　　　　　　　)

	개념연산		원리이해				실력완성		선생님 확인
Self Check	1	2	3	4	5	6	7	8	
	/6	/6	O / X	O / X	O / X	O / X	O / X	O / X	

자연수 부분이 있는 소수의 뺄셈

1. 자연수 부분이 있는 소수 두 자리 수의 뺄셈

소수점의 자리를 맞추어 자연수의 뺄셈과 같은 방법으로 받아내림에 주의하여 계산하고, 소수점을 그대로 내려 찍습니다.

예 6.35−2.57의 계산

① 0.01이 몇 개인 수로 계산하기

$$6.35 \rightarrow 0.01이 635개$$
$$- \quad 2.57 \rightarrow 0.01이 257개$$
$$3.78 \rightarrow 0.01이 378개$$

② 세로로 계산하기

$$\begin{array}{r} 5\ 1210 \\ 6.35 \\ -\ 2.57 \\ \hline 3.78 \end{array}$$

→ 소수점의 자리를 맞추어 쓰고 받아내림에 주의하여 같은 자리 수끼리 계산합니다.

2. 소수점 아래 자릿수가 다른 소수의 뺄셈

끝자리 뒤에 숫자 0이 있는 것으로 생각하고 자릿수를 맞추어 계산합니다.

예 5.3−3.18의 계산

① 0.01이 몇 개인 수로 계산하기

$$5.30 \rightarrow 0.01이 530개$$
$$- \quad 3.18 \rightarrow 0.01이 318개$$
$$2.12 \rightarrow 0.01이 212개$$

② 세로로 계산하기

$$\begin{array}{r} 210 \\ 5.30 \\ -\ 3.18 \\ \hline 2.12 \end{array}$$

꼭! 알아두세요~

소수점 아래 자릿수가 다른 소수의 뺄셈

소수점 아래 자릿수가 다른 소수의 뺄셈에서 끝자리 뒤에 숫자 0이 있는 것으로 생각하고, 자릿수를 맞추어 계산합니다.

개념연산 1~2

1 다음을 계산하시오.

(1) $8.64-4.21=$ (2) $6.82-3.17=$ (3) $9.15-5.57=$

(4) $\begin{array}{r} 7.58 \\ -\ 1.23 \\ \hline \end{array}$ (5) $\begin{array}{r} 5.04 \\ -\ 3.62 \\ \hline \end{array}$ (6) $\begin{array}{r} 4.12 \\ -\ 3.78 \\ \hline \end{array}$

2 다음을 계산하시오.

(1) $6.9-4.38=$ (2) $8.1-2.72=$ (3) $4.3-1.85=$

(4) $\begin{array}{r} 9.9 \\ -\ 3.74 \\ \hline \end{array}$ (5) $\begin{array}{r} 7.3 \\ -\ 5.26 \\ \hline \end{array}$ (6) $\begin{array}{r} 6.2 \\ -\ 5.31 \\ \hline \end{array}$

원리이해 ▶ 3~6

3 가장 큰 수와 가장 작은 수의 차를 구하시오.

| 7.87 | 11.07 | 5.36 | 6.48 |

(   )

4 어떤 수에 1.53을 더했더니 5.28이 되었습니다. 어떤 수는 얼마입니까?

(   )

5 계산 결과를 비교하여 ◯ 안에 >, =, <를 알맞게 써넣으시오.

$$8.7-3.55 \bigcirc 9.64-4.4$$

6 ☐ 안에 알맞은 수를 써넣으시오.

(1) $5.2 \text{ m} - 360 \text{ cm} = \boxed{} \text{ m}$ (2) $746 \text{ cm} - 2.8 \text{ m} = \boxed{} \text{ m}$

실력완성 ▶ 7~8

7 창훈이의 몸무게는 41.38 kg이고, 서희의 몸무게는 23.57 kg입니다. 창훈이는 서희보다 몇 kg 더 무겁습니까?   (   )

8 윤서는 색테이프를 1.41 m 가지고 있고 지우는 색테이프를 3.2 m 가지고 있습니다. 지우는 윤서보다 색테이프를 몇 m 더 가지고 있습니까?   (   )

Self Check	개념연산		원리이해				실력완성		선생님 확인
	1	2	3	4	5	6	7	8	
	/6	/6	O/X	O/X	O/X	/2	O/X	O/X	

개념 001~004 큰 수

01 ♥8쪽 개념 001

관계있는 것끼리 선으로 이어 보시오.

10000이 4인 수	•		•	40000
10000이 9인 수	•		•	60000
10000이 6인 수	•		•	90000

02 ♥10쪽 개념 002

다음 숫자 카드를 한 번씩 사용하여 만들 수 있는 여섯 자리 수 중에서 만의 자리 숫자가 9인 가장 큰 수를 만들어 보시오.

7 2 1 5 3 9

( )

03 ♥12쪽 개념 003

나타내는 수가 6000000000인 것을 찾아 기호를 쓰시오.

64686761256309
ㄱ ㄴ ㄷ ㄹ ㅁ

( )

04 ♥12쪽 개념 003

이십사조 칠백이억 백오십만 삼천오백을 14자리의 수로 나타냈을 때, 숫자 0은 몇 개입니까?

( )

05 ♥14쪽 개념 004

뛰어 세는 규칙을 찾아 빈 곳에 알맞은 수를 써넣으시오.

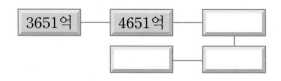

06 ♥14쪽 개념 004

다음 중 더 큰 수를 찾아 기호를 쓰시오.

ㄱ 39135853151492
ㄴ 39조 1376억 800만

( )

개념 005~007 곱셈과 나눗셈

07 ♥16쪽 개념 005

곱이 가장 큰 것은 어느 것입니까? ( )

① 80×100   ② 20×700   ③ 500×20
④ 600×50   ⑤ 700×40

08 ♥16쪽 개념 005

진구는 할인마트에서 한 개에 560원인 과자 12개를 샀습니다. 과자 값으로 얼마를 내야 합니까?

( )

09 ♥18쪽 개념 006

길이가 540 cm인 철사를 한 도막의 길이가 60 cm가 되도록 잘랐습니다. 모두 몇 도막이 되었습니까?   (   )

10 ♥18쪽 개념 006

다음 보기에서 ㉠+㉡의 값을 구하시오.

──────── 보기 ────────
$$92 \div 29 = ㉠ \cdots ㉡$$

(   )

11 ♥20쪽 개념 007

호두과자 200개가 있습니다. 이 호두과자를 한 상자에 24개씩 넣어 판매한다고 할 때, 호두과자는 몇 상자이고 남은 호두과자는 몇 개인지 차례대로 적으시오.   (   )

⑫ ♥20쪽 개념 007

어떤 수를 32로 나누었더니 몫이 13이고, 나머지가 5였습니다. 어떤 수는 얼마입니까?

(   )

개념 008~011 ▶ **분수의 덧셈과 뺄셈 (1)**

13 ♥22쪽 개념 008

민호와 동생이 케이크을 먹고 있습니다. 민호는 전체의 $\frac{3}{8}$을 먹었고, 동생은 전체의 $\frac{2}{8}$를 먹었습니다. 민호와 동생이 먹은 케이크의 양은 전체의 몇 분의 몇입니까?   (   )

14 ♥22쪽 개념 008

5장의 숫자 카드를 이용하여 분모가 7인 진분수를 만들려고 합니다. 가장 큰 진분수와 가장 작은 진분수의 합을 구하시오.

3   7   5   6   4

(   )

15 ♥24쪽 개념 009

계산 결과가 더 큰 사람은 누구입니까?

┌─────────────────────────────┐
호형 : $2\frac{8}{16} + 3\frac{5}{16}$

주형 : $4\frac{9}{16} + 1\frac{3}{16}$
└─────────────────────────────┘

(   )

16 ♥24쪽 개념 009

한 변의 길이가 $2\frac{3}{5}$cm인 정삼각형의 세 변의 길이의 합은 몇 cm입니까?   (   )

17 ♥26쪽 개념 010

㉠−㉡을 계산하시오.

$$\frac{8}{9}-\frac{2}{9}=㉠ \quad \frac{7}{9}-\frac{5}{9}=㉡$$

( )

18 ♥26쪽 개념 010

쌀 5 kg이 있습니다. 어머니는 $\frac{7}{10}$ kg의 쌀로 밥을 지었습니다. 남아 있는 쌀은 몇 kg입니까?

( )

19 ♥28쪽 개념 011

과일주스 $4\frac{5}{12}$ L가 있습니다. 수진이가 오늘 하루 동안 $1\frac{2}{12}$ L를 마셨다면 남은 과일주스는 몇 L입니까? ( )

20 ♥28쪽 개념 011

어떤 수에서 $2\frac{5}{8}$ 를 빼야 할 것을 잘못하여 더했더니 $6\frac{3}{8}$ 이 되었습니다. 바르게 계산한 답을 구하시오. ( )

개념 012~017 　　　　**소수의 덧셈과 뺄셈**

21 ♥30쪽 개념 012

분수를 소수로 잘못 나타낸 것은 어느 것입니까?

( )

① $\frac{43}{100}=0.43$ 　　② $\frac{19}{100}=0.19$

③ $\frac{60}{100}=0.6$ 　　④ $\frac{7}{100}=0.7$

⑤ $\frac{9}{100}=0.09$

22 ♥30쪽 개념 012

숫자 2가 나타내는 수가 가장 작은 수의 기호를 쓰시오.

㉠ 2.596	㉡ 4.192
㉢ 5.237	㉣ 9.428

( )

23 ♥32쪽 개념 013

㉠은 ㉡의 몇 배인 수입니까?

㉠ 2.83의 10배
㉡ 283의 $\frac{1}{1000}$ 배

( )

24 ♥32쪽 개념 013

아래 카드를 한 번씩 모두 사용하여 소수 두 자리 수를 만들려고 합니다. 만들 수 있는 소수 중에서 5보다 큰 소수는 모두 몇 개입니까?

[.] [2] [4] [6]

( )

수와 연산

4학년
5학년
6학년

25 💙34쪽 개념 014

㉠과 ㉡의 합을 구하시오.

> ㉠ 0.01이 73개인 수
> ㉡ 0.01이 46개인 수

(　　　　　　)

26 💙36쪽 개념 015

유리네 집에서 서점까지의 거리는 1.37 km이고 서점에서 도서관까지의 거리는 1.45 km입니다. 유리가 서점을 지나 도서관까지 가는 거리는 몇 km입니까? 　　　(　　　　　)

27 💙36쪽 개념 015

다음 숫자 카드를 한 번씩 모두 사용하여 소수 두 자리 수를 만들려고 합니다. 만들 수 있는 가장 큰 수와 가장 작은 수의 합을 구하시오.

| . | | 5 | | 2 | | 8 |

(　　　　)

28 💙38쪽 개념 016

계산 결과가 가장 작은 것은 어느 것입니까?

(　　　　)

① 0.7−0.2　　　② 0.6−0.3
③ 0.65−0.52　　④ 0.43−0.29
⑤ 0.5−0.1

29 💙40쪽 개념 017

계산 결과가 작은 것부터 차례대로 기호를 쓰시오.

> ㉠ 6.29−4.13　　　㉡ 7.32−5.64
> ㉢ 5.41−3.87

(　　　　　　)

30 💙40쪽 개념 017

㉠에 알맞은 수를 구하시오.

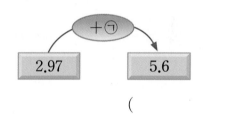

(　　　　　　)

31 💙20쪽 개념 017

딸기 농장에서 지영이와 은호는 딸기를 각각 3.5 kg, 2.9 kg 땄습니다. 두 사람이 딴 딸기 중 1.86 kg으로 딸기잼을 만들었을 때, 남은 딸기의 무게는 몇 kg입니까? 　　　(　　　　)

018 자연수의 혼합 계산(1)

1. 덧셈과 뺄셈이 섞여 있는 식

① 덧셈과 뺄셈이 섞여 있는 식은 앞에서부터 차례대로 계산합니다.

② (　)가 있는 식은 (　) 안을 먼저 계산합니다.

예 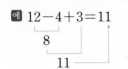　　　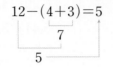

계산 순서를 바꾸면 계산 결과가 달라질 수 있어!

2. 곱셈과 나눗셈이 섞여 있는 식

① 곱셈과 나눗셈이 섞여 있는 식은 앞에서부터 차례대로 계산합니다.

② (　)가 있는 식은 (　) 안을 먼저 계산합니다.

예 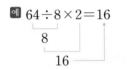　　　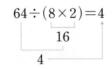

3. 덧셈, 뺄셈, 곱셈이 섞여 있는 식

① 덧셈, 뺄셈, 곱셈이 섞여 있는 식은 곱셈을 먼저 계산합니다.

② (　)가 있는 식은 (　) 안을 먼저 계산합니다.

예 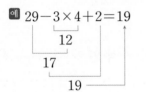　　　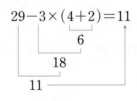

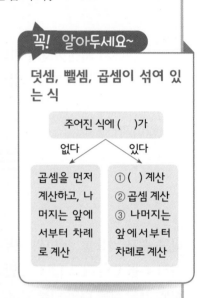

꼭! 알아두세요~

덧셈, 뺄셈, 곱셈이 섞여 있는 식

주어진 식에 (　)가

없다 → 곱셈을 먼저 계산하고, 나머지는 앞에서부터 차례로 계산

있다 → ① (　) 계산 ② 곱셈 계산 ③ 나머지는 앞에서부터 차례로 계산

개념연산 1~2

1 식을 세우고 계산하시오.

⑴ 35에서 15를 빼고 6을 더한 수

➡ 식 : _____

⑵ 45에서 13과 12의 합을 뺀 수

➡ 식 : _____

2 다음을 계산하시오.

⑴ $12 \times 6 \div 8 =$

⑵ $56 \div (4 \times 7) =$

⑶ $72 \div (2 \times 6) \times 4 =$

⑷ $4 \times 7 + 5 \times 6 =$

⑸ $3 \times (5-3) + 9 =$

⑹ $47 - (3+7) \times 2 =$

원리이해 3~5

3 ㉠과 ㉡의 합을 구하시오.

> ㉠ $22+35-14$　　㉡ $73-54+20$

（　　　　　　　　　）

4 계산 순서를 바르게 표시한 것의 기호를 쓰고, 그 식을 계산하시오.

> ㉠ $14 \times (16 \div 4)$　　㉡ $14 \times (16 \div 4)$

（　　　　　　　　　）

5 계산 결과를 비교하여 ○ 안에 ＞, ＝, ＜를 알맞게 써넣으시오.

> $38-(8-4) \times 3$ ◯ $8+4 \times (25-21)$

실력완성 6~8

6 도현이는 구슬을 60개 가지고 있고, 영진이와 은정이는 구슬을 각각 21개, 27개 가지고 있습니다. 도현이가 가지고 있는 구슬의 개수는 영진이와 은정이가 가지고 있는 구슬의 개수의 합보다 몇 개 더 많습니까?

（　　　　　　　　　）

7 비누 72개를 한 상자에 8개씩 담고, 그 상자에 치약을 4개씩 담았습니다. 상자에 담은 치약은 모두 몇 개입니까?

（　　　　　　　　　）

8 혜은이는 빨간색 색종이 27장과 파란색 색종이 36장을 가지고 있고, 준수는 혜은이가 가지고 있는 색종이 수의 3배보다 18장 더 적게 가지고 있습니다. 준수가 가지고 있는 색종이는 모두 몇 장입니까?

（　　　　　　　　　）

Self Check	개념연산		원리이해			실력완성			선생님 확인
	1	2	3	4	5	6	7	8	
	/2	/6	○/✕	○/✕	○/✕	○/✕	○/✕	○/✕	

019 자연수의 혼합 계산(2)

1. 덧셈, 뺄셈, 나눗셈이 섞여 있는 식

① 덧셈, 뺄셈, 나눗셈이 섞여 있는 식은 나눗셈을 먼저 계산합니다.

② ( )가 있는 식은 ( ) 안을 먼저 계산합니다.

예
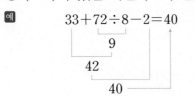　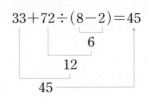

2. 덧셈, 뺄셈, 곱셈, 나눗셈이 섞여 있는 식

① 덧셈, 뺄셈, 곱셈, 나눗셈이 섞여 있는 식은 곱셈과 나눗셈을 먼저 계산합니다.

② ( )가 있는 식은 ( ) 안을 먼저 계산합니다.

예
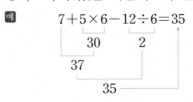　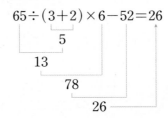

3. ( )와 { }가 있는 식 ← 식에 쓰이는 괄호에는 소괄호 ( )와 중괄호 { }가 있습니다.

( )와 { }가 있는 식은 ( ) 안을 계산한 후 { } 안을 계산합니다.

예
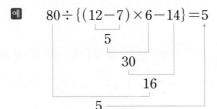　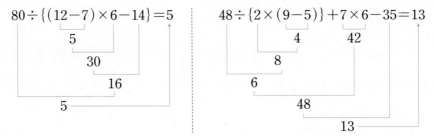

개념연산 1~2

1 다음을 계산하시오.

(1) $3+54-36\div9=$　　(2) $84\div(25-4)+6=$　　(3) $8+(40-5)\div7=$

(4) $16+15-6\times4\div8=$　　(5) $36\div(7-4)\times2=$　　(6) $96\div3-(5+2)\times4=$

2 다음 식에서 가장 마지막에 계산해야 할 부분의 기호를 쓰시오.

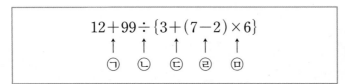

(　　　　　　)

원리이해 3~5

3 두 식의 계산 결과의 합을 구하시오.

| $(37+28) \div 5 - 3$ | $14 + (51-27) \div 3$ |

( )

4 ㉠과 ㉡의 차를 구하시오.

| ㉠ $37 - 30 \div 5 \times 4 + 14$ | ㉡ $6 \times 8 + 96 \div 6 - 42$ |

( )

5 **보기** 와 같이 약속할 때, $25 \diamond 14$는 얼마입니까?

보기

$$가 \diamond 나 = 나 \times \{가 + (가 - 나)\} \div 12$$

( )

실력완성 6~8

6 어느 과일 가게에서는 복숭아 4개를 6000원, 참외 5개를 4000원에 팔고 있습니다. 복숭아 1개는 참외 1개보다 얼마 더 비쌉니까? ( )

7 지우네 학교 4학년 학생은 한 반에 32명씩 9반이 있습니다. 각 반에서 4명씩 교실에 남고 나머지 학생들이 운동장에 모여 한 줄에 12명씩 줄을 서려고 합니다. 학생들은 모두 몇 줄로 서야 합니까? ( )

8 자두 50개가 있습니다. 남학생 4명과 여학생 2명으로 이루어진 모둠이 7모둠 있을 때 한 학생당 자두를 한 개씩 나누어 주고, 선생님께서 남은 자두의 절반을 가져가셨습니다. 선생님께서 가져가신 자두는 모두 몇 개입니까? ( )

Self Check	개념연산		원리이해			실력완성			선생님 확인
	1	2	3	4	5	6	7	8	
	/6	O / X	O / X	O / X	O / X	O / X	O / X	O / X	

개념 **020** 약수와 배수

1. 약수

어떤 수를 나누어떨어지게 하는 수를 그 수의 약수라고 합니다.

예 6의 약수 구하기   └→ 나누었을 때 나머지가 0이 되는 수

$$6 \div \textbf{1} = 6, \quad 6 \div \textbf{2} = 3, \quad 6 \div \textbf{3} = 2, \quad 6 \div 4 = 1 \cdots 2, \quad 6 \div 5 = 1 \cdots 1, \quad 6 \div \textbf{6} = 1$$

➡ 6을 1, 2, 3, 6으로 나누면 나누어떨어지므로 6의 약수는 1, 2, 3, 6입니다.

참고 ① 1은 모든 수의 약수입니다.   약수 중에서 가장 작은 수   └→ 약수 중에서 가장 큰 수(자기 자신)

② 약수 중에서 가장 작은 수는 1이고, 가장 큰 수는 자기 자신입니다.

2. 배수

어떤 수를 1배, 2배, 3배 …… 한 수를 그 수의 배수라고 합니다.

예 3의 배수 구하기

$$3 \text{을 } 1 \text{배한 수} \Rightarrow 3 \times 1 = \textbf{3}, \quad 3 \text{을 } 2 \text{배한 수} \Rightarrow 3 \times 2 = \textbf{6},$$
$$3 \text{을 } 3 \text{배한 수} \Rightarrow 3 \times 3 = \textbf{9}, \quad 3 \text{을 } 4 \text{배한 수} \Rightarrow 3 \times 4 = \textbf{12} \cdots\cdots$$

➡ 3을 1배, 2배, 3배 …… 한 수 3, 6, 9 ……는 3의 배수입니다. → 어떤 수를 1배 한 수는 어떤 수 자기 자신이므로 어떤 수의 배수 중에서 가장 작은 수는 어떤 수 자기 자신입니다.

3. 약수와 배수의 관계

$$\blacksquare = \bullet \times \blacktriangle \Rightarrow \begin{array}{l} ① \ \blacksquare \text{는 } \bullet \text{와 } \blacktriangle \text{의 배수입니다.} \\ ② \ \bullet \text{와 } \blacktriangle \text{는 } \blacksquare \text{의 약수입니다.} \end{array}$$

예를 들어 24를 두 수의 곱으로 나타내면 다음과 같습니다.

$$24 = 1 \times 24, \quad 24 = 2 \times 12, \quad 24 = 3 \times 8, \quad 24 = 4 \times 6$$

따라서 24는 1, 2, 3, 4, 6, 8, 12, 24의 배수이고, 1, 2, 3, 4, 6, 8, 12, 24는 24의 약수입니다.

꼭! 알아두세요~

약수와 배수의 관계

$$\blacksquare = \bullet \times \blacktriangle$$

① ■는 ●와 ▲의 배수입니다.
② ●와 ▲는 ■의 약수입니다.

개념연산 ▶ 1~3

1 약수를 구하시오.

(1) 4의 약수 ➡ (   )   (2) 12의 약수 ➡ (   )

2 배수를 가장 작은 수부터 3개씩 쓰시오.

(1) 5의 배수 ➡ (   )   (2) 7의 배수 ➡ (   )

3 식을 보고 ☐ 안에 '약수', '배수'를 알맞게 써넣으시오.

$$30 = 5 \times 6$$

(1) 5는 30의 ☐입니다.　　(2) 30은 6의 ☐입니다.　　(3) 6은 30의 ☐입니다.

원리이해 4~6

4 12의 약수가 <u>아닌</u> 것을 모두 찾아 쓰시오.

| 1 | 3 | 4 | 8 | 10 | 12 |

(　　　　　　)

5 어떤 수의 배수를 가장 작은 수부터 차례대로 쓴 것입니다. 8번째 수를 구하시오.

7　14　21　28　35　……

(　　　　　　)

6 30과 약수 또는 배수의 관계인 수를 모두 찾아 기호를 쓰시오.

㉠ 15　　　㉡ 48　　　㉢ 60　　　㉣ 9

(　　　　　　)

실력완성 7~8

7 13의 배수 중에서 100에 가장 가까운 수를 구하시오.　　　(　　　　　　)

8 4의 배수인 어떤 수가 있습니다. 이 수의 약수들을 모두 더하였더니 28이 되었습니다. 어떤 수를 구하시오.　　　(　　　　　　)

Self Check	개념연산			원리이해			실력완성		선생님 확인
	1	2	3	4	5	6	7	8	
	/ 2	/ 2	/ 3	O / X	O / X	O / X	O / X	O / X	

개념 021

공약수와 최대공약수

(1) 두 수의 공통인 약수를 두 수의 공약수라고 합니다.

(2) 두 수의 공약수 중에서 가장 큰 수를 두 수의 최대공약수라고 합니다.

> 예 8과 12의 공약수와 최대공약수
>
> ・8의 약수 : ①, ②, ④, 8   ・12의 약수 : ①, ②, 3, ④, 6, 12
>
> └→ 1은 모든 수의 약수이므로 두 수의 공약수에는 항상 1이 포함됩니다.
>
> ➡ 공약수 : 1, 2, 4, 최대공약수 : 4
>
> └→ 공약수 중에서 가장 큰 수

(3) 최대공약수 구하기

> 예 8과 12의 최대공약수 구하기

방법 ① 두 수를 곱셈식으로 고쳐서 최대공약수를 구합니다.

$8 = ② \times ② \times 2$

$12 = ② \times ② \times 3$

➡ 최대공약수 : $② \times ② = 4$

공통으로 들어있는 곱셈식

방법 ② 두 수의 공약수로 나누어 최대공약수를 구합니다.

8과 12의 공약수 → ②) 8 12

4와 6의 공약수 → ②) 4 6

 ② 3 ── 두 수의 공약수가 1일 때까지 나눕니다.

→ 최대공약수 : $② \times ② = 4$

(4) 공약수와 최대공약수의 관계

두 수의 공약수는 두 수의 최대공약수의 약수와 같습니다.

개념연산 ▶ 1~2

1 24와 32의 공약수를 모두 구하시오.

(   )

2 두 수의 공약수와 최대공약수를 구하시오.

(1) 20, 24 ➡ 공약수 : _____, 최대공약수 : _____

(2) 18, 48 ➡ 공약수 : _____, 최대공약수 : _____

원리이해 ▶ 3~6

3 두 수의 공약수가 가장 많은 것을 찾아 기호를 쓰시오.

㉠ (5, 15)	㉡ (6, 20)
㉢ (18, 24)	㉣ (25, 40)

(   )

4 더 큰 수를 찾아 기호를 쓰시오.

> ㉠ 30과 48의 최대공약수
> ㉡ 21과 49의 최대공약수

(　　　　　　　　)

5 다음은 어떤 두 수의 공약수를 모두 쓴 것입니다. 이 두 수의 최대공약수를 구하시오.

> 1　2　3　6　9　18

(　　　　　　　　)

6 ■와 ●의 최대공약수가 12일 때, ■와 ●의 공약수 중에서 3의 배수를 모두 구하시오.

(　　　　　　　　)

실력완성 7~8

7 56과 42를 각각 어떤 수로 나누었더니 모두 나누어떨어졌습니다. 어떤 수가 될 수 있는 수 중에서 가장 큰 수는 얼마입니까?

(　　　　　　　　)

8 공책 34권과 연필 51자루를 될 수 있는 대로 많은 학생들에게 남김없이 똑같이 나누어 주려고 합니다. 몇 명에게 나누어 줄 수 있습니까?

(　　　　　　　　)

Self Check	개념연산		원리이해				실력완성		선생님 확인
	1	2	3	4	5	6	7	8	
	○/X	/2	○/X	○/X	○/X	○/X	○/X	○/X	

공배수와 최소공배수

(1) 두 수의 공통인 배수를 두 수의 공배수라고 합니다.

(2) 두 수의 공배수 중에서 가장 작은 수를 두 수의 최소공배수라고 합니다.

例 6과 9의 공배수와 최소공배수

> • 6의 배수 : 6, 12, ⑱, 24, 30, ㊱ ······   • 9의 배수 : 9, ⑱, 27, ㊱ ······

➡ 공배수 : 18, 36 ······, 최소공배수 : 18
    └→ 공배수 중에 가장 작은 수

(3) 최소공배수 구하기

例 6과 9의 최소공배수 구하기

방법① 두 수를 곱셈식으로 고쳐서 최소공배수를 구합니다.

$6 = 2 \times 3$
$9 = 3 \times 3$ ─── 공통인 부분은 한 번만 곱합니다.
➡ 최소공배수 : $2 \times 3 \times 3 = 18$ ─── 공통이 아닌 수는 모두 곱합니다.

방법② 두 수의 공약수로 나누어 최소공배수를 구합니다.

$3\,)\,\underline{6 \quad 9}$
$\,2 \quad 3$ ─── 두 수의 공약수가 1일 때까지 나눕니다.
➡ 최소공배수 : $2 \times 3 \times 3 = 18$

(4) 공배수와 최소공배수의 관계

두 수의 공배수는 두 수의 최소공배수의 배수와 같습니다.

개념연산 ▶ 1~2

1 4와 6의 공배수를 작은 수부터 3개만 쓰시오.

( )

2 두 수 가와 나의 최소공배수를 구하시오.

> 가 $= 2 \times 3 \times 3 \times 7$ 나 $= 2 \times 2 \times 3 \times 5$

( )

원리이해 ▶ 3~7

3 1에서 20까지의 자연수 중에서 2와 3의 공배수는 모두 몇 개입니까?

( )

4 12의 배수도 되고 18의 배수도 되는 수 중에서 100보다 작은 수를 모두 구하시오.

( )

5 조건을 모두 만족하는 가장 작은 수를 구하시오.

> • 20의 배수입니다.
> • 28의 배수입니다.

( )

6 어떤 두 수의 최소공배수가 14일 때, 두 수의 공배수 중에서 세 번째로 작은 수를 쓰시오.

( )

7 ㉠과 ㉡의 최소공배수가 90일 때, ㉡−㉠의 값을 구하시오.

( )

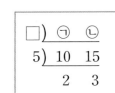

$$\begin{array}{r} \Box\,\underline{)\ \ ㉠\ \ ㉡} \\ 5\,\underline{)\ 10\ \ 15} \\ 2\ \ \ 3 \end{array}$$

실력완성▶ 8

8 가로의 길이가 15 cm, 세로의 길이가 35 cm인 직사각형 모양의 종이를 겹치지 않게 늘어 놓아 될 수 있는 대로 작은 정사각형 한 개를 만들려고 합니다. 직사각형 모양의 종이는 모 두 몇 장 필요합니까?

( )

Self Check	개념연산		원리이해				실력완성	선생님 확인
	1	2	3	4	5	6	7	8	
	O / X	O / X	O / X	O / X	O / X	O / X	O / X	O / X	

개념 023

크기가 같은 분수

1. 크기가 같은 분수

같은 크기의 도형에 색칠했을 때, 같은 크기를 나타내는 분수들을 크기가 같은 분수라고 합니다.

예 $\frac{1}{2}$, $\frac{2}{4}$, $\frac{4}{8}$의 크기 비교

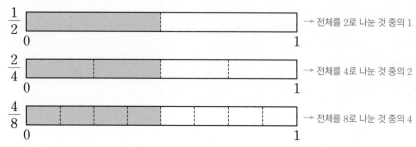

→ 전체를 2로 나눈 것 중의 1

→ 전체를 4로 나눈 것 중의 2

→ 전체를 8로 나눈 것 중의 4

➡ $\frac{1}{2}$, $\frac{2}{4}$, $\frac{4}{8}$는 색칠한 부분의 크기가 같으므로 크기가 같은 분수입니다. ← $\frac{1}{2}=\frac{2}{4}=\frac{4}{8}$

2. 곱셈을 이용하여 크기가 같은 분수 만들기

분모와 분자에 0이 아닌 같은 수를 곱하면 크기가 같은 분수를 만들 수 있습니다.

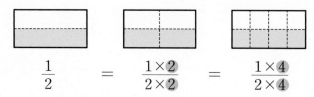

$$\frac{1}{2} \quad = \quad \frac{1\times2}{2\times2} \quad = \quad \frac{1\times4}{2\times4}$$

3. 나눗셈을 이용하여 크기가 같은 분수 만들기

분모와 분자를 0이 아닌 같은 수로 나누면 크기가 같은 분수를 만들 수 있습니다.

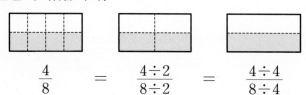

$$\frac{4}{8} \quad = \quad \frac{4\div2}{8\div2} \quad = \quad \frac{4\div4}{8\div4}$$

꼭! 알아두세요~

크기가 같은 분수 만들기

① 분모와 분자에 0이 아닌 같은 수를 곱하면 크기가 같은 분수가 됩니다.

$$\frac{●}{■}=\frac{●\times▲}{■\times▲}=\frac{●\times★}{■\times★}$$

② 분모와 분자를 0이 아닌 같은 수로 나누면 크기가 같은 분수가 됩니다.

$$\frac{●}{■}=\frac{●\div▲}{■\div▲}=\frac{●\div★}{■\div★}$$

개념연산 ▶ 1~2

1 분수만큼 아랫부분부터 색칠하고 크기가 같은 분수를 찾아 ☐ 안에 써넣으시오.

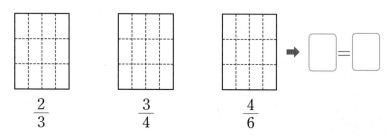

$$\frac{2}{3} \qquad \frac{3}{4} \qquad \frac{4}{6} \qquad ➡ \quad \boxed{}=\boxed{}$$

2 ☐ 안에 알맞은 수를 써넣으시오.

(1) $\dfrac{4}{5} = \dfrac{\boxed{}}{10} = \dfrac{12}{\boxed{}} = \dfrac{\boxed{}}{20}$

(2) $\dfrac{40}{48} = \dfrac{\boxed{}}{24} = \dfrac{10}{\boxed{}} = \dfrac{\boxed{}}{6}$

원리이해 ▶ 3~5

3 $\dfrac{3}{4}$ 과 크기가 같은 분수를 모두 찾아 기호를 쓰시오.

| ㉠ $\dfrac{9}{12}$ | ㉡ $\dfrac{6}{10}$ | ㉢ $\dfrac{12}{16}$ | ㉣ $\dfrac{18}{20}$ |

(   )

4 ㉠+㉡의 값을 구하시오.

$$\dfrac{㉠}{7} = \dfrac{12}{28} = \dfrac{27}{㉡}$$

(   )

5 분모가 40보다 크고 50보다 작은 분수 중에서 $\dfrac{3}{7}$ 과 크기가 같은 분수를 모두 쓰시오.

(   )

실력완성 ▶ 6

6 $\dfrac{8}{11}$ 과 크기가 같은 분수 중에서 분모와 분자의 합이 76인 분수를 구하시오.

(   )

Self Check	개념연산		원리이해			실력완성	선생님 확인
	1	2	3	4	5	6	
	○ / ×	/ 2	○ / ×	○ / ×	○ / ×	○ / ×	

개념 **024**

분수의 약분과 통분

1. 약분

분모와 분자를 그들의 공약수로 나누어 간단히 하는 것을 약분한다고 합니다.

예 $\dfrac{24}{30}$ 를 약분하기

$$\dfrac{24 \div 2}{30 \div 2} = \dfrac{12}{15}, \quad \dfrac{24 \div 3}{30 \div 3} = \dfrac{8}{10}, \quad \dfrac{24 \div 6}{30 \div 6} = \dfrac{4}{5}$$ ← 24와 30의 공약수는 1, 2, 3, 6이므로 분모와 분자를 2, 3, 6으로 나눕니다.

2. 기약분수

① 분모와 분자의 공약수가 1뿐인 분수를 기약분수라고 합니다.

② 분모와 분자를 그들의 <u>최대공약수로 나누면</u> 기약분수를 만들 수 있습니다.

⎯⎯⎯⎯⎯⎯ 기약분수로 나타낼 때 분모와 분자를 더 이상 나누어지지 않을 때까지 그들의 공약수로 계속 나누거나 분모와 분자의 최대공약수로 나눕니다.

예 $\dfrac{24}{30}$ 를 기약분수로 나타내기

30과 24의 최대공약수가 6이므로 분모와 분자를 각각 6으로 나누면 기약분수로 만들 수 있습니다.
즉,

$$\dfrac{24}{30} = \dfrac{24 \div 6}{30 \div 6} = \dfrac{4}{5}$$

3. 분수의 통분

분수의 분모를 같게 하는 것을 통분한다고 하고, 통분한 분모를 공통분모라고 합니다.

방법① 분모의 곱을 공통분모로 하여 통분합니다.

$$\left(\dfrac{1}{6}, \dfrac{3}{8} \right) \Rightarrow \left(\dfrac{1 \times 8}{6 \times 8}, \dfrac{3 \times 6}{8 \times 6} \right)$$

$$\Rightarrow \left(\dfrac{8}{48}, \dfrac{18}{48} \right)$$

방법② 분모의 최소공배수를 공통분모로 하여 통분합니다.

$$\left(\dfrac{1}{6}, \dfrac{3}{8} \right) \Rightarrow \left(\dfrac{1 \times 4}{6 \times 4}, \dfrac{3 \times 3}{8 \times 3} \right)$$

$$\Rightarrow \left(\dfrac{4}{24}, \dfrac{9}{24} \right)$$

참고 두 분수를 통분할 때 분모의 최소공배수를 공통분모로 하여 통분하면 분모와 분자의 크기가 작아서 계산이 간단해집니다.

> **꼭! 알아두세요~**
>
> **분수의 통분**
>
> **[방법1]** 분모의 곱을 공통분모로 하여 통분합니다.
>
> $$\left(\dfrac{\bullet}{\blacksquare}, \dfrac{\bigstar}{\blacktriangle} \right)$$
>
> $$\Rightarrow \left(\dfrac{\bullet \times \blacktriangle}{\blacksquare \times \blacktriangle}, \dfrac{\bigstar \times \blacksquare}{\blacktriangle \times \blacksquare} \right)$$
>
> **[방법2]** 분모의 최소공배수를 공통분모로 하여 통분합니다.
>
> ■와 ▲의 최소공배수가 ◆이고,
> ■×㉠=◆, ▲×㉡=◆일 때,
>
> $$\left(\dfrac{\bullet}{\blacksquare}, \dfrac{\bigstar}{\blacktriangle} \right)$$
>
> $$\Rightarrow \left(\dfrac{\bullet \times ㉠}{\blacklozenge}, \dfrac{\bigstar \times ㉡}{\blacklozenge} \right)$$

개념연산 ▶ 1~3

1 ☐ 안에 알맞은 수를 써넣으시오.

(1) $\dfrac{12}{20} = \dfrac{6}{\boxed{}}$

(2) $\dfrac{48}{60} = \dfrac{4}{\boxed{}}$

(3) $\dfrac{30}{75} = \dfrac{2}{\boxed{}}$

2 다음 분수를 기약분수로 나타내시오.

(1) $\dfrac{15}{20} =$ $\qquad$ (2) $\dfrac{28}{42} =$ $\qquad$ (3) $\dfrac{36}{81} =$

3 분모의 최소공배수를 공통분모로 하여 통분하시오.

(1) $\left(\dfrac{3}{10}, \dfrac{4}{15} \right) \Rightarrow ($ $\quad$, $\quad$) $\qquad$ (2) $\left(\dfrac{7}{12}, \dfrac{5}{16} \right) \Rightarrow ($ $\quad$, $\quad$)

원리이해 ▶ 4~6

4 $\dfrac{56}{80}$ 을 약분하려고 합니다. 분모와 분자를 나눌 수 <u>없는</u> 수를 찾아 기호를 쓰시오.

| ㉠ 2 | ㉡ 4 | ㉢ 6 | ㉣ 8 |

($\qquad$)

5 $\dfrac{42}{56}$ 를 기약분수로 나타내었더니 $\dfrac{3}{4}$ 이 되었습니다. 분모와 분자를 어떤 수로 나누었습니까?

($\qquad$)

6 분모의 곱을 공통분모로 하여 두 분수를 통분하였습니다. ㉠과 ㉡에 알맞은 수를 각각 구하시오.

$$\left(\dfrac{5}{13}, \dfrac{4}{㉠} \right) \Rightarrow \left(\dfrac{㉡}{117}, \dfrac{52}{117} \right)$$

㉠ ($\qquad$), ㉡ ($\qquad$)

실력완성 ▶ 7

7 어떤 두 기약분수를 통분하였더니 $\dfrac{15}{80}$ 와 $\dfrac{56}{80}$ 이 되었습니다. 통분하기 전의 두 기약분수를 구하시오.

($\qquad$)

Self Check	개념연산			원리이해			실력완성	선생님 확인
	1	2	3	4	5	6	7	
	/ 3	/ 3	/ 2	○ / X	○ / X	○ / X	○ / X	

1. 두 분수의 크기 비교

분모가 다른 두 분수는 통분하여 분모를 같게 한 다음 분자의 크기를 비교합니다.

예 $\frac{2}{5}$와 $\frac{4}{9}$의 크기 비교

① $\frac{2}{5}$와 $\frac{4}{9}$를 통분합니다. $\left(\frac{2}{5}, \frac{4}{9}\right) \Rightarrow \left(\frac{2\times 9}{5\times 9}, \frac{4\times 5}{9\times 5}\right) \Rightarrow \left(\frac{18}{45}, \frac{20}{45}\right)$

② $\frac{18}{45}$과 $\frac{20}{45}$의 크기를 비교합니다. $\Rightarrow \frac{18}{45} < \frac{20}{45}$

③ $\frac{2}{5}$와 $\frac{4}{9}$의 크기를 비교합니다. $\frac{18}{45} < \frac{20}{45} \Rightarrow \frac{2}{5} < \frac{4}{9}$

참고 자연수 부분이 같은 대분수의 크기를 비교할 때는 진분수 부분끼리 크기를 비교합니다.

2. 세 분수의 크기 비교

분모가 다른 세 분수는 두 분수씩 차례로 통분한 다음 분자의 크기를 비교합니다.

예 $\frac{1}{2}$, $\frac{2}{3}$, $\frac{4}{7}$의 크기 비교

① $\frac{1}{2}$과 $\frac{2}{3}$의 크기를 비교합니다. $\left(\frac{1}{2}, \frac{2}{3}\right) \Rightarrow \left(\frac{3}{6}, \frac{4}{6}\right) \Rightarrow \frac{1}{2} < \frac{2}{3}$

② $\frac{2}{3}$와 $\frac{4}{7}$의 크기를 비교합니다. $\left(\frac{2}{3}, \frac{4}{7}\right) \Rightarrow \left(\frac{14}{21}, \frac{12}{21}\right) \Rightarrow \frac{2}{3} > \frac{4}{7}$

③ $\frac{1}{2}$과 $\frac{4}{7}$의 크기를 비교합니다. $\left(\frac{1}{2}, \frac{4}{7}\right) \Rightarrow \left(\frac{7}{14}, \frac{8}{14}\right) \Rightarrow \frac{1}{2} < \frac{4}{7}$

따라서 $\frac{1}{2}$, $\frac{2}{3}$, $\frac{4}{7}$의 크기를 비교하면 $\frac{1}{2} < \frac{4}{7} < \frac{2}{3}$입니다.

참고 세 분수를 한꺼번에 통분하여 크기를 비교할 수도 있습니다.

$$\left(\frac{1}{2}, \frac{2}{3}, \frac{4}{7}\right) \Rightarrow \left(\frac{21}{42}, \frac{28}{42}, \frac{24}{42}\right) \Rightarrow \frac{21}{42} < \frac{24}{42} < \frac{28}{42} \Rightarrow \frac{1}{2} < \frac{4}{7} < \frac{2}{3}$$

개념연산 1~2

1 두 분수의 크기를 비교하여 ○ 안에 >, =, <를 알맞게 써넣으시오.

(1) $\frac{3}{7} \bigcirc \frac{2}{3}$

(2) $\frac{3}{5} \bigcirc \frac{4}{7}$

(3) $\frac{7}{10} \bigcirc \frac{11}{15}$

(4) $2\frac{3}{8} \bigcirc 2\frac{5}{12}$

(5) $3\frac{7}{15} \bigcirc 3\frac{2}{3}$

(6) $5\frac{5}{7} \bigcirc 5\frac{6}{9}$

2 세 분수 $\dfrac{5}{9}$, $\dfrac{2}{3}$, $\dfrac{3}{5}$ 의 크기를 비교하려고 합니다. ○ 안에 >, =, <를 알맞게 써넣고, 작은 수부터 차례대로 쓰시오.

$$\dfrac{5}{9} \bigcirc \dfrac{2}{3} \qquad \dfrac{2}{3} \bigcirc \dfrac{3}{5} \qquad \dfrac{5}{9} \bigcirc \dfrac{3}{5}$$

(　　　　　　　)

원리이해 ▶ 3~4

3 두 분수의 크기를 잘못 비교한 사람은 누구입니까?

$$[선희] : \dfrac{7}{9} > \dfrac{7}{11} \qquad [진주] : \dfrac{5}{12} > \dfrac{4}{9}$$

(　　　　　　　)

4 세 분수의 크기를 비교하여 큰 수부터 차례대로 쓰시오.

$$\dfrac{3}{5} \qquad \dfrac{7}{10} \qquad \dfrac{8}{15}$$

(　　　　　　　)

실력완성 ▶ 5~6

5 희준이와 민성이는 밤나무 밑에서 밤을 주웠습니다. 희준이는 $1\dfrac{7}{10}$ kg, 민성이는 $1\dfrac{3}{4}$ kg 의 밤을 주웠을 때, 누가 더 많이 주웠습니까? (　　　　　　　)

6 집에서 우체국, 경찰서, 도서관까지의 거리가 각각 오른쪽 그림과 같습니다. 집에서 가장 먼 곳은 어느 곳입니까?

(　　　　　　　)

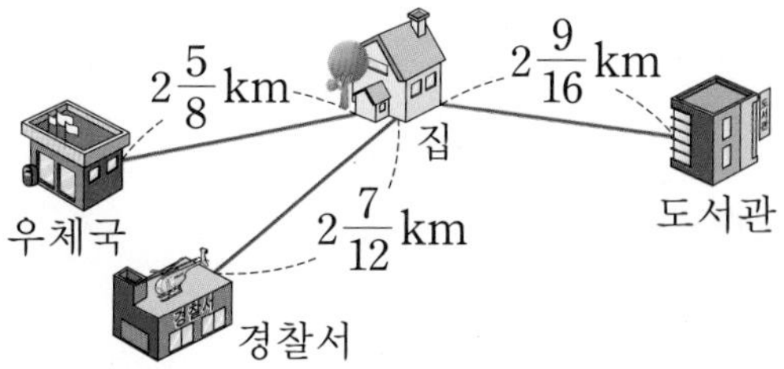

$2\dfrac{5}{8}$ km　집　$2\dfrac{9}{16}$ km

우체국　$2\dfrac{7}{12}$ km　도서관

경찰서

Self Check	개념연산		원리이해		실력완성		선생님 확인
	1	2	3	4	5	6	
	/6	O / X	O / X	O / X	O / X	O / X	

분모가 다른 진분수의 덧셈

1. 받아올림이 없는 진분수의 덧셈

① 두 분수를 통분하여 분모를 같게 만들고, 분자끼리 더합니다.

② 계산 결과가 기약분수가 아니면 기약분수로 나타냅니다.

방법 1 두 분모의 곱으로 통분한 후 계산합니다.

$$\frac{1}{4}+\frac{3}{10}=\frac{1\times 10}{4\times 10}+\frac{3\times 4}{10\times 4}$$
$$=\frac{10}{40}+\frac{12}{40}=\frac{22}{40}$$
$$=\frac{11}{20}$$

기약분수가 아니므로 약분하여 기약분수로 나타냅니다.

방법 2 두 분모의 최소공배수로 통분한 후 계산합니다.

$$\frac{1}{4}+\frac{3}{10}=\frac{1\times 5}{4\times 5}+\frac{3\times 2}{10\times 2}$$

4와 10의 최소 공배수 : 20
$$=\frac{5}{20}+\frac{6}{20}$$
$$=\frac{11}{20}$$

2. 받아올림이 있는 진분수의 덧셈

① 두 분수를 통분하여 분모를 같게 만들고, 분자끼리 더합니다.

② 계산 결과가 가분수이면 대분수로 고치고, 기약분수로 나타냅니다.

방법 1 두 분모의 곱으로 통분한 후 계산합니다.

$$\frac{7}{12}+\frac{5}{8}=\frac{7\times 8}{12\times 8}+\frac{5\times 12}{8\times 12}$$
$$=\frac{56}{96}+\frac{60}{96}=\frac{116}{96}$$
$$=1\frac{20}{96}=1\frac{5}{24}$$

기약분수가 아니므로 기약분수로 고칩니다.

방법 2 두 분모의 최소공배수로 통분한 후 계산합니다.

$$\frac{7}{12}+\frac{5}{8}=\frac{7\times 2}{12\times 2}+\frac{5\times 3}{8\times 3}$$

12와 8의 최소 공배수 : 24
$$=\frac{14}{24}+\frac{15}{24}$$
$$=\frac{29}{24}=1\frac{5}{24}$$

가분수는 대분수로 고칩니다.

개념연산 1~2

1 다음을 계산하시오.

(1) $\dfrac{2}{7}+\dfrac{3}{5}=$

(2) $\dfrac{1}{6}+\dfrac{5}{9}=$

(3) $\dfrac{3}{10}+\dfrac{1}{4}=$

2 다음을 계산하시오.

(1) $\dfrac{7}{8}+\dfrac{11}{12}=$

(2) $\dfrac{3}{4}+\dfrac{4}{5}=$

(3) $\dfrac{4}{6}+\dfrac{3}{4}=$

원리이해 3~6

3 $\frac{3}{7}$보다 $\frac{13}{28}$ 큰 수를 구하시오. （　　　　　　　）

4 1부터 9까지의 자연수 중에서 ▢ 안에 들어갈 수 있는 수는 모두 몇 개입니까?

$$\frac{▢}{8} + \frac{7}{12} < 1$$

（　　　　　　　）

5 계산 결과가 1보다 큰 것을 찾아 기호를 쓰시오.

$$ ⑤ \ \frac{1}{2} + \frac{3}{8} \qquad ⑥ \ \frac{2}{3} + \frac{1}{5} \qquad ⑦ \ \frac{5}{12} + \frac{7}{8} $$

（　　　　　　　）

6 오른쪽 직사각형의 가로의 길이와 세로의 길이의 합은 몇 cm입니까?

（　　　　　　　）

$\frac{17}{20}$ cm

$\frac{3}{5}$ cm

실력완성 7~8

7 재웅이는 $\frac{1}{2}$ 시간 동안, 용섭이는 $\frac{4}{9}$ 시간 동안 자전거를 탔습니다. 두 사람이 자전거를 탄 시간은 모두 몇 시간입니까? （　　　　　　　）

8 집에서 서점까지의 거리는 $\frac{7}{9}$ km이고, 서점에서 학교까지의 거리는 $\frac{5}{8}$ km입니다. 집에서 서점을 거쳐 학교까지 가는 거리는 몇 km입니까? （　　　　　　　）

Self Check	개념연산		원리이해				실력완성		선생님 확인
	1	2	3	4	5	6	7	8	
	/3	/3	○/×	○/×	○/×	○/×	○/×	○/×	

분모가 다른 대분수의 덧셈

1. 받아올림이 없는 대분수의 덧셈

자연수는 자연수끼리, 분수는 분수끼리 더합니다.

예 $1\dfrac{1}{4}+2\dfrac{1}{3}=(1+2)+\left(\dfrac{1}{4}+\dfrac{1}{3}\right)=3+\left(\dfrac{3}{12}+\dfrac{4}{12}\right)=3+\dfrac{7}{12}=3\dfrac{7}{12}$

2. 받아올림이 있는 대분수의 덧셈

방법 ① 자연수는 자연수끼리, 분수는 분수끼리 계산합니다.

$2\dfrac{2}{3}+3\dfrac{1}{2}=(2+3)+\left(\dfrac{2}{3}+\dfrac{1}{2}\right)$

$=5+\left(\dfrac{4}{6}+\dfrac{3}{6}\right)=5+\dfrac{7}{6}$

$=5+1\dfrac{1}{6}=6\dfrac{1}{6}$

방법 ② 대분수를 가분수로 고쳐서 계산합니다.

$2\dfrac{2}{3}+3\dfrac{1}{2}=\dfrac{8}{3}+\dfrac{7}{2}=\dfrac{16}{6}+\dfrac{21}{6}$

$=\dfrac{37}{6}=6\dfrac{1}{6}$

가분수를 대분수로 고칩니다.

> **꼭! 알아두세요~**
>
> **분모가 다른 대분수의 덧셈**
>
> $●\dfrac{▲}{■}+△\dfrac{☆}{○}$
>
> $=(●+△)+\left(\dfrac{▲}{■}+\dfrac{☆}{○}\right)$
>
> 자연수는 자연수끼리,
> 분수는 분수끼리 더합니다.
>
> ➡ 계산 결과가 가분수이면 대분수로, 기약분수가 아니면 기약분수로 나타냅니다.

개념연산 ▶ 1~2

1 다음을 계산하시오.

(1) $2\dfrac{2}{7}+4\dfrac{3}{5}=$

(2) $3\dfrac{1}{6}+1\dfrac{3}{4}=$

(3) $1\dfrac{5}{8}+6\dfrac{5}{24}=$

(4) $4\dfrac{1}{3}+2\dfrac{1}{4}=$

(5) $3\dfrac{4}{15}+4\dfrac{1}{6}=$

(6) $6\dfrac{3}{8}+7\dfrac{5}{12}=$

2 다음을 계산하시오.

(1) $4\dfrac{6}{7}+3\dfrac{2}{3}=$

(2) $3\dfrac{3}{4}+7\dfrac{5}{6}=$

(3) $6\dfrac{5}{8}+2\dfrac{9}{12}=$

(4) $3\dfrac{2}{3}+1\dfrac{3}{4}=$

(5) $5\dfrac{5}{7}+2\dfrac{13}{21}=$

(6) $1\dfrac{5}{6}+8\dfrac{4}{7}=$

원리이해 3~6

3 가장 큰 수와 가장 작은 수의 합을 구하시오.

$$2\frac{5}{12} \qquad 4\frac{2}{7} \qquad 1\frac{3}{10}$$

(　　　　　　　　)

4 ☐ 안에 들어갈 수 있는 자연수 중에서 가장 큰 수를 구하시오.

$$1\frac{3}{7}+2\frac{1}{4}>3\frac{\square}{28}$$

(　　　　　　　　)

5 ☐ 안에 알맞은 분수를 구하시오.

$$\square-3\frac{9}{10}=2\frac{7}{15}$$

(　　　　　　　　)

6 삼각형의 세 변의 길이의 합은 몇 cm입니까?

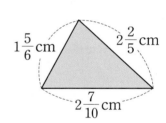

(　　　　　　　　)

실력완성 7~8

7 혜진이는 약수터에서 $3\frac{7}{12}$ L의 물을 받았고, 수진이는 $2\frac{1}{6}$ L의 물을 받았습니다. 두 사람이 받은 물은 모두 몇 L입니까?

(　　　　　　　　)

8 주영이의 몸무게는 $35\frac{1}{4}$ kg입니다. 주영이가 무게가 $2\frac{7}{8}$ kg인 가방을 메고 무게를 재면 몇 kg입니까?

(　　　　　　　　)

Self Check	개념연산		원리이해				실력완성		선생님 확인
	1	2	3	4	5	6	7	8	
	/6	/6	O / X	O / X	O / X	O / X	O / X	O / X	

분모가 다른 진분수의 뺄셈

두 분수를 통분한 후, 분모는 그대로 두고 분자끼리 뺄셈을 합니다.

→ 공통분모를 구하기 간편합니다.

방법 1 분모의 곱을 공통분모로 하여 통분한 후 계산합니다.

$$\frac{5}{8} - \frac{1}{6} = \frac{5 \times 6}{8 \times 6} - \frac{1 \times 8}{6 \times 8}$$

$$= \frac{30}{48} - \frac{8}{48} = \frac{22}{48}$$

$$= \frac{11}{24}$$ ← 기약분수로 나타냅니다.

→ 분자끼리의 뺄셈이 간편합니다.

방법 2 분모의 최소공배수를 공통분모로 하여 통분한 후 계산합니다.

$$\frac{5}{8} - \frac{1}{6} = \frac{5 \times 3}{8 \times 3} - \frac{1 \times 4}{6 \times 4}$$

$$= \frac{15}{24} - \frac{4}{24}$$

$$= \frac{11}{24}$$

참고 두 분수를 통분할 때 분모의 공약수가 1뿐이면 두 분모의 곱이 최소공배수가 됩니다.

꼭! 알아두세요~

분모가 다른 진분수의 뺄셈

① 두 분수를 통분합니다.

↓

② 통분한 분모는 그대로 두고 분자끼리 뺍니다.

↓

③ 계산 결과를 기약분수로 나타냅니다.

개념연산 ▶ 1~2

1 다음을 계산하시오.

(1) $\frac{7}{10} - \frac{1}{3} =$

(2) $\frac{5}{7} - \frac{2}{11} =$

(3) $\frac{8}{9} - \frac{3}{5} =$

(4) $\frac{7}{12} - \frac{1}{7} =$

(5) $\frac{9}{10} - \frac{2}{3} =$

(6) $\frac{3}{5} - \frac{3}{8} =$

2 다음을 계산하시오.

(1) $\frac{11}{12} - \frac{5}{8} =$

(2) $\frac{8}{9} - \frac{5}{6} =$

(3) $\frac{11}{15} - \frac{7}{12} =$

(4) $\frac{8}{15} - \frac{1}{6} =$

(5) $\frac{7}{8} - \frac{5}{14} =$

(6) $\frac{1}{6} - \frac{2}{21} =$

원리이해 3~5

3 계산 결과가 더 큰 것의 기호를 쓰시오.

가 : $\dfrac{9}{10} - \dfrac{1}{4}$　　　　나 : $\dfrac{3}{4} - \dfrac{3}{10}$

(　　　　　　)

4 계산 결과가 같은 것끼리 선으로 이어 보시오.

$\dfrac{3}{5} - \dfrac{1}{3}$ ·　　　　· $\dfrac{23}{40}$

$\dfrac{7}{10} - \dfrac{1}{8}$ ·　　　　· $\dfrac{4}{15}$

5 계산 결과가 가장 크도록 두 분수를 골라 ○ 안에 써넣고, 계산 결과를 ☐ 안에 써넣으시오.

$\dfrac{7}{20}$　　　$\dfrac{11}{15}$　　　$\dfrac{3}{10}$

◯－◯=☐

실력완성 6~7

6 오렌지 주스 $\dfrac{11}{12}$ L가 있습니다. 이 중 $\dfrac{2}{5}$ L를 마셨다면 남은 오렌지 주스의 양은 몇 L 입니까?

(　　　　　　)

7 소금 $\dfrac{11}{15}$ kg 중에서 음식을 하는데 $\dfrac{4}{9}$ kg을 사용했습니다. 남은 소금의 양은 몇 kg입니까?

(　　　　　　)

Self Check	개념연산		원리이해			실력완성		선생님 확인
	1	2	3	4	5	6	7	
	/6	/6	○ / X	○ / X	○ / X	○ / X	○ / X	

분모가 다른 대분수의 뺄셈

1. 받아내림이 없는 대분수의 뺄셈

방법 ① 자연수는 자연수끼리, 분수는 분수끼리 계산합니다.

$$3\frac{7}{10}-2\frac{2}{7}=3\frac{49}{70}-2\frac{20}{70}$$
$$=(3-2)+\left(\frac{49}{70}-\frac{20}{70}\right)$$
$$=1+\frac{29}{70}=1\frac{29}{70}$$

방법 ② 대분수를 가분수로 고쳐서 계산합니다.

$$3\frac{7}{10}-2\frac{2}{7}=\frac{37}{10}-\frac{16}{7}$$
$$=\frac{259}{70}-\frac{160}{70}$$
$$=\frac{99}{70}=1\frac{29}{70}$$

2. 받아내림이 있는 대분수의 뺄셈

방법 ① 자연수 부분에서 1을 받아내림 하여 계산합니다.

$$4\frac{1}{2}-2\frac{4}{5}=4\frac{5}{10}-2\frac{8}{10}$$
$$=3\frac{15}{10}-2\frac{8}{10}$$

진분수끼리 뺄 수 없으면 자연수에서 1을 받아내림 합니다.

$$=(3-2)+\left(\frac{15}{10}-\frac{8}{10}\right)$$
$$=1+\frac{7}{10}=1\frac{7}{10}$$

방법 ② 대분수를 가분수로 고쳐서 계산합니다.

$$4\frac{1}{2}-2\frac{4}{5}=\frac{9}{2}-\frac{14}{5}$$
$$=\frac{45}{10}-\frac{28}{10}$$
$$=\frac{17}{10}$$

가분수를 대분수로 고칩니다.

$$=1\frac{7}{10}$$

개념연산 ▶ 1~2

1 다음을 계산하시오.

(1) $6\frac{4}{5}-3\frac{3}{8}=$

(2) $9\frac{5}{7}-2\frac{1}{4}=$

(3) $7\frac{5}{12}-4\frac{1}{6}=$

(4) $12\frac{8}{9}-8\frac{5}{8}=$

(5) $5\frac{6}{7}-1\frac{2}{3}=$

(6) $6\frac{4}{5}-3\frac{3}{8}=$

2 다음을 계산하시오.

(1) $3\frac{1}{2}-1\frac{2}{3}=$

(2) $4\frac{2}{9}-1\frac{3}{5}=$

(3) $7\frac{8}{15}-3\frac{9}{10}=$

(4) $8\frac{5}{13}-2\frac{23}{26}=$

(5) $9\frac{3}{7}-4\frac{14}{21}=$

(6) $5\frac{7}{16}-2\frac{19}{24}=$

원리이해 3~6

3 빈 곳에 두 수의 차를 써넣으시오.

(1)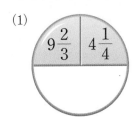

(2)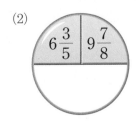

4 ○ 안에 >, =, <를 알맞게 써넣으시오.

$$4\frac{9}{14}-2\frac{10}{21} \bigcirc 8\frac{6}{7}-6\frac{5}{6}$$

5 가장 큰 수와 가장 작은 수의 차를 구하시오.

$$7\frac{2}{9} \qquad 2\frac{5}{6} \qquad 4\frac{7}{8}$$

(　　　　　　　　)

6 1부터 9까지의 자연수 중에서 □ 안에 들어갈 수 있는 수를 모두 구하시오.

$$9\frac{7}{16}-1\frac{7}{8}<\square\frac{5}{16}$$

(　　　　　　　　)

실력완성 7~8

7 유미의 키는 $1\frac{7}{15}$ m이고, 현석이의 키는 $1\frac{4}{9}$ m입니다. 누가 몇 m 더 큽니까?

(　　　　　,　　　　　)

8 민성이네집 앞마당에는 은행나무와 단풍나무가 있습니다. 은행나무의 높이는 $7\frac{3}{10}$ m이고, 단풍나무의 높이는 $4\frac{7}{9}$ m입니다. 은행나무는 단풍나무보다 몇 m 더 높습니까?

(　　　　　　　　)

Self Check	개념연산		원리이해				실력완성		선생님 확인
	1	2	3	4	5	6	7	8	
	/6	/6	/2	○/✗	○/✗	○/✗	○/✗	○/✗	

030 분수와 자연수의 곱셈

1. (진분수) × (자연수)의 계산 원리

예 $\dfrac{1}{6} \times 4 = \dfrac{1}{6} + \dfrac{1}{6} + \dfrac{1}{6} + \dfrac{1}{6} = \dfrac{1 \times 4}{6} = \dfrac{4}{6} = \dfrac{2}{3}$

기약분수로 고치기

2. (진분수) × (자연수), (자연수) × (진분수)

방법① 분모는 그대로 쓰고, 분자와 자연수를 곱하여 계산합니다.

예 $\dfrac{2}{7} \times 3 = \dfrac{2 \times 3}{7} = \dfrac{6}{7}$

방법② 분자와 자연수를 곱하는 과정에서 약분하여 계산합니다.

예 $8 \times \dfrac{5}{12} = \dfrac{\overset{2}{8} \times 5}{\underset{3}{12}} = \dfrac{10}{3} = 3\dfrac{1}{3}$

참고 계산 결과가 가분수이면 대분수로 나타냅니다.

3. 대분수와 자연수의 곱셈

방법① 대분수를 자연수 부분과 진분수 부분으로 나누고, 각각 자연수를 곱하여 계산합니다.

$$1\dfrac{3}{4} \times 2 = \left(1 + \dfrac{3}{4}\right) \times 2$$
$$= (1 \times 2) + \left(\dfrac{3}{4} \times 2\right)$$

자연수 부분   진분수 부분

$$= 2 + \dfrac{3}{2} = 2 + 1\dfrac{1}{2}$$
$$= 3\dfrac{1}{2}$$

방법② 대분수를 가분수로 고쳐서 계산합니다.

$$1\dfrac{3}{4} \times 2 = \dfrac{7}{4} \times 2$$
$$= \dfrac{7 \times \overset{1}{2}}{\underset{2}{4}}$$
$$= \dfrac{7}{2}$$
$$= 3\dfrac{1}{2}$$

꼭! 알아두세요~

대분수와 자연수의 곱셈

[방법1]

$$\bullet\dfrac{\star}{\blacksquare} \times \blacktriangle = (\bullet \times \blacktriangle) + \left(\dfrac{\star}{\blacksquare} \times \blacktriangle\right)$$

➡ 대분수를 자연수 부분과 진분수 부분으로 나누고, 각각 자연수를 곱하여 계산합니다.

[방법2]

$$\bullet\dfrac{\star}{\blacksquare} \times \blacktriangle = \dfrac{\bullet \times \blacksquare + \star}{\blacksquare} \times \blacktriangle$$

➡ 대분수를 가분수로 고쳐서 계산합니다.

개념연산 ▶ 1

1 다음을 계산하시오.

(1) $\dfrac{4}{5} \times 3 =$

(2) $\dfrac{9}{14} \times 21 =$

(3) $10 \times \dfrac{7}{9} =$

(4) $2\dfrac{3}{4} \times 5 =$

(5) $4 \times 5\dfrac{2}{3} =$

(6) $12 \times 2\dfrac{3}{16} =$

원리이해 2~5

2 계산 결과가 자연수인 것을 찾아 기호를 쓰시오.

$$\bigcirc \ \frac{11}{12} \times 8 \qquad \bigcirc \ \frac{5}{8} \times 32 \qquad \bigcirc \ 5 \times \frac{17}{20}$$

(　　　　　　　　　)

3 오른쪽 정사각형의 둘레의 길이는 몇 cm입니까?

(　　　　　　　　　)

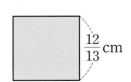
$\frac{12}{13}$ cm

4 잘못 계산한 사람의 이름을 쓰시오.

$$\text{지연} : 4\frac{4}{15} \times 3 = 4\frac{4}{5} \qquad \text{아름} : 4\frac{4}{15} \times 3 = 12\frac{4}{5}$$

(　　　　　　　　　)

5 계산 결과가 작은 것부터 차례대로 기호를 쓰시오.

$$\bigcirc \ 10 \times 1\frac{1}{6} \quad \bigcirc \ 9 \times 1\frac{3}{7} \quad \bigcirc \ 7 \times 1\frac{5}{14} \quad ② \ 6 \times 1\frac{3}{8}$$

(　　　　　　　　　)

실력완성 6~7

6 물이 $\frac{3}{4}$ L씩 들어 있는 물통이 6개 있습니다. 물통 6개에 들어 있는 물을 모두 합하면 몇 L입니까?

(　　　　　　　　　)

7 성진이는 한 시간에 3 km를 걷습니다. 1시간 20분 동안 걷는다면 성진이가 걸은 거리는 몇 km입니까?

(　　　　　　　　　)

Self Check	개념연산	원리이해				실력완성		선생님 확인
	1	2	3	4	5	6	7	
	/6	O / X	O / X	O / X	O / X	O / X	O / X	

(진분수)×(진분수)

1. (단위분수)×(단위분수)의 계산 원리

예 $\dfrac{1}{3} \times \dfrac{1}{2}$ 은 $\dfrac{1}{3}$ 의 $\dfrac{1}{2}$ 입니다.

분자가 1인 분수를 단위분수라고 합니다. 이때 분모가 클수록 작은 수입니다.

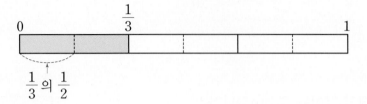

$\dfrac{1}{3}$ 의 $\dfrac{1}{2}$

2. (단위분수)×(단위분수)

분자는 항상 1이고, 분모는 분모끼리 곱합니다.

예 $\dfrac{1}{3} \times \dfrac{1}{2} = \dfrac{1}{3 \times 2} = \dfrac{1}{6}$

참고 ① 단위분수와 단위분수의 곱은 항상 단위분수입니다.

② 단위분수끼리의 곱은 곱하는 두 단위분수보다 작습니다.

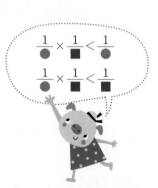

$\dfrac{1}{\bullet} \times \dfrac{1}{\blacksquare} < \dfrac{1}{\bullet}$

$\dfrac{1}{\bullet} \times \dfrac{1}{\blacksquare} < \dfrac{1}{\blacksquare}$

3. (진분수)×(진분수)

방법 ① 분모는 분모끼리, 분자는 분자끼리 곱한 후 약분하여 계산합니다.

$$\dfrac{3}{4} \times \dfrac{5}{9} = \dfrac{3 \times 5}{4 \times 9} = \dfrac{\overset{5}{\cancel{15}}}{\underset{12}{\cancel{36}}} = \dfrac{5}{12}$$

방법 ② 곱을 구하는 과정 또는 주어진 식에서 약분하여 계산합니다.

$$\dfrac{3}{4} \times \dfrac{5}{9} = \dfrac{\overset{1}{\cancel{3}} \times 5}{4 \times \underset{3}{\cancel{9}}} = \dfrac{5}{12}$$

또는 $\dfrac{\overset{1}{\cancel{3}}}{4} \times \dfrac{5}{\underset{3}{\cancel{9}}} = \dfrac{5}{12}$

꼭! 알아두세요~

(진분수)×(진분수)

$\dfrac{\bullet}{\blacksquare} \times \dfrac{\blacktriangle}{\bigstar} = \dfrac{\bullet \times \blacktriangle}{\blacksquare \times \bigstar}$

➡ 곱을 구하는 과정에서 약분하면 계산이 편리합니다.

개념연산 1~2

1 다음을 계산하시오.

(1) $\dfrac{1}{4} \times \dfrac{1}{5} =$

(2) $\dfrac{1}{8} \times \dfrac{1}{9} =$

(3) $\dfrac{1}{12} \times \dfrac{1}{15} =$

2 다음을 계산하시오.

(1) $\dfrac{2}{5} \times \dfrac{3}{7} =$

(2) $\dfrac{3}{4} \times \dfrac{7}{10} =$

(3) $\dfrac{4}{5} \times \dfrac{15}{17} =$

원리이해 3~6

3 ◯ 안에 >, =, <를 알맞게 써넣으시오.

(1) $\dfrac{1}{7} \times \dfrac{1}{9}$ ◯ $\dfrac{1}{7}$

(2) $\dfrac{1}{12}$ ◯ $\dfrac{1}{10} \times \dfrac{1}{12}$

4 가장 큰 수와 가장 작은 수의 곱을 구하시오.

| $\dfrac{1}{8}$ | $\dfrac{1}{12}$ | $\dfrac{1}{10}$ |

(   )

5 빈 곳에 알맞은 수를 써넣으시오.

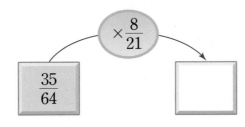

6 ㉠과 ㉡의 차를 구하시오.

| ㉠ $\dfrac{8}{15} \times \dfrac{9}{20}$ ㉡ $\dfrac{7}{30} \times \dfrac{6}{35}$ |

(   )

실력완성 7~8

7 세영이가 피자를 어제는 전체의 $\dfrac{1}{2}$ 을 먹었고, 오늘은 나머지의 $\dfrac{1}{4}$ 을 먹었습니다. 세영이 가 오늘 먹은 피자의 양은 전체의 몇 분의 몇입니까?   (   )

8 채원이네 반 학생의 $\dfrac{9}{14}$ 는 여학생이고, 여학생 중에서 $\dfrac{7}{15}$ 은 오늘 원피스를 입었습니다. 채원이네 반에서 오늘 원피스를 입은 여학생은 전체의 몇 분의 몇입니까?

(   )

Self Check	개념연산		원리이해			실력완성		선생님 확인
	1	2	3	4	5	6	7	8
	/3	/3	/2	○/×	○/×	○/×	○/×	○/×	

(대분수)×(대분수)/세 분수의 곱셈

1. (대분수)×(대분수)

대분수를 가분수로 고친 후 분모는 분모끼리, 분자는 분자끼리 곱합니다.

계산하는 과정에서
약분하여 계산합니다.

예 $1\dfrac{1}{4} \times 4\dfrac{2}{3} = \dfrac{5}{\overset{}{\underset{2}{4}}} \times \dfrac{\overset{7}{14}}{3} = \dfrac{5 \times 7}{2 \times 3} = \dfrac{35}{6} = 5\dfrac{5}{6}$

대분수를 가분수로
고칩니다.

참고 대분수끼리 곱셈을 할 때, 대분수 상태에서 약분하지 않도록 주의합니다.

$1\dfrac{1}{4} \times 4\dfrac{2}{3} = 1\dfrac{1}{2} \times 4\dfrac{1}{3} = \dfrac{\overset{1}{3}}{2} \times \dfrac{13}{\overset{}{\underset{1}{3}}} = \dfrac{13}{2} = 6\dfrac{1}{2}(\times)$

2. 세 분수의 곱셈

방법① 두 분수를 먼저 계산하고, 나머지 분수를 곱해서 계산합니다.

$\dfrac{1}{4} \times \dfrac{2}{5} \times \dfrac{5}{6} = \left(\dfrac{1}{\overset{}{\underset{2}{4}}} \times \dfrac{\overset{1}{2}}{5}\right) \times \dfrac{5}{6}$

$= \dfrac{1}{\overset{}{\underset{2}{10}}} \times \dfrac{\overset{1}{5}}{6}$

$= \dfrac{1}{12}$

방법② 분모는 분모끼리, 분자는 분자끼리 곱으로 나타낸 후 약분하여 계산합니다.

$\dfrac{1}{4} \times \dfrac{2}{5} \times \dfrac{5}{6} = \dfrac{1 \times \overset{1}{2} \times \overset{1}{5}}{\underset{2}{4} \times \underset{1}{5} \times 6}$

$= \dfrac{1}{12}$

꼭! 알아두세요~

세 분수의 곱셈

$\dfrac{\bullet}{\blacksquare} \times \dfrac{\blacktriangle}{\bigstar} \times \dfrac{\clubsuit}{\spadesuit} = \dfrac{\bullet \times \blacktriangle \times \clubsuit}{\blacksquare \times \bigstar \times \spadesuit}$

개념연산 1~2

1 다음을 계산하시오.

(1) $1\dfrac{2}{3} \times 2\dfrac{1}{2} =$

(2) $4\dfrac{1}{2} \times 3\dfrac{5}{9} =$

(3) $2\dfrac{2}{5} \times 3\dfrac{5}{8} =$

2 다음을 계산하시오.

(1) $\dfrac{2}{3} \times \dfrac{3}{4} \times \dfrac{4}{5} =$

(2) $1\dfrac{2}{3} \times \dfrac{3}{7} \times 2\dfrac{9}{20} =$

(3) $\dfrac{7}{9} \times 7\dfrac{1}{7} \times 2\dfrac{7}{10} =$

원리이해 3~6

3 다음 수 중에서 가장 큰 수와 가장 작은 수의 곱을 구하시오.

$3\frac{6}{7}$　　　$4\frac{2}{3}$　　　$8\frac{1}{6}$　　　$7\frac{4}{9}$

(　　　　　)

4 □ 안에 들어갈 수 있는 자연수는 모두 몇 개입니까?

$$1\frac{11}{15}\times2\frac{3}{4}>\square\frac{7}{10}$$

(　　　　　)

5 ㉠, ㉡, ㉢이 다음과 같을 때 ㉠×㉡×㉢의 값을 구하시오.

㉠ $2\frac{4}{5}$　　　　㉡ $\frac{6}{7}$　　　　㉢ $1\frac{5}{12}$

(　　　　　)

6 ㉠+㉡의 값을 구하시오.

$$\frac{5}{8}\times1\frac{13}{15}\times5\frac{5}{7}=㉠\frac{㉡}{3}$$

(　　　　　)

실력완성 7~8

7 한 시간 동안 $10\frac{2}{5}$ L의 물이 나오는 수도꼭지로 $2\frac{1}{12}$시간 동안 물을 받았습니다. 받은 물의 양은 몇 L입니까?

(　　　　　)

8 어느 버스 안의 승객 중 $\frac{3}{5}$은 학생이며, 학생 중에서 $\frac{5}{7}$는 초등학생입니다. 또, 초등학생 중에서 $\frac{2}{3}$는 운동화를 신었습니다. 버스 안에 운동화를 신은 초등학생은 전체의 몇 분의 몇입니까?

(　　　　　)

Self Check	개념연산		원리이해				실력완성		선생님 확인
	1	2	3	4	5	6	7	8	
	/3	/3	O / X	O / X	O / X	O / X	O / X	O / X	

033 분수와 소수의 관계

1. 분수를 소수로 나타내기

(1) 진분수를 소수로 나타내기

분모가 10, 100, 1000 ……인 분수로 고친 다음 소수로 나타냅니다.

① 분모가 10인 분수로 고치고, 소수로 나타내기 예 $\dfrac{1}{2}=\dfrac{1\times5}{2\times5}=\dfrac{5}{10}=0.5$

② 분모가 100인 분수로 고치고, 소수로 나타내기 예 $\dfrac{1}{4}=\dfrac{1\times25}{4\times25}=\dfrac{25}{100}=0.25$

③ 분모가 1000인 분수로 고치고, 소수로 나타내기 예 $\dfrac{1}{8}=\dfrac{1\times125}{8\times125}=\dfrac{125}{1000}=0.125$

(2) 대분수를 소수로 나타내기

자연수 부분은 그대로 두고 분수 부분을 소수로 고친 후 자연수 부분과 더합니다.

예 $1\dfrac{1}{4}=1+\dfrac{1}{4}=1+\dfrac{1\times25}{4\times25}=1+\dfrac{25}{100}=1+0.25=1.25$

2. 소수를 분수로 나타내기

(1) 소수를 분수로 나타내기

① 소수 한 자리 수는 분모가 10인 분수로 고칩니다.

예 $0.4=\dfrac{4}{10}=\dfrac{4\div2}{10\div2}=\dfrac{2}{5}$

② 소수 두 자리 수는 분모가 100인 분수로 고칩니다.

예 $0.75=\dfrac{75}{100}=\dfrac{75\div25}{100\div25}=\dfrac{3}{4}$

③ 소수 세 자리 수는 분모가 1000인 분수로 고칩니다.

예 $0.125=\dfrac{125}{1000}=\dfrac{125\div125}{1000\div125}=\dfrac{1}{8}$

(2) 1보다 큰 소수를 분수로 나타내기

자연수 부분은 그대로 두고 소수 부분을 기약분수로 나타낸 다음 자연수 부분과 더하여 대분수로 나타냅니다.

예 $2.45=2+0.45=2+\dfrac{45}{100}=2+\dfrac{45\div5}{100\div5}=2+\dfrac{9}{20}=2\dfrac{9}{20}$

> **꼭! 알아두세요~**
>
> **소수를 분수로 나타내기**
> ① 소수 한 자리 수
> ➡ 분모가 10인 분수
> ② 소수 두 자리 수
> ➡ 분모가 100인 분수
> ③ 소수 세 자리 수
> ➡ 분모가 1000인 분수

개념연산 ▶ 1

1 분수를 소수로, 소수를 기약분수로 나타내시오.

(1) $\dfrac{4}{5}=$ (2) $\dfrac{13}{20}=$ (3) $2\dfrac{3}{4}=$

(4) $0.7=$ (5) $0.48=$ (6) $4.35=$

수 와 연 산

4학년

5학년

6학년

원리이해 2~5

2 분모가 10인 분수로 고쳐서 소수로 나타낼 수 있는 것을 모두 찾아 기호를 쓰시오.

| ㉠ $\frac{1}{2}$ | ㉡ $\frac{1}{4}$ | ㉢ $\frac{4}{5}$ | ㉣ $\frac{3}{8}$ |

( )

3 분수와 소수가 같은 것끼리 선으로 이어 보시오.

$\frac{5}{8}$ · · · $\frac{4}{25}$ · · · $\frac{19}{500}$ · · ·

· · ·

0.038 0.625 0.16

4 소수를 기약분수로 나타낼 때 분모가 가장 작은 소수를 찾아 기호를 쓰시오.

| ㉠ 3.6 | ㉡ 0.32 | ㉢ 4.25 |

( )

5 소수 0.74와 크기가 같은 기약분수의 분모와 분자의 합을 구하시오.

( )

실력완성 6~7

6 희정이는 오늘 하루 동안 우유 $1\frac{11}{50}$ L를 마셨고, 동석이는 희정이보다 0.34 L를 더 마셨습니다. 동석이가 마신 우유의 양을 소수로 나타내시오. ( )

7 현우는 일주일 동안 우유 1.84 L를 마셨습니다. 현우가 일주일 동안 마신 우유의 양을 기약분수로 나타내시오. ( )

Self Check	개념연산	원리이해				실력완성		선생님 확인
	1	2	3	4	5	6	7	
	/6	O / X	O / X	O / X	O / X	O / X	O / X	

(소수)×(자연수)

1. (1보다 작은 소수)×(자연수)

방법① 분수의 곱셈으로 고쳐서 계산합니다.

$$0.4 \times 3 = \frac{4}{10} \times 3 = \frac{12}{10} = 1.2$$

방법② 자연수의 곱셈을 이용하여 계산합니다.

$$4 \times 3 = 12$$
$$\downarrow$$
$$0.4 \times 3 = 1.2$$

$$\begin{array}{r} 4 \\ \times\ 3 \\ \hline 1\,2 \end{array} \quad \Rightarrow \quad \begin{array}{r} 0.4 \\ \times\ 3 \\ \hline 1.2 \end{array} \quad \text{소수 한 자리 수}$$

곱하는 수의 소수점이 왼쪽으로 한 자리 이동 ➡ 곱의 결과의 소수점도 왼쪽으로 한 자리 이동

2. (1보다 큰 소수)×(자연수)

방법① 분수의 곱셈으로 고쳐서 계산합니다.

$$1.2 \times 6 = \frac{12}{10} \times 6 = \frac{72}{10} = 7.2$$

방법② 자연수의 곱셈을 이용하여 계산합니다.

$$12 \times 6 = 72$$
$$\downarrow$$
$$1.2 \times 6 = 7.2$$

$$\begin{array}{r} 1\,2 \\ \times\ 6 \\ \hline 7\,2 \end{array} \quad \Rightarrow \quad \begin{array}{r} 1.2 \\ \times\ 6 \\ \hline 7.2 \end{array} \quad \text{소수 한 자리 수}$$

꼭! 알아두세요~

(1보다 큰 소수)×(자연수)
① 분수의 곱셈으로 고쳐서 계산합니다.
② 자연수의 곱셈을 이용하여 계산합니다.

개념연산 1~2

1 다음을 계산하시오.

(1) $0.7 \times 5 =$

(2) $6 \times 0.9 =$

(3) $8 \times 0.14 =$

(4) $\begin{array}{r} 0.8 \\ \times\ \ 7 \\ \hline \end{array}$

(5) $\begin{array}{r} 0.3 \\ \times\ \ 6 \\ \hline \end{array}$

(6) $\begin{array}{r} 0.26 \\ \times\ \ \ 9 \\ \hline \end{array}$

2 다음을 계산하시오.

(1) $2.5 \times 3 =$

(2) $5.2 \times 9 =$

(3) $7 \times 3.6 =$

(4) $\begin{array}{r} 4.2 \\ \times\ \ 3 \\ \hline \end{array}$

(5) $\begin{array}{r} 7.5 \\ \times\ \ 5 \\ \hline \end{array}$

(6) $\begin{array}{r} 6 \\ \times\ 2.7 \\ \hline \end{array}$

원리이해 3~6

3 빈칸에 알맞은 수를 써넣으시오.

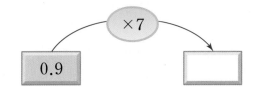

4 계산 결과가 가장 큰 것을 찾아 기호를 쓰시오.

| ㉠ 28×0.07 | ㉡ 3×0.9 | ㉢ 10×0.15 |

(　　　　　　　　　)

5 ㉠－㉡의 값을 구하시오.

| ㉠ 8×5.2 | ㉡ 6.9×4 |

(　　　　　　　　　)

6 한 변의 길이가 5.6 cm인 정사각형의 둘레의 길이는 몇 cm입니까?

(　　　　　　　　　)

5.6 cm

실력완성 7~8

7 원주의 몸무게는 39 kg이고 동생의 몸무게는 원주의 몸무게의 0.9배입니다. 동생의 몸무게는 몇 kg입니까?

(　　　　　　　　　)

8 100원짜리 동전 1개의 무게는 5.4 g입니다. 100원짜리 동전 8개의 무게는 몇 g입니까?

(　　　　　　　　　)

Self Check	개념연산		원리이해				실력완성		선생님 확인
	1	2	3	4	5	6	7	8	
	/6	/6	○/✕	○/✕	○/✕	○/✕	○/✕	○/✕	

수와 연산

4학년
5학년
6학년

개념 035 크기 비교/곱의 소수점의 위치

1. 분수와 소수의 크기 비교

예 $\frac{1}{4}$과 0.2의 크기 비교

방법 ① 분수를 소수로 고쳐서 소수끼리 크기를 비교합니다.

$\frac{1}{4}=0.25$이고 $0.25>0.20$이므로

$\frac{1}{4}>0.2$입니다.

방법 ② 소수를 분수로 고쳐서 분수끼리 크기를 비교합니다.

$\frac{1}{4}=\frac{25}{100}$, $0.2=\frac{2}{10}=\frac{20}{100}$이고

$\frac{25}{100}>\frac{20}{100}$이므로 $\frac{1}{4}>0.2$입니다.

2. 곱의 소수점의 위치

(1) 소수에 10, 100, 1000을 곱하기

소수에 10, 100, 1000을 곱하면 곱하는 수의 0의 개수만큼 소수점이 오른쪽으로 옮겨집니다.

예 $0.48 \times \underset{1개}{10}=4.8$, $0.48 \times \underset{2개}{100}=48$, $0.480 \times \underset{3개}{1000}=480$

참고 소수점을 옮길 자리가 없으면 오른쪽 끝에 0을 채워 쓰면서 소수점을 옮깁니다.

(2) 소수에 0.1, 0.01, 0.001을 곱하기

자연수에 0.1, 0.01, 0.001을 곱하면 곱하는 수의 소수점 아래 자릿수만큼 소수점이 왼쪽으로 옮겨집니다.

예 $234 \times \underset{\text{소수 한 자리 수}}{0.1}=23.4$, $234 \times \underset{\text{소수 두 자리 수}}{0.01}=2.34$, $0234 \times \underset{\text{소수 세 자리 수}}{0.001}=0.234$

참고 소수점을 옮길 자리가 없으면 왼쪽으로 0을 채워 쓰면서 소수점을 옮깁니다.

꼭! 알아두세요~

곱의 소수점의 위치

곱하는 수	소수점의 이동 방향과 자릿수
10	오른쪽으로 한 자리
100	오른쪽으로 두 자리
1000	오른쪽으로 세 자리
0.1	왼쪽으로 한 자리
0.01	왼쪽으로 두 자리
0.001	왼쪽으로 세 자리

개념연산 1~2

1 두 수의 크기를 비교하여 ◯ 안에 >, =, <를 알맞게 써넣으시오.

(1) $0.7 \bigcirc \frac{3}{5}$

(2) $0.62 \bigcirc \frac{16}{25}$

(3) $3\frac{9}{40} \bigcirc 3.273$

2 다음을 계산하시오.

(1) $0.25 \times 10=$

(2) $7.04 \times 100=$

(3) $5.17 \times 1000=$

(4) $65.3 \times 0.1=$

(5) $125.3 \times 0.01=$

(6) $905 \times 0.001=$

수
와
연
산

4학년

5학년

6학년

원리이해 3~6

3 큰 수부터 차례대로 기호를 쓰시오.

| ㉠ $\dfrac{18}{25}$ | ㉡ $\dfrac{13}{20}$ | ㉢ 0.715 |

(   )

4 아래 그림은 물통에 들어 있는 물의 양을 나타낸 것입니다. 2개의 물통 중 물이 더 많이 들어 있는 물통에 ○표 하시오.

$1\dfrac{19}{25}$L   1.84L

(   )   (   )

5 곱의 소수점의 위치가 <u>잘못된</u> 것을 모두 찾아 기호를 쓰시오.

| ㉠ $3.92 \times 10 = 0.392$ | ㉡ $0.392 \times 1000 = 392$ |
| ㉢ $392 \times 0.01 = 39.2$ | ㉣ $392 \times 0.001 = 0.392$ |

(   )

6 ㉠과 ㉡의 곱을 구하시오.

| $5.687 \times 10 = ㉠$ | $0.7184 \times ㉡ = 71.84$ |

(   )

실력완성 7

7 등산로 입구에서 약수터까지의 거리는 $1\dfrac{7}{8}$ km이고, 폭포까지의 거리는 1.55 km입니다. 등산로 입구에서 약수터와 폭포까지의 거리 중 어느 곳이 더 가깝습니까?

(   )

Self Check	개념연산		원리이해			실력완성	선생님 확인
	1	**2**	**3**	**4**	**5**	**6**	**7**
	/3	/6	○/✕	○/✕	○/✕	○/✕	○/✕

1보다 작은/1보다 큰 소수의 곱셈

1. 1보다 작은 소수의 곱셈

방법① 분수의 곱셈으로 고쳐서 계산합니다.

$$0.3 \times 0.8 = \frac{3}{10} \times \frac{8}{10} = \frac{24}{100} = 0.24$$

방법② 자연수의 곱셈을 이용하여 계산합니다.

$$3 \times 8 = 24$$

0.1배 ↓0.1배 0.01배

$$0.3 \times 0.8 = 0.24$$

소수 ← 소수 → 소수
한 자리 수   한 자리 수   두 자리 수

$$
\begin{array}{r}
3 \\
\times\ 8 \\
\hline
2\,4
\end{array}
\Rightarrow
\begin{array}{r}
0.3 \\
\times\ 0.8 \\
\hline
0.24
\end{array}
$$

0.3 ← 소수 한 자리 수
0.8 ← 소수 한 자리 수
0.24 ← 소수 두 자리 수

> 곱한 두 소수의 소수점 아래 자릿수의 합만큼 곱의 결과에 소수점을 찍어줘~

2. 1보다 큰 소수의 곱셈

방법① 분수의 곱셈으로 고쳐서 계산합니다.

$$2.6 \times 3.4 = \frac{26}{10} \times \frac{34}{10} = \frac{884}{100} = 8.84$$

방법② 자연수의 곱셈을 이용하여 계산합니다.

$$26 \times 34 = 884$$

0.1배 ↓0.1배 0.01배

$$2.6 \times 3.4 = 8.84$$

소수 ← 소수 → 소수
한 자리 수   한 자리 수   두 자리 수

$$
\begin{array}{r}
26 \\
\times\ 34 \\
\hline
884
\end{array}
\Rightarrow
\begin{array}{r}
2.6 \\
\times\ 3.4 \\
\hline
8.84
\end{array}
$$

2.6 ← 소수 한 자리 수
3.4 ← 소수 한 자리 수
8.84 ← 소수 두 자리 수

개념연산 1~2

1 다음을 계산하시오.

(1) $0.4 \times 0.9 =$

(2) $0.8 \times 0.5 =$

(3) $0.5 \times 0.37 =$

(4) $0.17 \times 0.6 =$

(5) $0.35 \times 0.65 =$

(6) $0.24 \times 0.33 =$

2 다음을 계산하시오.

(1) $2.7 \times 1.6 =$

(2) $1.3 \times 3.5 =$

(3) $3.2 \times 4.54 =$

(4) $5.02 \times 2.4 =$

(5) $4.25 \times 3.54 =$

(6) $6.19 \times 1.82 =$

원리이해 3~6

3 ○ 안에 >, =, <를 알맞게 써넣으시오.

$$0.3 \times 0.75 \bigcirc 0.36 \times 0.6$$

4 가로의 길이가 0.85 m, 세로의 길이가 0.65 m인 직사각형 모양의 나무판이 있습니다. 이 나무판의 넓이는 몇 m²입니까?

(　　　　　　)

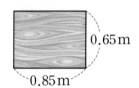

0.65 m

0.85 m

5 가장 큰 수와 가장 작은 수의 곱을 구하시오.

| 1.2 | 3.6 | 2.59 | 1.38 |

(　　　　　　)

6 □ 안에 들어갈 수 있는 가장 작은 자연수를 구하시오.

$$2.5 \times 3.14 < \square$$

(　　　　　　)

실력완성 7~8

7 □ 안에 들어갈 수 있는 소수 두 자리 수는 모두 몇 개입니까?

$$0.05 \times 0.4 < \square < 0.3 \times 0.2$$

(　　　　　　)

8 어느 소금물 1 L에는 5.36 g의 소금이 녹아 있습니다. 이 소금물 1.4 L에는 몇 g의 소금이 녹아 있습니까?

(　　　　　　)

Self Check	개념연산		원리이해				실력완성		선생님 확인
	1	2	3	4	5	6	7	8	
	/6	/6	O / X	O / X	O / X	O / X	O / X	O / X	

개념 018~019 　　　　　　　　혼합 계산

01 ♥46쪽 개념 018

바르게 계산한 것을 찾아 기호를 쓰시오.

> ㉠ $47-12\times3+8=113$
> ㉡ $3+6\times4-7=20$
> ㉢ $34-9+2\times7=189$

(　　　　　　　)

02 ♥48쪽 개념 019

무게가 똑같은 초콜릿 8개의 무게는 120 g이고, 무게가 똑같은 사탕 5개의 무게는 80 g입니다. 초콜릿 1개와 사탕 1개의 무게를 합하면 몇 g입니까?

(　　　　　　　)

03 ♥48쪽 개념 019

계산 순서대로 기호를 쓰시오.

$$25+8\times7-45\div9$$

$$\uparrow \quad \uparrow \quad \uparrow \quad \uparrow$$
$$㉠ \quad ㉡ \quad ㉢ \quad ㉣$$

(　　　　　　　)

개념 020~022 　　　　　　　　약수와 배수

04 ♥50쪽 개념 020

18을 어떤 수로 나누었더니 나누어떨어졌습니다. 어떤 수가 될 수 없는 수는 어느 것입니까?

(　　　　　　　)

① 2　　　　② 3　　　　③ 4
④ 6　　　　⑤ 9

05 ♥50쪽 개념 020

두 수가 약수와 배수의 관계인 것을 찾아 선으로 이어 보시오.

9	·		·	204
13	·		·	189
17	·		·	143

06 ♥52쪽 개념 021

두 수 가와 나의 최대공약수를 구하시오.

> 가$=2\times2\times3\times3\times7$　　나$=2\times3\times5\times7$

(　　　　　　　)

07 ♥52쪽 개념 021

어떤 두 수의 최대공약수가 40일 때, 이 두 수의 공약수가 <u>아닌</u> 수는 어느 것입니까? (　　　　)

① 2　　　　② 4　　　　③ 8
④ 10　　　　⑤ 15

08 ♥52쪽 개념 021

배 36개와 감 28개를 가장 많은 봉지에 남김없이 똑같이 나누어 담으려고 합니다. 최대 몇 장의 봉지에 담을 수 있습니까?

(　　　　　　　)

수
와
연
산

4학년
5학년
6학년

09 ❤54쪽 개념 022

4와 6의 공배수가 <u>아닌</u> 것을 모두 고르시오.

(　　　　)

① 12　　　　　② 18　　　　　③ 24

④ 30　　　　　⑤ 36

10 ❤54쪽 개념 022

도서관에 지수는 10일마다 가고 현주는 14일마다 간다고 합니다. 오늘 두 사람이 도서관에서 만났다면 다음 번에 처음으로 두 사람이 도서관에서 만나는 날은 며칠 후입니까?　(　　　　)

개념 023~025 　　　　　　약분과 통분

11 ❤56쪽 개념 023

주윤이는 케이크를 똑같이 6조각으로 나누어 한 조각을 먹었습니다. 은혜는 같은 크기의 케이크를 똑같이 12조각으로 나누었습니다. 주윤이와 같은 양을 먹으려면 은혜는 몇 조각을 먹어야 합니까?

(　　　　)

12 ❤56쪽 개념 023

두 분수의 크기가 서로 <u>다른</u> 것을 찾아 기호를 쓰시오.

$$\bigcirc \left(\frac{15}{27}, \frac{5}{9}\right) \qquad \bigcirc \left(\frac{32}{56}, \frac{4}{7}\right)$$
$$\bigcirc \left(\frac{21}{48}, \frac{3}{8}\right) \qquad \bigcirc \left(\frac{30}{75}, \frac{2}{5}\right)$$

(　　　　)

13 ❤58쪽 개념 024

$\frac{60}{75}$ 을 약분하려고 합니다. 분모와 분자를 동시에 나눌 수 <u>없는</u> 수를 모두 고르시오. (　　　)

① 3　　　　　② 5　　　　　③ 10

④ 12　　　　　⑤ 15

14 ❤58쪽 개념 024

$\frac{28}{42}$ 을 기약분수로 나타냈습니다. ㉠에 알맞은 수를 구하시오.

$$\frac{28}{42} = \frac{㉠}{3}$$

(　　　　)

15 ❤60쪽 개념 025

세 분수를 분모가 60인 수를 공통분모로 하여 통분하려고 합니다. ㉠, ㉡, ㉢에 알맞은 수를 구하고, 가장 작은 분수를 찾아 쓰시오.

$$\left(\frac{5}{6}, \frac{㉡}{15}, \frac{17}{20}\right) \Rightarrow \left(\frac{㉠}{60}, \frac{52}{60}, \frac{㉢}{60}\right)$$

㉠ (　　　) ㉡ (　　　) ㉢ (　　　)

가장 작은 분수 (　　　　)

16 ❤60쪽 개념 025

냉장고에 콜라 $\frac{2}{5}$ L, 사이다 $\frac{4}{9}$ L, 오렌지 주스 $\frac{7}{15}$ L가 있습니다. 음료수의 양이 적은 것부터 차례대로 쓰시오.　(　　　　)

개념 026~029 > **분수의 덧셈과 뺄셈(2)**

17 ♥62쪽 개념 026

태준이는 가게에서 당근 $\dfrac{9}{20}$ kg과 오이 $\dfrac{3}{8}$ kg을 샀습니다. 태준이가 산 당근과 오이는 모두 몇 kg입니까? ( )

18 ♥62쪽 개념 026

○ 안에 >, =, <를 알맞게 써넣으시오.

$$\dfrac{2}{3}+\dfrac{3}{4} \bigcirc \dfrac{7}{12}+\dfrac{5}{6}$$

19 ♥64쪽 개념 027

㉠+㉡의 값을 구하시오.

$$4\dfrac{2}{9}+3\dfrac{1}{5}=㉠\dfrac{㉡}{45}$$

( )

20 ♥64쪽 개념 027

서울에서 대전까지는 $1\dfrac{5}{6}$ 시간, 대전에서 부산까지는 $2\dfrac{2}{3}$ 시간이 걸렸습니다. 서울에서 대전을 지나 부산까지 가는데 총 몇 시간이 걸렸습니까?

( )

21 ♥66쪽 개념 028

고추장 $\dfrac{17}{20}$ kg이 있습니다. 어머니는 야채볶음을 하시는데 고추장 $\dfrac{2}{5}$ kg을 사용하셨습니다. 남아 있는 고추장은 몇 kg입니까?

( )

22 ♥68쪽 개념 029

직사각형의 가로의 길이와 세로의 길이의 차는 몇 cm입니까?

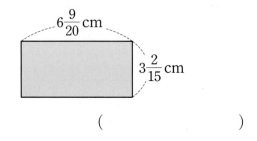

( )

23 ♥68쪽 개념 029

어떤 수에 $2\dfrac{11}{16}$ 을 더했더니 $4\dfrac{7}{12}$ 이 되었습니다. 어떤 수를 구하시오. ( )

개념 030~032 > **분수의 곱셈**

24 ♥70쪽 개념 030

$\dfrac{5}{7}\times 3$과 계산 결과가 <u>다른</u> 하나는 어느 것입니까? ( )

① $\dfrac{5\times 3}{7}$　　② $\dfrac{5}{5\times 3}$　　③ $\dfrac{15}{7}$

④ $2\dfrac{1}{7}$　　⑤ $\dfrac{5+5+5}{7}$

수
와
연
산

4학년

5학년

6학년

25 💚70쪽 개념 030

한 변의 길이가 $4\frac{5}{12}$ cm인 정삼각형의 둘레의 길이는 몇 cm입니까?

(   )

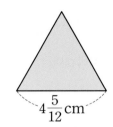

$4\frac{5}{12}$ cm

26 💚72쪽 개념 031

밭 전체의 $\frac{1}{3}$ 만큼에는 감자를 심었고, 감자를 심은 밭의 $\frac{1}{4}$ 만큼에서 감자를 캤습니다. 감자를 캔 밭은 전체 밭의 몇 분의 몇입니까?

(   )

27 💚74쪽 개념 032

가로의 길이가 $5\frac{1}{4}$ m, 세로의 길이가 $2\frac{4}{7}$ m인 직사각형 모양의 화단이 있습니다. 이 화단의 넓이는 몇 m²입니까?   (   )

개념 033~036 ▶   **소수의 곱셈**

28 💚76쪽 개념 033

다음 조건을 모두 만족하는 분수를 구하시오.

- 소수 2.44와 크기가 같습니다.
- 기약분수입니다.

(   )

29 💚78쪽 개념 034

승주네 학교 운동장 한 바퀴는 0.35 km입니다. 운동장을 7바퀴 달렸다면 달린 거리는 몇 km입니까?   (   )

30 💚80쪽 개념 035

분수와 소수의 크기를 잘못 비교한 것을 모두 찾아 기호를 쓰시오.

㉠ $0.5 > \frac{3}{5}$	㉡ $\frac{3}{4} > 0.55$
㉢ $4.1 < 4\frac{3}{8}$	㉣ $\frac{23}{25} < 0.9$

(   )

31 💚82쪽 개념 036

빈칸에 알맞은 수를 써넣으시오.

1.5	×2.3		×1.2	

self check 자기 점수에 ○표 하세요.

맞힌 개수	15개 이하	16~24개	25~29개	30~31개
학습 방법	개념을 다시 공부하세요.	조금 더 노력하세요.	실수하면 안 돼요.	참 잘했어요.

(자연수)÷(자연수) (1)

1. (자연수)÷(자연수)를 곱셈으로 나타내기

(1) 1÷(자연수)를 곱셈으로 나타내기

예 1÷4를 곱셈으로 나타내기

막대 1개를 똑같이 4개로 나눈 것 중의 한 칸을 나타냅니다.

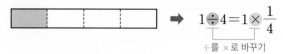

$$1 \div 4 = 1 \times \frac{1}{4}$$

÷를 ×로 바꾸기

(2) (자연수)÷(자연수)를 곱셈으로 나타내기

예 2÷5를 곱셈으로 나타내기

막대 2개를 똑같이 5개로 나눈 것 중의 한 칸씩을 나타냅니다.

$$2 \div 5 = 2 \times \frac{1}{5}$$

÷를 ×로 바꾸기

2. 나눗셈의 몫을 분수로 나타내기

(1) 1÷(자연수)의 몫을 분수로 나타내기

① 1÷4는 $1 \times \frac{1}{4}$입니다.　　② 1은 4의 $\frac{1}{4}$입니다.

③ 1÷4의 몫은 $\frac{1}{4}$입니다. ➡ $1 \div 4 = \frac{1}{4}$

(2) (자연수)÷(자연수)의 몫을 분수로 나타내기

① 2÷5는 $2 \times \frac{1}{5}$입니다.　　② 2는 5의 $\frac{2}{5}$입니다.

③ 2÷5의 몫은 $\frac{2}{5}$입니다. ➡ $2 \div 5 = \frac{2}{5}$

참고 두 분수의 분자가 같을 때, 분모가 작은 분수가 더 큽니다.

꼭! 알아두세요~

나눗셈의 몫을 분수로 나타내기

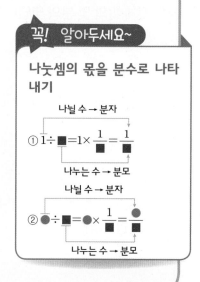

나뉠 수 → 분자

① $1 \div \blacksquare = 1 \times \dfrac{1}{\blacksquare} = \dfrac{1}{\blacksquare}$

나누는 수 → 분모

나뉠 수 → 분자

② $\bullet \div \blacksquare = \bullet \times \dfrac{1}{\blacksquare} = \dfrac{\bullet}{\blacksquare}$

나누는 수 → 분모

개념연산 1~2

1 나눗셈을 곱셈으로 나타내시오.

(1) 1÷3＝　　　　(2) 4÷5＝　　　　(3) 3÷8＝

2 나눗셈의 몫을 분수로 나타내시오.

(1) 1÷10＝　　　　(2) 8÷15＝　　　　(3) 12÷33＝

원리이해 3~6

3 서로 같은 것끼리 선으로 이어 보시오.

$7 \div 8$	$9 \div 12$	$16 \div 5$

$9 \times \dfrac{1}{12}$	$16 \times \dfrac{1}{5}$	$7 \times \dfrac{1}{8}$

4 나눗셈의 몫을 분수로 잘못 나타낸 것을 찾아 기호를 쓰시오.

$$ⓐ\ 2 \div 3 = \frac{3}{2} \qquad ⓑ\ 5 \div 9 = \frac{5}{9} \qquad ⓒ\ 10 \div 7 = \frac{7}{10} \qquad ⓓ\ 11 \div 15 = \frac{11}{15}$$

(　　　　　　　)

5 분수로 나타낸 몫을 비교하여 ○ 안에 ＞, ＝, ＜를 알맞게 써넣으시오.

(1) $1 \div 2$ ◯ $1 \div 3$　　　　(2) $2 \div 5$ ◯ $2 \div 7$　　　　(3) $12 \div 5$ ◯ $15 \div 6$

6 ㉠, ㉡에 알맞은 수를 각각 구하시오.

$$9 \div ㉠ = 9 \times \frac{1}{23} = ㉡$$

㉠ (　　　　　　　), ㉡ (　　　　　　　)

실력완성 7

7 길이가 4 m인 철사를 잘라 길이가 같은 철사 5도막을 만들었습니다. 철사 한 도막의 길이가 몇 m인지 분수로 나타내시오.

(　　　　　　　)

Self Check	개념연산		원리이해				실력완성	선생님 확인
	1	2	3	4	5	6	7	
	/3	/3	○/X	○/X	/3	○/X	○/X	

(분수)÷(자연수)

1. (진분수)÷(자연수), (가분수)÷(자연수)

방법 1 곱셈을 한 후 약분하여 계산합니다.

$$\frac{2}{5}\div2=\frac{2}{5}\times\frac{1}{2}=\frac{\overset{1}{2}}{\underset{5}{10}}=\frac{1}{5}\ \Longleftarrow (진분수)\div(자연수)$$

<small>분수의 곱셈으로 바꾸기</small>

$$\frac{12}{5}\div4=\frac{12}{5}\times\frac{1}{4}=\frac{\overset{3}{12}}{\underset{5}{20}}=\frac{3}{5}\ \Longleftarrow (가분수)\div(자연수)$$

방법 2 계산 중간 과정에서 약분한 후 곱셈하여 계산합니다.

$$\frac{2}{5}\div2=\frac{\overset{1}{2}}{5}\times\frac{1}{\underset{1}{2}}=\frac{1}{5}\ \Longleftarrow (진분수)\div(자연수)$$

$$\frac{12}{5}\div4=\frac{\overset{3}{12}}{5}\times\frac{1}{\underset{1}{4}}=\frac{3}{5}\ \Longleftarrow (가분수)\div(자연수)$$

$$\frac{\blacktriangle}{\blacksquare}\div\bigstar=\frac{\blacktriangle}{\blacksquare}\times\frac{1}{\bigstar}$$
$$=\frac{\blacktriangle}{\blacksquare\times\bigstar}$$

참고 계산 중간 과정에서 약분한 후 계산하면 계산 과정이 간단해집니다.
이때 분자와 분모를 약분할 때에는 두 수의 최대공약수로 약분합니다.

2. (대분수)÷(자연수)

> 대분수 상태에서 약분하면 안 됩니다.

대분수를 가분수로 고치고 (가분수)÷(자연수)의 계산과 같은 방법으로 계산합니다.

방법 1 곱셈을 한 후 약분하여 계산합니다.

$$2\frac{2}{5}\div3=\frac{12}{5}\div3=\frac{12}{5}\times\frac{1}{3}=\frac{\overset{4}{12}}{\underset{5}{15}}=\frac{4}{5}$$

<small>대분수를 가분수로 고치기</small>

방법 2 계산 중간 과정에서 약분한 후 곱셈하여 계산합니다.

$$2\frac{2}{5}\div3=\frac{12}{5}\div3=\frac{\overset{4}{12}}{5}\times\frac{1}{\underset{1}{3}}=\frac{4}{5}$$

참고 계산 결과가 가분수이면 대분수로 나타냅니다.

개념연산 1~2

1 다음을 계산하시오.

(1) $\dfrac{2}{3}\div5=$

(2) $\dfrac{8}{13}\div4=$

(3) $\dfrac{9}{14}\div3=$

(4) $\dfrac{7}{4}\div9=$

(5) $\dfrac{15}{7}\div5=$

(6) $\dfrac{45}{8}\div15=$

2 다음을 계산하시오.

(1) $3\dfrac{1}{3}\div7=$

(2) $6\dfrac{2}{3}\div4=$

(3) $9\dfrac{3}{7}\div6=$

원리이해 ▶ 3~5

3 나눗셈의 몫을 기약분수로 나타낸 것입니다. ㉠＋㉡의 값을 구하시오.

$$\frac{16}{25} \div 4 = \frac{㉡}{㉠}$$

(　　　　　　)

4 계산 결과가 가장 큰 것을 찾아 기호를 쓰시오.

㉠ $\frac{13}{2} \div 10$　　　　㉡ $\frac{14}{3} \div 7$　　　　㉢ $\frac{15}{4} \div 3$　　　　㉣ $\frac{9}{5} \div 5$

(　　　　　　)

5 작은 수를 큰 수로 나눈 몫을 기약분수로 나타내시오.

$$5\frac{5}{12} \qquad 15$$

(　　　　　　)

실력완성 ▶ 6~8

6 길이가 $\frac{7}{10}$ m인 철사를 남김없이 모두 사용하여 가장 큰 정오각형을 만들었습니다. 만든 정오각형의 한 변의 길이는 몇 m입니까?　　　　　　(　　　　　　)

7 과일주스 $\frac{25}{12}$ L를 10명의 학생이 똑같이 나누어 마셨습니다. 한 사람이 마신 과일주스의 양은 몇 L입니까?　　　　　　(　　　　　　)

8 넓이가 $4\frac{4}{9}$ cm²이고 가로의 길이가 6 cm인 직사각형이 있습니다. 이 직사각형의 세로의 길이는 몇 cm입니까?　　　　　　(　　　　　　)

Self Check	개념연산		원리이해			실력완성			선생님 확인
	1	2	3	4	5	6	7	8	
	/6	/3	○/✕	○/✕	○/✕	○/✕	○/✕	○/✕	

039 몫이 소수 한 자리 수인 경우 (1)

예 2.8÷2의 계산

방법① 소수를 분수로 고쳐서 계산합니다.

$$2.8÷2=\frac{28}{10}÷2=\frac{\overset{14}{28}}{10}×\frac{1}{\underset{1}{2}}=\frac{14}{10}=1.4$$

↑ 분모가 10인 분수로 고칩니다.

방법② 자연수의 나눗셈을 이용하여 계산합니다.

나눌 수가 $\frac{1}{10}$로 줄면

$$28÷2=14 ➡ 2.8÷2=1.4$$

몫도 $\frac{1}{10}$로 줄어듭니다.

$$2.8÷2=1.4$$

나눌 수의 소수점을 왼쪽으로 한 자리 이동 ➡ 몫의 소수점도 왼쪽으로 한 자리 이동

방법③ 세로로 계산합니다.

나눌 수의 소수점의 자리에 맞추어 몫의 소수점을 찍습니다.

$$2)\overline{2.8} ➡ 2)\overline{2.8} \begin{array}{r}1.\\2\\\hline 8\end{array} ➡ 2)\overline{2.8} \begin{array}{r}1.4\\2\\\hline 8\\8\\\hline 0\end{array}$$

개념연산 1~2

1 ☐ 안에 알맞은 수를 써넣으시오.

(1) $3.9÷3=\dfrac{☐}{10}×\dfrac{1}{☐}=\dfrac{☐}{10}=☐$

(2) $9.6÷4=\dfrac{☐}{10}×\dfrac{1}{☐}=\dfrac{☐}{10}=☐$

2 다음을 계산하시오.

(1) $5.6÷4=$

(2) $28.8÷8=$

(3) $30.1÷7=$

(4) $7)\overline{16.1}$

(5) $6)\overline{25.2}$

(6) $9)\overline{47.7}$

원리이해 3~5

3 나눗셈의 몫이 가장 작은 것을 찾아 기호를 쓰시오.

> ㉠ $6.8 \div 2$　　　㉡ $9.6 \div 3$　　　㉢ $18.9 \div 7$

(　　　　　　)

4 ☐ 안에 알맞은 수를 써넣으시오.

> ☐ $\times 5 = 62.5$

(　　　　　　)

5 나눗셈의 몫이 가장 큰 것을 찾아 기호를 쓰시오.

> ㉠ $7.2 \div 3$　　　㉡ $15.2 \div 4$　　　㉢ $11.4 \div 6$

(　　　　　　)

실력완성 6~7

6 길이가 86.4 cm인 리본을 4등분 하였습니다. 4등분된 리본 1개의 길이는 몇 cm입니까?

(　　　　　　)

7 넓이가 194.4 m²인 직사각형 모양의 밭이 있습니다. 이 밭을 똑같이 6개로 나누어 그 중의 한 곳에 배추를 심었습니다. 배추를 심은 곳의 넓이는 몇 m²입니까?　　(　　　　　　)

Self Check	개념연산		원리이해			실력완성		선생님 확인
	1	**2**	**3**	**4**	**5**	**6**	**7**	
	/2	/6	○/X	○/X	○/X	○/X	○/X	

몫이 소수 한 자리 수인 경우 (2)

예 $32.2 \div 14$의 계산

방법 ① 소수를 분수로 고쳐서 계산합니다.

$$32.2 \div 14 = \frac{322}{10} \div 14 = \frac{\overset{23}{\cancel{322}}}{10} \times \frac{1}{\underset{1}{\cancel{14}}} = \frac{23}{10} = 2.3$$

분모가 10인 분수로 고칩니다.

방법 ② 자연수의 나눗셈을 이용하여 계산합니다.

나눌 수가 $\frac{1}{10}$로 줄면

$$322 \div 14 = 23 \implies 32.2 \div 14 = 2.3$$

몫도 $\frac{1}{10}$로 줄어듭니다.

$$32.2 \div 14 = 2.3$$

나눌 수의 소수점을 왼쪽으로 한 자리 이동 ➡ 몫의 소수점도 왼쪽으로 한 자리 이동

방법 ③ 세로로 계산합니다.

$$14 \overline{) 3\,2.2} \implies 14 \overline{) \begin{array}{c} 2. \\ 3\,2.2 \\ \hline 2\,8 \\ \hline 4\,2 \end{array}} \implies 14 \overline{) \begin{array}{c} 2.3 \\ 3\,2.2 \\ \hline 2\,8 \\ \hline 4\,2 \\ 4\,2 \\ \hline 0 \end{array}}$$

나눌 수의 소수점의 자리에 맞추어 몫의 소수점을 찍습니다.

꼭! 알아두세요~

몫이 소수 한 자리 수인 (소수)÷(자연수) (2)

나눌 수가 소수 한 자리 수

↓

분모가 10인 분수로 고칩니다.

개념연산 ▶ 1~2

1 ☐ 안에 알맞은 수를 써넣으시오.

(1) $49.5 \div 15 = \dfrac{\boxed{}}{10} \times \dfrac{1}{\boxed{}} = \dfrac{\boxed{}}{10} = \boxed{}$

(2) $37.8 \div 18 = \dfrac{\boxed{}}{10} \times \dfrac{1}{\boxed{}} = \dfrac{\boxed{}}{10} = \boxed{}$

2 다음을 계산하시오.

(1) $43.2 \div 16 =$

(2) $85.8 \div 22 =$

(3) $63.7 \div 13 =$

(4) $12 \overline{)76.8}$

(5) $32 \overline{)99.2}$

(6) $14 \overline{)93.8}$

원리이해 3~5

3 몫의 크기를 비교하여 ○ 안에 >, =, <를 알맞게 써넣으시오.

$$46.8 \div 13 \bigcirc 42.9 \div 11$$

4 가장 큰 수를 가장 작은 수로 나눈 몫을 구하시오.

| 12 | 21 | 34.6 | 56.4 |

(　　　　　　　)

5 가와 나의 차는 얼마입니까?

가 : $57.4 \div 14$ 　　　　 나 : $64.6 \div 17$

(　　　　　　　)

실력완성 6~7

6 일정한 빠르기로 달리는 자동차가 1시간 25분 동안 144.5 km를 달렸다고 합니다. 이 자동차가 1분 동안 달린 거리는 몇 km입니까?　　　　(　　　　　　　)

7 넓이가 156.2 cm²인 삼각형이 있습니다. 이 삼각형의 밑변의 길이가 22 cm일 때 높이는 몇 cm입니까?

(　　　　　　)

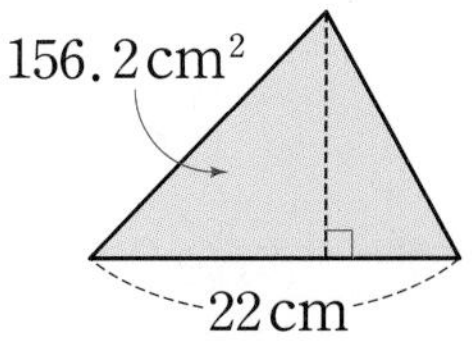

156.2 cm²

22 cm

Self Check	개념연산		원리이해			실력완성		선생님 확인
	1	2	3	4	5	6	7	
	/2	/6	○/X	○/X	○/X	○/X	○/X	

몫이 소수 두 자리 수인 경우

예 $4.96 \div 4$의 계산

방법① 소수를 분수로 고쳐서 계산합니다.

$$4.96 \div 4 = \frac{496}{100} \div 4 = \frac{\overset{124}{\cancel{496}}}{100} \times \frac{1}{\underset{1}{\cancel{4}}} = \frac{124}{100} = 1.24$$

분모가 100인 분수로 고칩니다.

방법② 자연수의 나눗셈을 이용하여 계산합니다.

나눌 수가 $\frac{1}{100}$로 줄면

$$496 \div 4 = 124 \implies 4.96 \div 4 = 1.24$$

몫도 $\frac{1}{100}$로 줄어듭니다.

$$4.96 \div 4 = 1.24 \rightarrow$$ 나눗셈 몫이 맞는지 검산해 볼 수 있습니다.
(검산) $4 \times 1.24 = 4.96$

나눌 수의 소수점을 왼쪽으로 두 자리 이동 ➡ 몫의 소수점도 왼쪽으로 두 자리 이동

방법③ 세로로 계산합니다.

$$4)\overline{4.96} \implies 4)\overline{4.96} \implies 4)\overline{4.96}$$

나눌 수의 소수점의 자리에 맞추어 몫의 소수점을 찍습니다.

```
     1.2              1.24
 4)4.96           4)4.96
   4                4
   9                9
   8                8
  16               16
                   16
                    0
```

꼭! 알아두세요~

몫이 소수 두 자리 수인
(소수)÷(자연수)

나눌 수가 소수 두 자리 수

⬇

분모가 100인 분수로 고칩니다.

개념연산 1~2

1 □ 안에 알맞은 수를 써넣으시오.

(1) $8.16 \div 3 = \dfrac{\boxed{}}{100} \times \dfrac{1}{\boxed{}} = \dfrac{\boxed{}}{100} = \boxed{}$

(2) $7.44 \div 6 = \dfrac{\boxed{}}{100} \times \dfrac{1}{\boxed{}} = \dfrac{\boxed{}}{100} = \boxed{}$

2 다음을 계산하시오.

(1) $7.84 \div 4 =$ (2) $29.96 \div 7 =$ (3) $34.14 \div 6 =$

(4) $5)\overline{8.85}$ (5) $4)\overline{29.12}$ (6) $8)\overline{55.68}$

원리이해 3~6

3 나눗셈의 몫을 선으로 이어 보시오.

$12.53 \div 7$ •　　　• 1.96

$13.59 \div 9$ •　　　• 1.79

$5.88 \div 3$ •　　　• 1.51

4 나눗셈의 몫이 6보다 큰 것을 찾아 기호를 쓰시오.

┌─────────────────────────────────┐
│ ㉠ $34.86 \div 7$　　　㉡ $45.92 \div 8$ │
│ ㉢ $23.44 \div 4$　　　㉣ $32.55 \div 5$ │
└─────────────────────────────────┘

(　　　　　　　　)

5 빈칸에 알맞은 수를 써넣으시오.

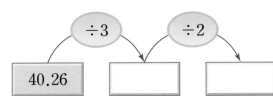

6 ☐ 안에 알맞은 수를 구하시오.

┌─────────────────────────────────┐
│　　　　$65.94 \div \square = 7$　　　　│
└─────────────────────────────────┘

(　　　　　　　　)

실력완성 7

7 똑같은 지우개 6개의 무게는 58.02 g입니다. 지우개 1개의 무게는 몇 g입니까?

(　　　　　　　　)

Self Check	개념연산		원리이해				실력완성	선생님 확인
	1	2	3	4	5	6	7	
	/2	/6	○/X	○/X	○/X	○/X	○/X	

몫이 1보다 작은 경우

예 2.8÷4의 계산

방법① 소수를 분수로 고쳐서 계산합니다.

$$2.8 \div 4 = \frac{28}{10} \div 4 = \frac{\overset{7}{28}}{10} \times \frac{1}{\underset{1}{4}} = \frac{7}{10} = 0.7$$

소수를 분수로 나타낼 때
① 소수 한 자리 수
→ 분모가 10인 분수
② 소수 두 자리 수
→ 분모가 100인 분수

방법② 자연수의 나눗셈을 이용하여 계산합니다.

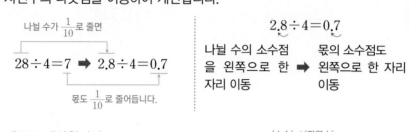

나눌 수가 $\frac{1}{10}$로 줄면

$28 \div 4 = 7 \;\Rightarrow\; 2.8 \div 4 = 0.7$

몫도 $\frac{1}{10}$로 줄어듭니다.

$2.8 \div 4 = 0.7$

나눌 수의 소수점을 왼쪽으로 한 자리 이동 ➡ 몫의 소수점도 왼쪽으로 한 자리 이동

방법③ 세로로 계산합니다.

→ (소수) < (자연수)

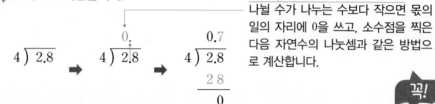

나눌 수가 나누는 수보다 작으면 몫의 일의 자리에 0을 쓰고, 소수점을 찍은 다음 자연수의 나눗셈과 같은 방법으로 계산합니다.

꼭! 알아두세요~

몫이 1보다 작은
(소수)÷(자연수)

나눌 수가 나누는 수보다 작다.
↓
몫의 일의 자리에 0을 쓰고, 소수점을 찍습니다.

개념연산 1~2

1 ☐ 안에 알맞은 수를 써넣으시오.

(1) $2.4 \div 3 = \dfrac{\boxed{}}{10} \times \dfrac{1}{\boxed{}} = \dfrac{\boxed{}}{10} = \boxed{}$

(2) $3.15 \div 5 = \dfrac{\boxed{}}{100} \times \dfrac{1}{\boxed{}} = \dfrac{\boxed{}}{100} = \boxed{}$

2 다음을 계산하시오.

(1) $7.2 \div 9 =$

(2) $5.84 \div 8 =$

(3) $7.74 \div 9 =$

(4) $8.4 \div 12 =$

(5) $10.35 \div 15 =$

(6) $15.54 \div 21 =$

수
와
연
산

4학년

5학년

6학년

원리이해 3~5

3 빈칸에 알맞은 수를 써넣으시오.

÷ →

4.34	7	
11.68	16	

4 몫의 크기를 비교하여 ○ 안에 >, =, <를 알맞게 써넣으시오.

$$7.11 \div 9 \bigcirc 15.62 \div 22$$

5 몫이 큰 것부터 차례대로 기호를 쓰시오.

ㄱ 9)5.04   ㄴ 23)13.57   ㄷ 31)16.43

(　　　　　　　　　)

실력완성 6~7

6 넓이가 14.88 cm² 인 직사각형 모양의 색종이를 16등분 하였습니다. 색칠된 부분의 넓이는 몇 cm²입니까?

(　　　　　　　　　)

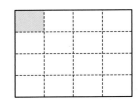

7 어느 약수터에서 일정한 양으로 6분 동안 5.64 L의 물이 흘러 나왔습니다. 1분 동안 흘러 나온 물의 양이 몇 L인지 소수로 나타내시오. 　　　　(　　　　　　　　　)

Self Check	개념연산		원리이해			실력완성		선생님 확인
	1	2	3	4	5	6	7	
	/2	/6	○/×	○/×	○/×	○/×	○/×	

소수점 아래 0을 내려 계산하는 경우

예 $6.2 \div 5$의 계산

방법 ① 소수를 분수로 고쳐서 계산합니다.

$$6.2 \div 5 = \frac{62}{10} \div 5 = \frac{62}{10} \times \frac{1}{5} = \frac{62}{50} = \frac{124}{100} = 1.24$$

분자와 분모를 약분하지 않고 분모를 100으로 하는 분수로 바꿉니다.

방법 ② 자연수의 나눗셈을 이용하여 계산합니다.

나눌 수가 $\frac{1}{100}$로 줄면

$$620 \div 5 = 124 \ \Rightarrow \ 6.2 \div 5 = 1.24$$

몫도 $\frac{1}{100}$로 줄어듭니다.

$62 \div 5$는 나누어떨어지지 않으므로 $620 \div 5$의 값을 이용합니다.

방법 ③ 세로로 계산합니다.

$$
\begin{array}{r}
1. \\
5\overline{)6.2} \\
5 \\
\hline
12
\end{array}
\ \Rightarrow \
\begin{array}{r}
1.2 \\
5\overline{)6.2} \\
5 \\
\hline
12 \\
10 \\
\hline
2
\end{array}
\ \Rightarrow \
\begin{array}{r}
1.24 \\
5\overline{)6.20} \\
5 \\
\hline
12 \\
10 \\
\hline
20 \\
20 \\
\hline
0
\end{array}
$$

나누어떨어지지 않는 경우에는 나눌 소수의 오른쪽 끝자리에 0이 계속 있는 것으로 생각하고 0을 내려 계산합니다.

개념연산 1~2

1 ☐ 안에 알맞은 수를 써넣으시오.

(1) $8.4 \div 5 = \dfrac{\boxed{}}{10} \times \dfrac{1}{\boxed{}} = \dfrac{\boxed{}}{50} = \dfrac{\boxed{}}{100} = \boxed{}$

(2) $15.4 \div 4 = \dfrac{\boxed{}}{10} \times \dfrac{1}{\boxed{}} = \dfrac{\boxed{}}{20} = \dfrac{\boxed{}}{100} = \boxed{}$

2 다음을 계산하시오.

(1) $3.3 \div 6 =$ (2) $9.8 \div 5 =$ (3) $8.7 \div 6 =$

(4) $86.5 \div 25 =$ (5) $45.4 \div 4 =$ (6) $61.4 \div 5 =$

원리이해 3~5

3 나눗셈의 몫이 가장 큰 것의 기호를 쓰시오.

| ㉠ $6.9 \div 6$　　　　㉡ $33.8 \div 4$　　　　㉢ $55.8 \div 12$ |

(　　　　　　　　)

4 어떤 소수에 24를 곱했더니 46.8이 되었습니다. 어떤 소수는 얼마입니까?

(　　　　　　　　)

5 ☐ 안에 알맞은 숫자를 써넣으시오.

```
          4 .☐ ☐
      ─────────────
 15 )  6 ☐ . 3
       6 0
      ─────────
         9 ☐
         9 0
      ─────────
           3 ☐
           3 ☐
      ─────────
             0
```

실력완성 6~7

6 똑같은 고구마 12상자의 무게는 53.4 kg입니다. 고구마 한 상자의 무게는 몇 kg입니까?

(　　　　　　　　)

7 휘발유 6 L로 74.7 km를 달릴 수 있는 자동차는 휘발유 1 L로 몇 km를 달릴 수 있는지 소수로 나타내시오.

(　　　　　　　　)

Self Check	개념연산		원리이해			실력완성		선생님 확인
	1	2	3	4	5	6	7	
	/ 2	/ 6	○ / X	○ / X	○ / X	○ / X	○ / X	

몫의 소수 첫째 자리에 0이 있는 경우

예 $4.2 \div 4$의 계산

방법 ① 소수를 분수로 고쳐서 계산합니다.

$$4.2 \div 4 = \frac{42}{10} \div 4 = \frac{\overset{21}{\cancel{42}}}{10} \times \frac{1}{\underset{2}{\cancel{4}}} = \frac{21}{20} = \frac{105}{100} = 1.05$$

방법 ② 자연수의 나눗셈을 이용하여 계산합니다.

나눌 수가 $\frac{1}{100}$로 줄면

$420 \div 4 = 105 \;\Rightarrow\; 4.2 \div 4 = 1.05$ ← $42 \div 4$는 나누어떨어지지 않으므로 $420 \div 4$의 값을 이용합니다.

몫도 $\frac{1}{100}$로 줄어듭니다.

방법 ③ 세로로 계산합니다.

$$\begin{array}{r} 1. \\ 4\,\overline{)\,4.2} \\ \underline{4} \\ 2 \end{array} \Rightarrow \begin{array}{r} 1.0 \\ 4\,\overline{)\,4.2} \\ \underline{4} \\ 2 \end{array} \Rightarrow \begin{array}{r} 1.0\,5 \\ 4\,\overline{)\,4.2\,0} \\ \underline{4} \\ 2\,0 \\ \underline{2\,0} \\ 0 \end{array}$$

← 소수 첫째 자리에서 내린 수를 나눌 수 없는 경우에는 몫의 소수 첫째 자리에 0을 쓴 다음 나눌 소수의 오른쪽 끝자리에 0이 계속 있는 것으로 생각하고 0을 내려 계산합니다.

개념연산 1~2

1 ☐ 안에 알맞은 수를 써넣으시오.

(1) $5.3 \div 5 = \dfrac{\boxed{}}{10} \times \dfrac{1}{\boxed{}} = \dfrac{\boxed{}}{50} = \dfrac{\boxed{}}{100} = \boxed{}$

(2) $8.32 \div 4 = \dfrac{\boxed{}}{100} \times \dfrac{1}{\boxed{}} = \dfrac{\boxed{}}{100} = \boxed{}$

2 다음을 계산하시오.

(1) $6.1 \div 2 =$　　　　(2) $6.24 \div 3 =$　　　　(3) $8.36 \div 4 =$

(4) $20.25 \div 5 =$　　　　(5) $48.24 \div 4 =$　　　　(6) $90.42 \div 6 =$

원리이해 3~5

3 빈칸에 알맞은 수를 써넣으시오.

8.28	24.72	90.3
4	8	15

÷

4 몫이 큰 것부터 차례대로 기호를 쓰시오.

㉠ 45.54÷9	㉡ 72.36÷12
㉢ 56.48÷8	㉣ 28.35÷7

(　　　　　　　　)

5 몫의 소수 첫째 자리 숫자가 0이 <u>아닌</u> 것을 찾아 기호를 쓰시오.

㉠ 33.06÷3	㉡ 19.44÷6
㉢ 40.32÷8	㉣ 77.55÷11

(　　　　　　　　)

실력완성 6~7

6 우빈이는 매일 같은 양의 우유를 마십니다. 일주일 동안 마신 우유의 양이 7.56 L였다면 하루에 마신 우유의 양은 몇 L인지 소수로 나타내시오. (　　　　　　　　)

7 쌀 17.68kg을 17사람에게 똑같이 나누어 주려고 합니다. 한 사람에게 몇 kg씩 나누어 주면 됩니까? (　　　　　　　　)

Self Check	개념연산		원리이해			실력완성		선생님 확인
	1	2	3	4	5	6	7	
	/ 2	/ 6	○ / X	○ / X	○ / X	○ / X	○ / X	

개념 045 (자연수)÷(자연수) (2)

1. (자연수)÷(자연수)의 몫을 소수로 나타내기

방법 ① 분수로 고쳐서 계산한 후 몫을 소수로 나타냅니다.

$$5÷2=\frac{50}{10}÷2=\frac{\overset{25}{\cancel{50}}}{10}×\frac{1}{\underset{1}{\cancel{2}}}=\frac{25}{10}=2.5 \leftarrow$$ 나뉠 수를 분모가 10, 100 ……인 분수로 바꾸어 계산하고 몫을 소수로 나타냅니다.

방법 ② 자연수의 나눗셈을 이용하여 계산합니다.

$$2\overline{)5.}\quad\Rightarrow\quad 2\overline{)5.0}\ \underline{\ \ 4\ }\ \ 1\ 0\quad\Rightarrow\quad 2\overline{)5.0}^{\,2.5}\ \underline{\ \ 4\ }\ \ 1\ 0\ \underline{\ 1\ 0\ }\ \ 0$$

← 나뉠 자연수의 오른쪽 끝자리에 0이 계속 있는 것으로 생각하고, 0을 내려 계산하여 몫을 소수로 나타냅니다.

2. (자연수)÷(자연수)의 몫을 어림하여 나타내기

(자연수)÷(자연수)의 몫을 계산할 때, 몫이 나누어떨어지지 않아 소수로 간단하게 나타내기 어려울 때에는 몫을 어림하여 나타낼 수 있습니다.

예 2÷3의 계산

① 몫을 소수 둘째 자리까지 구한 후, 반올림하여 소수 첫째 자리까지 나타냅니다.

$2÷3=0.\overset{\frown}{6}6\cdots\cdots \Rightarrow 0.7$

② 몫을 소수 셋째 자리까지 구한 후, 반올림하여 소수 둘째 자리까지 나타냅니다.

$2÷3=0.6\overset{\frown}{6}6\cdots\cdots \Rightarrow 0.67$

참고 구하려는 자리의 바로 아래 자리의 숫자가 0, 1, 2, 3, 4이면 버리고, 5, 6, 7, 8, 9이면 올리는 방법을 반올림이라고 합니다. ⇒ 개념 089

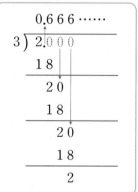

꼭! 알아두세요~

(자연수)÷(자연수)의 몫을 소수로 나타내기

■÷▲를 분수로 고쳐서 계산할 때

① ■0이 ▲로 나누어떨어진다.
  ➡ 분모를 10으로 하는 분수로 고칩니다.

② ■00이 ▲로 나누어떨어진다.
  ➡ 분모를 100으로 하는 분수로 고칩니다.

개념연산 1~2

1 다음을 계산하시오.

(1) $9÷2=$　　　　(2) $7÷4=$　　　　(3) $12÷5=$

(4) $26÷8=$　　　　(5) $54÷15=$　　　　(6) $36÷24=$

2 4÷7의 몫을 소수로 나타낸 것입니다. 물음에 답하시오.

$$4÷7=0.571\cdots\cdots$$

(1) 몫을 반올림하여 소수 첫째 자리까지 나타내시오. (　　　　)

(2) 몫을 반올림하여 소수 둘째 자리까지 나타내시오. (　　　　)

원리이해 3~5

3 나눗셈의 몫이 가장 큰 것을 찾아 기호를 쓰시오.

ㄱ 10÷4　　　　ㄴ 14÷5

ㄷ 18÷8　　　　ㄹ 45÷18

(　　　　)

4 ☐ 안에 들어갈 수 있는 자연수 중에서 가장 큰 수를 구하시오.

$$52÷8>☐$$

(　　　　)

5 나누어떨어지지 <u>않는</u> 것을 찾아 기호를 쓰시오.

ㄱ 25÷4　　　　ㄴ 43÷5

ㄷ 29÷7　　　　ㄹ 18÷12

(　　　　)

실력완성 6~7

6 고추장 92 g을 똑같이 8개로 나누어 비빔밥 8그릇에 넣었습니다. 비빔밥 한 그릇에 넣은 고추장은 몇 g인지 소수로 나타내시오. (　　　　)

7 무게가 250 g인 물체를 양팔 저울의 한 쪽에 놓고, 다른 쪽에는 무게가 같은 지우개 15개를 올려놓았더니 수평을 이루었습니다. 지우개 1개의 무게는 몇 g인지 반올림하여 소수 첫째 자리까지 나타내시오. (　　　　)

Self Check	개념연산		원리이해			실력완성		선생님 확인
	1	2	3	4	5	6	7	
	/ 6	/ 2	O / X	O / X	O / X	O / X	O / X	

개념 046 (자연수)÷(단위분수)/(진분수)÷(단위분수)

1. (자연수)÷(단위분수)

예 $2 \div \dfrac{1}{3}$ 의 계산

방법① 덜어 내는 횟수를 이용하여 계산합니다.

• 1에서 $\dfrac{1}{3}$ 을 3번 덜어 낼 수 있습니다.
$$1 - \dfrac{1}{3} - \dfrac{1}{3} - \dfrac{1}{3} = 0$$

• 2에서 $\dfrac{1}{3}$ 을 6번 덜어 낼 수 있습니다.

방법② 나눗셈을 곱셈으로 고쳐서 계산합니다.

$$2 \div \dfrac{1}{3} = 2 \times \left(1 \div \dfrac{1}{3}\right) = 2 \times 3 = 6$$
자연수와 단위분수의 분모 곱하기

참고 분자가 1인 진분수를 단위분수라고 합니다.

> 분모가 같은 (진분수)÷(단위분수)는 분자끼리 나눗셈을 하면 돼

2. (진분수)÷(단위분수)

예 $\dfrac{5}{6} \div \dfrac{1}{6}$ 의 계산

방법① 분자끼리의 나눗셈으로 계산합니다.

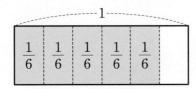

• $\dfrac{5}{6}$ 에서 $\dfrac{1}{6}$ 을 5번 덜어 낼 수 있습니다.
$$\dfrac{5}{6} - \dfrac{1}{6} - \dfrac{1}{6} - \dfrac{1}{6} - \dfrac{1}{6} - \dfrac{1}{6} = 0$$

➡ $\dfrac{5}{6} \div \dfrac{1}{6} = 5 \div 1 = 5$
분모가 같을 때에는 분자끼리 나눗셈을 합니다.

방법② 나눗셈을 곱셈으로 고쳐서 계산합니다.

$$\dfrac{5}{6} \div \dfrac{1}{6} = \left(\dfrac{1}{6} \times 5\right) \div \dfrac{1}{6} = \dfrac{1}{6} \times \left(5 \div \dfrac{1}{6}\right)$$
$$= \dfrac{1}{6} \times (5 \times 6) = \dfrac{5}{6} \times 6 = 5$$

➡ 나누는 단위분수의 분모를 나뉠 수에 곱합니다.

> 꼭! 알아두세요~
>
> (자연수)÷(단위분수)
> 자연수에 단위분수의 분모를 곱하여 계산합니다.
> ➡ $\blacksquare \div \dfrac{1}{\blacktriangle} = \blacksquare \times \blacktriangle$

개념연산 ▶ 1~2

1 다음을 계산하시오.

(1) $3 \div \dfrac{1}{2} =$

(2) $9 \div \dfrac{1}{4} =$

(3) $8 \div \dfrac{1}{7} =$

(4) $12 \div \dfrac{1}{6} =$

(5) $15 \div \dfrac{1}{8} =$

(6) $24 \div \dfrac{1}{9} =$

2 다음을 계산하시오.

(1) $\dfrac{5}{7} \div \dfrac{1}{7} =$

(2) $\dfrac{8}{9} \div \dfrac{1}{9} =$

(3) $\dfrac{7}{8} \div \dfrac{1}{8} =$

(4) $\dfrac{10}{11} \div \dfrac{1}{11} =$

(5) $\dfrac{13}{16} \div \dfrac{1}{16} =$

(6) $\dfrac{12}{17} \div \dfrac{1}{17} =$

원리이해 ▶ 3~5

3 계산 결과를 비교하여 ○ 안에 >, =, <를 알맞게 써넣으시오.

$$10 \div \dfrac{1}{4} \bigcirc 12 \div \dfrac{1}{3}$$

4 ☐ 안에 알맞은 수를 구하시오.

$$\square \div \dfrac{1}{9} = 72$$

(   )

5 계산 결과가 가장 작은 것을 찾아 기호를 쓰시오.

㉠ $\dfrac{7}{11} \div \dfrac{1}{11}$ ㉡ $\dfrac{9}{10} \div \dfrac{1}{10}$ ㉢ $\dfrac{5}{6} \div \dfrac{1}{6}$

(   )

실력완성 ▶ 6~7

6 민수 어머니는 시장에서 잡곡 5 kg을 샀습니다. 하루에 $\dfrac{1}{4}$ kg씩 먹는다면 며칠 동안 먹을 수 있습니까?

(   )

7 준영이네 집에서는 밥을 한 번 지을 때마다 $\dfrac{1}{5}$ L의 물을 사용합니다. $\dfrac{4}{5}$ L의 물로 밥을 몇 번 지을 수 있습니까?

(   )

Self Check	개념연산		원리이해			실력완성		선생님 확인
	1	2	3	4	5	6	7	
	/6	/6	○ / X	○ / X	○ / X	○ / X	○ / X	

(진분수)÷(진분수)

1. 분모가 같은 (진분수)÷(진분수)

예 $\dfrac{6}{7} \div \dfrac{2}{7}$의 계산

방법 1 분자끼리의 나눗셈으로 계산합니다.

| $\frac{1}{7}$ | $\frac{1}{7}$ | $\frac{1}{7}$ | $\frac{1}{7}$ | $\frac{1}{7}$ | $\frac{1}{7}$ | |

• $\dfrac{6}{7}$에서 $\dfrac{2}{7}$를 3번 덜어 낼 수 있습니다.

$$\frac{6}{7}-\frac{2}{7}-\frac{2}{7}-\frac{2}{7}=0$$

➡ $\dfrac{6}{7} \div \dfrac{2}{7}=6 \div 2=3$

분모가 같을 때에는 분자끼리 나눗셈을 합니다.

방법 2 나눗셈을 곱셈으로 고쳐서 계산합니다.

$$\frac{6}{7} \div \frac{2}{7}=6 \div 2=\frac{6}{2}$$
$$=\frac{6 \times 7}{2 \times 7}=\frac{6 \times 7}{7 \times 2}$$
$$=\frac{\overset{3}{\cancel{6}}}{\underset{1}{\cancel{7}}} \times \frac{\overset{1}{\cancel{7}}}{\underset{1}{\cancel{2}}}=3$$

➡ 나누는 수의 분모와 분자를 바꾸어 분수의 곱셈으로 계산합니다.

2. 분모가 다른 진분수끼리의 나눗셈

예 $\dfrac{5}{6} \div \dfrac{7}{11}$의 계산

방법 1 두 분수를 통분하여 분자끼리의 나눗셈으로 계산합니다.

$$\frac{5}{6} \div \frac{7}{11}=\frac{5 \times 11}{6 \times 11} \div \frac{7 \times 6}{11 \times 6}=\frac{55}{66} \div \frac{42}{66}$$

분모의 통분

$$=55 \div 42=\frac{55}{42}=1\frac{13}{42}$$

분자끼리 나눗셈

가분수는 대분수로 고칩니다.

참고 분모를 통분할 때는 두 분모의 곱 또는 분모의 최소공배수를 공통 분모로 하여 통분합니다.

방법 2 나누는 진분수의 분모와 분자를 바꾸어 분수의 곱셈으로 계산합니다.

$$\frac{5}{6} \div \frac{7}{11}=\frac{5}{6} \times \frac{11}{7}=\frac{55}{42}=1\frac{13}{42}$$

나누는 수는 분모와 분자를 바꿉니다.　가분수는 대분수로 고칩니다.

꼭! 알아두세요~

(진분수)÷(진분수)

$$\frac{\triangle}{\blacksquare} \div \frac{\bigstar}{\bullet}=\frac{\triangle}{\blacksquare} \times \frac{\bullet}{\bigstar}$$

개념연산 ▶ 1

1 다음을 계산하시오.

(1) $\dfrac{8}{9} \div \dfrac{4}{9}=$

(2) $\dfrac{9}{11} \div \dfrac{3}{11}=$

(3) $\dfrac{12}{17} \div \dfrac{2}{17}=$

(4) $\dfrac{3}{5} \div \dfrac{2}{3}=$

(5) $\dfrac{7}{8} \div \dfrac{4}{5}=$

(6) $\dfrac{5}{8} \div \dfrac{15}{32}=$

원리이해 2~5

2 계산 결과가 <u>다른</u> 하나를 찾아 기호를 쓰시오.

> ㉠ $\dfrac{8}{13} \div \dfrac{2}{13}$ ㉡ $\dfrac{10}{17} \div \dfrac{2}{17}$ ㉢ $\dfrac{16}{21} \div \dfrac{4}{21}$

(   )

3 가장 큰 분수를 가장 작은 분수로 나눈 몫을 구하시오.

> $\dfrac{10}{23}$ $\dfrac{7}{23}$ $\dfrac{5}{23}$ $\dfrac{20}{23}$

(   )

4 ㉠, ㉡, ㉢에 들어갈 수의 합을 구하시오.

> $$\dfrac{2}{7} \div \dfrac{8}{11} = \dfrac{2}{7} \times \dfrac{㉠}{㉡} = \dfrac{11}{㉢}$$

(   )

5 계산 결과가 1보다 큰 것을 찾아 기호를 쓰시오.

> ㉠ $\dfrac{4}{7} \div \dfrac{2}{3}$ ㉡ $\dfrac{7}{12} \div \dfrac{4}{5}$ ㉢ $\dfrac{3}{4} \div \dfrac{5}{7}$

(   )

실력완성 6~7

6 $\dfrac{12}{13}$ L의 우유가 있습니다. 이 우유를 $\dfrac{4}{13}$ L씩 컵에 나누어 담으려고 합니다. 컵은 몇 개 필요합니까?

(   )

7 넓이가 $\dfrac{27}{40}$ m²인 직사각형이 있습니다. 이 직사각형의 가로의 길이가 $\dfrac{9}{10}$ m일 때 세로의 길이는 몇 m입니까?

(   )

Self Check	개념연산	원리이해				실력완성		선생님 확인
	1	2	3	4	5	6	7	
	/6	○ / X	○ / X	○ / X	○ / X	○ / X	○ / X	

(자연수)÷(분수)/대분수의 나눗셈

1. (자연수)÷(분수)

방법① 자연수를 나누는 수와 분모가 같은 분수로 나타내고 분자끼리 나눗셈을 합니다.

$$2 \div \frac{3}{5} = \frac{10}{5} \div \frac{3}{5} = 10 \div 3$$

자연수 2를 나누는 수의 분모가 5이므로 분모가 5인 분수로 나타냅니다.

$$= \frac{10}{3} = 3\frac{1}{3}$$

방법② 나눗셈을 곱셈으로 고쳐서 계산합니다.

$$2 \div \frac{3}{5} = 2 \times \frac{5}{3} = \frac{10}{3} = 3\frac{1}{3}$$

나누는 수는 분모와 분자를 바꿉니다.

➡ 나눗셈을 곱셈으로 고치면 나누는 분수의 분모와 분자가 바뀝니다.

2. 대분수의 나눗셈

(1) (대분수)÷(진분수), (진분수)÷(대분수)

대분수를 가분수로 고친 후 분수의 곱셈으로 계산합니다.

예 $1\frac{3}{4} \div \frac{5}{12} = \frac{7}{4} \div \frac{5}{12} = \frac{7}{\cancel{4}_1} \times \frac{\cancel{12}^3}{5} = \frac{21}{5} = 4\frac{1}{5}$

가분수를 대분수로 고칩니다.

$$\frac{7}{8} \div 2\frac{1}{2} = \frac{7}{8} \div \frac{5}{2} = \frac{7}{\cancel{8}_4} \times \frac{\cancel{2}^1}{5} = \frac{7}{20}$$

(2) (대분수)÷(대분수)

방법① 나누는 수의 분모와 분자를 바꾸어 분수의 곱셈으로 계산합니다.

$$2\frac{2}{3} \div 1\frac{1}{9} = \frac{8}{3} \div \frac{10}{9} = \frac{8}{3} \times \frac{9}{10} = \frac{\cancel{72}^{12}}{\cancel{30}_5} = \frac{12}{5} = 2\frac{2}{5}$$

방법② 계산 중간 과정에서 약분합니다.

$$2\frac{2}{3} \div 1\frac{1}{9} = \frac{8}{3} \div \frac{10}{9} = \frac{\cancel{8}^4}{\cancel{3}_1} \times \frac{\cancel{9}^3}{\cancel{10}_5} = \frac{12}{5} = 2\frac{2}{5}$$

꼭! 알아두세요~

대분수의 나눗셈

① 대분수를 가분수로 고칩니다.

↓

② 나누는 분수의 분모와 분자를 바꾸어 분수의 곱셈을 합니다.

개념연산 1~2

1 다음을 계산하시오.

(1) $7 \div \frac{5}{6} =$

(2) $14 \div \frac{6}{7} =$

(3) $24 \div \frac{12}{21} =$

(4) $5 \div \frac{9}{4} =$

(5) $8 \div \frac{32}{13} =$

(6) $12 \div \frac{40}{27} =$

2 다음을 계산하시오.

(1) $4\dfrac{2}{3} \div \dfrac{4}{9} =$

(2) $\dfrac{5}{12} \div 1\dfrac{1}{4} =$

(3) $\dfrac{7}{9} \div 2\dfrac{4}{5} =$

(4) $6\dfrac{2}{5} \div 1\dfrac{1}{15} =$

(5) $3\dfrac{1}{8} \div 2\dfrac{1}{2} =$

(6) $4\dfrac{2}{3} \div 1\dfrac{7}{12} =$

원리이해 3~5

3 계산 결과를 비교하여 ○ 안에 >, =, <를 알맞게 써넣으시오.

$$5 \div \dfrac{7}{11} \bigcirc 6 \div \dfrac{8}{13}$$

4 대분수를 진분수로 나눈 몫을 구하시오.

$$\dfrac{4}{7} \qquad 5\dfrac{1}{3}$$

( )

5 ㉠은 ㉡의 몇 배입니까?

㉠ $6\dfrac{1}{2} \div 2\dfrac{2}{3}$ ㉡ $8\dfrac{2}{5} \div 2\dfrac{6}{11}$

( )

실력완성 6~7

6 길이가 4 m인 색테이프가 있습니다. 이 색테이프를 길이가 $\dfrac{2}{5}$ m인 조각으로 자르면 모두 몇 조각이 되겠습니까? ( )

7 감자밭에서 정호는 감자를 $3\dfrac{1}{2}$ kg 캤고, 민정이는 감자를 $2\dfrac{5}{6}$ kg 캤습니다. 정호가 캔 감자의 무게는 민정이가 캔 감자의 무게의 몇 배입니까? ( )

Self Check	개념연산		원리이해			실력완성		선생님 확인
	1	2	3	4	5	6	7	
	/6	/6	○/×	○/×	○/×	○/×	○/×	

자릿수가 같은 두 소수의 나눗셈

1. (소수 한 자리 수)÷(소수 한 자리 수)

방법 1 분수의 나눗셈으로 바꾸어 계산합니다.

분자끼리 나눗셈을 합니다.

$$2.8÷0.4 = \frac{28}{10} ÷ \frac{4}{10} = 28÷4 = 7$$ ← 분모가 10인 분수로 나타내면 (자연수)÷(자연수)로 바꾸어 계산할 수 있습니다.

소수 한 자리 수는 분모가 10인 분수로 고칩니다.

방법 2 나누는 수와 나뉠 수의 소수점을 오른쪽으로 한 자리씩 옮겨서 계산합니다.

$$0.4\overline{)2.8}$$ ➡ $$0.4\overline{)2.8}$$ ➡ $$4\overline{)28}$$ ← (자연수)÷(자연수)로 바꾸어 계산할 수 있습니다.

7

28

0

소수점을 오른쪽으로 한 자리씩 옮깁니다.

2. (소수 두 자리 수)÷(소수 두 자리 수)

방법 1 분수의 나눗셈으로 바꾸어 계산합니다.

분자끼리 나눗셈을 합니다.

$$1.68÷0.12 = \frac{168}{100} ÷ \frac{12}{100} = 168÷12 = 14$$ ← 분모가 100인 분수로 나타내면 (자연수)÷(자연수)로 바꾸어 계산할 수 있습니다.

소수 두 자리 수는 분모가 100인 분수로 고칩니다.

방법 2 나누는 수와 나뉠 수의 소수점을 오른쪽으로 두 자리씩 옮겨서 계산합니다.

$$0.12\overline{)1.68}$$ ➡ $$0.12\overline{)1.68}$$ ➡ $$12\overline{)168}$$ ← (자연수)÷(자연수)로 바꾸어 계산할 수 있습니다.

14

12

48

48

0

소수점을 오른쪽으로 두 자리씩 옮깁니다.

개념연산 1~2

1 다음을 계산하시오.

(1) $5.6÷0.7=$

(2) $23.8÷1.4=$

(3) $29.9÷2.3=$

(4) $0.9\overline{)5.4}$

(5) $2.1\overline{)35.7}$

(6) $1.4\overline{)33.6}$

2 다음을 계산하시오.

(1) $2.34 \div 0.26 =$　　　　(2) $40.82 \div 3.14 =$　　　　(3) $71.74 \div 4.22 =$

(4) $0.16 \overline{)3.6\,8}$　　　　(5) $0.47 \overline{)7.0\,5}$　　　　(6) $1.32 \overline{)2\,5.0\,8}$

원리이해 3~5

3 몫이 큰 것부터 차례대로 기호를 쓰시오.

㉠ $7.2 \div 0.6$	㉡ $20.8 \div 1.6$
㉢ $53.2 \div 3.8$	㉣ $26.4 \div 2.4$

(　　　　　　　　)

4 ㉠, ㉡, ㉢에 들어갈 수의 합을 구하시오.

$$7.41 \div 0.57 = \frac{741}{100} \div \frac{57}{㉠} = ㉡ \div 57 = ㉢$$

(　　　　　　　　)

5 7.31을 어떤 수로 나누었더니 0.43이 되었습니다. 어떤 수는 얼마입니까?

(　　　　　　　　)

실력완성 6~7

6 길이가 31.2 cm인 종이테이프를 1.2 cm의 길이로 일정하게 자른다면 모두 몇 도막이 되겠습니까?

(　　　　　　　　)

7 일정한 빠르기로 1분 동안 3.87 cm를 가는 달팽이가 있습니다. 이 달팽이가 58.05 cm 떨어진 곳에 있는 먹이를 먹으러 가려면 몇 분이 걸립니까?　　　(　　　　　　　　)

Self Check	개념연산		원리이해			실력완성		선생님 확인
	1	2	3	4	5	6	7	
	/ 6	/ 6	○ / X	○ / X	○ / X	○ / X	○ / X	

자릿수가 다른 두 소수의 나눗셈

예 $6.48 \div 3.6$의 계산

방법① 분수의 나눗셈으로 바꾸어 계산합니다.

나누는 수가 자연수가 되도록 분모가 10인
분수로 고칩니다.

$$6.48 \div 3.6 = \frac{64.8}{10} \div \frac{36}{10} = 64.8 \div 36 = 1.8$$

방법② 나누는 수가 자연수가 되도록 두 수의 소수점을 오른쪽으로 한 자리씩 옮겨서 계산합니다.

나뉠 수의 옮긴 소수점의 위치에
맞춰 몫의 소수점을 찍습니다.

$$3.6 \overline{)6.4\,8} \quad \Rightarrow \quad 3.6 \overline{)6.4\,8} \quad \Rightarrow \quad \begin{array}{r} 1.8 \\ 36 \overline{)6\,4.8} \\ 3\,6 \\ \hline 2\,8\,8 \\ 2\,8\,8 \\ \hline 0 \end{array}$$

참고 자릿수가 다른 두 소수의 나눗셈은 나누는 수가 자연수가 되도록
두 수의 소수점을 오른쪽으로 똑같이 옮겨서 계산합니다.

꼭! 알아두세요~

자릿수가 다른 두 소수의 나눗셈

나뉠 수를 분수로 고칠 때,
① 나누는 수가 소수 한 자리 수이면
분모가 10인 분수로 고칩니다.
② 나누는 수가 소수 두 자리 수이면
분모가 100인 분수로 고칩니다.

개념연산 1~2

1 □ 안에 알맞은 수를 써넣으시오.

(1) $3.36 \div 0.8 = \dfrac{\boxed{}}{10} \div \dfrac{\boxed{}}{10} = \boxed{} \div \boxed{} = \boxed{}$

(2) $7.32 \div 1.2 = \dfrac{\boxed{}}{10} \div \dfrac{\boxed{}}{10} = \boxed{} \div \boxed{} = \boxed{}$

(3) $3.657 \div 0.69 = \dfrac{\boxed{}}{100} \div \dfrac{\boxed{}}{100} = \boxed{} \div \boxed{} = \boxed{}$

2 다음을 계산하시오.

(1) $6.76 \div 1.3 =$ (2) $4.18 \div 2.2 =$ (3) $10.36 \div 3.7 =$

(4) $7.92 \div 3.6 =$ (5) $8.82 \div 4.2 =$ (6) $2.278 \div 0.67 =$

원리이해 3~6

3 계산 결과를 비교하여 ○ 안에 >, =, <를 알맞게 써넣으시오.

$$31.28 \div 4.6 \bigcirc 14.49 \div 2.1$$

4 가장 큰 수를 가장 작은 수로 나눈 몫을 구하시오.

| 2.7 | 12.68 | 22.68 |

(　　　　　)

5 두 나눗셈의 몫의 차는 얼마입니까?

$$4.884 \div 0.74$$ $$8.968 \div 2.36$$

(　　　　　)

6 ○ 안에 들어갈 수 있는 자연수를 모두 구하시오.

$$17.86 \div 4.7 > \square$$

(　　　　　)

실력완성 7~8

7 수현이네집 앞마당에는 감나무와 석류나무가 자라고 있습니다. 감나무의 높이는 8.74 m 이고, 석류나무의 높이는 1.9 m입니다. 감나무의 높이는 석류나무의 높이의 몇 배입니까?

(　　　　　)

8 12.8 L의 휘발유로 135.68 km를 가는 자동차가 있습니다. 이 자동차는 휘발유 1 L로 몇 km를 갈 수 있습니까?

(　　　　　)

Self Check	개념연산		원리이해				실력완성		선생님 확인
	1	2	3	4	5	6	7	8	
	/3	/6	○/×	○/×	○/×	○/×	○/×	○/×	

(자연수)÷(소수)

방법① 분수의 나눗셈을 이용하여 (자연수)÷(자연수)로 바꾸어 계산합니다.

$$13 \div 2.6 = \frac{130}{10} \div \frac{26}{10} = 130 \div 26 = 5$$

$$60 \div 3.75 = \frac{6000}{100} \div \frac{375}{100} = 6000 \div 375 = 16$$

나누는 수가 소수 한 자리 수이면 분모가 10인 분수로, 나누는 수가 소수 두 자리 수이면 분모가 100인 분수로 고칩니다.

방법② 나누는 수가 자연수가 되도록 두 수의 소수점을 오른쪽으로 똑같이 옮깁니다. 이때 나뉠 수의 소수점을 오른쪽으로 옮길 수 없으면 0을 쓰고 계산합니다.

$$2.6)\overline{13} \quad \Rightarrow \quad 2.6)\overline{130} \qquad 3.75)\overline{60} \quad \Rightarrow \quad 3.75)\overline{6000}$$

(세로셈: $2.6)\overline{13.0}$, 몫 5, 130, 0)

(세로셈: $3.75)\overline{60.00}$, 몫 16, 375, 2250, 2250, 0)

참고 나누는 수가 소수 한 자리 수이면 자연수의 일의 자리 뒤에 0을 1개 붙이고, 나누는 수가 소수 두 자리 수이면 자연수의 일의 자리 뒤에 0을 2개 붙여서 계산합니다.

개념연산 1~2

1 ☐ 안에 알맞은 수를 써넣으시오.

(1) $16 \div 3.2 = \dfrac{\boxed{}}{10} \div \dfrac{\boxed{}}{10} = \boxed{} \div \boxed{} = \boxed{}$

(2) $144 \div 2.4 = \dfrac{\boxed{}}{10} \div \dfrac{\boxed{}}{10} = \boxed{} \div \boxed{} = \boxed{}$

(3) $25 \div 1.25 = \dfrac{\boxed{}}{100} \div \dfrac{\boxed{}}{100} = \boxed{} \div \boxed{} = \boxed{}$

2 다음을 계산하시오.

(1) $24 \div 1.6 =$ 　　　　(2) $18 \div 3.6 =$ 　　　　(3) $280 \div 3.5 =$

(4) $17 \div 4.25 =$ 　　　　(5) $63 \div 5.25 =$ 　　　　(6) $90 \div 3.75 =$

수
와
연
산

4학년
5학년
6학년

원리이해 3~6

3 빈칸에 알맞은 수를 써넣으시오.

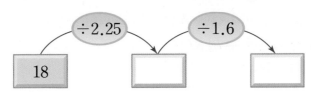

4 계산 결과가 큰 것부터 차례대로 기호를 쓰시오.

> ㉠ 63÷3.15   ㉡ 49÷1.96   ㉢ 99÷4.5

(   )

5 계산 결과가 15보다 큰 것을 모두 찾아 기호를 쓰시오.

> ㉠ 153÷8.5   ㉡ 58÷14.5
> ㉢ 39÷3.25   ㉣ 29÷1.16

(   )

6 밑변의 길이가 8.5 cm이고 넓이가 51 cm²인 평행사변형이 있습니다. 이 평행사변형의 높이는 몇 cm입니까?

(   )

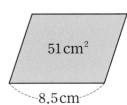

실력완성 7~8

7 14 L의 물을 1.75 L씩 물병에 나누어 담으려고 합니다. 모두 몇 개의 물병에 나누어 담을 수 있습니까?

(   )

8 오이 20 kg과 오이를 담을 수 있는 상자 13개가 있습니다. 하늘이는 오이를 한 상자에 1.25 kg씩 담아 이웃들에게 나누어 주려고 합니다. 오이를 모두 담아 보내려면 상자는 몇 개가 더 있어야 합니까?

(   )

Self Check	개념연산		원리이해				실력완성		선생님 확인
	1	2	3	4	5	6	7	8	
	/3	/6	○/×	○/×	○/×	○/×	○/×	○/×	

결과 어림하기/나머지 구하기

1. 소수의 나눗셈에서 결과 어림하기

소수의 나눗셈을 계산하기 전에 계산 결과를 어림하여 계산한 값과 비교해 보면 정확하게 계산했는지 확인할 수 있습니다.

예 $32.2 \div 4$의 몫 어림하기

32.2를 자연수로 바꾸어 생각하면 약 32이므로 $32.2 \div 4$ ➡ $32 \div 4 = 8$

이때 실제로 계산한 값은 $32.2 \div 4 = 8.05$이므로 알맞게 어림했습니다.

2. 소수의 나눗셈에서 나머지 구하기

예 $19.1 \div 6$의 몫과 나머지 알아보기

$19.1 - 6 - 6 - 6 = 1.1$ ➡ 19.1에서 6을 3번 덜어내면 1.1이 남습니다.

$$\begin{array}{r} 6\overline{)19.1} \end{array} \quad ➡ \quad \begin{array}{r} 3 \leftarrow 몫 \\ 6\overline{)19.1} \\ \underline{18} \\ 1.1 \leftarrow 나머지 \end{array}$$

$19.1 \div 6 = 3 \cdots 1.1$

➡ **(검산)** $6 \times 3 + 1.1 = 19.1$

참고 나머지의 소수점의 위치는 나뉠 수의 소수점의 위치에 맞춰 소수점을 찍습니다.

개념연산 ▶ 1~2

1 $71.2 \div 8$의 계산 결과를 어림해 보려고 합니다. ☐ 안에 알맞은 수를 써넣으시오.

(1) 71.2를 자연수 ☐로 바꾸어 계산한 결과를 어림하면 ☐입니다.

(2) $71.2 \div 8 = $ ☐이므로 어림한 값 ☐와 비교하면 어림을 알맞게 했다고 말할 수 있습니다.

2 나눗셈의 몫을 자연수 부분까지 구하고 나머지를 알아보시오.

(1) $65.5 \div 7 = $ ☐ $\cdots$ ☐   (2) $99.9 \div 8 = $ ☐ $\cdots$ ☐

(3) $72.8 \div 5 = $ ☐ $\cdots$ ☐   (4) $57.3 \div 9 = $ ☐ $\cdots$ ☐

(5) $83.6 \div 6 = $ ☐ $\cdots$ ☐   (6) $41.7 \div 4 = $ ☐ $\cdots$ ☐

수
와
연
산

4학년
5학년
6학년

원리이해 3~5

3 127.6÷4의 계산 결과를 자연수의 범위에서 어림하고 계산한 값을 구하려고 합니다. ⬚ 안에 알맞은 수를 써넣으시오.

어림한 값 : ⬚ ÷ 4 = ⬚

계산한 값 : 127.6 ÷ 4 = ⬚

4 나눗셈의 몫을 자연수 부분까지 구하여 빈칸에 쓰고 ⬚ 안에 나머지를 써넣으시오.

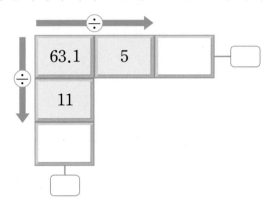

5 ⬚ 안에 알맞은 수를 써넣으시오.

⬚ ÷ 14 = 5 … 2.9

(　　　　　　　　　　　)

실력완성 6~7

6 설탕 90.6 kg을 6개의 봉지에 똑같이 나누어 담으려고 합니다. 설탕을 한 봉지에 약 몇 kg씩 담아야 하는지 어림해 보고 계산하시오.

어림한 값 (　　　　　　　　　　　), 계산한 값 (　　　　　　　　　　　)

7 물 17.6 L를 2 L씩 물통에 나누어 담으려고 합니다. 물을 모두 담으려면 물통은 적어도 몇 개 필요합니까?

(　　　　　　　　　　　)

Self Check	개념연산		원리이해			실력완성		선생님 확인
	1	2	3	4	5	6	7	
	/2	/6	○/X	○/X	○/X	○/X	○/X	

몫을 반올림하여 나타내기

나눗셈의 몫이 나누어떨어지지 않거나 몫이 복잡할 때에는 몫을 반올림하여 나타낼 수 있습니다.

例 9.3÷7의 몫을 반올림하여 나타내기

```
      1.3 2 8 5
  7 ) 9.3 0 0 0
      7
      ─────
      2 3
      2 1
      ─────
        2 0
        1 4
      ─────
        6 0
        5 6
      ─────
          4 0
          3 5
      ─────
            5
```

① 몫을 반올림하여 소수 첫째 자리까지 나타내려면 소수 둘째 자리에서 반올림합니다.

$$9.3÷7=1.3\overset{\frown}{2}85\cdots ⇒ 1.3$$

② 몫을 반올림하여 소수 둘째 자리까지 나타내려면 소수 셋째 자리에서 반올림합니다.

$$9.3÷7=1.32\overset{\frown}{8}5\cdots ⇒ 1.33$$

③ 몫을 반올림하여 소수 셋째 자리까지 나타내려면 소수 넷째 자리에서 반올림합니다.

$$9.3÷7=1.328\overset{\frown}{5}\cdots ⇒ 1.329$$

참고 구하려는 자리 바로 아래 자리의 숫자가 0, 1, 2, 3, 4이면 버리고, 5, 6, 7, 8, 9이면 올리는 방법을 반올림이라고 합니다.

꼭! 알아두세요~

몫을 반올림하여 나타내기

몫을 반올림하여 나타내기	반올림하는 자리
소수 첫째 자리	소수 둘째 자리
소수 둘째 자리	소수 셋째 자리
소수 셋째 자리	소수 넷째 자리

개념연산 1~2

1 $21.8÷3=7.2666\cdots$입니다. 다음 물음에 답하시오.

(1) 몫을 반올림하여 소수 첫째 자리까지 나타내시오. ( )

(2) 몫을 반올림하여 소수 둘째 자리까지 나타내시오. ( )

(3) 몫을 반올림하여 소수 셋째 자리까지 나타내시오. ( )

2 나눗셈의 몫을 반올림하여 소수 첫째 자리까지 나타내시오.

(1) $3\overline{)4.7}$ ( )

(2) $6\overline{)8.3}$ ( )

(3) $9\overline{)21.4}$ ( )

(4) $1.4\overline{)32.8}$ ( )

(5) $2.1\overline{)53.1}$ ( )

(6) $5.7\overline{)63.7}$ ( )

원리이해 3~5

3 7.25÷2.53의 몫을 소수 셋째 자리에서 반올림하여 소수 둘째 자리까지 나타내면 2.8□입니다. □ 안에 들어갈 수는 무엇입니까? 　　　　　　　　　(　　　　　　　)

4 몫을 반올림하여 소수 첫째 자리까지 구한 다음 몫의 크기를 비교하여 ○ 안에 >, =, < 를 알맞게 써넣으시오.

$$13.9 \div 3 \bigcirc 28.1 \div 6$$

5 몫을 소수 둘째 자리까지 구한 값과 몫을 반올림하여 소수 둘째 자리까지 구한 값이 같은 것을 찾아 기호를 쓰시오.

| ㉠ 4.3÷2.6 | ㉡ 6.8÷2.8 |

(　　　　　　　)

실력완성 6~7

6 호박의 무게는 3.7 kg이고 배추의 무게는 1.2 kg입니다. 호박의 무게는 배추의 무게의 약 몇 배인지 반올림하여 소수 첫째 자리까지 구하시오. 　　　　(　　　　　　　)

7 민석이는 1시간 30분 동안 3.4 km를 걸었습니다. 민석이가 한 시간 동안 걸은 평균 거리는 약 몇 km인지 반올림하여 소수 둘째 자리까지 나타내시오. (　　　　　　　)

Self Check	개념연산		원리이해			실력완성		선생님 확인
	1	2	3	4	5	6	7	
	/3	/6	O/X	O/X	O/X	O/X	O/X	

개념 037~038 ▶ 분수의 나눗셈(1)

01 ♥88쪽 개념 037

관련있는 것끼리 선으로 이어 보시오.

$1 \div 3$ ·

$3 \div 2$ ·

$2 \div 3$ ·

02 ♥88쪽 개념 037

⬜ 안에 들어갈 자연수는 무엇입니까?

$$7 \div \square = 7 \times \frac{1}{13}$$

(   )

03 ♥88쪽 개념 037

민서는 쌀 9 kg을 남김없이 5개의 봉지에 똑같이 나누어 담았습니다. 한 봉지의 무게는 몇 kg입니까?   (   )

04 ♥90쪽 개념 038

계산 결과가 잘못된 것을 찾아 기호를 쓰시오.

㉠ $\frac{21}{11} \div 7 = \frac{3}{11}$	㉡ $\frac{24}{13} \div 4 = \frac{6}{13}$
㉢ $\frac{9}{5} \div 2 = \frac{9}{10}$	㉣ $\frac{26}{5} \div 14 = \frac{13}{30}$

(   )

05 ♥90쪽 개념 038

나눗셈의 몫이 1보다 큰 것은 어느 것입니까?

(   )

① $1\frac{2}{3} \div 5$ ② $2\frac{4}{5} \div 7$ ③ $6\frac{2}{7} \div 11$

④ $5\frac{5}{9} \div 5$ ⑤ $8\frac{1}{6} \div 14$

06 ♥90쪽 개념 038

⬜ 안에 들어갈 수 있는 자연수를 모두 구하시오.

$$\square < 15\frac{2}{5} \div 7$$

(   )

개념 039~045 ▶ 소수의 나눗셈(1)

07 ♥92쪽 개념 039

둘레의 길이가 37.6 cm인 마름모의 한 변의 길이는 몇 cm입니까?

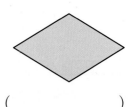

(   )

08 ♥92쪽 개념 039

나눗셈의 몫이 1보다 작은 것은 어느 것입니까?

(   )

① $34.2 \div 18$ ② $33.6 \div 12$

③ $25.5 \div 17$ ④ $28.6 \div 13$

⑤ $17.1 \div 19$

09 ♥94쪽 개념 040

똑같은 연필 한 타의 무게는 68.16 g입니다. 연필 한 자루의 무게는 몇 g입니까?

(　　　　　　　)

10 ♥96쪽 개념 041

몫의 자연수 부분이 0인 나눗셈을 모두 고르시오.

(　　　　　　　)

① 4.98÷6

② 8.1÷3

③ 10.36÷14

④ 32.89÷13

⑤ 60.3÷9

11 ♥98쪽 개념 042

길이가 8.82 m인 색테이프를 9명이 똑같이 나누어 가지면 한 사람이 가지는 색테이프의 길이는 몇 m입니까?

(　　　　　　　)

12 ♥100쪽 개념 043

1부터 9까지의 자연수 중에서 ◯ 안에 들어갈 수 있는 수는 모두 몇 개입니까?

20.1÷15 < 1.3◯

(　　　　　　　)

13 ♥102쪽 개념 044

똑같은 책 14권의 무게는 29.26 kg입니다. 책 한 권의 무게는 몇 kg입니까?

(　　　　　　　)

14 ♥104쪽 개념 045

오른쪽 삼각형의 넓이가 61.5 cm²일 때 ◯ 안에 알맞은 수를 구하시오.

(　　　　　)

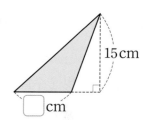

15 ♥104쪽 개념 045

벽 40 m²를 칠하는 데 15 L의 페인트가 필요하다고 합니다. 페인트 1 L로는 몇 m²의 벽을 칠할 수 있는지 반올림하여 소수 둘째 자리까지 구하시오.

(　　　　　　　)

개념 046~048 ▶ **분수의 나눗셈⑵**

16 ♥106쪽 개념 046

설탕이 6 kg 있습니다. 이 설탕을 $\frac{1}{4}$ kg씩 작은 통에 나누어 담으려고 합니다. 작은 통은 몇 개 필요합니까?

(　　　　　　　)

17 ♥106쪽 개념 046

$\frac{5}{16} \div \frac{1}{16}$과 계산 결과가 같은 것은 어느 것입니까? (   )

① $\frac{6}{7} \div \frac{1}{7}$ ② $\frac{5}{9} \div \frac{1}{9}$

③ $\frac{7}{10} \div \frac{1}{10}$ ④ $\frac{9}{13} \div \frac{1}{13}$

⑤ $\frac{11}{14} \div \frac{1}{14}$

18 ♥108쪽 개념 047

☐ 안에 알맞은 수를 구하시오.

$$\frac{22}{27} \div \frac{\boxed{}}{27} = 2$$

(   )

19 ♥108쪽 개념 047

색테이프 ㉮의 길이는 색테이프 ㉯의 길이의 몇 배입니까?

㉮ _____ $\frac{16}{17}$ m

㉯ _____ $\frac{4}{11}$ m

(   )

20 ♥110쪽 개념 048

계산 결과를 비교하여 ◯ 안에 >, =, <를 알맞게 써넣으시오.

$$5 \div \frac{7}{11} \quad \bigcirc \quad 6 \div \frac{8}{13}$$

21 ♥110쪽 개념 048

어떤 수를 $\frac{7}{16}$로 나누어야 할 것을 잘못하여 곱하였더니 $2\frac{13}{18}$이 되었습니다. 바르게 계산한 값을 구하시오.

(   )

개념 049~053   소수의 나눗셈 (2)

22 ♥112쪽 개념 049

희정이의 연필의 길이는 16.8 cm이고, 철민이의 연필의 길이는 5.6 cm입니다. 희정이의 연필의 길이는 철민이의 연필의 길이의 몇 배입니까?

(   )

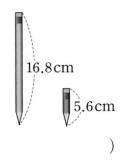

16.8 cm

5.6 cm

23 ♥112쪽 개념 049

17.52÷1.46과 몫이 같은 것을 모두 고르시오.

(   )

① 1.752÷1.46   ② 1.752÷14.6

③ 17.52÷14.6   ④ 175.2÷14.6

⑤ 1752÷146

24 ♥112쪽 개념 049

가장 큰 수를 2.54로 나눈 몫을 구하시오.

10.64	20.32	16.28

(   )

25 ♥114쪽 개념 050

계산 결과가 더 큰 쪽에 ◯표 하시오.

$45.58 \div 5.3$	$77.28 \div 9.2$

(　　　　　)　(　　　　　　　)

26 ♥114쪽 개념 050

◻ 안에 들어갈 수 있는 자연수는 모두 몇 개입니까?

$$10.44 \div 3.6 < \square < 15.84 \div 2.4$$

(　　　　　　　　)

27 ♥116쪽 개념 051

나눗셈의 몫이 자연수가 <u>아닌</u> 것을 찾아 기호를 쓰시오.

㉠ $15 \div 3.75$	㉡ $26 \div 0.45$
㉢ $152 \div 1.9$	㉣ $111 \div 3.7$

(　　　　　　　　)

28 ♥116쪽 개념 051

아버지의 몸무게는 유선이의 몸무게의 1.6배입니다. 아버지의 몸무게가 72 kg일 때 유선이의 몸무게는 몇 kg입니까?　(　　　　　　)

29 ♥118쪽 개념 052

몫을 자연수 부분까지 구했을 때 나머지의 크기를 비교하여 ◯ 안에 >, =, <를 알맞게 써넣으시오.

$$66.9 \div 5 \bigcirc 55.8 \div 3$$

30 ♥118쪽 개념 052

나눗셈의 몫을 자연수 부분까지 구했을 때, 두 나머지의 합을 구하시오.

$31.4 \div 5$	$72.7 \div 9$

(　　　　　　　　)

31 ♥120쪽 개념 053

걸리버가 여행한 대인국 사람의 키는 6.28 m이고 소인국 사람의 키는 0.6 m입니다. 대인국 사람의 키는 소인국 사람의 키의 약 몇 배인지 반올림하여 소수 첫째 자리까지 나타내시오.

(　　　　　　　　)

self check　자기 점수에 ◯표 하세요.

맞힌 개수	15개 이하	16~24개	25~29개	30~31개
학습 방법	개념을 다시 공부하세요.	조금 더 노력하세요.	실수하면 안 돼요.	참 잘했어요.

II
도형

054 평면도형을 밀기

도형을 여러 방향으로 밀면 도형의 모양은 변하지 않고 위치만 바뀝니다.

└▶ 민 방향과 길이만큼 도형의 위치가 바뀝니다.

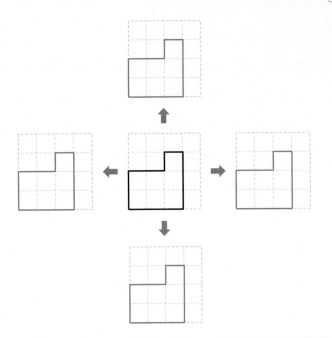

꼭! 알아두세요~

평면도형을 밀기

① 도형을 밀었을 때 모양은 변하지 않습니다.

② 도형을 밀면 민 방향과 길이만큼 도형의 위치가 바뀝니다.

개념연산 1

1 도형을 주어진 방향으로 밀었을 때 생기는 모양을 각각 그려 보시오.

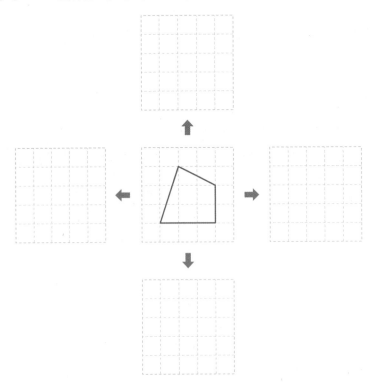

원리이해 2~4

2 주어진 모양 조각을 왼쪽으로 밀었습니다. 옳은 것을 찾아 ○표 하시오.

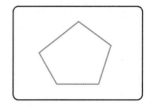 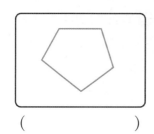 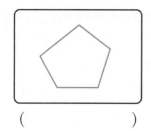

(   )   (   )

3 도형을 오른쪽으로 7cm 밀었을 때의 모양을 그려 보시오.

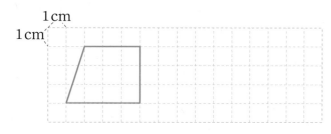

4 도형의 이동 방법을 설명해 보시오.

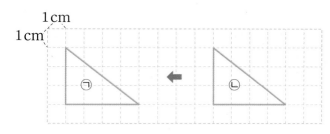

➡ ㉠ 도형은 ㉡ 도형을 (왼 , 오른)쪽으로 ☐ cm만큼 밀어서 이동한 도형입니다.

실력완성 5

5 다음 도형을 밀어서 규칙에 따라 무늬를 완성하시오.

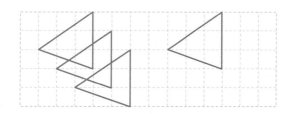

Self Check	개념연산	원리이해			실력완성	선생님 확인
	1	2	3	4	5	
	O / X	O / X	O / X	O / X	O / X	

개념 055 평면도형을 뒤집기

(1) 도형을 위쪽이나 아래쪽으로 뒤집으면 도형의 위쪽과 아래쪽이 서로 바뀝니다.

(2) 도형을 왼쪽이나 오른쪽으로 뒤집으면 도형의 왼쪽과 오른쪽이 서로 바뀝니다.

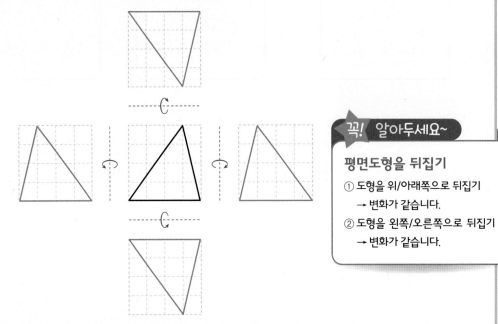

꼭! 알아두세요~

평면도형을 뒤집기

① 도형을 위/아래쪽으로 뒤집기
　→ 변화가 같습니다.

② 도형을 왼쪽/오른쪽으로 뒤집기
　→ 변화가 같습니다.

참고 ① 도형을 같은 방향으로 짝수 번 뒤집었을 때의 도형은 처음 도형과 같습니다.
　　 ② 도형을 같은 방향으로 홀수 번 뒤집었을 때의 도형은 1번 뒤집었을 때의 도형과 같습니다.

개념연산 1

1 도형을 여러 방향으로 뒤집었을 때 생기는 모양을 각각 그려 보시오.

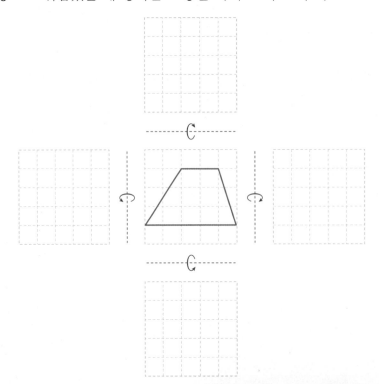

원리이해 2~4

2 주어진 모양 조각을 아래쪽으로 뒤집었습니다. 옳은 것을 찾아 ○표 하시오.

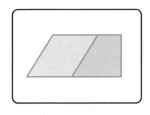 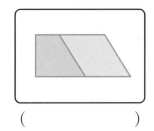 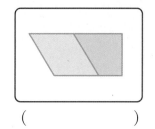

( ) ( )

3 아래쪽으로 뒤집었을 때의 숫자가 처음 숫자와 같은 것을 찾아 ○표 하시오.

( ) ( ) ( )

4 왼쪽 그림이 새겨진 도장을 종이에 찍었을 때 오른쪽과 같이 나타납니다. 도장에 새겨진 그림이 어떻게 변했는지 말해 보시오.

➡ 종이에 찍힌 그림은 도장에 새긴 그림을 ( )쪽으로 뒤집었을 때의 모양입니다.

실력완성 5

5 다음 도형을 오른쪽으로 두 번 뒤집었을 때의 도형을 그려 보시오.

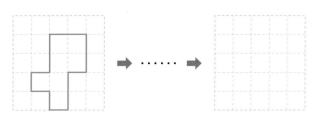

Self Check	개념연산	원리이해			실력완성	선생님 확인
	1	2	3	4	5	
	○ / ×	○ / ×	○ / ×	○ / ×	○ / ×	

15 평면도형의 이동 _ **131**

도

형

4학년

5학년

6학년

평면도형을 돌리기

도형을 돌리면 모양은 변하지 않지만 돌리는 방향에 따라 도형의 방향이 바뀝니다.

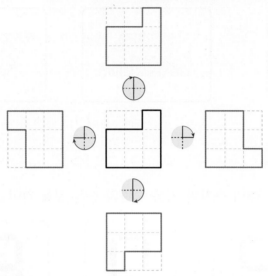

참고 ① 도형을 시계 방향으로 90°, 180°, 270°만큼 돌리면 도형의 위쪽 부분이 오른쪽, 아래쪽, 왼쪽으로 각각 이동하여 바뀝니다.

② 화살표 끝이 가리키는 위치가 같으면 돌렸을 때 같은 모양이 됩니다.

 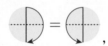 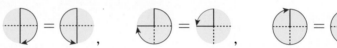

개념연산 ▶ 1

1 도형을 여러 방향으로 돌렸을 때 생기는 모양을 각각 그려 보시오.

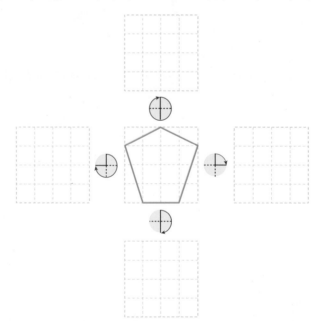

원리이해 2~4

2 다음 도형을 주어진 방향으로 돌렸을 때 생기는 모양을 그려 보시오.

(1)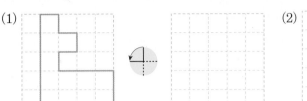

(2)

3 오른쪽 도형을 주어진 방향으로 돌렸을 때, 서로 같은 도형이 되는 경우를 선으로 이어 보시오.

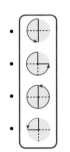

4 어느 방향으로 돌려도 처음 도형과 같은 것을 찾아 기호를 쓰시오.

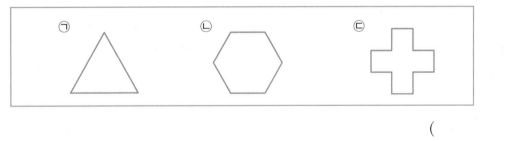

(　　　　　　　　　　)

실력완성 5

5 어떤 도형을 시계 반대 방향으로 270°만큼 돌렸을 때의 도형입니다. 처음 도형을 그려 보시오.

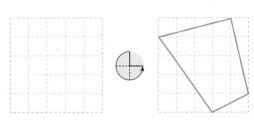

Self Check	개념연산	원리이해			실력완성	선생님 확인
	1	2	3	4	5	
	○ / ×	/ 2	○ / ×	○ / ×	○ / ×	

평면도형을 뒤집고 돌리기

도형을 오른쪽, 왼쪽, 위쪽, 아래쪽으로 뒤집고, 뒤집은 모양을 다시 시계 방향 또는 반시계 방향으로 돌리면 여러 가지 모양이 나옵니다.

예 도형을 오른쪽으로 뒤집고 시계 방향으로 90°만큼 돌리기

예 도형을 시계 방향으로 90°만큼 돌리고 오른쪽으로 뒤집기

도형을 움직인 방법이 같아도 그 순서가 다르면 다른 모양이 나올 수도 있습니다.

참고 움직였던 방법과 순서를 거꾸로 하여 움직이면 움직이기 전의 도형이 됩니다.

개념연산 1~2

1 도형을 오른쪽으로 뒤집고 시계 방향으로 180°만큼 돌렸을 때의 도형을 그려 보시오.

2 도형을 시계 방향으로 90°만큼 돌리고 아래쪽으로 뒤집었을 때의 도형을 그려 보시오.

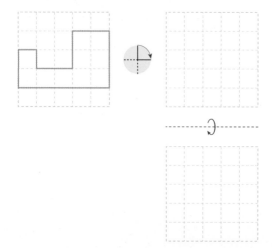

원리이해 3~4

3 주어진 모양 조각을 위쪽으로 뒤집고 시계 방향으로 90°만큼 돌렸을 때의 모양을 찾아 ○ 표 하시오.

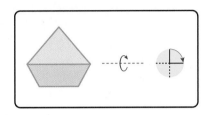 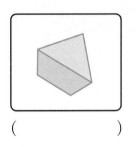 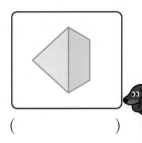

　　　　　　　　　　　　　　　　(　　　　　　　)　　(　　　　　　　)

4 왼쪽 도형을 시계 방향으로 90°만큼 돌리고 어느 쪽으로 뒤집으면 오른쪽 도형이 되는지 ⬜ 안에 알맞게 써넣으시오.

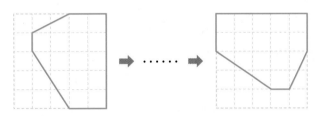

➡ 시계 방향으로 90°만큼 돌리고 ⬜ 쪽으로 뒤집으면 됩니다.

실력완성 5~6

5 오른쪽은 어떤 도형을 왼쪽으로 뒤집고 반시계 방향으로 90°만큼 돌린 것입니다. 처음 도형을 그려 보시오.

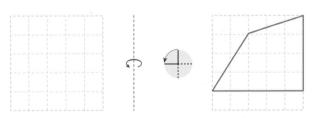

6 왼쪽 도형을 위쪽으로 뒤집고 반시계 방향으로 90°만큼 두 번 돌렸을 때의 도형을 그려 보시오.

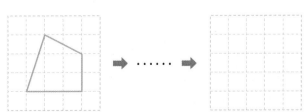

Self Check	개념연산		원리이해		실력완성		선생님 확인
	1	**2**	**3**	**4**	**5**	**6**	
	O / X	O / X	O / X	O / X	O / X	O / X	

1. 밀기를 이용하여 무늬 만들기

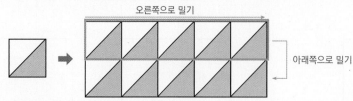

➡ 밀기를 이용하여 만든 무늬는 모양은 변하지 않고 위치만 바뀝니다.

2. 뒤집기를 이용하여 무늬 만들기

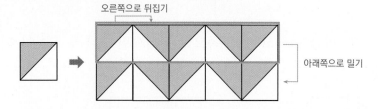

3. 돌리기를 이용하여 무늬 만들기

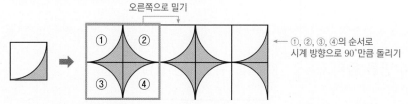

➡ 돌리기를 이용하여 만든 무늬는 돌리는 방향에 따라 여러 가지 무늬를 만들 수 있습니다.

개념연산 1

1 오른쪽 모양으로 규칙적인 무늬를 만들려고 합니다. 다음 물음에 답하시오.

(1) 뒤집기를 이용하여 규칙적인 무늬를 만들어 보시오.

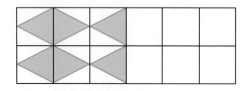

(2) 돌리기를 이용하여 규칙적인 무늬를 만들어 보시오.

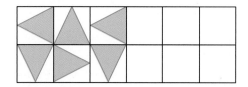

원리이해 2~4

2 밀기를 이용하여 만든 무늬를 찾아 기호를 쓰시오.

 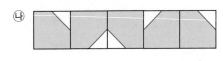

( )

3 뒤집기를 이용하여 만들 수 <u>없는</u> 무늬를 찾아 ○표 하시오.

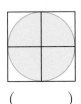 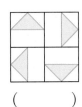 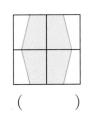

( ) ( ) ( )

4 어떤 도형을 밀기를 이용하여 규칙적인 무늬를 만들었습니다. 무늬를 만든 모양을 찾아 그리시오.

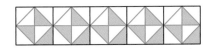 ➡

실력완성 5

5 다음은 ◹ 모양으로 규칙적인 무늬를 만들었습니다. 규칙에 따라 무늬를 완성할 때, ㉠에 알맞은 모양을 그려 보시오.

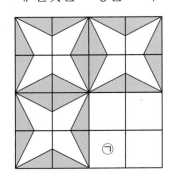

( )

	개념연산	원리이해			실력완성	선생님 확인
Self Check	1	2	3	4	5	
	/2	○/X	○/X	○/X	○/X	

059 삼각형 분류하기

1. 각의 크기에 따라 삼각형 분류하기

(1) 세 각의 크기가 모두 예각인 삼각형을 예각삼각형이라고 합니다.

(2) 한 각의 크기가 직각인 삼각형을 직각삼각형이라고 합니다.

(3) 한 각의 크기가 둔각인 삼각형을 둔각삼각형이라고 합니다.

직각이 2개 또는 둔각이 2개면 삼각형이 만들어 지지 않아!

예각삼각형

직각삼각형

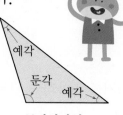

둔각삼각형

2. 변의 길이에 따라 삼각형 분류하기

(1) 두 변의 길이가 같은 삼각형을 이등변삼각형이라고 합니다.

(2) 세 변의 길이가 모두 같은 삼각형을 정삼각형이라고 합니다.

→ 정삼각형은 세 변의 길이가 모두 같으므로 두 변의 길이가 같습니다. 따라서 정삼각형은 이등변삼각형이라고 할 수 있습니다.

 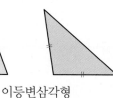

이등변삼각형

정삼각형

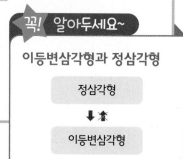

꼭! 알아두세요~

이등변삼각형과 정삼각형

정삼각형

⬇ ⬆

이등변삼각형

개념연산 1~2

1 직사각형 모양의 종이를 선을 따라 잘랐을 때, 예각삼각형과 둔각삼각형을 모두 찾아 각각 기호를 쓰시오.

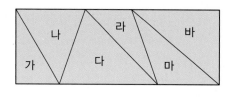

예각삼각형 (   ), 둔각삼각형 (   )

2 다음 삼각형은 이등변삼각형입니다. ☐ 안에 알맞은 수를 써넣으시오.

(1)

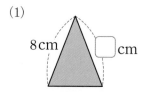

8 cm ☐ cm

(2)

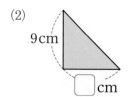

9 cm

☐ cm

원리이해 3~6

3 주어진 선분과 한 점을 이어 예각삼각형을 그리려고 합니다. 어느 점을 이어야 합니까?

(　　　　)

ㄱ　ㄴ　　ㄷ　ㄹ

———

4 삼각형의 세 각 중 두 각의 크기가 60°, 30°인 삼각형은 예각삼각형, 직각삼각형, 둔각삼각형 중에서 어느 삼각형입니까?

(　　　　)

5 삼각형의 세 변의 길이가 다음과 같을 때 이등변삼각형이 <u>아닌</u> 것을 찾아 기호를 쓰시오.

| ㉠ 6 cm, 5 cm, 6 cm | ㉡ 4 cm, 6 cm, 5 cm | ㉢ 5 cm, 7 cm, 7 cm |

(　　　　)

6 오른쪽 정삼각형의 세 변의 길이의 합은 몇 cm입니까?

(　　　　)

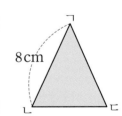

6 cm

실력완성 7~8

7 오른쪽 이등변삼각형의 세 변의 길이의 합은 21 cm입니다. 변 ㄴㄷ의 길이는 몇 cm입니까?

(　　　　)

8 cm

8 오른쪽 이등변삼각형과 세 변의 길이의 합이 같은 정삼각형을 만들려고 합니다. 정삼각형의 한 변의 길이는 몇 cm로 해야 합니까?

(　　　　)

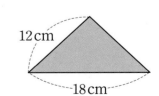

12 cm

18 cm

	개념연산		원리이해				실력완성		선생님 확인
Self Check	1	2	3	4	5	6	7	8	
	○ / X	/ 2	○ / X	○ / X	○ / X	○ / X	○ / X	○ / X	

삼각형의 성질

1. 이등변삼각형의 성질

이등변삼각형의 두 각의 크기는 같습니다.

➡ 이등변삼각형을 길이가 같은 두 변이 만나도록 접으면 완전히 포개
어지므로 두 각의 크기가 같습니다.

이등변삼각형에서 길이가 같은 두 변에 있는 두 각의 크기는 같습니다.

참고 ① 이등변삼각형은 모양과 크기가 같은 직각삼각형 2개로 나눌 수 있습니다.

② 이등변삼각형 중에서 크기가 다른 한 각이 직각인 삼각형을 직각이등변삼각형이라고 합니다.

2. 정삼각형의 성질

정삼각형은 세 각의 크기가 모두 같고, 한 각의 크기는 $60°$입니다.

➡ 삼각형의 세 각의 크기의 합은 $180°$이므로 정삼각형의 한 각의
크기는 $180° ÷ 3 = 60°$입니다.

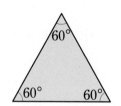

개념연산 1~2

1 다음 삼각형은 이등변삼각형입니다. ☐ 안에 알맞은 수를 써넣으시오.

(1)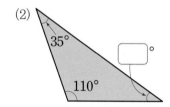

(2)

2 다음은 정삼각형입니다. ☐ 안에 알맞은 수를 써넣으시오.

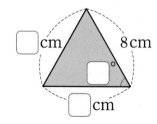

09 ❤164쪽 개념 071

다음 중에서 선대칭도형도 되고 점대칭도형도 되는 것을 모두 찾아 쓰시오.

ㅊ ㅍ ㅌ ㅎ
H N X Y

(　　　　　)

10 ❤164쪽 개념 071

다음 도형은 점 ㅇ을 중심으로 하는 점대칭 도형입니다. 도형의 둘레의 길이는 몇 cm 입니까?

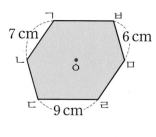

(　　　　　)

개념 072~074　　　　　**직육면체**

11 ❤166쪽 개념 072

오른쪽은 직육면체의 겨냥도를 그린 그림입니다. 보이는 모서리의 수와 보이지 않는 모서리의 수의 차는 몇 개입니까?

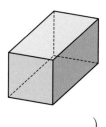

(　　　　　)

12 ❤168쪽 개념 073

어떤 정육면체의 모든 모서리의 길이의 합이 96 cm입니다. 이 정육면체의 한 모서리의 길이는 몇 cm입니까?

(　　　　　)

13 ❤168쪽 개념 073

직육면체와 정육면체의 <u>다른</u> 점을 모두 고르시오.

(　　　　　)

① 면의 수　　　　　 ② 면의 모양
③ 모서리의 길이　　 ④ 꼭짓점의 수
⑤ 모서리의 수

14 ❤170쪽 개념 074

오른쪽 직육면체에서 색칠한 두 면에 공통으로 수직인 면을 모두 찾아 쓰시오.

(　　　　　)

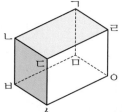

15 ❤170쪽 개념 074

아래 전개도를 접어서 정육면체를 만들 때, 면 ㉠과 수직인 면을 모두 찾아 빗금으로 나타내고, 빗금 친 부분의 둘레의 길이를 구하시오.

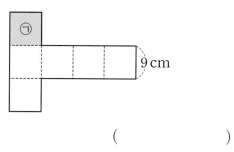

(　　　　　)

self check　　자기 점수에 ◯표 하세요.

맞힌 개수	7개 이하	8~10개	11~13개	14~15개
학습 방법	개념을 다시 공부하세요.	조금 더 노력하세요.	실수하면 안 돼요.	참 잘했어요.

075 각기둥

1. 각기둥

(1) 각기둥

위와 아래에 있는 면이 서로 평행하고 합동인 <u>다각형</u>으로 이루어진 입체도형을 각기둥이라고 합니다.
└─ 선분으로만 둘러싸인 도형 ⇒ **개념 066**

(2) 여러 가지 각기둥

   ⋯⋯ ➡ 위와 아래에 있는 면이 서로 평행하고 합동인 다각형으로 이루어진 입체도형이므로 각기둥입니다.

2. 각기둥의 밑면과 옆면

(1) 밑면

각기둥에서 면 ㄱㄴㄷ, 면 ㄹㅁㅂ과 같이 서로 평행하고 합동이며 나머지 다른 면에 수직인 두 면을 밑면이라고 합니다.
└─ 항상 2개

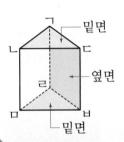

(2) 옆면
┌─ 밑면을 제외한 나머지 면
각기둥에서 밑면에 수직인 면을 옆면이라고 합니다.

참고 ① 각기둥에서 옆면의 모양은 항상 직사각형입니다.
② 각기둥에서 한 밑면의 변의 수와 옆면의 수는 같습니다.

꼭! 알아두세요~

각기둥의 밑면과 옆면
① 밑면 : 서로 평행하고 나머지 다른 면과 수직인 두 면
② 옆면 : 밑면에 수직인 면
➡ 각기둥의 옆면은 직사각형입니다.

개념연산 1~2

1 도형을 보고 물음에 답하시오.

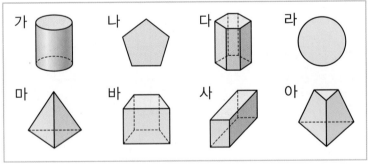

(1) 입체도형을 모두 찾아 기호를 쓰시오. ( )
(2) 위와 아래에 있는 면이 서로 평행한 입체도형을 모두 찾아 기호를 쓰시오.
( )
(3) 위와 아래에 있는 면이 서로 평행하고 합동인 다각형으로 이루어진 입체도형을 모두 찾아 기호를 쓰시오. ( )
(4) 각기둥을 모두 찾아 기호를 쓰시오. ( )

2 오른쪽 각기둥을 보고 ☐ 안에 알맞은 것을 써넣으시오.

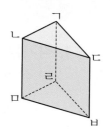

(1) 밑면은 면 ㄱㄴㄷ과 면 ☐ 입니다.

(2) 밑면의 모양은 ☐ 입니다.

(3) 밑면에 ☐ 인 면을 옆면이라 합니다.

(4) 옆면의 모양은 ☐ 입니다.

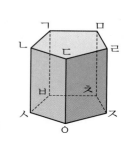

원리이해 3~5

3 각기둥에 대한 설명으로 **틀린** 것을 찾아 기호를 쓰시오.

> ㉠ 위와 아래에 있는 면이 서로 평행합니다.
> ㉡ 위와 아래에 있는 면이 서로 합동입니다.
> ㉢ 모든 면이 합동인 다각형으로 이루어져 있습니다.

(　　　　　　)

4 오른쪽 각기둥을 보고 밑면을 모두 찾아 쓰시오.

(　　　　　　)

5 오른쪽 각기둥에서 색칠한 면이 한 밑면일 때 옆면을 모두 찾아 쓰시오.

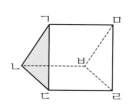

(　　　　　　)

실력완성 6

6 오른쪽 각기둥에서 한 밑면의 변의 수와 옆면의 수의 합을 구하시오.

(　　　　　　)

Self Check	개념연산		원리이해			실력완성	선생님 확인
	1	2	3	4	5	6	
	/ 4	/ 4	○ / X	○ / X	○ / X	○ / X	

각기둥의 이름과 구성 요소, 전개도

1. 각기둥의 이름과 구성 요소

(1) 각기둥의 이름

각기둥은 밑면의 모양에 따라 삼각기둥, 사각기둥, 오각기둥 ……이라고 합니다.

삼각기둥   사각기둥   오각기둥

(2) 각기둥의 구성 요소

각기둥에서 면과 면이 만나는 선분을 모서리, 모서리와 모서리가 만나는 점을 꼭짓점, 두 밑면 사이의 거리를 높이라고 합니다.

참고 합동인 두 밑면의 대응하는 꼭짓점을 이은 모서리의 길이와 각기둥의 높이는 같습니다.

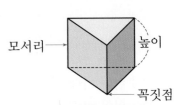

(꼭짓점의 수)
= (한 밑면의 변의 수)×2

(면의 수)
= (한 밑면의 변의 수)+2

(모서리의 수)
= (한 밑면의 변의 수)×3

2. 각기둥의 전개도

(1) 각기둥의 전개도

모서리를 잘라서 펼쳐 놓은 그림을 각기둥의 전개도라고 합니다.

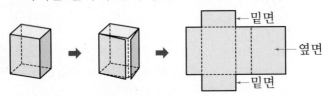

밑면
옆면
밑면

(2) 각기둥의 전개도 그리기

전개도를 그릴 때에는 자르는 모서리는 실선으로, 접히는 모서리는 점선으로 그립니다.

참고 ① 각기둥의 전개도는 모서리를 자르는 방법에 따라 다양하게 그릴 수 있습니다.

② 전개도를 접었을 때 서로 맞닿는 선분의 길이는 같습니다.

꼭! 알아두세요~

각기둥의 구성 요소

① 모서리 : 면과 면이 만나는 선분
② 꼭짓점 : 모서리와 모서리가 만나는 점
③ 높이 : 두 밑면 사이의 거리

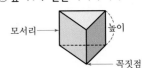

모서리   높이
                꼭짓점

개념연산 1~2

1 각기둥의 이름을 쓰시오.

(1)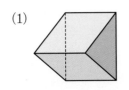

(   )

(2)

(   )

2 그림의 전개도를 점선을 따라 접으면 어떤 도형이 만들어집니까?

(1)
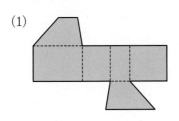

(   )

(2)
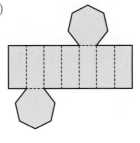

(   )

원리이해 3~5

3 각기둥의 높이는 몇 cm입니까?

(1)
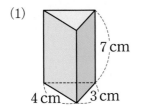
(   )

(2)
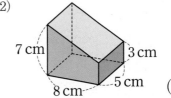
(   )

4 한 밑면의 꼭짓점의 수가 9인 각기둥의 이름을 쓰시오.   (   )

5 주어진 도형을 보고 전개도를 그린 것입니다. ▢ 안에 알맞은 수를 써넣으시오.

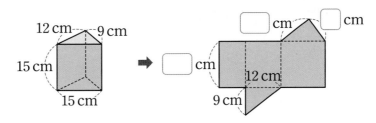

실력완성 6

6 오른쪽 그림은 삼각기둥의 전개도입니다. 선분 ㄱㅅ의 길이는 몇 cm입니까?

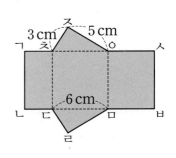

(   )

	개념연산		원리이해			실력완성	선생님 확인
Self Check	1	2	3	4	5	6	
	/ 2	/ 2	/ 2	○ / ✕	○ / ✕	○ / ✕	

도

형

4학년

5학년

6학년

각뿔

1. 각뿔

(1) 각뿔

밑에 놓인 면이 다각형이고 옆으로 둘러싼 면이 모두 삼각형인 입체도형을 각뿔이라고 합니다.

예 여러 가지 각뿔

   ...... ➡ 밑에 놓인 면이 다각형이고 옆으로 둘러싼 면이 삼각형인 입체도형이므로 각뿔입니다.

(2) 각뿔의 밑면과 옆면

각뿔에서 면 ㄴㄷㄹㅁ과 같은 면을 밑면이라 하고, 면 ㄱㄷㄹ과 같이 옆으로 둘러싼 면을 옆면이라고 합니다.

참고 각기둥과 각뿔의 비교

	밑면의 모양	밑면의 수	옆면의 모양
각기둥	다각형	2	직사각형
각뿔	다각형	1	삼각형

2. 각뿔의 이름과 구성 요소

(1) 각뿔의 이름

각뿔은 밑면의 모양에 따라 삼각뿔, 사각뿔, 오각뿔 ······이라고 합니다.

   ......

삼각뿔   사각뿔   오각뿔

(꼭짓점의 수)
= (한 밑면의 변의 수)+1

(면의 수)
= (한 밑면의 변의 수)+1

(모서리의 수)
= (한 밑면의 변의 수)×2

(2) 각뿔의 구성 요소

각뿔에서 면과 면이 만나는 선분을 모서리, 모서리와 모서리가 만나는 점을 꼭짓점이라고 합니다.

꼭짓점 중에서도 옆면이 모두 만나는 점을 각뿔의 꼭짓점, 각뿔의 꼭짓점에서 밑면에 수직인 선분의 길이를 높이라고 합니다.

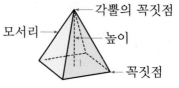

꼭! 알아두세요~

각뿔과 각기둥의 비교

	각기둥	각뿔
밑면의 모양	다각형	다각형
밑면의 수	2	1
옆면의 모양	직사각형	삼각형

도

형

4학년

5학년

6학년

개념연산 ▶ **1~2**

1 각뿔을 모두 찾아 기호를 쓰시오.

 　가　　　나　　　다　　　라　　　마　　　바

(　　　　　　　)

2 각뿔의 이름을 쓰시오.

(1)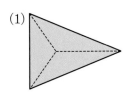

(　　　　　　)

(2)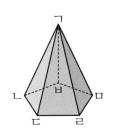

(　　　　　　)

원리이해 ▶ **3~4**

3 오른쪽 각뿔에서 밑면의 수와 옆면의 수의 합을 구하시오.

(　　　　　　)

4 각뿔의 높이는 몇 cm입니까?

(1) 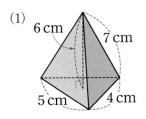　6 cm　7 cm　5 cm　4 cm

(　　　　　　)

(2) 7 cm　5 cm　9 cm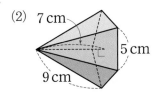

(　　　　　　)

실력완성 ▶ **5**

5 오른쪽 각뿔은 밑면이 정사각형이고 옆면이 모두 이등변삼각형입니다.

이 각뿔의 모든 모서리의 길이의 합은 몇 cm입니까?

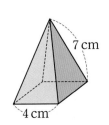　7 cm　4 cm

(　　　　　　)

Self Check	개념연산		원리이해		실력완성	선생님 확인
	1	2	3	4	5	
	○ / X	/ 2	○ / X	/ 2	○ / X	

078 원기둥

1. 원기둥

(1) 원기둥

둥근기둥 모양의 도형을 원기둥이라고 합니다.

(2) 원기둥의 구성 요소

서로 평행하고 합동인 두 면을 밑면, 옆을 둘러싼 굽은 면을 옆면, 두 밑면에 수직인 선분의 길이를 높이라고 합니다.

참고 ① 원기둥은 2개의 밑면과 1개의 옆면으로 이루어져 있습니다.

② 원기둥의 두 밑면은 서로 평행하고 합동입니다.

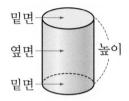

2. 원기둥의 전개도

(1) 원기둥의 전개도

그림과 같이 원기둥을 펼쳐 놓은 그림을 원기둥의 전개도라고 합니다.

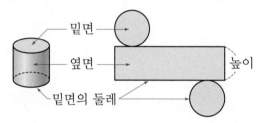

(2) 원기둥의 전개도의 특징

① 두 밑면은 서로 합동인 원이고 옆면의 모양은 직사각형입니다.

→ (원주)=(반지름)×2×(원주율)

② 전개도의 옆면의 가로의 길이는 밑면의 둘레의 길이와 같습니다.

③ 전개도의 옆면의 세로의 길이는 원기둥의 높이와 같습니다.

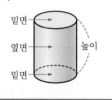

꼭! 알아두세요~

원기둥의 구성 요소

① 밑면 : 서로 평행하고 합동인 두 면

② 옆면 : 옆을 둘러싼 굽은 면

③ 높이 : 두 밑면에 수직인 선분의 길이

개념연산 ▶ 1~2

1 원기둥의 각 부분의 이름을 ☐ 안에 알맞게 써넣으시오.

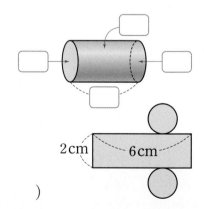

2 오른쪽 전개도를 접어서 원기둥을 만들었습니다. 원기둥의 높이와 밑면의 둘레의 길이를 각각 구하시오.

2cm   6cm

(,   )

원리이해 3~6

3 원기둥의 높이를 구하시오.

(1)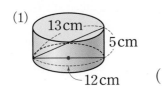
　　　(　　　　　　　　　)

(2)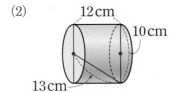
　　　(　　　　　　　　　)

4 원기둥에 대한 설명으로 옳은 것을 모두 찾아 기호를 쓰시오.

> ㉠ 꼭짓점은 1개입니다.　　　　　㉡ 두 밑면은 서로 합동입니다.
> ㉢ 밑면의 모양은 원이고 1개입니다.　　㉣ 옆면은 굽은 면입니다.

　　　　　　　　　　　　　　　　　　　(　　　　　　　　　)

5 오른쪽 원기둥을 잘라 펼쳐서 전개도를 만들었습니다. 옆면의 가로의 길이와 세로의 길이를 각각 구하시오. (원주율 : 3.14)

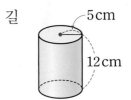

옆면의 가로의 길이 (　　　　　　　　　),
옆면의 세로의 길이 (　　　　　　　　　)

6 원기둥의 전개도를 보고 원기둥의 밑면의 반지름은 몇 cm인지 구하시오. (원주율 : 3)

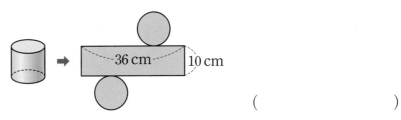

　　　　　　　　　　　　　　　　　　(　　　　　　　　　)

실력완성 7

7 원기둥의 전개도에서 직사각형의 넓이는 몇 cm²입니까? (원주율 : 3.1)

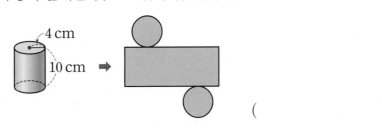

　　　　　　　　　　　　　　　　(　　　　　　　　　)

Self Check	개념연산		원리이해				실력완성	선생님 확인
	1	2	3	4	5	6	7	
	○ / ×	○ / ×	/ 2	○ / ×	○ / ×	○ / ×	○ / ×	

개념 079

원뿔과 구

1. 원뿔

(1) 원뿔
둥근 뿔 모양의 도형을 원뿔이라고 합니다.

(2) 원뿔의 구성 요소
옆을 둘러싼 면을 옆면, 뾰족한 점을 꼭짓점, 평평한 면을 밑면이라 합니다. 또, 원뿔의 꼭짓점과 밑면인 원의 둘레의 한 점을 잇는 선분을 <u>모선</u>, 원뿔의 꼭짓점에서 밑면에 수직인 선분의 길이를 높이라 합니다.
→ 모선의 개수는 무수히 많고, 모선의 길이는 모두 같습니다.

2. 구

(1) 구
공 모양의 도형을 구라고 합니다.

(2) 구의 구성 요소
구의 가장 안쪽에 있는 점을 중심이라 하고, 중심에서 구의 표면의 한 점을 잇는 선분을 <u>반지름</u>이라고 합니다.
→ 반지름의 개수는 무수히 많습니다.

(3) 구의 특징
구는 어느 방향에서 보아도 항상 원 모양입니다.

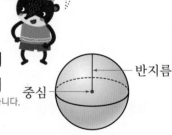

반원 모양의 종이를 막대에 붙여 돌리면 구 모양이 되!

개념연산 1~2

1 다음 중 원뿔을 찾아 기호를 쓰시오.

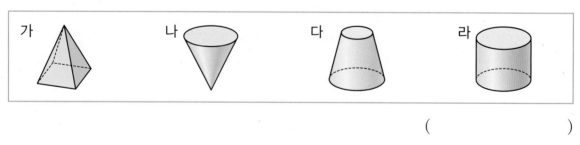

가　　　나　　　다　　　라

(　　　　　　　　)

2 구에서 각 부분의 이름을 ☐ 안에 써넣으시오.

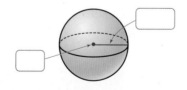

원리이해 3~5

3 원뿔의 무엇을 재는 것인지 보기 에서 찾아 기호를 쓰시오.

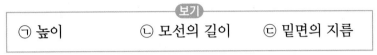

보기
| ㉠ 높이 | ㉡ 모선의 길이 | ㉢ 밑면의 지름 |

(1) 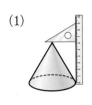 (　　　　　　)

(2) (　　　　　　)

4 오른쪽 원뿔에서 삼각형 ㄱㄴㄷ의 둘레의 길이는 몇 cm입니까?

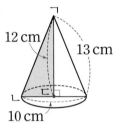

(　　　　　　)

5 구의 지름을 구하시오.

(1) 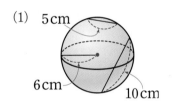 (　　　　　　)

(2) 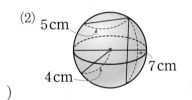 (　　　　　　)

실력완성 6~7

6 오른쪽 원뿔에서 삼각형 ㄱㄴㄷ의 둘레의 길이가 72 cm입니다. 선분 ㄱㄴ의 길이는 몇 cm입니까?

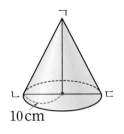

(　　　　　　)

7 지름이 14 cm인 반원 모양의 종이를 오른쪽과 같이 나무젓가락에 붙여서 돌리면 구 모양이 됩니다. 이 구의 반지름은 몇 cm입니까?

(　　　　　　)

Self Check	개념연산		원리이해			실력완성		선생님 확인
	1	2	3	4	5	6	7	
	○/×	○/×	/2 ○/×	○/×	/2 ○/×	○/×	○/×	

입체도형의 비교

1. 원기둥과 각기둥의 비교

구분		원기둥	각기둥
같은 점	모양	기둥 모양	
	밑면	① 밑면은 2개입니다. ② 밑면은 서로 평행하고 합동입니다.	
다른 점	밑면의 모양	원	다각형
	옆면의 모양	굽은 면	평평한 면 (직사각형)
	꼭짓점	없습니다.	있습니다.

2. 원기둥, 원뿔, 구의 비교

구분		원기둥	원뿔	구
같은 점	옆면의 모양	굽은 면		
다른 점	모양	기둥 모양	뿔 모양	공 모양
	특징	보는 방향에 따라 모양이 다릅니다.	보는 방향에 따라 모양이 다릅니다.	어느 방향에서 보아도 모양이 같습니다.
	꼭짓점	없습니다.	있습니다.	없습니다.

참고 원뿔과 각뿔의 같은 점과 다른 점
① 같은 점 : 뿔모양이며 밑면이 1개입니다.
② 다른 점
　원뿔 : 밑면의 모양은 원이고, 옆면의 모양은 굽은 면입니다.
　각뿔 : 밑면의 모양은 다각형이고, 옆면의 모양은 삼각형입니다.

꼭! 알아두세요~

원기둥, 원뿔, 구를 위, 앞, 옆에서 본 모양

도형	위에서 본 모양	앞에서 본 모양	옆에서 본 모양
	○	□	□
	●	△	△
	○	○	○

개념연산 1~2

1 원기둥과 오각기둥을 비교하여 빈칸에 알맞게 써넣으시오.

입체도형		
옆면의 모양		
면의 수		
밑면의 모양		

2 다음 입체도형의 위, 옆에서 본 모양을 각각 그려 보시오.

입체도형	위에서 본 모양	옆에서 본 모양
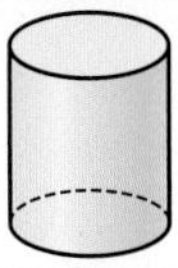		
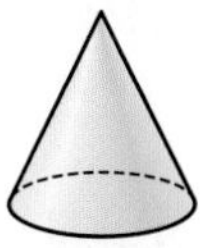		
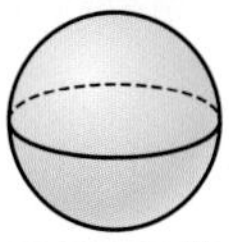		

도 형 4학년 5학년 6학년

원리이해 3~4

3 보기 에서 원기둥과 각기둥의 같은 점이 <u>아닌</u> 것을 모두 찾아 기호를 쓰시오.

━━━ 보기 ━━━
ㄱ 밑면이 2개입니다.　　　　　　　ㄴ 밑면의 모양이 다각형입니다.
ㄷ 옆면은 직사각형 모양입니다.　　　ㄹ 밑면은 서로 평행하고 합동입니다.

(　　　　　　　　　)

4 원기둥과 원뿔, 구의 같은점을 찾아 기호를 쓰시오.

ㄱ 앞에서 본 모양　　　　ㄴ 옆에서 본 모양　　　　ㄷ 위에서 본 모양

(　　　　　　　　　)

실력완성 5

5 수가 작은 것부터 차례대로 기호를 쓰시오.

ㄱ 원기둥의 밑면의 수　　　　　　ㄴ 구의 밑면의 수
ㄷ 원뿔의 모선의 수　　　　　　　ㄹ 원뿔의 꼭짓점의 수

(　　　　　　　　　)

Self Check	개념연산		원리이해		실력완성	선생님 확인
	1	2	3	4	5	
	○ / X	○ / X	○ / X	○ / X	○ / X	

쌓기나무의 수

1. 쌓기나무의 수 추측하기

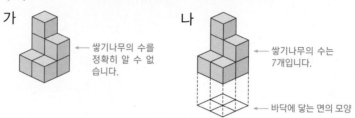

가 ← 쌓기나무의 수를 정확히 알 수 없습니다.

나 ← 쌓기나무의 수는 7개입니다.

← 바닥에 닿는 면의 모양

(1) 보이지 않는 곳에 쌓기나무가 있을 수도 있고 없을 수도 있으므로 쌓기나무의 수를 정확하게 알 수 없습니다. ➡ 그림 가

(2) 쌓기나무의 모양 아래에 그려진 바닥에 닿는 면의 모양이 있으면 보이지 않는 곳에 쌓기나무가 있는지 없는지 알 수 있기 때문에 쌓기나무의 수를 정확히 알 수 있습니다. ➡ 그림 나

2. 쌓기나무의 수 구하는 방법

방법 ① 바닥에 닿는 면의 모양을 이용하여 쌓기나무의 수 구하기

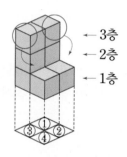

← 3층
← 2층
← 1층

자리	①번	②번	③번	④번	합계
쌓기나무의 수	3	1	3	1	8

➡ (쌓기나무의 수)=3+1+3+1=8(개)

방법 ② 각 층별로 나누어 쌓기나무의 수 구하기

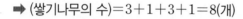

층수	1층	2층	3층	합계
쌓기나무의 수	4	2	2	8

➡ (쌓기나무의 수)
=4+2+2=8(개)

└➤ 1층에 쌓인 쌓기나무의 수는 바닥에 닿는 면의 사각형의 수와 같습니다.

방법 ③ 쌓기나무를 묶거나 옮겨서 쌓기나무의 수 구하기

3층에 있는 쌓기나무 2개를 2층으로 옮기면 쌓기나무는 모두 4+4=8(개)입니다.

개념연산 ▶ 1~2

1 가와 나 중에서 어떤 그림이 쌓기나무의 수를 정확히 알 수 있습니까?

가

나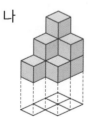

( )

2 오른쪽 쌓기나무를 보고 빈칸에 알맞은 수를 써넣으시오.

자리	①번	②번	③번	④번	합계
쌓기나무의 수					

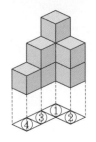

원리이해 3~4

3 쌓기나무로 다음 그림과 같은 모양을 만들려고 합니다. 최소한 쌓기나무가 몇 개 있어야 합니까?

(1) 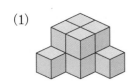   (   )

(2) 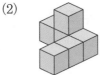   (   )

4 쌓기나무의 수가 적은 것부터 차례대로 기호를 쓰시오.

가 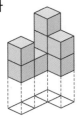   나 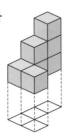   다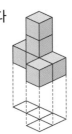

(   )

실력완성 5~6

5 오른쪽 그림과 같은 모양을 만들기 위해 필요한 쌓기나무는 모두 몇 개입니까?

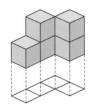

(   )

6 쌓기나무가 15개 있습니다. 이 쌓기나무로 오른쪽 그림과 같은 모양을 만들었을 때, 남은 쌓기나무는 몇 개입니까?

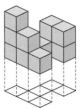

(   )

Self Check	개념연산		원리이해		실력완성		선생님 확인
	1	2	3	4	5	6	
	○ / X	○ / X	/ 2	○ / X	○ / X	○ / X	

위, 앞, 옆에서 본 모양 그리기

1. 쌓기나무로 만든 모양을 보고 위, 앞, 옆에서 본 모양 그리기

① 쌓기나무를 위에서 본 모양은 바닥에 닿는 면의 모양과 같습니다.

② 앞과 옆에서 본 모양은 각 방향에서 각 줄의 가장 높은 층의 모양과 같습니다.

→ 1층에 쌓은 쌓기나무 모양과 같습니다.

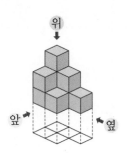
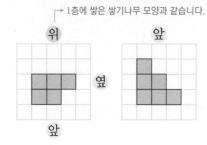

2. 각 칸에 쓰인 쌓기나무의 수를 보고 앞과 옆에서 본 모양 그리기

① 바닥에 닿는 면의 모양에서 각 자리의 숫자는 그 자리에 쌓아 올린 쌓기나무의 수입니다.

② 앞에서 본 모양과 옆에서 본 모양은 각 줄에서 가장 큰 숫자의 층의 모양과 같습니다.

• 앞에서 본 모양

• 옆에서 본 모양

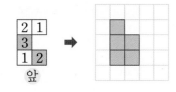
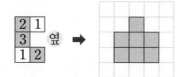

개념연산 ▶ 1~2

1 오른쪽은 쌓기나무 6개로 만든 모양입니다. 위와 앞에서 본 모양을 각각 찾아 기호를 쓰시오.

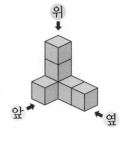

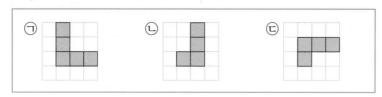

(   )

2 아래 그림에서 □ 안의 수는 그 자리에 쌓아 올린 쌓기나무의 수입니다. 앞과 옆에서 본 모양을 각각 그려 보시오.

앞   옆

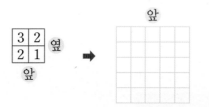

원리이해 3~4

3 오른쪽은 쌓기나무 8개로 쌓은 모양입니다. 위, 앞, 옆에서 본 모양을 보기에서 찾아 차례대로 기호를 쓰시오.

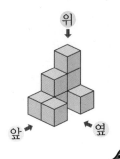

보기

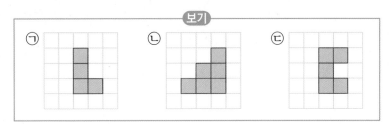

( )

4 그림에서 □ 안의 수는 그 자리에 쌓아 올린 쌓기나무의 수입니다. 완성된 모양의 앞에서 본 모양을 찾아 기호를 쓰시오.

가   나

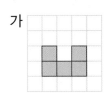 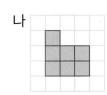

( )

실력완성 5~6

5 옆에서 본 모양이 <u>다른</u> 것을 찾아 기호를 쓰시오.

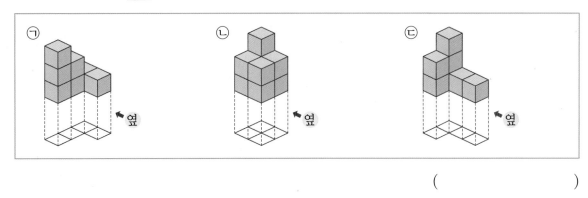

( )

6 아래 그림에서 □ 안의 수는 그 자리에 쌓아 올린 쌓기나무의 수입니다. 앞과 옆에서 본 모양을 보고 ㉠자리에 쌓인 쌓기나무의 수를 구하시오.

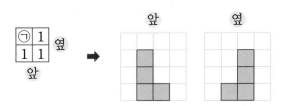

( )

Self Check	개념연산		원리이해		실력완성		선생님 확인
	1	2	3	4	5	6	
	O / X	O / X	O / X	O / X	O / X	O / X	

도

형

4학년

5학년

6학년

전체 모양 알기

위, 앞, 옆에서 본 모양을 보고 전체 모양 알기

쌓기나무를 위에서 본 모양은 바닥에 닿는 면의 모양과 같으므로 앞과 옆에서 본 모양을 보고 위에서 본 모양의 각 칸에 그 칸 위에 쌓아 올린 쌓기나무의 수를 써 보면 전체 모양을 알 수 있습니다.

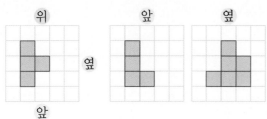

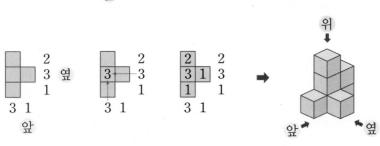

➡ ① 쌓기나무 3개가 쌓인 곳을 먼저 찾아 쌓기나무의 수를 적습니다.
② 앞과 옆에서 본 모양을 생각하면서 나머지 빈칸에 쌓기나무의 수를 적습니다.

꼭! 알아두세요~

쌓기나무 전체 모양 알기

① 쌓기나무의 수가 가장 많은 곳을 찾아 수를 적습니다.

⬇

② 앞과 옆에서 본 모양을 생각하여 나머지 빈칸을 채웁니다.

개념연산 1

1 쌓기나무를 위, 앞, 옆에서 본 모양입니다. 물음에 답하시오.

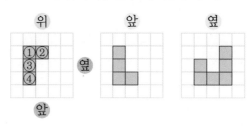

(1) ①~④에 필요한 쌓기나무는 몇 개인지 각각 구하시오.

① (   ), ② (   ),

③ (   ), ④ (   )

(2) 똑같은 모양을 만들기 위해 필요한 쌓기나무는 모두 몇 개입니까?

(   )

원리이해 2~3

2 위, 앞, 옆에서 본 모양이 각각 다음과 같을 때, 물음에 답하시오.

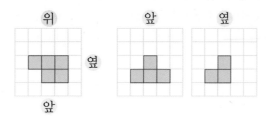

(1) 위에서 본 모양의 □ 안에 그 자리에 쌓아 올린 쌓기나무의 수를 써넣으시오.

(2) 보기 에서 쌓기나무 전체 모양을 찾아 기호를 쓰시오.

보기

(   )

3 쌓기나무 10개로 쌓은 모양을 위, 앞, 옆에서 본 모양입니다. ㉠자리와 ㉡자리에 쌓은 쌓기나무의 수를 모두 더하면 몇 개입니까?

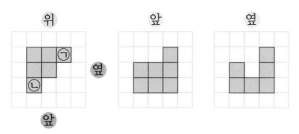

(   )

실력완성 4

4 위, 앞, 옆에서 본 모양을 보고 쌓기나무를 쌓으려고 합니다. 쌓기나무를 가장 많이 사용할 때 필요한 쌓기나무의 수는 모두 몇 개입니까?

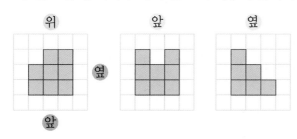

(   )

	개념연산	원리이해		실력완성	선생님 확인
Self Check	1	2	3	4	
	/ 2	/ 2	O / X	O / X	

연결큐브로 여러 가지 모양 만들기

연결큐브로 여러 가지 모양 만들기

① 연결큐브를 사용하여 조건에 맞는 다양한 모양을 만들 수 있습니다.

> 예 연결큐브 3개로 만들 수 있는 모양은 아래와 같이 2가지입니다.

② 연결큐브로 만든 모양을 뒤집거나 돌려서 모양이 같으면 같은 모양으로 생각합니다.

③ 연결큐브를 결합하는 방법에 따라 나올 수 있는 모양은 여러 가지입니다.

 ,  ,

> 꼭! 알아두세요~
>
> **연결큐브로 여러 가지 모양 만들기**
> ① 연결큐브 3개로 만들 수 있는 모양은 2가지입니다.
> ② 연결큐브로 만든 모양을 뒤집거나 돌려서 모양이 같으면 같은 모양입니다.

개념연산 1~2

1 돌리거나 뒤집었을 때 보기 와 같은 모양이 되는 것을 찾아 기호를 쓰시오.

보기
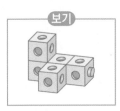

가   나

(   )

2 뒤집거나 돌렸을 때 보기 와 같은 모양이 될 수 <u>없는</u> 것에 ○표 하시오.

 보기

(   ) (   ) (   )

원리이해 3~5

3 뒤집거나 돌렸을 때 같은 모양인 것끼리 선으로 이어 보시오.

 ·　　　　·

 ·　　　　·

 ·　　　　·

4 오른쪽 모양에 연결큐브 1개를 더 붙여서 만들 수 있는 모양은 모두 몇 가지 입니까?　　　　　　　　　　(　　　　　　　　)

5 보기의 연결큐브 2가지 모양을 이용하여 새롭게 만든 모양 입니다. 2가지 색으로 구분하여 색칠하시오.

보기

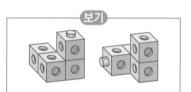

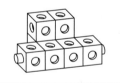

실력완성 6

6 보기의 모양을 만들 수 있는 연결큐브 모양 2가지를 바르게 짝지은 것을 찾아 기호를 쓰시오.

보기

가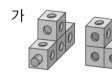

나

다

(　　　　　　　　)

Self Check	개념연산		원리이해			실력완성	선생님 확인
	1	2	3	4	5	6	
	○ / ×	○ / ×	○ / ×	○ / ×	○ / ×	○ / ×	

개념 075~077 > 각기둥과 각뿔

01 ♥174쪽 개념 075

각기둥을 모두 고르시오. ( )

① ② ③

④ ⑤

02 ♥176쪽 개념 076

면이 7개인 각기둥의 이름은 무엇입니까?

( )

03 ♥176쪽 개념 076

각기둥의 전개도에서 색칠한 면이 한 밑면일 때, 높이가 될 수 있는 선분은 모두 몇 개입니까?

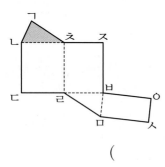

( )

04 ♥178쪽 개념 077

오른쪽 각뿔에서 꼭짓점의 수와 옆면의 수를 모두 더하면 얼마입니까? ( )

05 ♥178쪽 개념 077

조건을 모두 만족하는 입체도형의 이름을 쓰시오.

- 옆면의 모양은 모두 삼각형이고 6개입니다.
- 밑면의 모양은 육각형이고 1개입니다.

( )

개념 078~080 > 원기둥, 원뿔, 구

06 ♥180쪽 개념 078

원기둥의 높이와 밑면의 반지름의 차는 몇 cm입니까?

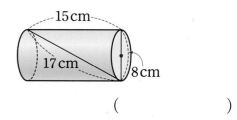

( )

07 ♥180쪽 개념 078

원기둥의 전개도에서 옆면의 가로의 길이와 세로의 길이의 차를 구하시오. (원주율 : 3.1)

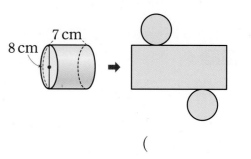

( )

08 ♥182쪽 개념 079

원뿔에서 모선은 몇 개입니까? ( )

① 없습니다. ② 1개 ③ 2개
④ 3개 ⑤ 무수히 많습니다.

09 ▼182쪽 개념 079

다음 구는 지름이 몇 cm인 반원을 한 바퀴 돌려서 만든 것입니까?

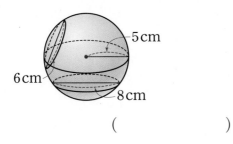

(   )

10 ▼184쪽 개념 080

어느 방향에서 보아도 모양이 같은 도형을 찾아 기호를 쓰시오.

㉠ 원기둥   ㉡ 원뿔   ㉢ 각뿔   ㉣ 구

(   )

개념 081~084	쌓기나무

11 ▼186쪽 개념 081

오른쪽 그림에서 보이지 않는 쌓기나무는 몇 개입니까?

(   )

12 ▼188쪽 개념 082

쌓기나무 7개로 만든 모양입니다. 앞에서 본 모양이 <u>다른</u> 것을 찾아 기호를 쓰시오.

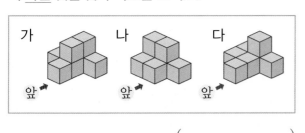

(   )

13 ▼190쪽 개념 083

쌓기나무를 위, 앞, 옆에서 본 모양입니다. 어떤 쌓기나무를 본 것인지 찾아 기호를 쓰시오.

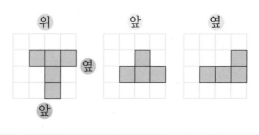

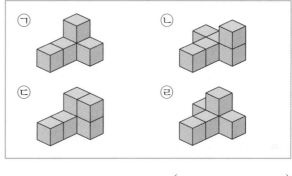

(   )

14 ▼192쪽 개념 084

오른쪽 모양에 연결큐브 1개를 더 붙여서 만들 수 있는 모양을 모두 찾아 기호를 쓰시오. (   )

①

②

③

④

⑤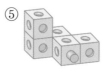

self check   자기 점수에 ○표 하세요.

맞힌 개수	6개 이하	7~9개	10~12개	13~14개
학습 방법	개념을 다시 공부하세요.	조금 더 노력하세요.	실수하면 안 돼요.	참 잘했어요.

도

형

4학년

5학년

6학년

Ⅲ
측정

각의 크기 비교/각의 크기 재기

1. 각의 크기 비교

각의 크기는 변의 길이와 관계없이 두 변이 벌어진 정도가 클수록 큰 각입니다.

예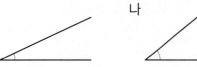

➡ 나의 각의 크기는 가의 각의 크기보다 더 큽니다. ← 나의 두 변이 가보다 더 많이 벌어져 있습니다.

참고 한 점에서 그은 두 반직선으로 이루어진 도형을 각이라고 합니다.

2. 각의 크기 재기

(1) 각도

각의 크기를 각도라고 합니다. 이때 직각을 똑같이 90 으로 나눈 하나를 1도라 하고 1°라고 씁니다. 직각은 90°입니다.

(2) 각도기로 각도 재기

① 각도기의 중심을 각의 꼭짓점에 맞춥니다.
② 각도기의 밑금을 각의 한 변에 맞춥니다.
③ 각의 나머지 변과 만나는 각도기의 눈금을 읽습니다.

참고 각의 한 변이 안쪽 눈금 0에 맞춰져 있으면 안쪽 눈금을 읽고, 바깥쪽 눈금 0에 맞춰져 있으면 바깥쪽 눈금을 읽습니다.

꼭! 알아두세요~

각의 크기 비교

변의 길이와 관계없이 두 변이 벌어진 정도로 비교합니다.
➡ 두 변이 벌어진 정도가 클수록 큰 각입니다.

개념연산 1~2

1 두 각을 보고 알맞은 말에 ○표 하시오.

(1) 각의 크기는 (가 , 나)가 더 큽니다.
(2) 각의 크기는 (변의 길이 , 두 변이 벌어진 정도)가 클수록 더 큽니다.

2 각도를 읽어 보시오.

(1)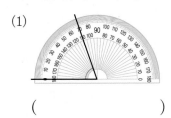

(　　　　　　　)

(2)

(　　　　　　　)

원리이해 3~5

3 ☐ 안의 각보다 더 큰 각을 찾아 기호를 쓰시오.

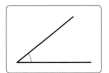 가   나

(　　　　　　　)

4 세 각 중에서 가장 큰 각과 가장 작은 각을 찾아서 차례대로 기호를 쓰시오.

가 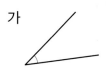 나  다

(　　　　　　　)

5 각 ㄴㅁㄹ의 크기는 몇 도입니까?

(　　　　　　　)

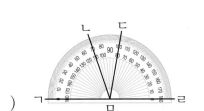

실력완성 6

6 오른쪽 그림에서 찾을 수 있는 가장 작은 각의 크기를 각도기를 사용하여 재어 보시오.

(　　　　　　　)

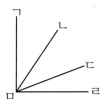

Self Check	개념연산		원리이해			실력완성	선생님 확인
	1	2	3	4	5	6	
	/2	/2	○/✕	○/✕	○/✕	○/✕	

각의 크기에 따른 분류/각 그리기

1. 각의 크기에 따른 분류

(1) 예각

→ 예각도 아니고 둔각도 아닙니다.

크기가 0°보다 크고 직각보다 작은 각을 예각이라고 합니다.

예

(2) 둔각

크기가 직각보다 크고 180°보다 작은 각을 둔각이라고 합니다.

예

> 직각을 기준으로 예각과 둔각을 구분할 수 있어

2. 크기가 주어진 각 그리기

예 크기가 50°인 각 ㄱㄴㄷ 그리기

① 각의 한 변 ㄴㄷ을 그립니다.

② 각도기의 중심을 각의 꼭짓점 ㄴ에 맞추고, 각도기의 밑금을 변 ㄴㄷ에 맞춥니다.

③ 각도기의 밑금에서 출발하여 크기가 50°가 되는 곳에 점 ㄱ을 표시합니다.

④ 변 ㄱㄴ을 그어 크기가 50°인 각 ㄱㄴㄷ을 완성합니다.

①   ②, ③   ④

 ➡ 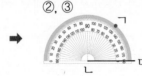 ➡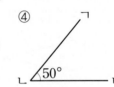

개념연산 1~2

1 ☐ 안에 예각은 '예', 둔각은 '둔'이라고 써넣으시오.

(1)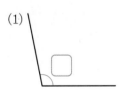

(2)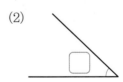

2 크기가 40°인 각을 그리려고 합니다. 각의 방향을 다르게 하여 2가지로 그려 보시오.

원리이해 3~5

3 예각을 모두 찾아 기호를 쓰시오.

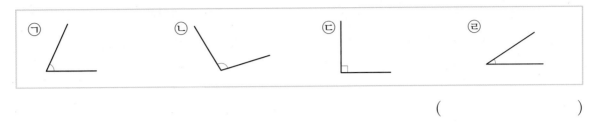

(   )

4 다음에서 둔각을 모두 찾아 쓰시오.

50°	150°	20°	90°
45°	130°	95°	180°

(   )

5 각도기를 사용하여 크기가 60°인 각 ㄱㄴㄷ을 그리려고 합니다. 점 ㄱ을 어느 곳에 찍어야 합니까?

(   )

실력완성 6~7

6 시계의 긴바늘과 짧은바늘이 이루는 작은 쪽의 각이 둔각인 시각을 모두 찾아 기호를 쓰시오.

㉠ 10시 40분	㉡ 8시 20분
㉢ 3시 30분	㉣ 9시 10분

(   )

7 은하가 숙제를 끝마치고 시계를 보니 정각 5시였습니다. 시계의 긴바늘과 짧은바늘이 이루는 작은 쪽의 각은 예각, 직각, 둔각 중 어느 것입니까?

(   )

Self Check	개념연산		원리이해			실력완성		선생님 확인
	1	2	3	4	5	6	7	
	/2	O/X	O/X	O/X	O/X	O/X	O/X	

24 각도 _ **201**

각도의 합과 차

1. 각도의 합과 차

각도의 합과 차는 자연수의 덧셈, 뺄셈과 같은 방법으로 계산합니다.

예

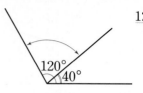
$50° + 20° = 70°$
자연수의 덧셈처럼 계산

$120° - 40° = 80°$
자연수의 뺄셈처럼 계산

참고 ① 두 각을 겹치지 않게 이어 붙여 놓았을 때, 전체 각의 크기는 각도의 합을 이용합니다.

② 두 각을 겹치게 놓았을 때, 겹쳐지지 않은 부분의 각의 크기는 각도의 차를 이용합니다.

2. 삼각형과 사각형의 각의 크기의 합

(1) 삼각형의 세 각의 크기의 합

삼각형의 세 각의 크기의 합은 $180°$ 입니다. ← 모양과 크기가 달라도 세 각의 크기의 합은 $180°$입니다.

참고 오른쪽 그림과 같이 삼각형을 잘라서 세 각의 꼭짓점이 한 점에 모이도록 변끼리 이어 붙이면 모두 한 직선 위에 꼭 맞추어집니다.

(2) 사각형의 네 각의 크기의 합

사각형의 네 각의 크기의 합은 $360°$ 입니다. ← 모양과 크기가 달라도 네 각의 크기의 합은 $360°$입니다.

참고 오른쪽 그림과 같이 사각형을 잘라서 네 각의 꼭짓점이 한 점에 모이도록 변끼리 이어 붙이면 모두 만나서 바닥을 채웁니다.

개념연산 ▶ 1~2

1 각도의 합 또는 차를 구하시오.

(1) $45° + 75° =$ (2) $120° + 55° =$ (3) $65° + 125° =$

(4) $85° - 35° =$ (5) $150° - 90° =$ (6) $170° - 45° =$

2 ☐ 안에 알맞은 수를 써넣으시오.

(1)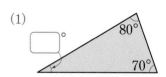

(2)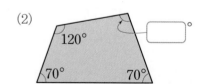

원리이해 3~6

3 ☐ 안에 알맞은 수를 써넣으시오.

(1)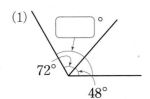

(2)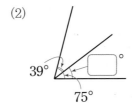

4 다음 중 계산한 각도가 가장 작은 것의 기호를 쓰시오.

㉠ 80°+47°	㉡ 110°−25°
㉢ 38°+69°	㉣ 214°−143°

(　　　　　　　　)

5 사각형에서 ㉠과 ㉡의 합을 구하시오.

(　　　　　　　)　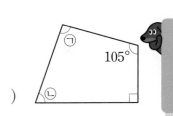

6 도형에서 ㉠의 크기를 구하시오.

(　　　　　　　)　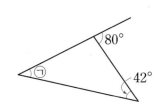

측

정

4학년

5학년

6학년

실력완성 7~8

7 ☐ 안에 들어갈 각도가 큰 것부터 차례대로 기호를 쓰시오.

㉠ 55°+☐=120°	㉡ 85°+☐=160°	㉢ 180°−☐=125°

(　　　　　　　　)

8 도형에서 각 ㅁㄷㄹ과 각 ㅁㄹㄷ의 크기가 같을 때, ㉠의 크기를 구하시오.

(　　　　　　　)　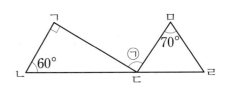

Self Check	개념연산		원리이해				실력완성		선생님 확인
	1	2	3	4	5	6	7	8	
	/6	/2	/2	○/✕	○/✕	○/✕	○/✕	○/✕	

개념 085~087 　　　　　　　　　　　　　　각도

01 ♥198쪽 개념 085

크기가 큰 각부터 차례대로 번호를 쓰시오.

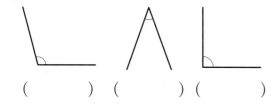

(　　　) 　(　　　) 　(　　　)

02 ♥198쪽 개념 085

가장 큰 각과 가장 작은 각을 각각 찾아 기호를 쓰시오.

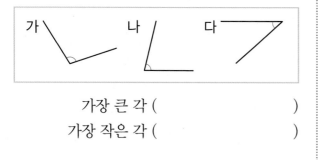

가장 큰 각 (　　　　　　　)

가장 작은 각 (　　　　　　　)

03 ♥198쪽 개념 085

다음 중 옳은 것을 모두 찾아 기호를 쓰시오.

> ㉠ 각도를 나타내는 단위에는 1도가 있습니다.
> ㉡ 각의 크기는 각을 이루는 변의 길이가 길수록 큽니다.
> ㉢ 직각은 90°입니다.
> ㉣ 직각을 똑같이 180으로 나눈 하나를 1도라고 합니다.

(　　　　　　　)

04 ♥198쪽 개념 085

각 ㄹㄴㄷ의 각도를 읽어 보시오.

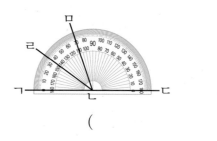

(　　　　　　　)

05 ♥198쪽 개념 085

다음 각도를 바르게 읽은 사람은 누구입니까?

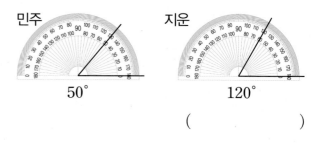

민주　　　　　　　　　지운

50°　　　　　　　　　120°

(　　　　　　　)

06 ♥200쪽 개념 086

▢ 안에 예각은 '예', 둔각은 '둔'이라고 써넣으시오.

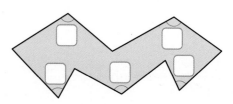

07 ♥200쪽 개념 086

시계의 긴바늘과 짧은바늘이 이루는 작은 쪽의 각은 예각, 직각, 둔각 중 어느 것입니까?

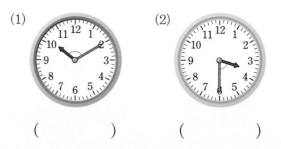

(1) 　　　　　　　 (2)

(　　　　) 　　　 (　　　　)

08 💚 200쪽 개념 086

각도기를 사용하여 크기가 80°인 각 ㄱㄴㄷ을 그리려고 합니다. 점 ㄱ을 어느 곳에 찍어야 합니까?

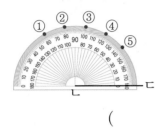

(　　　　)

09 💚 202쪽 개념 087

다음 중 계산한 각도가 가장 큰 것은 어느 것입니까? (　　　)

① 145°−62°　　　② 60°+58°

③ 170°−95°　　　④ 205°−90°

⑤ 240°−116°

10 💚 202쪽 개념 087

다음 그림에서 각 ㄴㅁㄷ의 크기는 몇 도입니까?

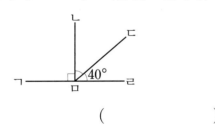

(　　　　)

11 💚 202쪽 개념 087

삼각형의 두 각의 크기가 다음과 같을 때 나머지 한 각의 크기가 가장 큰 것의 기호를 쓰시오.

| ㉠ 30°, 105° | ㉡ 55°, 69° |
| ㉢ 28°, 84° | ㉣ 90°, 45° |

(　　　　)

12 💚 202쪽 개념 087

두 삼각형에서 ㉠과 ㉡의 합을 구하시오.

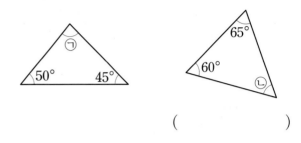

(　　　　)

13 💚 202쪽 개념 087

㉠과 ㉡의 합을 구하시오.

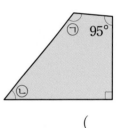

(　　　　)

14 💚 202쪽 개념 087

도형에서 ㉠의 크기를 구하시오.

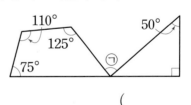

(　　　　)

측

정

4학년

5학년

6학년

088 이상, 이하, 초과, 미만

1. 이상과 이하

(1) 이상

~보다 크거나 같은 수

→ 기준이 되는 수를 포함합니다.

예 20, 21, 22, 23 등과 같이 20보다 크거나 같은 수를 20 이상인 수라고 합니다.

(2) 이하

~보다 작거나 같은 수

→ 기준이 되는 수를 포함합니다.

예 58, 57, 56, 55 등과 같이 58보다 작거나 같은 수를 58 이하인 수라고 합니다.

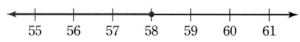

2. 초과와 미만

(1) 초과

~보다 큰 수

→ 기준이 되는 수가 포함되지 않습니다.

예 17, 18, 19, 20 등과 같이 16보다 큰 수를 16 초과인 수라고 합니다.

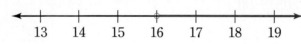

> 수직선에 나타낼 때,
> 이상, 이하 ⇨ 점 ●
> 초과, 미만 ⇨ 점 ○

(2) 미만

~보다 작은 수

→ 기준이 되는 수가 포함되지 않습니다.

예 39, 38, 37, 36 등과 같이 40보다 작은 수를 40 미만인 수라고 합니다.

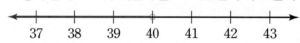

개념연산 1~2

1 ☐ 안에 알맞은 말을 써넣으시오.

(1) 8, 9, 10, 11 등과 같이 8보다 크거나 같은 수를 8 ☐인 수라고 합니다.

(2) 13, 12, 11, 10 등과 같이 13보다 작거나 같은 수를 13 ☐인 수라고 합니다.

2 ☐ 안에 알맞은 말을 써넣으시오.

(1) 42, 43, 44 등과 같이 41보다 큰 수를 41 ☐인 수라고 합니다.

(2) 34, 33, 32 등과 같이 35보다 작은 수를 35 ☐인 수라고 합니다.

원리이해 ▶ 3~6

3 37 이상인 수는 모두 몇 개입니까?

35	28.7	39	41	15
37.2	57	23	36.9	37

(　　　　　　)

4 50 이상인 수에는 ○표, 30 이하인 수에는 △표 하시오.

30	37	28	50	49	53

5 50 미만인 수를 모두 찾아 쓰시오.

70	45	34	58	50	88	37	66

(　　　　　　)

6 잘못 말한 학생을 찾아 쓰시오.

주원 : 71 초과인 수는 71보다 큰 수입니다.
태연 : 71 초과인 수에는 71, 72, 73 등이 있습니다.

(　　　　　　)

실력완성 ▶ 7~8

7 효주네 반 학생들이 100 m 달리기를 하였습니다. 100 m 달리기 기록이 13초 이하인 학생을 선수로 뽑는다고 할 때, 선수가 될 수 있는 학생을 모두 찾아 쓰시오.

이름	효주	지윤	정훈	석현
기록(초)	13	16	14	12

(　　　　　　)

8 어느 공원에 있는 자전거를 반별로 모든 학생들이 타려고 하는데 2반과 3반은 자전거가 부족하여 전부 탈 수 없다고 합니다. 자전거는 몇 대 미만으로 있습니까?

반	1반	2반	3반	4반	5반
학생 수(명)	25	28	31	26	27

(　　　　　　)

Self Check	개념연산		원리이해				실력완성		선생님 확인
	1	2	3	4	5	6	7	8	
	/ 2	/ 2	O / X	O / X	O / X	O / X	O / X	O / X	

수의 범위/올림, 버림, 반올림

1. 수의 범위를 알고 문제 해결하기

수의 범위를 수직선에 나타낼 때 이상과 이하는 점 ●로 나타내고, 초과와 미만은 점 ○로 나타냅니다.

예 ① 4 이상 7 이하인 수

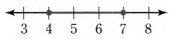

② 5 이상 8 미만인 수

③ 2 초과 5 이하인 수

④ 4 초과 7 미만인 수

참고 일상생활에서 문제 해결하기

일상생활에서 수의 범위가 활용되는 경우를 찾아 이상, 이하, 초과, 미만 중에서 어느 방법으로 나타내어야 하는지 알아보고 문제를 해결합니다.

2. 올림, 버림, 반올림

(1) 올림

구하려는 자리 미만의 수를 올려서 나타내는 방법을 올림이라고 합니다.

예 일의 자리에서 올림 : 12<u>6</u> ➡ 130, 십의 자리에서 올림 : 1<u>26</u> ➡ 200
└→ 올림하여 십의 자리까지 나타내기   └→ 올림하여 백의 자리까지 나타내기

(2) 버림

구하려는 자리 미만의 수를 버려서 나타내는 방법을 버림이라고 합니다.

예 일의 자리에서 버림 : 12<u>6</u> ➡ 120, 십의 자리에서 버림 : 1<u>26</u> ➡ 100
└→ 버림하여 십의 자리까지 나타내기   └→ 버림하여 백의 자리까지 나타내기

(3) 반올림

구하려는 자리 바로 아래 자리의 숫자가 0, 1, 2, 3, 4이면 버리고 5, 6, 7, 8, 9이면 올리는 방법을 반올림이라고 합니다.

예 일의 자리에서 반올림 : 42<u>7</u> ➡ 430, 십의 자리에서 반올림 : 4<u>27</u> ➡ 400
└→ 반올림하여 십의 자리까지 나타내기   └→ 반올림하여 백의자리까지 나타내기

꼭! 알아두세요~

올림, 버림, 반올림하기

25463

① 십의 자리에서 올림 ➡ 25500
② 십의 자리에서 버림 ➡ 25400
③ 십의 자리에서 반올림 ➡ 25500

개념연산 1~2

1 주어진 수의 범위를 수직선에 나타내시오.

> 14 초과 19 이하인 수

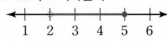

12 13 14 15 16 17 18 19 20 21

2 수를 밑줄 친 자리에서 올림하여 나타내시오.

(1) 47<u>6</u> ➡ (   )   (2) 53<u>29</u> ➡ (   )

원리이해 3~6

3 20 초과 40 이하인 수를 모두 쓰시오.

| 19 24 17 29 34 41 20 40 |

( )

4 수직선에 나타낸 수의 범위에 포함되는 수를 찾아 ○표 하시오.

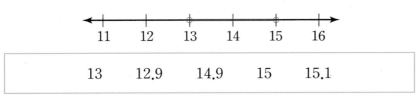

| 13 12.9 14.9 15 15.1 |

5 수를 버림하여 백의 자리까지 바르게 나타낸 사람은 누구입니까?

[지원] 239 ➡ 309, [예진] 1014 ➡ 1010, [하늘] 37531 ➡ 37500

( )

측
정
4학년
5학년
6학년

6 크기를 비교하여 ○ 안에 >, =, <를 알맞게 써넣으시오.

683을 반올림하여 십의 자리까지 나타낸 수 680

실력완성 7~8

7 어느 택배 회사의 무게별 택배 요금을 나타낸 표입니다. 3.5 kg, 5 kg, 9 kg짜리 택배를 각각 1상자씩 보낼 때 택배 요금은 모두 얼마입니까?

상자별 무게	택배 요금(원)
2 kg 초과 5 kg 이하	4000
5 kg 초과 10 kg 이하	5500

( )

8 과일 가게에서 귤 2342개를 한 상자에 100개씩 담아 팔려고 합니다. 팔 수 있는 상자는 모두 몇 상자입니까? (단, 상자에 귤이 100개가 되지 않으면 팔지 않습니다.)

( )

	개념연산		원리이해				실력완성		선생님 확인
Self Check	1	2	3	4	5	6	7	8	
	○ / X	/ 2	○ / X	○ / X	○ / X	○ / X	○ / X	○ / X	

직사각형의 둘레

1. 직사각형의 둘레

<u>직사각형의 둘레</u>에는 가로와 세로가 각각 2개씩 있으므로 ── 네 각이 직각이고 마주 보는 변의 길이가 같은 사각형 ⇒ 개념 065

(직사각형의 둘레의 길이)

= (가로의 길이) + (세로의 길이)

+ (가로의 길이) + (세로의 길이)

= {(가로의 길이) + (세로의 길이)} × 2

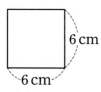

$(6+4) \times 2 = 20$ (cm)

2. 정사각형의 둘레 ── 네 각이 직각이고 네 변의 길이가 모두 같은 사각형 ⇒ 개념 065

정사각형의 둘레에는 같은 길이의 변이 4개 있으므로

(정사각형의 둘레의 길이)

= (한 변의 길이) + (한 변의 길이) + (한 변의 길이)

+ (한 변의 길이) = (한 변의 길이) × 4

$6 \times 4 = 24$ (cm)

참고 직각으로 된 도형의 둘레의 길이는 변을 평행하게 옮겨 직사각형으로 만든 후 구합니다.

➡ 변을 평행하게 옮겨 직사각형으로 만들어 둘레의 길이를 구합니다.

예 7 cm ⌐ ➡ 7 cm ➡ (도형의 둘레의 길이) = (7+12) × 2 = 38 (cm)
    12 cm   12 cm

개념연산 1~2

1 직사각형의 둘레의 길이를 구하시오.

(1)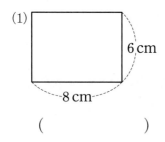

(   )

(2)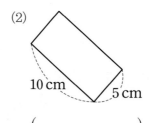

(   )

2 정사각형의 둘레의 길이를 구하시오.

(1)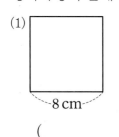

(   )

(2)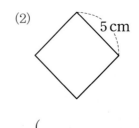

(   )

원리이해 ▶ 3~6

3 둘레의 길이가 더 긴 직사각형을 찾아 기호를 쓰시오.

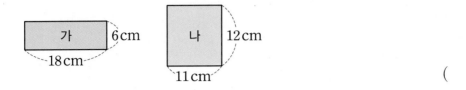

(   )

4 어떤 직사각형의 둘레의 길이는 26 cm이고 가로의 길이는 4 cm입니다. 이 직사각형의 세로의 길이는 몇 cm입니까? (   )

5 둘레의 길이가 가장 긴 도형을 찾아 기호를 쓰시오.

> ㉠ 가로의 길이가 3 cm, 세로의 길이가 4 cm인 직사각형
> ㉡ 한 변의 길이가 5 cm인 정사각형
> ㉢ 가로의 길이가 2 cm, 세로의 길이가 6 cm인 직사각형

(   )

측

정

4학년

5학년

6학년

6 다음 직사각형과 정사각형의 둘레의 길이는 같습니다. 정사각형의 한 변의 길이는 몇 cm입니까?

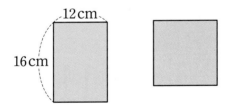

(   )

실력완성 ▶ 7

7 오른쪽 도형의 둘레의 길이는 몇 cm입니까?

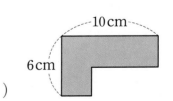

(   )

Self Check	개념연산		원리이해				실력완성	선생님 확인
	1	2	3	4	5	6	7	
	/2	/2	O / X	O / X	O / X	O / X	O / X	

단위넓이 알아보기

1. 단위넓이 $1\,\mathrm{cm}^2$ 알아보기

(1) 단위넓이 $1\,\mathrm{cm}^2$

한 변의 길이가 $1\,\mathrm{cm}$인 정사각형의 넓이를 $1\,\mathrm{cm}^2$라 쓰고 1 제곱센티미터라고 읽습니다.

참고 넓이를 재는 데 기준이 되는 단위를 단위넓이라고 합니다.

(2) 단위넓이를 이용하여 도형의 넓이 구하기

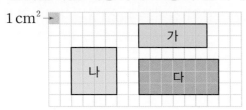

➡ 단위넓이의 수를 세어 보면 가는 $12\,\mathrm{cm}^2$, 나는 $16\,\mathrm{cm}^2$, 다는 $21\,\mathrm{cm}^2$입니다.

→ 단위넓이가 있으면 단위넓이 개수를 이용하여 정확한 넓이 비교가 가능합니다.

2. 단위넓이 $1\,\mathrm{m}^2$ 알아보기

(1) 단위넓이 $1\,\mathrm{m}^2$

한 변의 길이가 $1\,\mathrm{m}$인 정사각형의 넓이를 $1\,\mathrm{m}^2$라 쓰고 1 제곱미터라고 읽습니다.

(2) $1\,\mathrm{m}^2$와 $1\,\mathrm{cm}^2$ 사이의 관계

$$1\,\mathrm{m}^2 = 10000\,\mathrm{cm}^2$$

참고 $1\,\mathrm{m} = 100\,\mathrm{cm}$이므로
$1\,\mathrm{m}^2 = 1\,\mathrm{m} \times 1\,\mathrm{m} = 100\,\mathrm{cm} \times 100\,\mathrm{cm} = 10000\,\mathrm{cm}^2$

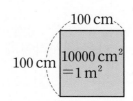

3. 넓이의 단위 km^2

한 변의 길이가 $1\,\mathrm{km}$인 정사각형의 넓이를 $1\,\mathrm{km}^2$라고 쓰고 1제곱킬로미터라고 읽습니다.

$$1\,\mathrm{km}^2 = 1000000\,\mathrm{m}^2$$

참고 ① $1\,\mathrm{km} = 1000\,\mathrm{m}$입니다. ② km^2는 넓이의 단위 중 가장 큰 단위입니다.

개념연산 1~2

1 단위넓이를 이용하여 사각형의 넓이가 넓은 것부터 차례대로 기호를 쓰시오.

□단위넓이   가 ▭   나 ▭   다 ▭

(   )

2 단위넓이를 이용하여 오른쪽 직사각형의 넓이를 구하려고 합니다. ◯ 안에 알맞은 수를 써넣으시오.

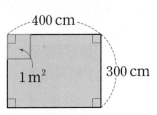

(1) 가로는 400 cm = ◯ m, 세로는 300 cm = ◯ m입니다.

(2) 1 m²가 가로로 ◯번, 세로로 ◯번이므로 ◯번 들어갑니다.

(3) 직사각형의 넓이는 ◯ m²입니다.

원리이해 3~6

3 도형 가, 나의 넓이를 각각 구하시오.

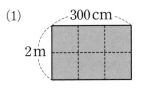

가 ( )
나 ( )

4 ◯ 안에 알맞은 수를 써넣으시오.

(1) 5 m² = ◯ cm²   (2) 80000 cm² = ◯ m²

5 단위넓이 1 m²를 이용하여 다음 도형의 넓이를 구하시오.

(1) 300 cm, 2 m   ( )

(2) 2 m, 200 cm   ( )

6 오른쪽 도형에는 1 m²가 몇 번 들어갑니까?

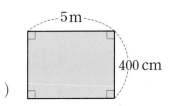

( )

실력완성 7

7 직사각형 모양의 벽의 가로의 길이는 6 m이고 세로의 길이는 3 m입니다. 이 벽에 가로의 길이가 20 cm, 세로의 길이가 30 cm인 직사각형 모양의 타일을 겹치지 않게 붙인다면 필요한 타일은 모두 몇 장입니까?   ( )

Self Check	개념연산		원리이해				실력완성	선생님 확인
	1	2	3	4	5	6	7	
	O / X	/ 3	O / X	/ 2	/ 2	O / X	O / X	

직사각형의 넓이

1. 직사각형의 넓이

(1) 직사각형의 넓이

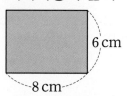

(직사각형의 넓이)
= (가로의 길이) × (세로의 길이)
= 8 × 6 = 48 (cm^2)

(2) 정사각형의 넓이

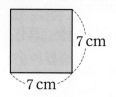

(정사각형의 넓이)
= (한 변의 길이) × (한 변의 길이)
= 7 × 7 = 49 (cm^2)

2. 직각으로 이루어진 도형의 넓이

직사각형을 이용하여 도형의 넓이를 구합니다.

방법 1

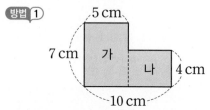

두 개의 직사각형으로 나누어 넓이의 합을 구합니다.

(도형의 넓이) = (가의 넓이) + (나의 넓이)
= (5 × 7) + (5 × 4)
= 35 + 20 = 55 (cm^2)

방법 2

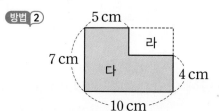

큰 직사각형의 넓이에서 포함되지 않은 작은 직사각형의 넓이를 빼서 구합니다.

(도형의 넓이) = (다 + 라의 넓이) − (라의 넓이)
= (10 × 7) − (3 × 5)
= 70 − 15 = 55 (cm^2)

참고 나누어져 있는 도형은 도형을 옮겨서 하나의 도형으로 만들어 넓이를 구할 수도 있습니다.

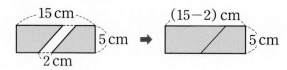

꼭! 알아두세요~

직사각형과 정사각형의 넓이

① (직사각형의 넓이)
= (가로의 길이) × (세로의 길이)
② (정사각형의 넓이)
= (한 변의 길이) × (한 변의 길이)

개념연산 1~2

1 직사각형과 정사각형의 넓이를 구하시오.

(1)

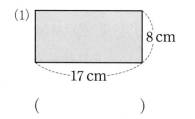

(   )

(2)

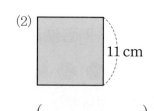

(   )

2 색칠한 부분의 넓이를 구하시오.

(1)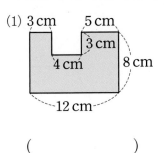

(2)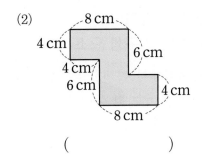

(　　　　　　　　) 　　　　　　　(　　　　　　　　)

원리이해 ▶ 3~5

3 오른쪽 직사각형에서 □ 안에 알맞은 수를 써넣으시오.

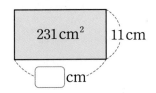

4 둘레의 길이가 58 cm이고 가로의 길이가 17 cm인 직사각형이 있습니다. 이 직사각형의 넓이는 몇 cm²입니까?　　　　　　　　　　　　(　　　　　　　　)

5 색칠한 부분의 넓이를 구하시오.

(1)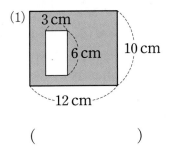

(2)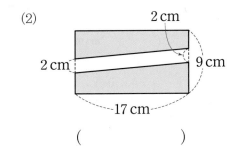

(　　　　　　　　) 　　　　　　　(　　　　　　　　)

실력완성 ▶ 6~7

6 둘레의 길이가 44 cm인 정사각형 모양의 메모지가 있습니다. 이 메모지 3장의 넓이는 몇 cm²입니까?　　　　　　　　　　　　(　　　　　　　　)

7 오른쪽 도형의 색칠한 부분의 넓이는 몇 m²입니까?

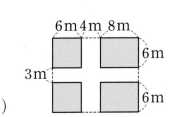

(　　　　　　　　)

Self Check	개념연산		원리이해			실력완성		선생님 확인
	1	2	3	4	5	6	7	
	/2	/2	○/✕	○/✕	/2	○/✕	○/✕	

평행사변형의 넓이/삼각형의 넓이

1. 평행사변형의 넓이

(1) 평행사변형의 구성 요소

└── 마주 보는 두 쌍의 변이 서로 평행한 사각형 ⇒ **개념 064**

평행사변형에서 평행한 두 변을 밑변이라 하고, 두 밑변 사이의 거리를 높이라고 합니다.

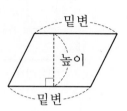

(2) 평행사변형의 넓이

밑변과 높이가 각각 같은 평행사변형의 넓이는 모두 같아~

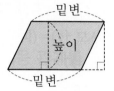 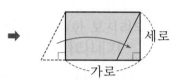

(평행사변형의 넓이)=(직사각형의 넓이)=(가로의 길이)×(세로의 길이)

=(밑변의 길이)×(높이)

참고 평행사변형에서는 어느 변이나 밑변이 될 수 있고, 그 밑변에 따라 높이가 달라집니다.

2. 삼각형의 넓이

(1) 삼각형의 구성 요소

삼각형에서 한 변을 밑변이라 하고, 밑변과 마주 보는 꼭짓점에서 밑변에 수직으로 그은 선분의 길이를 높이라고 합니다.

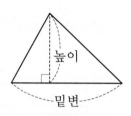

(2) 삼각형의 넓이

 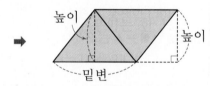

(삼각형의 넓이)=(평행사변형의 넓이)÷2=(밑변의 길이)×(높이)÷2

참고 삼각형에서 밑변과 높이가 각각 같으면 모양이 달라도 넓이는 모두 같습니다.

개념연산 ▶ 1

1 평행사변형과 삼각형의 넓이를 구하시오.

(1)

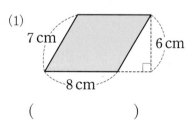

7 cm, 6 cm, 8 cm

(　　　　　　)

(2)

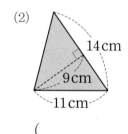

14 cm, 9 cm, 11 cm

(　　　　　　)

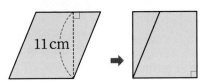

2 그림과 같이 평행사변형 모양의 종이를 잘라서 붙였더니 정사각형이 되었습니다. 처음 평행사변형의 넓이는 몇 cm²입니까?

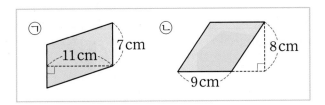

(　　　　　　　)

3 두 평행사변형 중에서 넓이가 더 넓은 것을 찾아 기호를 쓰시오.

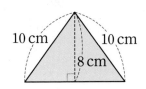

(　　　　　　　)

4 오른쪽 삼각형의 세 변의 길이의 합이 32 cm입니다. 이 삼각형의 넓이는 몇 cm²입니까?

(　　　　　　　)

5 높이가 12 cm인 어느 삼각형의 넓이는 108 cm²입니다. 이 삼각형의 밑변의 길이는 몇 cm입니까?

(　　　　　　　)

실력완성 6~7

6 평행사변형입니다. ☐ 안에 알맞은 수를 써넣으시오.

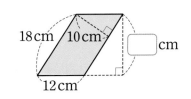

(　　　　　　　)

7 평행사변형 ㄱㄴㄷㄹ의 넓이가 98 cm²일 때 색칠한 삼각형의 넓이는 몇 cm²입니까?

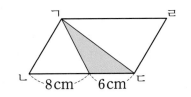

(　　　　　　　)

Self Check	개념연산		원리이해			실력완성		선생님 확인
	1	2	3	4	5	6	7	
	/ 2	O / X	O / X	O / X	O / X	O / X	O / X	

사다리꼴의 넓이

1. 사다리꼴의 구성 요소

마주 보는 한 쌍의 변이 평행한 사각형 ⇒ 개념 064

사다리꼴에서 평행한 두 변을 밑변이라 하고, 밑변의 위치에 따라 윗변, 아랫변이라고 합니다. 이때 두 밑변 사이의 거리를 높이라고 합니다.

참고 사다리꼴에서 윗변과 아랫변은 서로 평행하고, 이 두 변과 높이는 서로 수직입니다.

2. 사다리꼴의 넓이

 ➡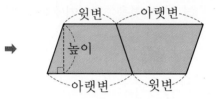

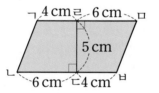

(사다리꼴의 넓이)＝(평행사변형의 넓이)÷2

＝(밑변의 길이)×(높이)÷2

＝{(윗변의 길이)＋(아랫변의 길이)}×(높이)÷2

개념연산 ▶ 1~2

1 모양과 크기가 같은 사다리꼴 2개를 이어 붙여 오른쪽 그림과 같은 평행사변형을 만들었습니다. 물음에 답하시오.

(1) 평행사변형 ㄱㄴㅂㅁ의 넓이를 구하시오. (   )
(2) 사다리꼴 ㄱㄴㄷㄹ의 넓이를 구하시오. (   )

2 사다리꼴의 넓이를 구하시오.

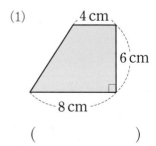

(   )

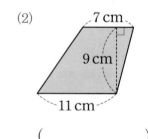

(   )

원리이해 ▶ 3~5

3 윗변의 길이가 아랫변의 길이보다 3 cm 더 짧은 사다리꼴 모양의 색 종이가 있습니다. 이 색종이의 아랫변의 길이는 17 cm, 윗변과 아랫 변 사이의 거리가 10 cm일 때 색종이의 넓이는 몇 cm²입니까?

( )

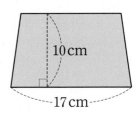

4 아랫변의 길이가 윗변의 길이의 2배인 사다리꼴이 있습니다. 윗변의 길이가 5 m이고 높이 가 8 m일 때 사다리꼴의 넓이는 몇 m²입니까? ( )

5 다음 평행사변형과 사다리꼴의 넓이가 같을 때 사다 리꼴의 높이를 구하시오.

( )

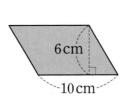 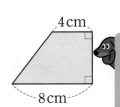

실력완성 ▶ 6~7

6 오른쪽 그림에서 삼각형 ㄴㄷㄹ의 넓이가 80 cm²일 때 사다리꼴 ㄱㄴㄷㄹ의 넓이는 몇 cm²입니까?

( )

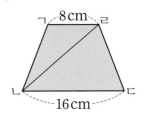

7 도형에서 ㉯의 넓이는 ㉮의 넓이의 4배입니다. ☐ 안에 알맞은 수를 써넣으시오.

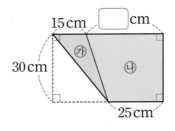

( )

	개념연산		원리이해			실력완성		선생님 확인
Self Check	1	2	3	4	5	6	7	
	/ 2	/ 2	O / X	O / X	O / X	O / X	O / X	

마름모의 넓이/ 다각형의 넓이

1. 마름모의 넓이

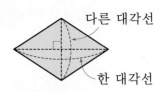
다른 대각선
한 대각선

(마름모의 넓이)
<u>네 변의 길이가 모두 같은 사각형 ⇒ 개념 065</u>
=(한 대각선의 길이)×(다른 대각선의 길이)÷2

방법 1 삼각형 2개로 나누어 구하기

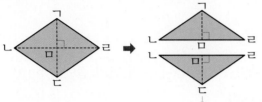

(마름모의 넓이)
= (삼각형 ㄱㄴㄹ의 넓이)×2
= {(선분 ㄴㄹ의 길이)×(선분 ㄱㅁ의 길이)÷2} ×2
　　　　　　　　　　　　→ 대각선 ㄱㄷ의 반
= (한 대각선의 길이)×(다른 대각선의 길이)÷2

두 삼각형은 크기와 모양이 같습니다.

방법 2 직사각형을 이용하여 구하기

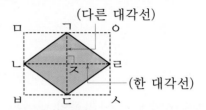
(다른 대각선)
(한 대각선)

(마름모의 넓이)
= (직사각형의 ㅁㅂㅅㅇ의 넓이)÷2
= (가로의 길이)×(세로의 길이)÷2
= (한 대각선의 길이)
　　×(다른 대각선의 길이)÷2

2. 다각형의 넓이

방법 1 여러 가지 도형으로 나누어 각각의 넓이를 구한 후 더합니다.

방법 2 전체의 넓이에서 포함되지 않은 부분의 넓이를 뺍니다.

개념연산 1~2

1 마름모의 넓이를 구하시오.

(1)
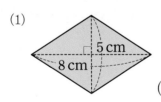
5 cm
8 cm

(　　　　　　)

(2)
10 cm
15 cm

(　　　　　　)

2 다각형의 넓이를 구하시오.

(1)
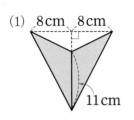
8 cm　8 cm
11 cm

(　　　　　　)

(2)
10 cm
7 cm
10 cm
22 cm

(　　　　　　)

원리이해 3~5

3 색칠한 삼각형의 넓이가 다음과 같을 때 마름모의 넓이를 구하시오.

(1)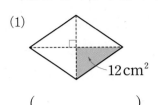

(　　　　　）

(2)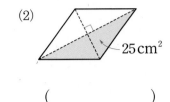

25 cm²

(　　　　　）

4 두 마름모 가와 나 중에서 넓이가 더 넓은 것의 기호를 쓰시오.

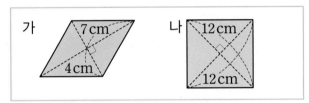

가 7 cm 4 cm　　나 12 cm 12 cm

(　　　　　）

5 오른쪽 다각형의 넓이는 몇 cm²입니까?

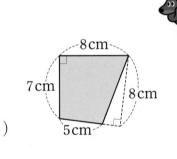

8 cm　7 cm　8 cm　5 cm

(　　　　　）

측

정

4학년

5학년

6학년

실력완성 6~7

6 2개의 마름모로 만든 도형입니다. 색칠한 부분의 넓이는 몇 cm²입니까?

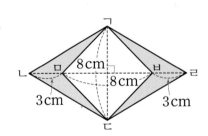

ㄱ　ㄴ　ㅁ 8 cm　ㅂ 8 cm ㄹ　3 cm　ㄷ　3 cm

(　　　　　）

7 다각형의 넓이는 몇 cm²입니까?

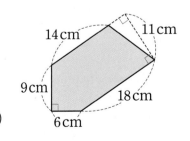

14 cm　11 cm　9 cm　18 cm　6 cm

(　　　　　）

Self Check	개념연산		원리이해			실력완성		선생님 확인
	1	2	3	4	5	6	7	
	/2	/2	/2	○/X	○/X	○/X	○/X	

개념 088~089 ▶ 어림하기

01 ♥206쪽 개념 088

학생별 줄넘기 횟수를 나타낸 표입니다. 줄넘기 횟수가 95회 이상인 학생은 몇 명입니까?

[학생별 줄넘기 횟수]

이름	줄넘기 횟수(회)	이름	줄넘기 횟수(회)
우현	95	명수	76
동우	68	호원	82
성규	102	성종	98

(   )

02 ♥206쪽 개념 088

다음 중 옳은 것을 모두 찾아 기호를 쓰시오.

㉠ 63 초과인 수는 63보다 큰 수입니다.
㉡ 32는 32 미만인 수입니다.
㉢ 11, 12, 13 중에서 12 초과인 수는 11입니다.
㉣ 54, 55, 56은 53 초과인 수입니다.

(   )

03 ♥208쪽 개념 089

수직선에 나타낸 수의 범위를 쓰시오.

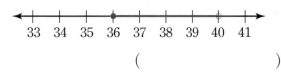

(   )

04 ♥208쪽 개념 089

수를 반올림하여 백의 자리까지 나타낸 결과가 다른 하나는? (   )

① 4780   ② 4806   ③ 4829
④ 4799   ⑤ 4854

05 ♥208쪽 개념 089

종석이는 68300원짜리 운동화를 사려고 합니다. 1000원짜리 지폐로만 운동화 값을 지불해야 한다면 1000원짜리 지폐를 몇 장 지불해야 합니까?

(   )

개념 090~095 ▶ 다각형의 넓이

06 ♥210쪽 개념 090

가로의 길이가 4 cm, 세로의 길이가 3 cm인 직사각형의 둘레의 길이는 몇 cm입니까?

(   )

07 ♥212쪽 개념 091

도형의 넓이는 단위넓이의 몇 배입니까?

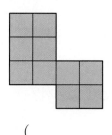

단위넓이

(   )

08 ♥212쪽 개념 091

가로의 길이가 4 m, 세로의 길이가 6 m인 직사각형 모양의 바닥이 있습니다. 이 바닥에 가로의 길이가 20 cm, 세로의 길이가 30 cm인 타일을 겹치지 않게 붙인다면 몇 장의 타일이 필요합니까?

(   )

09 ♥214쪽 개념 092

직사각형과 정사각형의 넓이가 같을 때, 직사각형의 가로의 길이는 몇 cm입니까?

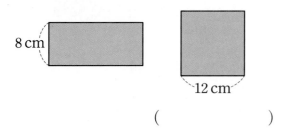

8 cm

12 cm

(　　　　　　　)

10 ♥214쪽 개념 092

색칠한 도형의 둘레의 길이와 넓이를 각각 구하시오.

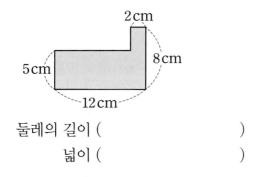

2 cm

5 cm

8 cm

12 cm

둘레의 길이 (　　　　　　　)

넓이 (　　　　　　　)

11 ♥216쪽 개념 093

밑변의 길이가 15 cm이고 넓이가 120 cm²인 평행사변형의 높이는 몇 cm입니까?

(　　　　　　　)

12 ♥216쪽 개념 093

두 삼각형 가와 나 중에서 넓이가 더 넓은 것의 기호를 쓰시오.

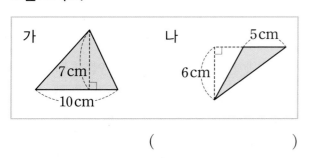

가

나

7 cm

10 cm

5 cm

6 cm

(　　　　　　　)

13 ♥218쪽 개념 094

사다리꼴의 넓이가 92 cm²일 때, 아랫변의 길이는 몇 cm입니까?

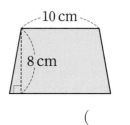

10 cm

8 cm

(　　　　　　　)

14 ♥220쪽 개념 095

두 대각선의 길이가 각각 다음과 같은 마름모를 그렸습니다. 넓이가 넓은 것부터 차례대로 기호를 쓰시오.

┌─────────────────────────────────┐
│ ㉠ 12 cm, 8 cm　　㉡ 14 cm, 6 cm │
│   │
│ ㉢ 10 cm, 9 cm　　㉣ 16 cm, 5 cm │
└─────────────────────────────────┘

(　　　　　　　)

15 ♥220쪽 개념 095

색칠한 부분의 넓이가 103 cm²일 때, 선분 ㄷㅁ의 길이는 몇 cm입니까?

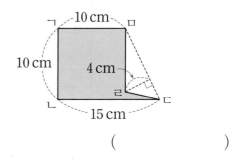

ㄱ 10 cm ㅁ

10 cm

4 cm

ㄴ ㄹ ㄷ

15 cm

(　　　　　　　)

self check 자기 점수에 ◯표 하세요.

맞힌 개수	7개 이하	8~10개	11~13개	14~15개
학습 방법	개념을 다시 공부하세요.	조금 더 노력하세요.	실수하면 안 돼요.	참 잘했어요.

측

정

4학년

5학년

6학년

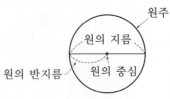

개념 096 원주와 원주율

1. 원주와 원주율

(1) 원주

원의 둘레의 길이를 원둘레 또는
원주라고 합니다.

(2) 원주율

① 원의 크기와 관계없이 원주와 지름의 비는 일정합니다. 이 비
의 값을 원주율이라고 합니다.

$$
(원주율) = (원주) \div (지름)
$$

② 원주율을 소수로 나타내려면 3.141592653589……와 같이 끝없이 써야 합니다.

이것을 어림한 값을 이용하여 3, 3.1, 3.14, $3\frac{1}{7}$ 등으로 사용하기도 합니다.

2. 원주율을 이용하여 지름 구하기

(원주율) = (원주) ÷ (지름)이므로 (지름) = (원주) ÷ (원주율)을 계산하여 구합니다.

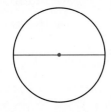

원주 : 18.84 cm

원주율 : 3.14

(지름) = (원주) ÷ (원주율)
 = 18.84 ÷ 3.14
 = 6 (cm)

3. 원주율을 이용하여 원주 구하기

(원주율) = (원주) ÷ (지름)이므로 (원주) = (지름) × (원주율)을 계산하여 구합니다.

$$
(원주) = (지름) \times (원주율) = (반지름) \times 2 \times (원주율)
$$

원주율 : 3.14

(원주) = (지름) × (원주율)
 = 4 × 3.14
 = 12.56 (cm)

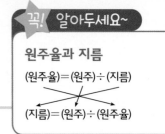

꼭! 알아두세요~

원주율과 지름

(원주율) = (원주) ÷ (지름)

(지름) = (원주) ÷ (원주율)

개념연산 1~2

1 원주가 68.2 cm인 원이 있습니다. 이 원의 지름은 몇 cm입니까? (원주율 : 3.1)

( )

2 원주를 구하시오. (원주율 : 3.14)

(1)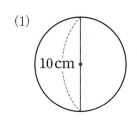
10 cm

(　　　　　）

(2)
6.5 cm

(　　　　　）

원리이해 ▶ **3~4**

3 원주율에 대한 설명으로 옳은 것을 모두 고르시오.

> ㉠ (원주)÷(지름)입니다.
> ㉡ 원이 커지면 원주율도 커집니다.
> ㉢ 소수 셋째 자리에서 반올림하면 3.14입니다.

(　　　　　）

4 지름이 큰 것부터 차례대로 기호를 쓰시오. (원주율 : 3.1)

> ㉠ 원주가 46.5 cm인 원　　　㉡ 반지름이 7 cm인 원　　　㉢ 둘레의 길이가 49.6 cm인 원

(　　　　　）

실력완성 ▶ **5~6**

5 길이가 74.4 cm인 끈을 원의 둘레로 하는 가장 큰 원을 만들었습니다. 끈으로 만든 원의 반지름은 몇 cm입니까? (원주율 : 3.1)

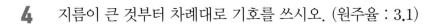
74.4 cm

(　　　　　）

6 그림과 같은 바퀴를 일직선으로 4바퀴 굴렸습니다. 바퀴가 굴러간 거리는 몇 cm입니까? (원주율 : 3.1)

25 cm

(　　　　　）

Self Check	개념연산		원리이해		실력완성		선생님 확인
	1	2	3	4	5	6	
	O / X	/ 2	O / X	O / X	O / X	O / X	

측

정

4학년

5학년

6학년

원의 넓이 구하기

1. 원의 넓이 어림하기

원의 넓이를 어림할 때 먼저 원 안의 마름모의 넓이와 원 밖의 정사각형의 넓이를 구한 다음 원의 넓이의 범위를 구하여 어림합니다.

(한 변의 길이)×(한 변의 길이)
⇒ 개념 092
(한 대각선의 길이)×(다른 대각선의 길이)÷2
⇒ 개념 095

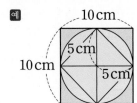

① 원 안의 마름모의 넓이 : $10×10÷2=50\,(\text{cm}^2)$

② 원 밖의 정사각형의 넓이 : $10×10=100\,(\text{cm}^2)$

③ $50\,\text{cm}^2<(원의 넓이)<100\,\text{cm}^2$

➡ 원의 넓이는 $75\,\text{cm}^2$라고 어림할 수 있습니다.
└→ 50보다 크고 100보다 작은 수

2. 원의 넓이 구하기

원을 한없이 잘게 잘라 이어 붙이면 원의 넓이는 직사각형의 넓이와 같아집니다.

(가로의 길이)×(세로의 길이) ⇒ 개념 092

이때 직사각형의 가로의 길이는 원주의 $\frac{1}{2}$과 같고 세로의 길이는 원의 반지름과 같습니다.

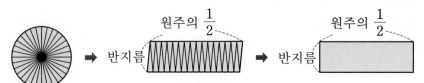

$$（원의 넓이)=\left(원주의 \frac{1}{2}\right)×(반지름)$$
$$=(지름)×(원주율)×\frac{1}{2}×(반지름)$$
$$=(반지름)×(반지름)×(원주율)$$

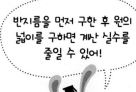

반지름을 먼저 구한 후 원의 넓이를 구하면 계산 실수를 줄일 수 있어!

3. 여러 가지 원의 넓이 구하기

(원주율 : 3.14)

(색칠한 부분의 넓이)=(큰 원의 넓이)−(작은 원의 넓이)
$=7×7×3.14-2×2×3.14$
$=153.86-12.56$
$=141.3\,(\text{cm}^2)$

꼭! 알아두세요~

원의 넓이 구하기

원의 넓이
↓
(반지름)×(반지름)×(원주율)

개념연산 ▶ 1~2

1 원의 넓이를 구하시오. (원주율 : 3.1)

(1)
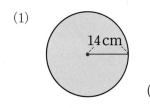
14 cm

(　　　　　　　)

(2)
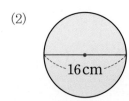
16 cm

(　　　　　　　)

2 색칠한 부분의 넓이를 구하시오. (원주율 : 3)

(1)

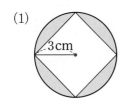

(   )

(2)

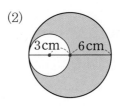

(   )

원리이해 3~5

3 원 안의 마름모와 원 밖의 정사각형의 넓이를 이용하여 반지름이 8 cm인 원의 넓이를 어림하시오.

(   )

4 두 원의 넓이의 차는 몇 cm²입니까? (원주율 : 3.1)

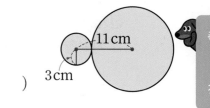

(   )

5 색칠한 부분의 넓이를 비교하여 ○ 안에 >, =, <를 알맞게 써넣으시오. (원주율 : 3.14)

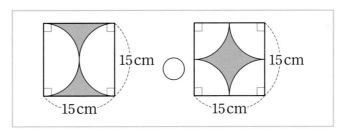

실력완성 6~7

6 지름이 10 m인 원 모양의 씨름장의 넓이는 몇 m²입니까? (원주율 : 3.14)

(   )

7 가장 큰 원의 지름이 20 cm이고 반지름이 3 cm씩 작아지도록 과녁판을 만들었습니다. 화살을 쏘았을 때 3점을 얻을 수 있는 부분의 넓이는 몇 cm²입니까? (원주율 : 3)

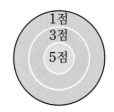

(   )

Self Check	개념연산		원리이해			실력완성		선생님 확인
	1	2	3	4	5	6	7	
	/ 2	/ 2	O / X	O / X	O / X	O / X	O / X	

098 직육면체의 겉넓이

1. 직육면체의 겉넓이

(1) 직육면체의 겉넓이

방법 1 (여섯 면의 넓이의 합)
$$=8\times4+8\times4+4\times5+4\times5+8\times5+8\times5=184 \text{ (cm}^2)$$

방법 2 (합동인 세 면의 넓이의 합)×2 ◀── 서로 마주 보고 있는 면 3쌍은 합동입니다.
$$=(8\times4+4\times5+8\times5)\times2=184 \text{ (cm}^2)$$

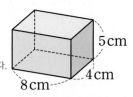

(2) 정육면체의 겉넓이

방법 1 (여섯 면의 넓이의 합)
$$=5\times5+5\times5+5\times5+5\times5+5\times5+5\times5=150 \text{ (cm}^2)$$

방법 2 (한 면의 넓이)×6 ◀── 정육면체는 여섯 면의 넓이가 모두 같습니다.
$$=5\times5\times6=150 \text{ (cm}^2)$$

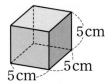

2. 전개도를 이용하여 직육면체의 겉넓이 구하기

(1) 직육면체의 겉넓이

방법 1 (각 면의 넓이의 합)
$$=가+나+다+라+마+바$$

방법 2 (합동인 세 면의 넓이의 합)×2
$$=(가+나+다)\times2$$

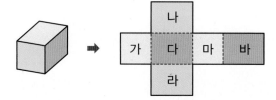

(2) 정육면체의 겉넓이

방법 1 (각 면의 넓이의 합)
$$=가+나+다+라+마+바$$

방법 2 (한 면의 넓이)×6
$$=가\times6$$

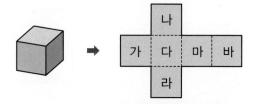

꼭! 알아두세요~

직육면체의 겉넓이
(직육면체의 겉넓이)
=(여섯 면의 넓이의 합)
=(합동인 세 면의 넓이의 합)×2
(정육면체의 겉넓이)
=(한 면의 넓이)×6

개념연산 ▶ 1~2

1 직육면체와 정육면체의 겉넓이를 구하시오.

(1)
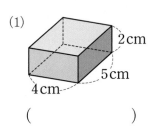

(   )

(2)
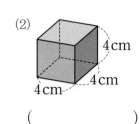

(   )

2 오른쪽 전개도를 접어서 만들 수 있는 정육면체의 겉넓이는 몇 cm² 입니까?

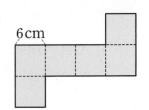

(　　　　　　　　)

원리이해 3~5

3 가와 나 중에서 겉넓이가 더 넓은 것은 어느 것입니까?

가 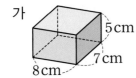 나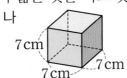

(　　　　　　　　)

4 오른쪽 그림과 같이 가로의 길이가 8 cm이고, 높이가 4 cm인 직육면체의 밑에 놓인 면의 넓이가 24 cm²입니다. 이 직육면체의 겉넓이는 몇 cm²입니까?

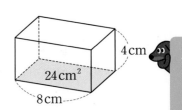

(　　　　　　　　)

5 아래 전개도를 접어서 직육면체를 만들었더니 겉넓이가 286 cm²이었습니다. 면 가, 면 나, 면 다의 넓이의 합은 몇 cm²입니까?

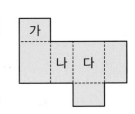

(　　　　　　　　)

실력완성 6~7

6 겉넓이가 266 cm²이고, 밑에 놓인 면이 정사각형인 직육면체가 있습니다. 밑에 놓인 면의 한 모서리의 길이가 7 cm일 때 직육면체의 높이는 몇 cm입니까?

(　　　　　　　　)

7 다음은 정육면체의 전개도입니다. 이 전개도에서 색칠한 부분의 넓이가 324 cm²일 때 이 정육면체의 겉넓이는 몇 cm²입니까?

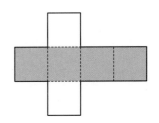

(　　　　　　　　)

Self Check	개념연산		원리이해			실력완성		선생님 확인
	1	2	3	4	5	6	7	
	/ 2	○ / ×	○ / ×	○ / ×	○ / ×	○ / ×	○ / ×	

직육면체의 부피 비교/부피의 단위

1. 직육면체의 부피 비교

(1) 상자를 직접 맞대어 비교하기

➡ 두 직육면체의 가로, 세로, 높이가 다르므로 부피를 직접 비교하기 어렵습니다.

어떤 물체가 차지하고 있는 공간의 크기

(2) 단위 물건을 사용하여 비교하기

가로, 세로, 높이가 다른 두 직육면체의 부피는 직접 비교하기 어려우므로 단위 물건을 이용하여 부피를 비교할 수 있습니다.

가
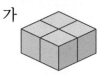

나
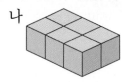

➡ (가의 부피) < (나의 부피)

2. 부피의 단위 $1 \, cm^3$

한 모서리의 길이가 $1 \, cm$인 정육면체의 부피를 $1 \, cm^3$라 하고 1세제곱센티미터라고 읽습니다.

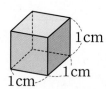
1cm
1cm
1cm

$$1 \, cm^3$$

$1cm^2 = 1cm \times 1cm$
$1cm^3 = 1cm \times 1cm \times 1cm$

쌓기나무 한 개의 부피가 $1 \, cm^3$일 때 오른쪽 도형은 쌓기나무가 8개이므로 부피는 $8 \, cm^3$입니다.

꼭! 알아두세요~

부피의 단위 $1 \, cm^3$

한 모서리의 길이가 $1 \, cm$인 정육면체의 부피

↓

• 쓰기 : $1 \, cm^3$
• 읽기 : 1세제곱센티미터

개념연산 ▶ 1~2

1 두 직육면체 모양의 상자 가와 나에 크기가 같은 쌓기나무를 빈틈없이 넣었더니 가 상자에는 16개, 나 상자에는 20개가 들어갔습니다. 어느 상자의 부피가 더 큽니까?

( )

2 한 모서리의 길이가 $1 \, cm$인 쌓기나무를 쌓아서 만든 직육면체의 부피를 구하시오.

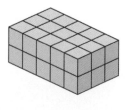

( )

원리이해 3~5

3 크기가 같은 쌓기나무로 쌓은 직육면체의 부피를 비교하여 ○ 안에 >, =, <를 알맞게 써넣으시오.

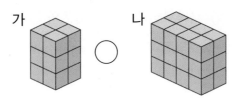

4 한 모서리의 길이가 1 cm인 쌓기나무를 아래 그림과 같이 쌓았습니다. 부피가 작은 것부터 차례대로 기호를 쓰시오.

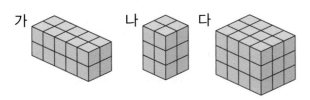

(　　　　　)

5 오른쪽 그림은 한 개의 부피가 1 cm³인 쌓기나무로 만든 모양입니다. 이 모양을 4층까지 쌓아 만든 직육면체의 부피는 몇 cm³입니까?

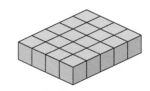

(　　　　　)

실력완성 6~7

6 부피가 작은 상자부터 차례대로 기호를 쓰시오.

(　　　　　)

7 한 개의 부피가 1 cm³인 쌓기나무로 부피가 288 cm³인 직육면체를 쌓았습니다. 쌓기나무를 가로로 6줄, 높이는 8층으로 쌓았다면 세로로 몇 줄을 쌓았습니까?

(　　　　　)

Self Check	개념연산		원리이해			실력완성		선생님 확인
	1	2	3	4	5	6	7	
	○ / ×	○ / ×	○ / ×	○ / ×	○ / ×	○ / ×	○ / ×	

직육면체의 부피 구하기/ $1 \, m^3$

1. 직육면체의 부피 구하기

(1) 직육면체의 부피

> (직육면체의 부피)=(가로의 길이)×(세로의 길이)×(높이)

예 (직육면체의 부피)=(가로의 길이)×(세로의 길이)×(높이)
$= 8 \times 6 \times 5 = 240 \, (cm^3)$

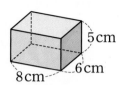

(2) 정육면체의 부피

> (정육면체의 부피)=(한 모서리의 길이)×(한 모서리의 길이)
> ×(한 모서리의 길이)

예 (정육면체의 부피)=(한 모서리의 길이)×(한 모서리의 길이)
×(한 모서리의 길이)
$= 9 \times 9 \times 9 = 729 \, (cm^3)$

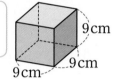

2. 부피의 단위 $1 \, m^3$

(1) 부피의 단위 $1 \, m^3$

한 모서리의 길이가 1m인 정육면체의 부피를 $1 m^3$라 하고 1세제곱미터라고 읽습니다.

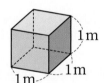

$$1m^3$$

(2) $1 \, m^3$와 $1 \, cm^3$의 관계

한 모서리의 길이가 100 cm인 정육면체의 부피는 한 모서리의 길이가 1 m인 정육면체의 부피와 같습니다.

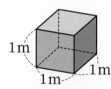 =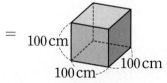

> $1000000 \, cm^3 = 1 \, m^3$

참고 $1 m^3 = 1 m \times 1 m \times 1 m = 100 cm \times 100 cm \times 100 cm$
$= 1000000 \, cm^3$

꼭! 알아두세요~

직육면체의 부피
① (직육면체의 부피)
=(가로의 길이)×(세로의 길이)
×(높이)
② (정육면체의 부피)
=(한 모서리의 길이)×(한 모서리의 길이)×(한 모서리의 길이)

개념연산 1~2

1 직육면체의 부피를 구하시오.

(1)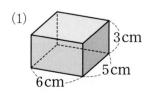
3cm, 5cm, 6cm

(   )

(2) 넓이: $30 cm^2$
8cm

(   )

2 입체도형의 부피를 구하시오.

(1)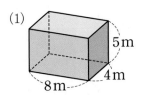

(　　　　)

(2)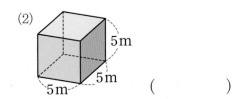

(　　　　)

원리이해 3~5

3 두 정육면체 가와 나의 부피의 차를 구하시오.

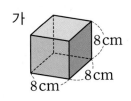
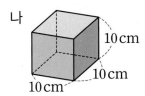

(　　　　　　)

4 오른쪽 직육면체의 부피가 560 cm³일 때 색칠한 면의 넓이를 구하시오.

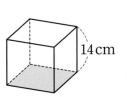

(　　　　　　)

5 직육면체의 부피를 m³와 cm³의 단위로 각각 나타내시오.

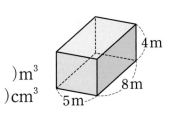

(　　　　　)m³
(　　　　　)cm³

실력완성 6~7

6 겉넓이가 294 cm²인 정육면체의 부피는 몇 cm³입니까?

(　　　　　　)

7 부피가 168000000 cm³인 직육면체가 있습니다. 밑에 놓인 면의 넓이가 21 m²일 때 직육면체의 높이는 몇 m입니까?

(　　　　　　)

Self Check	개념연산		원리이해			실력완성		선생님 확인
	1	2	3	4	5	6	7	
	/2	/2	○ / X	○ / X	○ / X	○ / X	○ / X	

개념 095~097 > 원의 넓이

01 ♥224쪽 개념 096
표의 빈칸에 알맞은 수를 써넣으시오.

원주(cm)	지름(cm)	(원주)÷(지름)
6.28	2	
18.84	6	
31.4	10	

02 ♥224쪽 개념 096
길이가 25.12 cm인 철사를 원의 둘레로 하여 가장 큰 원을 만들었습니다. 만든 원의 반지름은 몇 cm입니까? (원주율 : 3.14)

(   )

03 ♥224쪽 개념 096
학생들이 손을 잡고 원을 만들었습니다. 원의 중심을 가로지르는 학생들이 연결한 길이가 3 m일 때 원을 만들고 있는 학생들이 연결한 길이는 몇 m입니까? (원주율 : 3.1)

(   )

04 ♥226쪽 개념 097
오른쪽 정사각형 안에 그릴 수 있는 가장 큰 원의 넓이를 구하시오.
(원주율 : 3)

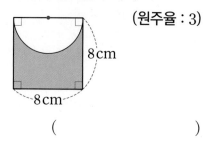
26cm

(   )

05 ♥226쪽 개념 097
도형에서 색칠한 부분의 넓이를 구하시오.
(원주율 : 3)

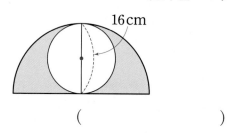
8cm
8cm

(   )

06 ♥226쪽 개념 097
도형에서 색칠한 부분의 넓이를 구하시오.
(원주율 : 3.1)

16cm

(   )

개념 098~100 **직육면체의 겉넓이와 부피**

07 ♥228쪽 개념 098
직사각형 모양의 종이 가와 나가 있습니다. 가를 2장, 나를 4장 사용하여 직육면체를 만들었을 때 직육면체의 겉넓이는 몇 cm² 입니까?

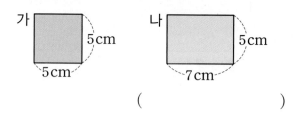
가 5cm 5cm   나 5cm 7cm

(   )

08 ♥228쪽 개념 098
빗금친 면의 넓이가 60 cm²일 때 직육면체의 겉넓이는 몇 cm²입니까?

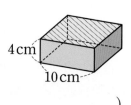
4cm
10cm

(   )

09 ♥ 228쪽 개념 098

다음 전개도를 이용하여 상자를 만들려고 합니다. 만들려는 상자의 겉넓이는 몇 cm²입니까?

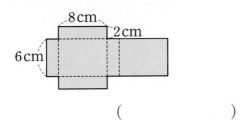

(　　　　　　)

10 ♥ 230쪽 개념 099

오른쪽 상자 속에 한 모서리의 길이가 1 cm인 정육면체 모양의 초콜릿을 가득 채워 선물하려고 합니다. 필요한 초콜릿의 수와 상자의 부피를 각각 구하시오.

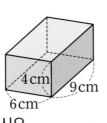

초콜릿의 수 (　　　　　　)

상자의 부피 (　　　　　　)

11 ♥ 230쪽 개념 099

오른쪽은 한 개의 부피가 1 cm³인 쌓기나무로 만든 모양입니다. 이 모양을 5층까지 쌓아 만든 직육면체의 부피는 몇 cm³입니까?

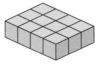

(　　　　　　)

12 ♥ 232쪽 개념 100

직육면체의 부피가 180 cm³일 때, 높이는 몇 cm입니까?

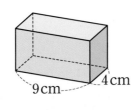

(　　　　　　)

13 ♥ 232쪽 개념 100

□ 안에 알맞은 수를 써넣으시오.

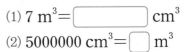

(1) 7 m³ = □ cm³

(2) 5000000 cm³ = □ m³

(3) 2.6 m³ = □ cm³

(4) 5200000 cm³ = □ m³

14 ♥ 232쪽 개념 100

가와 나 중에서 부피가 더 큰 것은 어느 것입니까?

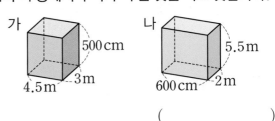

(　　　　　　)

15 ♥ 232쪽 개념 100

다음 직육면체의 부피가 162 cm³일 때 이 직육면체의 겉넓이는 몇 cm²입니까?

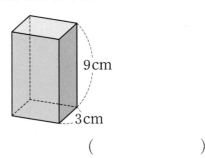

(　　　　　　)

self check　　자기 점수에 ○표 하세요.

맞힌 개수	7개 이하	8~10개	11~13개	14~15개
학습 방법	개념을 다시 공부하세요.	조금 더 노력하세요.	실수하면 안 돼요.	참 잘했어요.

IV
규칙성

개념 **101**

수의 배열에서 규칙 찾기

1. 수 배열표에서 규칙 찾기

2000	2100	2200	2300	2400	2500
3000	3100	3200	3300	3400	3500
4000	4100	4200	4300	4400	4500
5000	5100	5200	5300	5400	5500

〈규칙〉

➡ 2000부터 시작하여 100씩 커집니다.

⬇ 2000부터 시작하여 1000씩 커집니다.

⬂ 2000부터 시작하여 1100씩 커집니다.

수의 크기가 커진다.
→ 덧셈, 곱셈 활용
수의 크기가 작아진다.
→ 뺄셈, 나눗셈 활용

2. 수의 배열에서 규칙 찾기

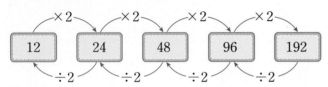

〈규칙〉

• 12에서 시작하여 2를 곱해서 나온 수가 오른쪽에 있습니다.

• 192에서 시작하여 2로 나눈 몫이 왼쪽에 있습니다.

꼭! 알아두세요~

수의 배열에서 규칙 찾기

① 표 또는 배열을 살핍니다.

⬇

② 변하는 규칙을 찾습니다.

⬇

③ 문제에서 구하는 것을 찾습니다.

개념연산 1~2

1 수 배열표를 보고 물음에 답하시오.

1500	1510	1520	1530	1540	1550
2500	2510	2520	2530	2540	2550
3500	3510	3520	3530	3540	3550
4500	4510	4520	4530	4540	4550
5500	5510	5520	5530	5540	5550

(1) [　　]로 표시된 칸에서 규칙을 찾아 보시오.

[규칙] 2500에서 시작하여 [　]씩 커집니다.

(2) [　　]로 표시된 세로는 1550부터 시작하여 아래쪽으로 몇씩 커지는 규칙입니까?

(　　　　　　　)

(3) ⬂ 방향은 1500부터 시작하여 몇씩 커지는 규칙입니까?

(　　　　　　　)

2 수 배열의 규칙에 따라 빈칸에 알맞은 수를 써넣으시오.

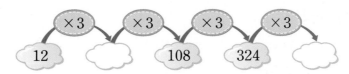

12　　　　（　）　　　108　　　324　　　（　）

원리이해 3~4

3 수 배열의 규칙에 따라 빈칸에 알맞은 수를 써넣으시오.

812	822		842	852
612	622	632		652
	422		442	452
212		232	242	

4 수 배열의 규칙에 따라 빈칸에 알맞은 수를 써넣으시오.

9	36	144	576	

실력완성 5~6

5 극장 좌석표에서 좌석 번호의 규칙에 따라 ★, ◆에 알맞은 좌석 번호를 각각 구하시오.

[극장 좌석표]					
A3	A4	A5	A6	A7	A8
B3	B4	B5	B6	B7	B8
C3	★	C5	C6	C7	C8
D3	D4	D5	D6	D7	D8
E3	E4	E5	E6	◆	E8

★ (　　　　　　　　　), ◆ (　　　　　　　　　　)

6 규칙적인 수의 배열에서 빈칸에 알맞은 수를 써넣으시오.

220	320	520	820		1720

규 칙 성

4학년

5학년

6학년

Self Check	개념연산		원리이해		실력완성		선생님 확인
	1	2	3	4	5	6	
	/ 3	O / X	O / X	O / X	O / X	O / X	

도형의 배열에서 규칙 찾기

1. 사각형에서 규칙 찾기

- 첫 번째는 모형이 1개, 두 번째는 모형이 3개, 세 번째는 모형이 5개, 네 번째는 모형이 7개입니다.
- 모형 1개에서 시작하여 오른쪽과 위쪽으로 각각 1개씩 늘어납니다.
- 모형이 2개씩 늘어나는 규칙입니다.
  → 늘어나는 모형의 개수가 2개씩 많아집니다.
  → 다섯 번째에 알맞은 모양의 개수는 7+2=9이므로 9개입니다.

2. 도형의 배열에서 규칙 찾기

첫째　　　둘째　　　셋째　　　　　넷째

 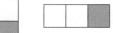  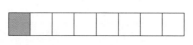

〈규칙〉
- 분홍색 도형을 중심으로 시계 반대 방향으로 돌리기 하며 도형의 수가 1개, 2개, 3개 …… 늘어나는 규칙입니다.

> **꼭! 알아두세요~**
>
> **도형의 배열에서 규칙 찾기**
> ① 그림을 살핍니다.
>   ↓
> ② 개수가 늘어나는 규칙을 찾습니다.

개념연산 1~2

1 도형의 배열을 보고 물음에 답하시오.

(1) 사각형의 개수를 세어 빈칸에 써넣으시오.

첫째	둘째	셋째	넷째

(2) 다섯째 도형에서 사각형의 개수는 몇 개입니까?　　　　　(　　　　　　　)

2 도형의 배열에서 규칙을 찾아보시오.

첫째　　　둘째　　셋째　　　　넷째

  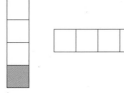

[규칙]
분홍색 사각형을 중심으로 (시계 방향, 반시계 방향)으로 돌리기 하며 사각형이 ◻개씩 늘어납니다.

원리이해 ▶ 3~4

3 도형의 배열을 보고 다섯째에 알맞은 모양의 모형의 개수는 몇 개입니까?

(　　　　　　　　　　)

4 규칙에 따라 바둑돌을 늘어놓을 때 8번째에 놓아야 할 바둑돌은 모두 몇 개입니까?

```
          ●
        ● ● ●        ● ● ●   ……
●     ● ● ●     ● ● ● ● ●
```

(　　　　　　　　　　)

규
칙
성

4학년

5학년

6학년

실력완성 ▶ 5

5 그림과 같은 규칙으로 구슬을 늘어놓았습니다. 구슬이 31개 놓이는 곳은 몇 번째입니까?

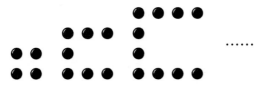

(　　　　　　　　　　)

Self Check	개념연산		원리이해		실력완성	선생님 확인
	1	2	3	4	5	
	/2	O / X	O / X	O / X	O / X	

계산식에서 규칙 찾기

1. 덧셈식에서 규칙 찾기

순서	덧셈식
첫째	$1+2+1=4$
둘째	$1+2+3+2+1=9$
셋째	$1+2+3+4+3+2+1=16$
넷째	$1+2+3+4+5+4+3+2+1=25$

〈규칙〉
- 덧셈식의 가운데 수가 2, 3, 4, 5로 1씩 커지고 있습니다.
- 결과가 덧셈식의 가운데 수를 두 번 곱한 것과 같습니다.

2. 곱셈식에서 규칙 찾기

순서	곱셈식
첫째	$1×1=1$
둘째	$11×11=121$
셋째	$111×111=12321$
넷째	$1111×1111=1234321$

〈규칙〉
- 첫째는 $1×1$, 둘째는 $11×11$, 셋째는 $111×111$, 넷째는 $1111×1111$ ……입니다.
  ⇨ 1이 1개씩 늘어나는 수를 곱하고 있습니다.
- 121 12321 1234321 ⇨ 가운데를 중심으로 접으면 같은 숫자끼리 만납니다.

개념연산 ▶ 1

1 뺄셈식을 보고 다섯째에 알맞은 식을 구하시오.

순서	뺄셈식
첫째	$567-345=222$
둘째	$667-445=222$
셋째	$767-545=222$
넷째	$867-645=222$

(   )

원리이해 2~4

2 규칙을 찾아 98765×9＋3의 값을 구하시오.

$$9 \times 9 + 7 = 88$$
$$98 \times 9 + 6 = 888$$
$$987 \times 9 + 5 = 8888$$

(　　　　　　　)

3 규칙을 찾아 123456789×45의 값을 구하시오.

$$123456789 \times 9 = 1111111101$$
$$123456789 \times 18 = 2222222202$$
$$123456789 \times 27 = 3333333303$$

(　　　　　　　)

4 □에 △를 계속해서 더했더니 아래 표와 같았습니다. □와 △를 각각 구하시오.

순서	계산식	계산한 값
첫 번째	□＋△×1	5
두 번째	□＋△×2	8
세 번째	□＋△×3	11

□ (　　　　　　　)
△ (　　　　　　　)

실력완성 5~6

5 규칙적인 계산식에서 규칙에 따라 계산 결과가 87654321이 되는 계산식을 써보시오.

순서	계산식
첫째	9÷9=1
둘째	189÷9=21
셋째	2889÷9=321
넷째	38889÷9=4321

(　　　　　　　)

6 다음을 계산하고 규칙을 찾아 37×18의 값을 구하시오.

$$37 \times 3 = 111$$
$$37 \times 6 = \boxed{}$$
$$37 \times 9 = \boxed{}$$

(　　　　　　　)

규
칙
성

4학년
5학년
6학년

	개념연산		원리이해		실력완성		선생님 확인
Self Check	1	2	3	4	5	6	
	○/✕	○/✕	○/✕	○/✕	○/✕	○/✕	

규칙적인 계산식 찾기

1. 달력에서 규칙적인 계산식 찾기

일	월	화	수	목	금	토
			1	2	3	4
5	6	7	8	9	10	11
12	13	14	15	16	17	18
19	20	21	22	23	24	25
26	27	28	29	30		

〈규칙〉

• 파란색 네모로 둘러싸인 수들에서 대각선 방향에 있는 두 수의 합은 같습니다.

⬛ $12+20=13+19$

• 연속하는 세 수의 합은 가운데 수의 3배와 같습니다.

⬛ $16+17+18=17\times3$

2. 곱셈식에서 규칙 찾기

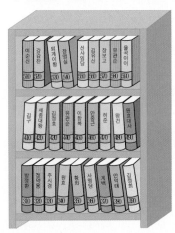

〈규칙〉

• 맨 위층의 책의 번호에서 맨 아래 층의 책의 번호의 수를 빼면 모두 200이 됩니다.

⬛ $510-310=200,\ 520-320=200,\ 530-330=200\cdots$

• 세로로 연결된 세 수의 합은 가운데 수의 3배입니다.

⬛ $310+410+510=410\times3,\ 320+420+520=420\times3\cdots$

• 책 번호 배열의 ╱, ╲방향에서 규칙적인 계산식 찾기

⬛

510	520	530
410	420	430
310	320	330

→ $510+420+330$
   $=530+420+310$

개념연산 ▶ **1**

1 달력을 보고 ⬚ 안에 있는 수의 배열에서 규칙적인 계산식을 찾아 ⬚ 안에 알맞은 수를 써넣으시오.

일	월	화	수	목	금	토
			1	2	3	4
5	6	7	8	9	10	11
12	13	14	15	16	17	18
19	20	21	22	23	24	25
26	27	28	29	30		

➡ $5+7=\boxed{},\ 6+7=\boxed{},\ 7+7=\boxed{},$
$8+7=\boxed{},\ 9+7=\boxed{},\ \cdots\cdots$

원리이해 2~3

2 수 배열표를 보고 ☐ 안에 알맞은 수를 써넣으시오.

501	502	503	504	505	506
511	512	513	514	515	516
521	522	523	524	525	526

(1) $501+502+503=502\times3$, $504+505+506=505\times$ ☐

(2) $511+$ ☐ $+513=512\times3$, $514+515+516=$ ☐ $\times3$

3 오른쪽 달력을 보고 ╱ 방향에서 규칙적인 계산식을 만들어 보시오.

㉠ $6+24=12+$ ☐

㉡ $1+7+13+19+25=13\times$ ☐

일	월	화	수	목	금	토
					1	2
3	4	5	6	7	8	9
10	11	12	13	14	15	16
17	18	19	20	21	22	23
24	25	26	27	28	29	30

㉠　　　㉡

실력완성 4~5

4 오른쪽 곱셈식을 보고 777을 만족하는 계산식을 만들어 보시오.

(　　　　　　　　　　　)

$37\times3=111$
$37\times6=222$
$37\times9=333$
$37\times12=444$

5 오른쪽 달력을 보고 다음 **조건**을 만족하는 수를 찾아 쓰시오.

조건

㉠ ✚ 안의 5개의 수 중 하나입니다.

㉡ ✚ 안에 있는 5개의 수의 합을 5로 나눈 몫과 같습니다.

일	월	화	수	목	금	토
		1	2	3	4	5
6	7	8	9	10	11	12
13	14	15	16	17	18	19
20	21	22	23	24	25	26
27	28	29	30			

(　　　　　　　　　　　)

규칙성

4학년
5학년
6학년

Self Check	개념연산	원리이해		실력완성		선생님 확인
	1	2	3	4	5	
	○ / ✕	╱2	○ / ✕	○ / ✕	○ / ✕	

개념 101~104   **규칙 찾기**

01 💙 238쪽 개념 101

수 배열의 규칙에 따라 빈칸에 알맞은 수를 써넣으시오.

682	684	686	
582	584	586	588
	484	486	488
382	384		388
282		286	288

02 💙 238쪽 개념 101

일부가 찢어진 수 배열표를 보고 ★에 들어갈 알맞은 수를 구하시오.

211	213	215	217	219
221	223	225	227	229
231	233	235		239
241	★	245		
251	253			

(   )

03 💙 238쪽 개념 101

다음과 같은 규칙으로 수를 나열할 때, 10번째 수를 구하시오.

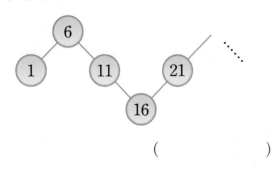

(   )

04 💙 238쪽 개념 101

다음과 같은 규칙으로 수를 나열할 때, 첫 번째부터 6번째까지의 수를 모두 더하면 얼마입니까?

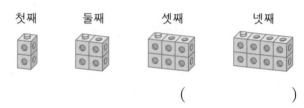

(   )

05 💙 240쪽 개념 102

도형의 배열을 보고 다섯째에 알맞은 모양에서 모형의 개수는 몇 개입니까?

첫째   둘째   셋째   넷째

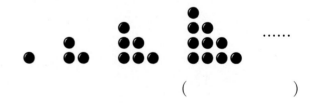

(   )

06 💙 240쪽 개념 102

규칙에 따라 바둑돌을 늘어놓을 때 9번째에 놓이는 바둑돌은 몇 개인지 구하시오.

(   )

07 💙 240쪽 개념 102

민영이는 규칙에 따라 빨간 구슬, 파란 구슬, 노란 구슬을 놓고 있습니다. 23번째에 놓을 구슬은 무슨 색입니까?

(   )

08 ▾ 242쪽 개념 103

규칙을 찾아 ◯ 안에 알맞은 수를 써넣으시오.

$$1=1\times1$$
$$1+3=2\times2$$
$$1+3+5=3\times3$$
$$\vdots$$
$$1+3+5+7+9+11=\boxed{}\times\boxed{}$$

09 ▾ 242쪽 개념 103

규칙을 찾아 99999×88889의 값을 구하시오.

$$99\times89=8811$$
$$999\times889=888111$$
$$9999\times8889=88881111$$

(   )

10 ▾ 242쪽 개념 103

규칙을 찾아 12345679×63의 값을 구하시오.

$$12345679\times9=111111111$$
$$12345679\times18=222222222$$
$$12345679\times27=333333333$$

(   )

11 ▾ 244쪽 개념 104

규칙을 찾아 다섯째에 오는 덧셈식을 구하시오.

순서	덧셈식
첫째	$1+2+1=4$
둘째	$1+2+3+2+1=9$
셋째	$1+2+3+4+3+2+1=16$
넷째	$1+2+3+4+5+4+3+2+1=25$

(   )

12 ▾ 244쪽 개념 104

달력을 보고 ☐ 안의 수의 배열에서 규칙적인 계산식을 찾았습니다. ↘ 방향과 ↗ 방향에 있는 두 수의 합은 어떤지 규칙을 찾아보시오.

일	월	화	수	목	금	토
	1	2	3	4	5	6
7	8	9	10	11	12	13
14	15	16	17	18	19	20
21	22	23	24	25	26	27
28	29	30	31			

[규칙] ↘ 방향과 ↗ 방향에 있는 두 수의 합은 (같습니다. 다릅니다.)

13 ▾ 244쪽 개념 104

보기의 규칙을 이용하여 나누는 수가 3일 때의 계산식을 2개 더 써보시오.

보기

$$4\div4=1$$
$$16\div4\div4=1$$
$$64\div4\div4\div4=1$$
$$256\div4\div4\div4\div4=1$$

↓

$$3\div3=1$$
$$9\div3\div3=1$$
_____ ㉠
_____ ㉡

㉠ : _____

㉡ : _____

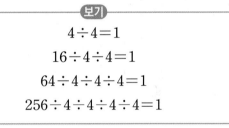

self check   자기 점수에 ◯표 하세요.

맞힌 개수	6개 이하	7~9개	10~11개	12~13개
학습 방법	개념을 다시 공부하세요.	조금 더 노력하세요.	실수하면 안 돼요.	참 잘했어요.

규칙성

4학년
5학년
6학년

규칙과 대응

1. 규칙이 있는 두 수 사이의 대응 관계 알아보기

오리의 수(마리)	1	2	3	4	5
다리의 수(개)	2	4	6	8	10

① 오리의 수가 1마리 늘어나면 다리의 수는 2개 늘어납니다.
② 다리의 수는 오리의 수의 2배입니다.
③ 오리의 수는 다리의 수를 2로 나눈 몫입니다.

표를 이용하면 두 수 사이의 대응 관계를 보다 쉽게 이용할 수 있어!

2. ■와 ● 사이의 대응 관계를 찾아 식으로 나타내기

-2

■	1	2	3	4	5	6
●	3	4	5	6	7	8

$+2$

→ ●와 ■ 사이의 관계를 알아보기 위해서는 최소한 2쌍 이상의 관계를 살펴보아야 합니다.

➡ ●=■+2 또는 ■=●-2
●는 ■보다 2크다.   ■는 ●보다 2작다.

3. 생활 속에서 규칙을 찾아 식으로 나타내기

예 언니의 나이와 동생의 나이 사이의 대응 관계를 식으로 나타내고 언니가 17살일 때 동생의 나이 구하기

언니(살)	8	9	10	11	12	13
동생(살)	5	6	7	8	9	10

➡ 언니와 동생의 나이의 차는 3살이므로 언니의 나이(■), 동생의 나이(▲) 사이의 대응 관계를 식으로 나타내면 ■=▲+3 또는 ▲=■-3 입니다. 따라서 언니가 17살일 때 동생은 17-3=14(살)입니다.

꼭! 알아두세요~

규칙을 찾아 식으로 나타내기

① 두 수의 차로 알아보기

●	3	4	5
▲	5	6	7

▲-●=2 ➡ ▲=●+2

② 두 수 중 큰 수를 작은 수로 나눈 몫으로 알아보기

●	3	4	5
▲	6	8	10

▲÷●=2 ➡ ▲=●×2

개념연산 1~2

1 표를 보고 오각형의 수와 꼭짓점의 수 사이의 관계를 말해 보시오.

오각형의 수(개)	1	2	3	4	5
꼭짓점의 수(개)	5	10	15	20	25

(   )

2 상자 한 개에 배가 8개 담겨 있습니다. 표를 완성하고 상자의 수(●)와 배의 수(▲) 사이의 대응 관계를 식으로 나타내시오.

상자의 수(개)	1	2	3	4	5
배의 수(개)	8				

(   )

원리이해 3~5

3 ■는 ▲보다 6 큰 수입니다. 빈칸에 알맞은 수를 써넣으시오.

▲	2		4		6	
■		9		11		13

4 ♡와 ♥ 사이의 대응 관계를 나타낸 표를 보고 ♥가 12일 때 ♡의 값을 구하시오.

♡	6	7	8	9	10
♥	2	3	4	5	6

(　　　　　　　)

5 서울의 시각과 뉴욕의 시각 사이의 대응 관계를 나타낸 표입니다. 서울이 오후 10시일 때 뉴욕은 몇 시입니까?

서울	오후 3시	오후 4시	오후 5시	오후 6시	오후 7시
뉴욕	오전 1시	오전 2시	오전 3시	오전 4시	오전 5시

(　　　　　　　)

실력완성 6~7

6 ●와 ■ 사이의 대응 관계를 식으로 나타낸 것입니다. ㉠과 ㉡을 각각 구하시오.

●	1	2	3	4	5	6
■	3	5	7	9	11	13

➡ ■ = ● × ㉠ + ㉡

㉠ (　　　　　　　), ㉡ (　　　　　　　)

7 승객의 수와 버스의 요금 사이의 대응 관계를 알아보고 요금이 6300원일 때 승객의 수를 구하시오.

승객의 수(명)	1	2	3	4	5
버스의 요금(원)	900	1800	2700	3600	4500

(　　　　　　　)

Self Check	개념연산		원리이해			실력완성		선생님 확인
	1	2	3	4	5	6	7	
	O / X	O / X	O / X	O / X	O / X	O / X	O / X	

규칙성

4학년
5학년
6학년

개념 105 　　　　　　　　**규칙과 대응**

01 ♥248쪽 개념 105

▲는 ■보다 5 큽니다. 표를 완성하시오.

▲	6	7	8		10
■				4	

02 ♥248쪽 개념 105

표를 완성하고 ★와 ● 사이의 대응 관계를 설명하시오.

★	9	18		36	45	
●	1		3	4		6

(　　　　　　　　　　　　　　)

03 ♥248쪽 개념 105

준현이가 색종이를 그림과 같이 겹쳐 붙이고 있습니다. 물음에 답하시오.

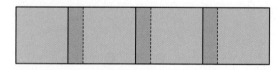

(1) 겹쳐 붙인 부분이 3군데가 되려면 색종이를 몇 장 붙여야 됩니까?

(　　　　　　　　　　　　　　)

(2) 표를 완성하시오.

색종이의 수(장)	2	3	4	5	6
겹쳐 붙인 부분의 수(군데)	1				

(3) 색종이의 수와 겹쳐 붙인 부분의 수 사이에는 어떤 대응 관계가 있습니까?

(　　　　　　　　　　　　　　)

04 ♥248쪽 개념 105

표를 완성하고 ◉와 ◈ 사이의 대응 관계를 식으로 나타내시오.

◉	1	2	3	4	5	6
◈	16	15		13	12	

(　　　　　　　　　　　　　　)

05 ♥248쪽 개념 105

놀이기구 1대에 8명이 탈 수 있습니다. 놀이기구의 수(●)와 탈 수 있는 사람의 수(■) 사이의 대응 관계를 식으로 바르게 나타낸 것을 모두 고르시오.

(　　　　　　　　　　)

① ● = ■ × 8 　　　② ■ = ● × 8

③ ■ = ● ÷ 8 　　　④ ● = ■ ÷ 8

⑤ ● = 8 ÷ ■

06 ♥248쪽 개념 105

■와 ▲ 사이의 대응 관계를 식으로 바르게 나타낸 것을 보기에서 찾아 기호를 쓰시오.

보기	
ㄱ. ▲ = ■ − 5	ㄴ. ■ = ▲ × 4
ㄷ. ■ = ▲ ÷ 4	ㄹ. ▲ = 7 − ■

(1)
■	1	2	3	4	5
▲	4	8	12	16	20

(　　　　　　　　　　　　　　)

(2)
■	6	5	4	3	2
▲	1	2	3	4	5

(　　　　　　　　　　　　　　)

07 💙248쪽 개념 105

◉와 ◆ 사이의 대응 관계가 ◆=8-◉가 되는 것을 모두 찾아 기호를 쓰시오.

ⓐ

◉	1	2	3
◆	8	16	24

ⓑ

◉	1	2	3
◆	7	6	5

ⓒ

◉	9	10	11
◆	1	2	3

ⓓ

◉	4	5	6
◆	4	3	2

(　　　　　　　)

08 💙248쪽 개념 105

어느 날 서울의 시각과 호주의 시각 사이의 대응 관계를 나타낸 표입니다. 물음에 답하시오.

서울	오후 2시	오후 3시	오후 4시	오후 5시	오후 6시
호주	오후 4시				

(1) 위의 표를 완성하고, 서울의 시각(★)과 호주의 시각(▲) 사이의 대응 관계를 식으로 나타내시오.　(　　　　　　　)

(2) 서울이 오후 9시일 때 호주는 몇 시입니까?　(　　　　　　　)

09 💙248쪽 개념 105

상자 1개에 지우개가 7개씩 들어 있습니다. 상자의 수를 ◆, 지우개의 수를 ◉라고 할 때 지우개 56개는 몇 상자인지 구하시오.

◆	1	2	3	4	5
◉	7	14	21	28	35

(　　　　　　　)

10 💙248쪽 개념 105

연도와 준형이의 나이 사이의 대응 관계를 나타낸 표입니다. 물음에 답하시오.

연도(년)	2016	2017	2018	2019
준형이의 나이(살)	11			

(1) 위의 표를 완성하고, 연도(▲)와 준형이의 나이(◆) 사이의 대응 관계를 식으로 나타내시오.

(　　　　　　　)

(2) 준형이가 25살이 되는 해는 몇 년입니까?
(　　　　　　　)

⑪ 💙248쪽 개념 105

그림과 같이 성냥개비를 사용하여 정삼각형 모양을 만들었습니다. 정삼각형의 수와 성냥개비의 수 사이의 대응 관계를 알아보고, 사용한 성냥개비의 수가 17개일 때 정삼각형 모양은 몇 개인지 구하시오.

(　　　　　　　)

규칙성

4학년
5학년
6학년

self check　자기 점수에 ◯표 하세요.

맞힌 개수	5개 이하	6~7개	8~9개	10~11개
학습 방법	개념을 다시 공부하세요.	조금 더 노력하세요.	실수하면 안 돼요.	참 잘했어요.

개념 106 두 수의 비교/비

1. 두 수의 비교

여러 가지 방법으로 두 수를 비교할 수 있습니다.

> 어느 모둠은 남학생 8명과 여학생 4명으로 구성되어 있습니다.

방법 1 뺄셈으로 두 수 비교하기

남학생 수에서 여학생 수를 빼면
$8-4=4$이므로 남학생은 여학생보다 4명 더 많습니다.

방법 2 나눗셈으로 두 수 비교하기

남학생 수를 여학생 수로 나누면
$8÷4=2$이므로 남학생 수는 여학생 수의 2배입니다.

> 3 : 5와 5 : 3은 서로 달라!
> 무엇이 기준이 되는지
> 확실히 구별하자!

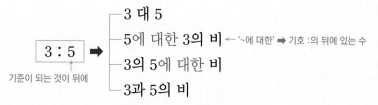

2. 비

① 두 수를 비교할 때 기호 :을 사용합니다.

② 두 수 3과 5를 비교할 때, $3 : 5$라고 쓰고 3 대 5라고 읽습니다.

③ $3 : 5$는 3이 5를 기준으로 몇 배인지를 나타내는 비입니다.

④ $3 : 5$는 5에 대한 3의 비, 3의 5에 대한 비, 3과 5의 비라고도 읽습니다.

$$3 : 5 \Rightarrow$$

- 3 대 5
- 5에 대한 3의 비 ← '~에 대한' ➡ 기호 :의 뒤에 있는 수
- 3의 5에 대한 비
- 3과 5의 비

기준이 되는 것이 뒤에

꼭! 알아두세요~

비 읽기

■ : ▲

① ■ 대 ▲
② ▲에 대한 ■의 비
③ ■의 ▲에 대한 비
④ ■와 ▲의 비

~에 대한(기준)'이 뒤에 옵니다.

개념연산 1~2

1 수련회에 참가한 남학생은 96명이고 여학생은 32명입니다.

◯ 안에 알맞은 수를 써넣으시오.

(1) 남학생 수와 여학생 수를 뺄셈으로 비교하면 남학생이 여학생보다 ◯명 더 많습니다.

(2) 남학생 수와 여학생 수를 나눗셈으로 비교하면 남학생 수는 여학생 수의 ◯배입니다.

2 그림을 보고 ◯ 안에 알맞은 수를 써넣으시오.

(1) 사과의 개수와 귤의 개수의 비 ➡ 3 : ◯

(2) 귤의 개수와 사과의 개수의 비 ➡ ◯ : ◯

(3) 사과의 개수에 대한 귤의 개수의 비 ➡ ◯ : ◯

원리이해 ▶ 3~6

3 귤 100개를 20명의 학생들에게 똑같이 나누어주려고 합니다. 물음에 답하시오.

(1) 귤의 개수와 학생 수를 나눗셈으로 비교하면 귤의 개수는 학생 수의 몇 배입니까?

(　　　　　)

(2) 한 학생이 받는 귤의 수는 몇 개입니까? 　　　 (　　　　　)

4 과학 시간에 선생님께서 비커 30개를 5개의 모둠에 똑같이 나누어주셨습니다. 한 모둠이 받는 비커의 개수는 몇 개입니까? 　　　　　　　　(　　　　　)

5 그림을 보고 전체에 대한 색칠한 부분의 비를 써 보시오.

(1) 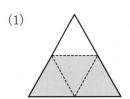 (　　　)

(2) 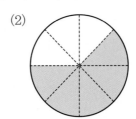 (　　　)

6 5 : 4를 <u>잘못</u> 읽은 것을 찾아 기호를 쓰시오.

| ㉠ 5와 4의 비 | ㉡ 5의 4에 대한 비 |
| ㉢ 5 대 4 | ㉣ 5에 대한 4의 비 |

(　　　　　)

규
칙
성

4학년
5학년
6학년

실력완성 ▶ 7~8

7 한 봉지에 초콜릿 6개와 사탕 2개를 넣어 포장하려고 합니다. 여러 봉지를 포장하였을 때 초콜릿이 48개 사용되었다면 사탕은 모두 몇 개 사용되었습니까? (　　　　　)

8 꽃병에 장미 9송이와 백합 5송이가 꽂혀 있습니다. 전체 꽃송이에 대한 장미꽃 송이의 비는 얼마입니까? 　　　　　　　　　(　　　　　)

Self Check	개념연산		원리이해				실력완성		선생님 확인
	1	2	3	4	5	6	7	8	
	/2	/3	/2	O / X	/2	O / X	O / X	O / X	

비율과 백분율/ 비교하는 양과 기준량

1. 비율

① 비 2 : 5에서 기호 :의 왼쪽에 있는 2는 비교하는 양이고, 오른쪽에 있는 5는 기준량입니다.

② 비교하는 양을 기준량으로 나눈 값을 비의 값 또는 비율 이라고 합니다.

$$
(비율) = (비교하는 양) \div (기준량) = \frac{(비교하는 양)}{(기준량)}
$$

③ 비 2 : 5를 비율로 나타내면 $\frac{2}{5}$ 또는 0.4입니다.

└── 비율은 분수 또는 소수로 나타낼 수 있습니다.

2 : 5
└ 기준량
└ 비교하는 양

2. 백분율

① 비율에 100을 곱한 값을 백분율이라고 합니다. ←── (백분율) = (비율) × 100

② 백분율은 기호 %를 사용하여 나타냅니다.

③ 비율 $\frac{37}{100}$ 또는 0.37을 백분율로 37 %라 쓰고 37 퍼센트라고 읽습니다.

3. 비교하는 양과 기준량

(1) 비교하는 양 구하기

비율과 기준량을 알면 비교하는 양을 구할 수 있습니다.

$$
(비교하는 양) = (기준량) \times (비율)
$$

(비율) = $\frac{(비교하는 양)}{(기준량)}$

(2) 기준량 구하기

비율과 비교하는 양을 알면 기준량을 구할 수 있습니다.

$$
(기준량) = (비교하는 양) \div (비율)
$$

꼭! 알아두세요~

비율과 백분율

① 비율을 백분율로 나타내기
➡ 비율에 100을 곱한 후 % 기호를 붙입니다.
예 $\frac{13}{20}$ ➡ $\frac{13}{20} \times 100 = 65$ (%)

② 백분율을 비율로 나타내기
➡ 백분율에서 % 기호를 빼고 100으로 나눕니다.
예 65 % ➡ $\frac{65}{100} \left(= \frac{13}{20} \right) = 0.65$

개념연산 1~2

1 빈칸에 알맞은 수를 써넣으시오.

비 ＼ 비율	분수	소수	백분율
(1) 4 : 5			
(2) 20에 대한 11의 비			
(3) 5와 8의 비			

2 은수네 학교 전교생은 540명이고 전교생의 20 %가 지각을 하였습니다. ☐ 안에 알맞은 수를 써넣으시오.

(1) 기준량은 전교생 ☐명, 비교하는 양은 지각생의 수이고 지각생의 비율은 ☐% 입니다.

(2) 20 %를 소수로 나타내면 ☐이므로 지각생의 수는 540 × ☐ = ☐ (명)입니다.

원리이해 ▶ 3~5

3 비율이 같은 것끼리 선으로 이어 보시오.

(1) | 1과 4의 비 | •   • $\frac{3}{5}$ •   • 0.25

(2) | 5에 대한 3의 비 | •   • $\frac{1}{4}$ •   • 0.48

(3) | 12의 25에 대한 비 | •   • $\frac{12}{25}$ •   • 0.6

4 백분율을 분수와 소수로 각각 나타내시오.

(1) 59 % ➡ 분수 (   ), 소수 (   )

(2) 135 % ➡ 분수 (   ), 소수 (   )

5 가로의 길이가 25 cm인 사진을 80 %로 축소하려고 합니다. 축소한 사진의 가로의 길이는 몇 cm입니까?   (   )

실력완성 ▶ 6~7

6 윤정이네 반 학생 32명 중에서 수학 학원에 다니는 학생이 8명, 영어 학원을 다니는 학생이 10명입니다. 윤정이네 반 전체 학생 수에 대한 수학 학원을 다니는 학생 수의 비율을 백분율로 나타내면 몇 %입니까?   (   )

7 밑변에 대한 높이의 비율이 0.68인 평행사변형이 있습니다. 이 평행사변형의 밑변의 길이가 25 cm일 때 평행사변형의 넓이는 몇 cm²입니까?   (   )

규칙성

4학년
5학년
6학년

Self Check	개념연산		원리이해			실력완성		선생님 확인
	1	2	3	4	5	6	7	
	/3	/2	/3	/2	O / X	O / X	O / X	

비율이 사용되는 경우

1. 속력

단위 시간에 간 평균 거리를 속력이라고 합니다.

$$(속력)=\underline{(간\ 거리)}\div\underline{(걸린\ 시간)}$$

기준량
비교하는 양

(거리)=(속력)×(시간)

$$(걸린\ 시간)=\frac{(간\ 거리)}{(속력)}$$

1시간, 1분, 1초 동안에 가는 평균 거리를 각각 시속, 분속, 초속이라 하고 이것을 각각 km/시, m/분, m/초로 나타냅니다.

2. 인구 밀도

$1\ km^2$에 사는 평균 인구를 인구 밀도라고 합니다.

$$(인구\ 밀도)=\underline{(인구)}\div\underline{(넓이(km^2))}$$

비교하는 양   기준량

3. 용액의 진하기

용액의 양에 대한 용질의 양의 비율을 용액의 진하기라고 합니다.

(용질의 양)=(용액의 양)×(용액의 진하기)

$$(용액의\ 진하기)=\underline{(용질의\ 양)}\div\underline{(용액의\ 양)}$$

비교하는 양   기준량

참고 용액 : 물질이 골고루 섞여 있는 것 (예 설탕물, 소금물)
용질 : 용액에 녹아 있는 물질 (예 설탕, 소금)

꼭! 알아두세요~

비율이 사용되는 경우
① 속력 ➡ (간 거리)÷(걸린 시간)
② 인구 밀도 ➡ (인구)÷(넓이)
③ 용액의 진하기
➡ (용질의 양)÷(용액의 양)

개념연산 1~3

1 어떤 버스가 120 km를 달리는 데 1시간 30분이 걸렸습니다. 버스의 속력은 몇 km/시입니까?　(　　　　　)

2 승환이네 마을의 넓이는 $8\ km^2$이고 마을의 인구는 4000명입니다. 승환이네 마을의 인구 밀도는 몇 명/km^2입니까?　　　　　　　　　　　(　　　　)

3 소금물 240 g 속에 소금이 60 g 녹아 있습니다. 이 소금물의 진하기는 몇 %입니까?
(　　　　)

원리이해 4~6

4 석현이의 수영 속력은 85 cm/초라고 합니다. 석현이의 수영 속력을 분속(m/분)과 시속 (km/시)으로 각각 나타내시오.

분속 (   )

시속 (   )

5 가, 나, 다 세 도시의 넓이와 인구를 조사하여 나타낸 표입니다. 어느 도시의 인구 밀도가 가장 높습니까?

도시	가	나	다
넓이(km^2)	49	27.4	32
인구(명)	20874	12741	14464

(   )

6 진하기가 12 %인 소금물 200 g에 녹아 있는 소금의 양은 몇 g 입니까? (   )

실력완성 7~8

7 소리의 속력은 340 m/초라고 알려져 있습니다. 동영이는 창문 너머로 번개를 본 후 5초 후에 천둥 소리를 들었습니다. 동영이가 있는 곳과 번개가 발생한 지점 사이의 거리는 몇 m입니까?

(   )

8 진하기가 27 %인 소금물 200 g에 물 100 g을 더 넣어 소금물 300 g을 만들었습니다. 이 소금물의 진하기는 몇 %입니까?

(   )

규칙성

4학년
5학년
6학년

Self Check	개념연산			원리이해			실력완성		선생님 확인
	1	2	3	4	5	6	7	8	
	O / X	O / X	O / X	O / X	O / X	O / X	O / X	O / X	

비례식과 비의 성질

1. 비례식

① 비율이 같은 두 비를 등호를 사용하여 나타낸 식을 비례식이라고 합니다.

예 $2:3=4:6$
(비율)$=\dfrac{2}{3}$ (비율)$=\dfrac{4}{6}=\dfrac{2}{3}$

② 비 $2:3$에서 2와 3을 비의 항이라 하고 기호 : 앞에 있는 2를 전항, 뒤에 있는 3을 후항이라고 합니다.

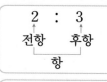

③ 비례식 $2:3=4:6$에서 바깥쪽에 있는 두 항 2와 6을 외항, 안쪽에 있는 3과 4를 내항이라고 합니다.

2. 비의 성질

① 비의 전항과 후항에 0이 아닌 같은 수를 곱하여도 비율은 같습니다.

예 $2:5 \Rightarrow \dfrac{2}{5}$ $(2\times3):(5\times3)=6:15 \Rightarrow \dfrac{6}{15}=\dfrac{2}{5}$

② 비의 전항과 후항을 0이 아닌 같은 수로 나누어도 비율은 같습니다. ← 어떤 수를 0으로 나눌 수 없습니다.

예 $12:16 \Rightarrow \dfrac{12}{16}=\dfrac{3}{4}$ $(12\div2):(16\div2)=6:8 \Rightarrow \dfrac{6}{8}=\dfrac{3}{4}$

참고 $2:5$의 전항과 후항에 0을 곱하면 $(2\times0):(5\times0)=0:0$으로 비의 값이 달라집니다.

꼭! 알아두세요~

비례식과 비의 성질

① ■ : ●
  전항 후항
  항

② ■ : ● = ★ : ♥ ➡ $\dfrac{■}{●}=\dfrac{★}{♥}$
  내항

③ ㉮가 0이 아닐 때
  ■ : ▲ = (■×㉮) : (▲×㉮)
  ■ : ▲ = (■÷㉮) : (▲÷㉮)

개념연산 1~2

1 전항이 9이고 후항이 8인 비를 찾아 기호를 쓰시오.

| ㉠ $5:8$ | ㉡ $8:9$ | ㉢ $8:7$ | ㉣ $9:8$ |

(   )

2 비율이 같은 비를 만들려고 합니다. ☐ 안에 알맞은 수를 써넣으시오.

⑴ $3:4=(3\times3):(4\times\boxed{})=\boxed{}:\boxed{}$

⑵ $35:20=(35\div\boxed{}):(20\div5)=\boxed{}:\boxed{}$

원리이해 3~6

3 비율이 같은 두 비를 찾아 비례식으로 나타내시오.

| 4 : 5 　　16 : 25 　　5 : 4 　　8 : 10 |

(　　　　　　　　　)

4 비례식을 모두 찾아 기호를 쓰시오.

⊙ 7 : 14 = 1 : 2　　　ⓛ 81 ÷ 9 = 9　　　ⓒ 24 : 6 = 4

ⓔ 3 : 5 = 5 : 3　　　ⓜ 2 + 5 = 7　　　ⓗ 2 : 6 = 6 : 18

(　　　　　　　　　)

5 ⊙ + ⓛ의 값은 얼마입니까?

| 2 : 3 = 8 : ⊙ 　　　54 : 48 = ⓛ : 8 |

(　　　　　　　　　)

6 비의 성질을 이용하여 ●와 ★에 들어갈 수를 구하시오.

| 4 : ● = ★ : 48 = 16 : 24 |

● (　　　　　), ★ (　　　　　)

실력완성 7~8

7 조건에 맞게 비례식을 완성하시오.

⊙ 비율은 $\dfrac{2}{9}$입니다.　　　ⓛ 내항의 곱은 144입니다.

➡ 8 : ☐ = ☐ : ☐

8 가로와 세로의 비가 8 : 3인 직사각형을 모두 찾아 기호를 쓰시오.

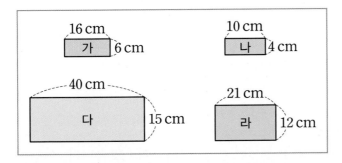

(　　　　　　　　　)

규칙성

4학년
5학년
6학년

	개념연산		원리이해				실력완성		선생님 확인
Self Check	1	2	3	4	5	6	7	8	
	○ / ×	/ 2	○ / ×	○ / ×	○ / ×	○ / ×	○ / ×	○ / ×	

비례식의 성질

1. 간단한 자연수의 비로 나타내기

① 분수의 비 : 각 항에 두 분모의 최소공배수를 곱하여 간단한 자연수의 비로 나타냅니다. 예 $\dfrac{1}{2} : \dfrac{1}{3} = \left(\dfrac{1}{2} \times 6\right) : \left(\dfrac{1}{3} \times 6\right) = 3 : 2$

② 소수의 비 : 각 항에 10, 100, 1000 ……을 곱하여 간단한 자연수의 비로 나타냅니다. 예 $0.2 : 0.3 = (0.2 \times 10) : (0.3 \times 10) = 2 : 3$ ← 두 수가 소수 한 자리 수이므로 각 항에 10을 곱합니다.

③ 자연수의 비 : 각 항을 두 수의 최대공약수로 나누어 간단한 자연수의 비로 나타냅니다. 예 $36 : 27 = (36 \div 9) : (27 \div 9) = 4 : 3$

④ 소수와 분수의 비 : 소수를 분수로 바꾸거나 분수를 소수로 바꾸어 간단한 자연수의 비로 나타냅니다.

예 $0.3 : \dfrac{1}{2} = \dfrac{3}{10} : \dfrac{1}{2} = \left(\dfrac{3}{10} \times 10\right) : \left(\dfrac{1}{2} \times 10\right) = 3 : 5$

$0.3 : \dfrac{1}{2} = 0.3 : 0.5 = (0.3 \times 10) : (0.5 \times 10) = 3 : 5$

외항의 곱과 내항의 곱이 다르면 비례식이 아니야!

2. 비례식의 성질

비례식에서 외항의 곱과 내항의 곱은 같습니다.

$$4 : 3 = 12 : 9$$

➡ 외항의 곱: $4 \times 9 = 36$
내항의 곱: $3 \times 12 = 36$] 같습니다.

꼭! 알아두세요~

비례식의 성질

외항
■ : ▲ = ★ : ●
내항

➡ ■ × ● = ▲ × ★
외항의 곱 내항의 곱

개념연산 1~2

1 다음을 가장 간단한 자연수의 비로 나타내시오.

(1) $\dfrac{2}{5} : \dfrac{3}{4} =$

(2) $\dfrac{3}{8} : \dfrac{7}{4} =$

(3) $0.4 : 0.9 =$

(4) $0.11 : 0.23 =$

(5) $0.21 : \dfrac{1}{4} =$

(6) $0.6 : \dfrac{4}{5} =$

2 외항의 곱과 내항의 곱을 각각 구하고, 비례식인지 아닌지를 고르시오.

$$9 : 5 = 18 : 15$$

외항의 곱 (   ), 내항의 곱 (   ), 비례식이 (맞습니다, 아닙니다).

원리이해 3~6

3 비 144 : 84를 어떤 수로 나누어 가장 간단한 자연수의 비로 나타내었더니 12 : 7이 되었습니다. 어떤 수는 얼마입니까?   (   )

4 오른쪽 직사각형의 (가로의 길이) : (세로의 길이)의 비를 가장 간단한 자연수의 비로 나타내시오.

$2\frac{1}{3}$ cm

3.5 cm

(   )

5 비례식을 모두 찾아 기호를 쓰시오.

㉠ 13 : 3 = 3 : 13   ㉡ 0.5 : 0.3 = 15 : 9

㉢ $\frac{7}{10}$: $\frac{2}{5}$ = 7 : 4   ㉣ 1.8 : 4.2 = 2 : 7

(   )

6 비례식에서 ☐ 안에 들어갈 수가 작은 것부터 차례대로 기호를 쓰시오.

㉠ 2 : 5 = ☐ : 15   ㉡ 3.2 : 8 = ☐ : 5   ㉢ $3\frac{1}{3}$: ☐ = 15 : 20

(   )

실력완성 7~8

7 준영이네 집에서 공원까지의 거리는 1.2 km이고 백화점까지의 거리는 $1\frac{1}{20}$ km입니다. 준영이네 집에서 공원까지의 거리와 백화점까지의 거리의 비를 가장 간단한 자연수의 비로 나타내시오.   (   )

8 비례식에서 ☐의 값이 서로 같을 때 ㉠에 알맞은 수를 구하시오.

7 : 3 = 21 : ☐,   ☐ : 13 = 45 : ㉠

(   )

Self Check	개념연산		원리이해				실력완성		선생님 확인
	1	2	3	4	5	6	7	8	
	/6	○/✗	○/✗	○/✗	○/✗	○/✗	○/✗	○/✗	

비례식/비례배분을 이용하기

1. 비례식을 이용하여 문제 해결하기

예 가로와 세로의 비가 3 : 4인 직사각형 모양의 거울이 있습니다. 이 거울의 가로의 길이가 27 cm이면 세로의 길이는 몇 cm입니까?

[1단계] 구하려는 것을 ⬜로 놓고 비례식을 세웁니다. ➡ 3 : 4＝27 : ⬜

[2단계] 비례식을 풀어서 ⬜의 값을 구합니다.

➡ $3 \times ⬜ = 4 \times 27$, $3 \times ⬜ = 108$, $⬜ = 108 \div 3 = 36$

[3단계] 알맞게 답을 합니다. ➡ 거울의 세로의 길이는 36 cm입니다.

2. 비례배분

(1) 비례배분 알아보기

전체를 주어진 비로 배분하는 것을 비례배분이라고 합니다.

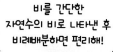
비를 간단한 자연수의 비로 나타낸 후 비례배분하면 편리해!

> 전체를 가 : 나 = ● : ★로 비례배분하면
>
> ➡ 가 = (전체) × $\dfrac{●}{●+★}$, 나 = (전체) × $\dfrac{★}{●+★}$

참고 비례배분을 할 때 전항과 후항의 합을 분모로 하는 분수의 비로 고쳐서 계산하면 계산이 편리합니다.

(2) 비례배분으로 문제 해결하기

예 구슬 10개를 형과 동생이 3 : 2로 나누어 가지려고 합니다. 형과 동생은 각각 몇 개씩 가져야 합니까?

➡ 형 : $10 \times \dfrac{3}{3+2} = 10 \times \dfrac{3}{5} = 6(개)$,

➡ 동생 : $10 \times \dfrac{2}{3+2} = 10 \times \dfrac{2}{5} = 4(개)$

꼭! 알아두세요~

비례배분으로 문제 해결하기

① 전체에 대한 각 항목의 비율을 구합니다.

↓

② 비례배분을 합니다.

↓

③ 답을 구합니다.

개념연산 ▶ 1~2

1 3분 동안 16 L의 물이 일정하게 나오는 수도가 있습니다. 이 수도에서 24분 동안 나오는 물은 몇 L인지 알아보려고 합니다. 물음에 답하시오.

(1) 24분 동안 나오는 물의 양을 ⬜L라 하고 비례식을 세워 보시오. (   )

(2) 비례식을 풀어 ⬜의 값을 구하시오. (   )

(3) 24분 동안 나오는 물은 몇 L입니까? (   )

2 ○ 안의 수를 주어진 비로 비례배분하여 [,   ] 안에 써 보시오.

(1) ⟨390⟩   8 : 5 ➡ [,   ]

(2) ⟨450⟩   6 : 9 ➡ [,   ]

원리이해 ▶ 3~6

3 가로와 세로의 비가 5 : 3인 직사각형을 그리려고 합니다. 직사각형의 가로의 길이를 35 cm로 그렸다면 세로의 길이는 몇 cm로 그려야 합니까?   (   )

4 맞물려 돌아가는 두 톱니바퀴 ㉮와 ㉯가 있습니다. 톱니바퀴 ㉮가 3바퀴 도는 동안 톱니바퀴 ㉯는 8바퀴 돕니다. 톱니바퀴 ㉯가 64바퀴 도는 동안 톱니바퀴 ㉮는 몇 바퀴 돌겠습니까?   (   )

5 어느 날 낮과 밤의 길이의 비가 $1\frac{2}{5}$: 1.6이었습니다. 낮과 밤의 길이는 각각 몇 시간입니까?

낮 (   ), 밤 (   )

6 가로와 세로의 비가 7 : 10인 직사각형을 그리려고 합니다. 직사각형의 둘레의 길이가 136 cm가 되게 하려면 이 직사각형의 가로의 길이는 몇 cm로 그려야 합니까?

(   )

규
칙
성

4학년
5학년
6학년

실력완성 ▶ 7~8

7 어느 과수원에서 배를 수확하여 전체의 78 %를 시장에 내다 팔았습니다. 팔고 남은 양이 33 kg일 때 전체 수확량은 몇 kg입니까?   (   )

8 현민이와 동생이 $\frac{4}{5}$: $\frac{1}{2}$의 비로 돈을 내서 할아버지 선물을 사드리려고 합니다. 현민이가 8800원을 낸다면 사려는 선물의 가격은 얼마입니까?   (   )

Self Check	개념연산		원리이해				실력완성		선생님 확인
	1	2	3	4	5	6	7	8	
	/ 3	/ 2	O / X	O / X	O / X	O / X	O / X	O / X	

반드시 알아야 하는 필수 ✓ 문제

개념 106~108 　　　　　　　　　　비와 비율

01 ♥252쪽 개념 106

남학생 6명, 여학생 3명으로 한 모둠을 만들었습니다. 여러 모둠이 모였을 때, 남학생이 54명이면 여학생은 몇 명입니까?

(　　　　　　　　)

02 ♥252쪽 개념 106

과일 바구니에 사과가 14개, 귤이 13개 들어 있습니다. 과일 수 전체에 대한 사과의 개수의 비는 얼마입니까?　　　(　　　　　　　　)

03 ♥254쪽 개념 107

기준량을 나타내는 수가 <u>다른</u> 것은 어느 것입니까? (　　　　　)

① 3 : 2 　　　　　　② 3 대 2
③ 2와 3의 비 　　　　④ 2에 대한 3의 비
⑤ 3의 2에 대한 비

04 ♥254쪽 개념 107

비율이 큰 것부터 차례대로 기호를 쓰시오.

| ㉠ 58 % | ㉡ $\frac{5}{8}$ | ㉢ 0.47 |

(　　　　　　　　)

05 ♥254쪽 개념 107

꿈틀초등학교 6학년 남학생은 154명이고 이는 전체의 55 %입니다. 꿈틀초등학교 6학년 전체 학생은 몇 명입니까?　(　　　　　　　　)

06 ♥254쪽 개념 107

오른쪽 직각삼각형은 밑변의 길이가 56 cm이고 밑변과 높이의 비가 8 : 7입니다. 삼각형의 넓이는 몇 cm²입니까?

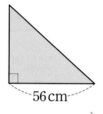
56 cm

(　　　　　　　　)

07 ♥256쪽 개념 108

가 도시와 나 도시의 넓이와 인구를 조사하여 나타낸 표입니다. 가 도시와 나 도시 중 어느 도시의 인구 밀도가 더 높습니까?

도시	넓이 (km²)	인구 (명)
가 도시	420	18900
나 도시	5400	226800

(　　　　　　　　)

08 ♥256쪽 개념 108

진하기가 12 %인 설탕물 200 g과 진하기가 15 %인 설탕물 300 g이 있습니다. 두 설탕물에 녹아 있는 설탕의 양은 모두 몇 g입니까?

(　　　　　　　　)

개념 109~111 ▶ **비례식과 비례배분**

09 ♥258쪽 개념 109

비례식 $12 : 16 = 3 : 4$에 대한 설명으로 옳은 것을 모두 찾아 기호를 쓰시오.

> ㉠ 전항은 12, 3입니다.
> ㉡ 후항은 3, 4입니다.
> ㉢ 내항의 곱은 48입니다.
> ㉣ 외항의 곱은 36입니다.

(　　　　　　　　　)

10 ♥258쪽 개념 109

$8 : 12$와 비율이 같은 비를 모두 고르시오.

(　　　　)

① $4 : 5$　　　② $2 : 3$　　　③ $48 : 72$

④ $18 : 24$　　　⑤ $56 : 60$

11 ♥258쪽 개념 109

비의 성질을 이용하여 ●와 ★에 들어갈 수의 합을 구하시오.

> $16 : 20 = 64 : ● = ★ : 5$

(　　　　　　　　　)

12 ♥260쪽 개념 110

$\dfrac{5}{9} : \dfrac{\square}{15}$를 간단한 자연수의 비로 나타내었더니 $25 : 12$이었습니다. ☐ 안에 알맞은 수를 구하시오.

(　　　　　　　　　)

13 ♥260쪽 개념 110

☐ 안에 들어갈 수가 작은 것부터 차례대로 기호를 쓰시오.

> ㉠ $18 : 4 = 36 : \square$
> ㉡ $2.3 : 8 = \square : 24$
> ㉢ $1\dfrac{1}{5} : \square = 15 : 80$

(　　　　　　　　　)

14 ♥262쪽 개념 111

윤후네 반 학생 수의 30 %는 바둑을 좋아합니다. 이 반에서 바둑을 좋아하는 학생이 12명일 때 반 전체 학생 수는 몇 명입니까?

(　　　　　　　　　)

15 ♥262쪽 개념 111

7000을 $3 : 2$로 비례배분하면 ㉠과 ㉡입니다. ㉠$-$㉡의 값을 구하시오.

(　　　　　　　　　)

🐸 **self check**　　자기 점수에 ○표 하세요.

맞힌 개수	7개 이하	8~10개	11~13개	14~15개
학습 방법	개념을 다시 공부하세요.	조금 더 노력하세요.	실수하면 안 돼요.	참 잘했어요.

규칙성

4학년
5학년
6학년

V
자료와 가능성

막대그래프

1. 막대그래프

조사한 수를 막대 모양으로 나타낸 그래프를 막대그래프라고 합니다.

[좋아하는 운동별 학생 수]

운동	축구	야구	농구	배구
학생 수(명)	4	2	6	5

➡

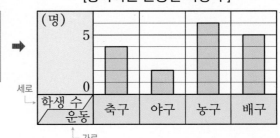

[좋아하는 운동별 학생 수]

→ 막대의 아래쪽 끝이 맞추어져 있으므로 위로 많이 올라갈수록 긴 막대입니다.

참고 막대그래프의 가로와 세로를 바꾸어 막대를 가로로 나타낼 수도 있습니다.

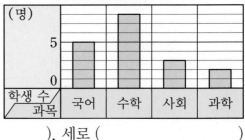

2. 표와 막대그래프 비교하기

표	막대그래프
각 항목별 조사한 수나 조사한 전체 수(합계)를 알아보기 편리합니다.	각 항목별 조사한 수의 많고 적음이 한눈에 더 잘 드러납니다.

꼭! 알아두세요~

표와 막대그래프의 비교
- 표 ➡ 항목별 조사한 수량과 합계를 알아보기 쉽습니다.
- 막대그래프 ➡ 항목별 수량의 많고 적음을 한눈에 알아보기 쉽습니다.

개념연산 1

1 혜주네 반 학생들이 좋아하는 과목을 조사하여 나타낸 막대그래프입니다. 물음에 답하시오.

[좋아하는 과목별 학생 수]

(1) 오른쪽 막대그래프에서 가로와 세로는 각각 무엇을 나타냅니까?

가로 (   ), 세로 (   )

(2) 막대의 길이가 가장 긴 과목은 무엇입니까?

(   )

원리이해 2~4

2 오른쪽은 윤지네 반 학생들이 가 보고 싶은 나라를 조사하여 나타낸 막대그래프입니다. 가장 많은 학생들이 가 보고 싶어하는 나라는 어디입니까?

(　　　　　　　)

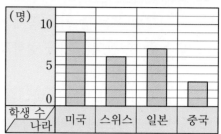

[가 보고 싶어하는 나라별 학생 수]

3 오른쪽은 정욱이네 모둠 학생들이 지난달 읽은 책의 권 수를 조사하여 나타낸 막대그래프입니다. 지난달에 책을 가장 많이 읽은 학생과 가장 적게 읽은 학생을 차례대로 쓰시오.

(　　　　　　　)

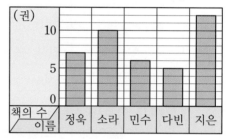

[지난달 읽은 책의 권 수]

4 윤미네 반 학생들이 태어난 계절을 조사하여 나타낸 표와 막대그래프입니다. 학생들이 가장 많이 태어난 계절이 한 눈에 더 잘 드러나는 것은 어느 자료입니까?

[계절별 태어난 학생 수]

계절	봄	여름	가을	겨울
학생 수(명)	16	12	6	14

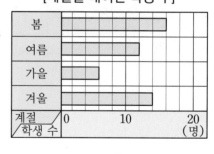

[계절별 태어난 학생 수]

(　　　　　　　　　　)

실력완성 5

5 오른쪽은 어느 주차장에 주차되어 있는 자동차를 색깔별로 조사하여 나타낸 막대그래프입니다. 네 번째로 많이 주차되어 있는 자동차의 색깔은 무슨 색입니까?

(　　　　　　　)

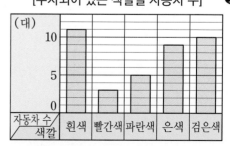

[주차되어 있는 색깔별 자동차 수]

자가
료능
와성

4학년

5학년

6학년

Self Check	개념연산	원리이해		실력완성	선생님 확인
	1	2	3	4	5
	/2	○/X	○/X	○/X	○/X

막대그래프 그리기

막대그래프 그리기

① 가로와 세로 중 어느 쪽에 조사한 수를 나타낼 것인가를 정합니다.

② 눈금 한 칸의 크기를 정하고 조사한 수 중에서 가장 큰 수를 나타낼 수 있도록 눈금의 수를 정합니다.

③ 조사한 수에 맞도록 막대를 그립니다.

④ 막대그래프에 알맞은 제목을 붙입니다.

참고 막대그래프를 그릴 때 주의점

　① 막대의 폭과 간격을 일정하게 그립니다.

　② 막대가 나타내는 수량의 합이 자료의 합과 같은지 확인합니다.

예　　　　　[좋아하는 간식별 학생 수]

간식	과자	사탕	빵	합계
학생 수(명)	6	4	8	18

방법 1 막대그래프로 나타내기

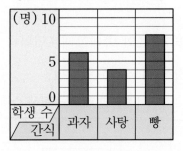

방법 2 세로 눈금 한 칸을 2명으로 하여 나타내기

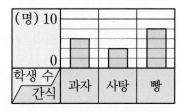

개념연산 1

1 찬수네 반 학생들이 좋아하는 과목을 조사하여 나타낸 표입니다. 표를 보고 막대그래프로 나타내시오.

[좋아하는 과목별 학생 수]

과목	국어	수학	사회	과학	합계
학생 수(명)	11	9	6	4	30

➡

원리이해 2~3

2 기정이네 반 학생들의 혈액형을 조사하여 나타낸 표입니다. 표를 완성하고 막대그래프로 나타내시오.

[혈액형별 학생 수]

혈액형	A형	B형	O형	AB형	합계
학생 수(명)	9		7	3	24

[혈액형별 학생 수]

3 도하네 반 학생 중 11명이 배우고 있는 악기를 조사하여 막대그래프로 나타내었습니다. 기타를 배우는 학생이 몇 명인지 구하여 막대그래프를 완성하시오.

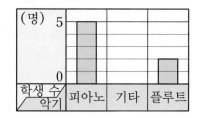

[배우고 있는 악기별 학생 수]

실력완성 4~5

4 어느 동물원의 동물 수를 조사하여 나타낸 표입니다. 사슴이 곰보다 6마리 더 많다고 할 때, 표를 완성하고 막대그래프로 나타내시오.

[동물원의 동물 수]

동물	사자	늑대	곰	사슴	여우	합계
동물 수 (마리)	8	6			12	52

[동물원의 동물 수]

5 오른쪽은 32명의 학생들이 다니는 학원을 나타낸 막대그래프입니다. 태권도 학원을 다니는 학생 수가 수영 학원을 다니는 학생 수의 2배보다 2명 더 많을 때, 막대그래프를 완성하시오.

[다니는 학원별 학생 수]

자가 료능 와성

4학년
5학년
6학년

	개념연산	원리이해		실력완성		선생님 확인
Self Check	1	2	3	4	5	
	O / X	O / X	O / X	O / X	O / X	

막대그래프의 내용 알고 이용하기

1. 막대그래프의 내용 알기

예 ① 막대그래프에서 가로는 혈액형을, 세로는 학생 수를 나타냅니다.

② 막대의 길이가 가장 긴 것은 A형이므로 A형인 학생 수가 가장 많습니다.

③ 막대의 길이가 가장 짧은 것은 AB형이므로 AB형인 학생 수가 가장 적습니다.

④ 전체 학생 수는 8+5+7+3=23(명)입니다.

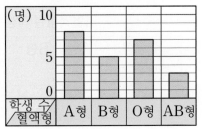
[혈액형별 학생 수]

2. 막대그래프 이용하기

예 ① 가장 많은 아파트 주민들이 이용하는 병원은 내과입니다.

② 가장 많은 아파트 주민들이 내과를 이용하므로 아파트 단지 근처에 내과를 개업하는 것이 좋습니다.

→ 여러 의견 중 많은 사람의 의견을 정할 때 막대그래프를 이용하면 편합니다.

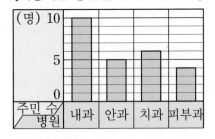
[이용하는 병원별 아파트 주민 수]

개념연산 1~2

1 오른쪽은 송이네 학교 학생들이 키우고 있는 애완동물을 조사하여 나타낸 막대그래프입니다. 학생들이 가장 많이 키우는 애완동물은 무엇이며 이때 학생 수는 몇 명입니까?

( )

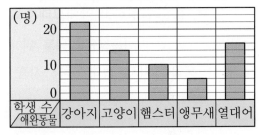
[키우고 있는 애완동물별 학생 수]

2 오른쪽은 어느 도시의 사람들이 좋아하는 나라를 조사하여 나타낸 막대그래프입니다. 여행사 직원은 여름휴가 여행 상품을 만들 때 어느 나라를 선택하는 것이 좋겠습니까?

( )

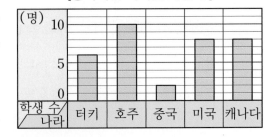
[좋아하는 나라별 사람 수]

원리이해 3~5

3 민지네 반 학생들이 배우고 있는 악기를 조사하여 나타낸 막대그래프입니다. 플루트와 첼로를 배우는 학생은 모두 몇 명입니까?

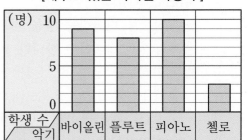

[배우고 있는 악기별 학생 수]

(　　　　　　　　　　　)

4 어느 박물관의 월요일에서 금요일까지 요일별 어린이 방문자 수를 조사하여 나타낸 막대그래프입니다. 목요일은 화요일보다 어린이 방문자 수가 몇 명 더 많습니까?

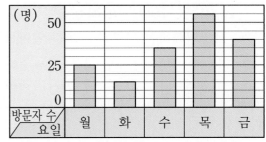

[요일별 어린이 방문자 수]

(　　　　　　　　　　　)

5 오른쪽은 텐트별 들어갈 수 있는 최대 사람 수를 조사하여 나타낸 막대그래프입니다. 철호네 반 학생 30명이 캠핑을 하기 위해 나 텐트를 선택했다면 나 텐트는 적어도 몇 개가 필요합니까?

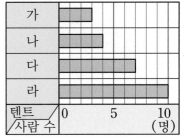

[텐트별 들어갈 수 있는 최대 사람 수]

(　　　　　　　　　　　)

실력완성 6

6 오른쪽은 윤수네 학교 4학년 학생 중에서 안경을 쓴 학생 수를 조사하여 나타낸 막대그래프입니다. 안경을 쓴 남녀 학생별 차이가 가장 큰 반은 어느 반이고 차이는 몇 명입니까?

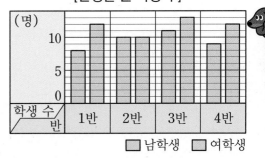

[안경을 쓴 학생 수]

(　　　　　,　　　　)

자가 료능 와성

4학년

5학년

6학년

Self Check	개념연산		원리이해			실력완성	선생님 확인
	1	2	3	4	5	6	
	○ / X	○ / X	○ / X	○ / X	○ / X	○ / X	

개념 115 꺾은선그래프

1. 꺾은선그래프

연속적으로 변화하는 양을 점으로 찍고 그 점들을 선분으로 연결하여 나타낸 그래프를 꺾은선그래프라고 합니다. ← 막대그래프보다 자료의 변화를 한 눈에 알아보기 쉽습니다.

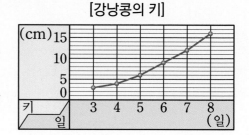

[강낭콩의 키]

예 ① 가로 눈금 : 날짜, 세로 눈금 : 강낭콩의 키
② 세로 눈금 한 칸의 크기는 1 cm입니다.
③ 4일의 강낭콩의 키는 4 cm, 5일의 강낭콩의 키는 6 cm입니다.

참고 꺾은선그래프는 막대그래프보다 자료의 변화를 한 눈에 알아보기 쉽습니다.

2. 꺾은선그래프의 특징

① 변화하는 모양과 정도를 알아보기 쉽습니다.

➡ 변화가 큽니다.　　➡ 변화가 작습니다.　　➡ 변화가 없습니다.

② 조사하지 않은 중간의 값을 예상할 수 있습니다.

개념연산 ▶ 1~2

1 기훈이의 월별 독서량을 조사하여 나타낸 그래프입니다. 물음에 답하시오.

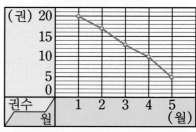

[월별 독서량]

(1) 오른쪽과 같은 그래프를 무슨 그래프라고 합니까?
(　　　　　)

(2) 3월의 기훈이의 독서량은 몇 권입니까?
(　　　　　)

2 은우의 팔굽혀펴기 횟수를 조사하여 나타낸 꺾은선그래프입니다. 목요일의 팔굽혀펴기 횟수는 몇 회입니까?

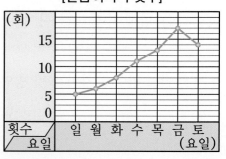

[팔굽혀펴기 횟수]

(　　　　　)

원리이해 3~5

3 오른쪽은 어느 마을의 시간대별 기온을 조사하여 나타낸 꺾은선그래프입니다. 기온이 12 ℃일 때는 몇 시입니까?

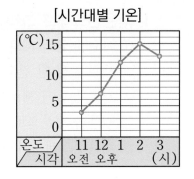

[시간대별 기온]

(　　　　　　　　　)

4 오른쪽은 교실의 온도를 조사하여 나타낸 그래프입니다. 오후 12시 30분의 온도는 몇 ℃쯤 되겠습니까?

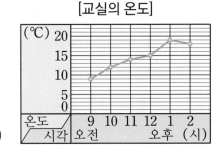

[교실의 온도]

약 (　　　　　　　　　)

5 오른쪽은 정완이의 블로그 방문자 수를 3일마다 조사하여 나타낸 꺾은선그래프입니다. 방문자 수의 변화가 없는 날은 며칠과 며칠 사이입니까?

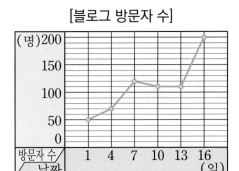

[블로그 방문자 수]

(　　　　　　　　　)

실력완성 6

6 민혁이의 몸무게를 매년 1월 1일마다 조사하여 나타낸 꺾은선그래프입니다. 몸무게가 가장 많이 증가한 해는 몇 년과 몇 년 사이입니까?

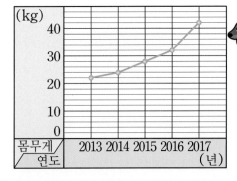

[연도별 몸무게]

(　　　　　　　　　)

자가
료능
와성

4학년

5학년

6학년

Self Check	개념연산		원리이해			실력완성	선생님 확인
	1	2	3	4	5	6	
	/2	○ / ×	○ / ×	○ / ×	○ / ×	○ / ×	

꺾은선그래프 그리고 해석하기

1. 꺾은선그래프 그리기

① 가로 눈금과 세로 눈금을 무엇으로 할지 정합니다. ← 가로 눈금은 일정하게 정해진 것을, 세로 눈금은 변화하는 것을 나타내는 것이 좋습니다.

② 세로 눈금 한 칸의 크기를 정합니다.

③ 가로 눈금과 세로 눈금이 만나는 자리에 점을 찍습니다.

④ 점들을 선분으로 연결합니다. ← 점을 이을 때에는 왼쪽의 점부터 차례대로 잇습니다.

⑤ 꺾은선그래프의 제목을 씁니다.

2. 꺾은선그래프 해석하기

(1) 자료가 변화하는 모양

① 선분이 오른쪽 위로 ➡ 자료가 늘어납니다.

② 선분이 오른쪽 아래로 ➡ 자료가 줄어듭니다.

③ 점의 위치가 같으면 ➡ 자료의 변화가 없습니다.

(2) 자료가 변화하는 정도

선분이 더 많이 기울어질수록 변화량이 더 큽니다.

예 ① 1학년부터 4학년까지 재현이의 몸무게는 계속 늘어나고 있습니다.

② 재현이의 몸무게가 가장 많이 늘어난 때는 2학년과 3학년 사이입니다.

③ 2학년 여름방학 때 몸무게는 약 28 kg으로 예상할 수 있습니다.

④ 재현이의 5학년 때 몸무게는 4학년 때 몸무게보다 더 늘어날 것입니다.

[재현이의 몸무게]

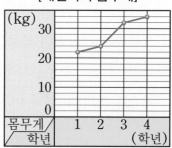

개념연산 ▶ 1~2

1 어느 지역의 월별 강수량을 조사하여 나타낸 표를 보고 꺾은선그래프로 나타내시오.

[월별 강수량]

월	3	4	5	6	7
강수량 (mm)	7	16	21	13	19

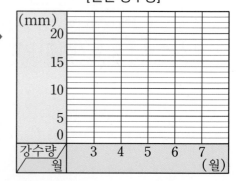

[월별 강수량]

2 어느 대리점의 컴퓨터 판매량을 조사하여 나타낸 꺾은선 그래프입니다. 컴퓨터 판매량이 가장 많을 때와 가장 적을 때의 차는 몇 대입니까?

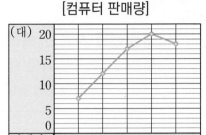

[컴퓨터 판매량]

( )

원리이해 3~4

3 태희네 아파트의 요일별 음식물 쓰레기 배출량을 조사하여 나타낸 표입니다. 표를 완성하고 꺾은선그래프로 나타내시오.

[요일별 음식물 쓰레기 배출량]

요일	월	화	수	목	금	합계
배출량(kg)	36	42	30		26	148

[요일별 음식물 쓰레기 배출량]

4 오른쪽은 어느 전시회의 관객 수를 조사하여 나타낸 꺾은선그래프입니다. 전날에 비해 관객 수의 변화가 가장 큰 요일은 언제입니까?

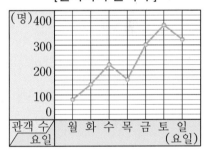

[전시회의 관객 수]

( )

실력완성 5

5 오른쪽은 거실과 마당의 온도를 2시간마다 조사하여 나타낸 꺾은선그래프입니다. 거실과 마당의 온도의 차가 가장 클 때는 몇 시이며 그 차는 몇 도입니까?

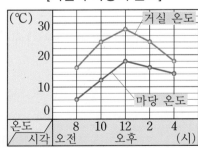

[거실과 마당의 온도]

(,)

Self Check	개념연산		원리이해		실력완성	선생님 확인
	1	2	3	4	5	
	○ / ×	○ / ×	○ / ×	○ / ×	○ / ×	

자가 료능 와성

4학년
5학년
6학년

물결선을 사용한 꺾은선그래프

1. 물결선을 사용한 꺾은선그래프

꺾은선그래프를 그릴 때 필요 없는 부분은 ≈(물결선)으로 줄여서 그릴 수 있습니다.

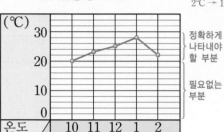

(개) 운동장의 온도

세로 눈금
2℃ → 1℃

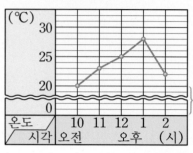

(나) 운동장의 온도

정확하게
나타내야
할 부분

필요없는
부분

필요없는 부분
을 물결선으로
줄여서 나타낸
부분

➡ 세로 눈금 한 칸이 나타내는 크기가 작은 (나) 꺾은선그래프가 운동장의 온도의 변화
를 더 뚜렷하게 나타낼 수 있습니다.

2. 물결선을 사용한 꺾은선그래프 그리기

① 가로 눈금을 정합니다.

② 물결선으로 나타낼 부분을 정하고 물결선을 그립니다.

③ 세로 눈금 한 칸의 크기를 정합니다. ┌물결선 부분은 세로 눈금의 수가 생략됩니다.

④ 가로 눈금과 세로 눈금이 만나는 자리에 점을 찍습니다.

⑤ 점들을 선분으로 연결하고 꺾은선그래프의 제목을 씁니다.

> **꼭! 알아두세요~**
>
> **물결선을 사용한 꺾은선그래프 그리기**
>
> 물결선으로 나타낼 부분을 정할 때
> ① 그래프의 선분이 잘리지 않도록 정합니다.
> ② 그래프가 물결선보다 위쪽에 있도록 정합니다.
>
>
>
> (×)   (×)

개념연산 1~2

1 매월 1일에 지현이의 몸무게를 조사하여 나타낸 꺾은선그래프입니다. 물음에 답하시오.

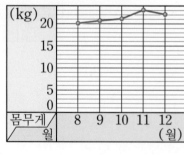

(개) 지현이의 몸무게

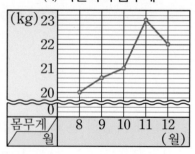

(나) 지현이의 몸무게

(1) (개) 그래프와 (나) 그래프의 세로 눈금 한 칸의 크기는 각각 몇 kg입니까?

(개) 그래프 (   ), (나) 그래프 (   )

(2) (나) 그래프에서 몇 kg 밑 부분까지 물결선으로 줄여서 나타냈습니까?

(   )

(3) (개) 그래프와 (나) 그래프 중에서 지현이의 몸무게가 변화하는 모양을 더 뚜렷하게 알 수
있는 그래프는 어느 것입니까?

(   )

2 어느 공장의 자동차 생산량을 반올림하여 나타낸 표입니다. 표를 보고 물결선을 사용한 꺾은선그래프를 완성하시오.

[자동차 생산량]

연도(년)	2013	2014	2015	2016
생산량(대)	45000	49000	50000	55000

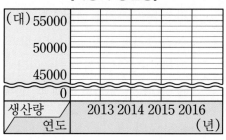

[자동차 생산량]

원리이해 3~4

3 어느 공원의 입장객 수를 조사하여 나타낸 꺾은선그래프입니다. 11월의 입장객 수는 10월의 입장객 수보다 몇 명 줄었습니까?

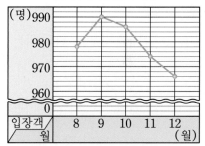

[공원의 입장객 수]

(　　　　　　)

4 어느 과수원의 연도별 사과 생산량을 나타낸 표입니다. 꺾은선그래프를 그릴 때 물결선으로 나타낼 부분을 찾아 기호를 쓰시오.

[연도별 사과 생산량]

연도(년)	2015	2016	2017	2018
생산량(상자)	1200	1500	1700	2300

㉠ 0상자~500상자	㉡ 0상자~1000상자
㉢ 500상자~1000상자	㉣ 500상자~1200상자

(　　　　　　)

실력완성 5

5 오른쪽은 은상이와 현준이의 키를 매월 1일에 조사하여 나타낸 꺾은선그래프입니다. 현준이의 키의 변화가 가장 컸을 때, 은상이의 키는 몇 cm 자랐습니까?

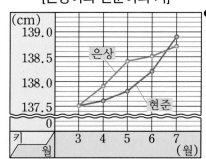

[은상이와 현준이의 키]

(　　　　　　)

자가
료능
와성

4학년
5학년
6학년

Self Check	개념연산		원리이해		실력완성	선생님 확인
	1	2	3	4	5	
	/3	○/×	○/×	○/×	○/×	

알맞은 그래프로 나타내고 해석하기

막대그래프와 꺾은선그래프의 비교

막대그래프	꺾은선그래프
각 항목의 크기를 한눈에 비교하기 쉽습니다.	시간에 따른 변화하는 모양을 알기 쉽습니다.
수의 크기를 정확하게 나타냅니다.	자료의 증가와 감소의 변화를 알기 쉽습니다.
전체적으로 비교하기 쉽습니다.	부분적으로 비교하기 쉽습니다.
예 좋아하는 과일별 학생 수, 과목별 시험 점수	예 시간별 기온 변화, 월별 몸무게의 변화

➡ 자료의 크기를 비교할 때는 막대그래프로, 자료의 변화 정도를 알아볼 때는 꺾은선그래프로 나타내는 것이 좋습니다.

개념연산 1

1 막대그래프로 나타내는 것이 더 좋은 것에는 '막', 꺾은선그래프로 나타내는 것이 더 좋은 것에는 '꺾'이라고 쓰시오.

(1) 5월 모둠별 읽은 책의 수　(　　　　) (2) 진주의 학년별 키의 변화　(　　　　)

(3) 시간대별 강수량　　　　(　　　　) (4) 학교별 학생 수　　　　(　　　　)

원리이해 2~5

2 세진이의 요일별 줄넘기 기록을 나타낸 표입니다. 물음에 답하시오.

[세진이의 요일별 줄넘기 기록]

요일	월	화	수	목	금	토
횟수(회)	150	180	200	250	270	310

(1) 세진이의 줄넘기 횟수 변화를 알아보는 그래프로 나타내려면 어떤 그래프로 나타내는 것이 좋겠습니까?　　　　　　　　　　　　　　(　　　　　　　)

(2) 표를 보고 알맞은 그래프로 나타내시오.

[세진이의 요일별 줄넘기 기록]

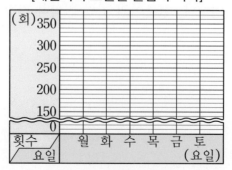

3 윤화네 모둠 학생들의 몸무게와 2개월마다 윤화의 몸무게를 나타낸 표입니다. 각각의 표를 그래프로 나타낼 때 어떤 그래프로 나타내는 것이 더 좋겠습니까?

㈎ [윤화네 모둠 학생들의 몸무게]

학생	윤화	지수	혜림	정환	준일
몸무게 (kg)	32	24	28	30	32

㈏ [윤화의 몸무게]

월	1	3	5	7	9
몸무게 (kg)	32.0	32.2	32.6	32.9	33.2

㈎ (　　　　　　　), ㈏ (　　　　　　　)

4 위의 **3**번 표를 보고 각각의 경우에 알맞은 그래프로 나타내시오.

[윤화네 모둠 학생들의 몸무게]

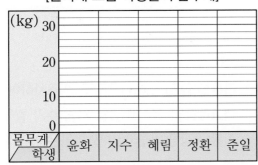

[윤화의 몸무게]

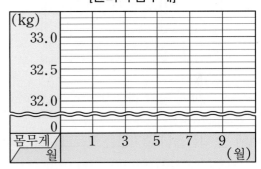

5 꺾은선그래프로 나타내면 더 좋은 것을 모두 찾아 기호를 쓰시오.

> ㉠ 회사별 TV 생산량　　　　㉡ 민수의 학년별 몸무게의 변화
> ㉢ 체육관의 시간별 온도의 변화　　㉣ 영주네 반 학생들의 수학 점수

(　　　　　　　　　　　)

실력완성 ▶ 6

6 다음 상황을 그래프로 나타내려고 합니다. 이때 주어진 상황과 그래프가 옳지 <u>않게</u> 짝지어진 것을 모두 찾아 기호를 쓰시오.

> ㉠ 식물의 키의 변화 – 꺾은선그래프
> ㉡ 어느 마을의 연도별 고구마 생산량 – 막대그래프
> ㉢ 현주와 친구들의 몸무게 – 막대그래프
> ㉣ 어느 지역의 편의점별 아이스크림 판매량 – 꺾은선그래프

(　　　　　　　　　　　)

자가료능와성

4학년

5학년

6학년

Self Check	개념연산		원리이해			실력완성	선생님 확인
	1	2	3	4	5	6	
	/4	/2	O / X	O / X	O / X	O / X	

개념 112~114 ▸ 막대그래프

01 ▾268쪽 개념 112

다음은 가은이네 반 학생들이 좋아하는 과일을 조사하여 나타낸 막대그래프입니다. 가장 적은 학생들이 좋아하는 과일은 어느 것입니까?

[좋아하는 과일별 학생 수]

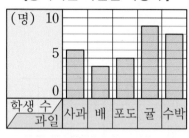

( )

02 ▾268쪽 개념 112

지수네 반 학생들이 즐겨보는 프로그램을 조사하여 나타낸 막대그래프입니다. 가장 많이 즐겨보는 프로그램부터 차례대로 쓰시오.

[즐겨보는 프로그램별 학생 수]

( )

03 ▾272쪽 개념 114

마을별 나무 수를 조사하여 나타낸 막대그래프입니다. 나무가 가장 많은 마을과 가장 적은 마을의 나무 수의 합은 몇 그루입니까?

[마을별 나무 수]

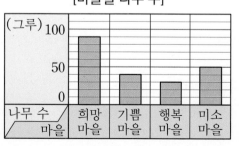

( )

04 ▾272쪽 개념 114

어느 달의 날씨를 조사하여 나타낸 막대그래프입니다. 날씨가 '맑음'인 날수의 절반인 날수의 날씨는 어떤 날씨입니까?

[날씨별 날수]

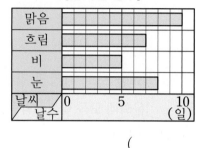

( )

05 ▾272쪽 개념 114

마을별 한 달 쓰레기 배출량을 조사하여 나타낸 막대그래프입니다. 마을별 사람 수가 같을 때, 쓰레기를 가장 많이 줄여야 할 마을은 어디입니까?

[마을별 한 달 쓰레기 배출량]

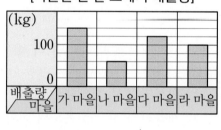

( )

개념 115~118 ▸ 꺾은선그래프

06 ▾274쪽 개념 115

다음은 어느 자전거 판매점에서 자전거 판매량을 조사하여 나타낸 꺾은선그래프입니다. 판매량이 가장 많은 달은 언제입니까?

[자전거 판매량]

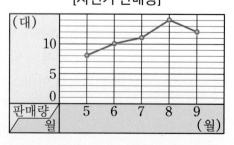

( )

07 ▼274쪽 개념 115

어느 영화관의 연도별 관람객 수를 조사하여 나타낸 꺾은선그래프입니다. 관람객 수의 변화가 가장 클 때는 몇 년과 몇 년 사이입니까?

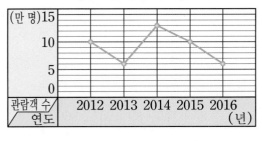

[연도별 관람객 수]

(   )

08 ▼278쪽 개념 117

어느 지역의 하루 중 최고 기온을 조사하여 나타낸 표입니다. 표를 보고 물결선을 사용한 꺾은선그래프를 그리는데 꼭 필요한 기온은 몇 °C부터 몇 °C까지입니까?

[하루 중 최고 기온]

날짜(일)	1	3	5	7	9
기온(°C)	24	28	23	29	33

(   )

09 ▼278쪽 개념 117

민선이네가 키우는 돼지의 무게를 매월 1일에 조사하여 나타낸 꺾은선그래프입니다. 3월부터 5월까지의 돼지의 무게는 몇 kg 늘었습니까?

[돼지의 무게]

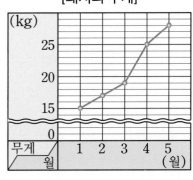

(   )

10 ▼278쪽 개념 117

어느 과수원의 포도 생산량을 조사하여 나타낸 꺾은선그래프 ㈎를 보고 물결선을 사용한 꺾은선그래프 ㈏를 그리시오.

㈎ [포도 생산량]

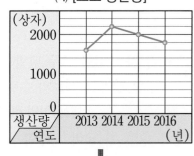

㈏ [포도 생산량]

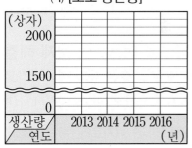

11 ▼280쪽 개념 118

다음 자료는 막대그래프와 꺾은선그래프 중에서 어떤 그래프로 나타내는 것이 더 좋습니까?

(1) 연도별 과수원의 사과 수확량

(   )

(2) 중간고사의 과목별 점수

(   )

개념 119 평균

1. 평균

(1) 평균

각 자료의 값을 모두 더하여 자료의 수로 나눈 값을 평균이라고 합니다.

$$(평균)=(자료 값의 합) \div (자료의 수)$$

$$\frac{(자료 값의 합)}{(자료의 수)}$$

(2) 평균 구하기

① 각 자료 값을 모두 더합니다.

② 구한 합계를 자료의 수로 나눕니다.

예 [민정이의 성적]

과목	국어	수학	사회	과학
점수	85	100	80	95

$$(평균)=\frac{85+100+80+95}{4}=\frac{360}{4}$$
$$=90(점)$$

참고 일정한 기준을 정해 기준보다 많은 것을 부족한 쪽으로 채우며 평균을 구할 수도 있습니다.

2. 평균을 이용하여 문제 해결하기

$$(평균)=(자료 값의 합) \div (자료의 수)$$

➡ $(자료 값의 합)=(평균) \times (자료의 수)$

참고 (평균)×(자료의 수)−(자료 값의 합)을 이용하면 모르는 자료의 값을 구할 수 있습니다.

> **꼭! 알아두세요~**
>
> **평균을 이용하여 문제 해결하기**
>
> $(평균)=\dfrac{(자료 값의 합)}{(자료의 수)}$
>
> ➡ $(자료 값의 합)$
> $=(평균) \times (자료의 수)$

개념연산 1~2

1 해성이의 100 m 달리기 기록을 나타낸 표입니다. 물음에 답하시오.

[100 m 달리기 기록]

회	1회	2회	3회	4회
100 m 달리기 기록	19초	22초	21초	18초

(1) 100 m 달리기 기록의 합은 몇 초입니까?　　　　　　　　(　　　　　　)

(2) 100 m 달리기 기록의 합을 4로 나누면 얼마입니까?　　　　(　　　　　　)

2 어느 가방 공장에서 하루에 평균 48개의 가방을 만든다고 합니다. 일주일 동안에는 모두 몇 개의 가방을 만들겠습니까?　　　　　　　　　　　　(　　　　　　)

원리이해 3~6

3 한주네 모둠 5명이 가지고 있는 칭찬 딱지 개수는 다음과 같습니다. 칭찬 딱지 개수의 평균은 몇 개 입니까?

| 9 | 13 | 10 | 7 | 16 |

(　　　　　　　)

4 재성이는 384쪽짜리 책을 16일 동안 모두 읽었습니다. 하루에 평균 몇 쪽을 읽었습니까?

(　　　　　　　)

5 아람이네 반 학생들이 가지고 있는 연필은 모두 69자루이고 평균은 3자루입니다. 아람이 네 반 학생은 모두 몇 명입니까?

(　　　　　　　)

6 재호네 모둠 학생들의 몸무게를 나타낸 표입니다. 몸무게의 평균이 35.6 kg일 때, 재호의 몸무게는 몇 kg입니까?

[학생들의 몸무게]

이름	재호	지원	수경	민아	형석
몸무게(kg)		35	32.4	35.2	37

(　　　　　　　)

실력완성 7~8

7 준우와 성호의 수학 점수를 조사하여 나타낸 표입니다. 누구의 평균 점수가 더 높습니까?

[준우의 수학 점수]

횟수	점수(점)
1회	84
2회	93
3회	87

[성호의 수학 점수]

횟수	점수(점)
1회	92
2회	90
3회	79

(　　　　　　　)

8 바구니 안에 담겨 있는 사과 한 개의 무게의 평균은 324g입니다. 바구니의 무게가 200g이고 바구니 안에 사과가 6개 담겨 있다면 바구니 전체의 무게는 몇 g입니까?

(　　　　　　　)

자가
료능
와성

4학년

5학년

6학년

Self Check	개념연산		원리이해				실력완성		선생님 확인
	1	2	3	4	5	6	7	8	
	/2		O / X	O / X	O / X	O / X	O / X	O / X	

목적에 알맞은 그래프로 나타내기

1. 그림그래프

(1) 그림그래프

① 조사한 수를 그림으로 나타낸 그래프를 그림그래프라고 합니다.

② 그림그래프로 나타낼 때에는 단위 그림을 알맞게 정하고 자료의 수를 숫자 대신 그림으로 나타냅니다.

(2) 그림그래프의 특징

① 조사한 자료의 수량의 많고 적음을 한눈에 알 수 있습니다.

② 각 자료의 수량의 크기를 쉽게 비교할 수 있습니다.

[과수원별 사과 수확량]

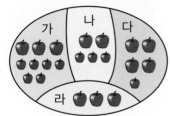

➡ 수확량은 다 과수원이 가장 많고, 나 과수원이 가장 적습니다.

2. 목적에 알맞은 그래프로 나타내기

막대그래프, 꺾은선그래프, 그림그래프의 특징 비교

막대그래프	꺾은선그래프	그림그래프
자료의 양을 비교할 때 나타냅니다.	연속적인 자료의 변화 상태를 알아볼 때 나타냅니다.	수량의 크고 작음을 한눈에 쉽게 비교할 때 나타냅니다.
➡ 가장 큰 값과 가장 작은 값을 한눈에 알 수 있습니다.	➡ 조사하지 않은 중간값도 예상할 수 있습니다.	➡ 지역별 분포를 한눈에 알 수 있습니다.

개념연산 1~2

1 오른쪽은 도시별 자동차 수를 나타낸 그림그래프입니다. 자동차가 가장 많이 있는 도시는 어느 도시입니까?　　　　（　　　　　）

[도시별 자동차 수]

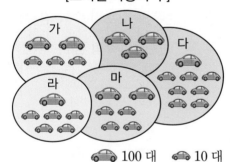

2 호준이네 반 학생들이 여행하고 싶은 나라를 조사하여 나타낸 표입니다. 여행하고 싶은 나라별 학생 수를 알아보기에 알맞은 그래프는 무엇입니까?

[여행하고 싶은 나라별 학생 수]

나라	미국	영국	프랑스	일본
학생 수(명)	8	5	7	4

（　　　　　）

원리이해 3~5

3 오른쪽은 도시별 우유 판매량을 나타낸 그림그래프입니다. 우유 판매량이 가장 많은 도시와 가장 적은 도시의 우유 판매량의 차를 구하시오.

(   )

[도시별 우유 판매량]

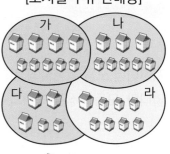

🥛100 kg 🥛10 kg

4 매월 1일에 식물의 키를 알아보았습니다. 그림그래프, 막대그래프, 꺾은선그래프 중 식물의 키의 변화를 알아보기에 알맞은 그래프는 무엇입니까?   (   )

5 그림그래프로 나타내기에 적당한 것을 모두 찾아 기호를 쓰시오.

㉠ 마을별 소의 수	㉡ 좋아하는 색깔별 학생 수
㉢ 현수의 키의 변화	㉣ 국가별 쌀 생산량

(   )

실력완성 6~7

6 오른쪽은 한 달 동안 서점별 책 판매량을 나타낸 그림그래프입니다. 네 서점의 책 판매량의 평균이 370권일 때, 다 서점의 책 판매량은 몇 권입니까?

(   )

[서점별 책 판매량]

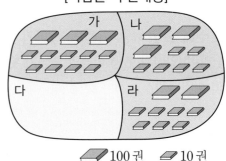

📙100 권 📗10 권

7 그림그래프로 나타내기에 알맞지 <u>않은</u> 것을 찾아 기호를 쓰시오.

㉠ 우리나라의 광역시별 가구 수	㉡ 도시별 쌀 생산량
㉢ 우리나라의 연도별 신생아 수	㉣ 국가별 인구 수

(   )

자가
료능
와성

4학년
5학년
6학년

Self Check	개념연산		원리이해			실력완성		선생님 확인
	1	2	3	4	5	6	7	
	○/✗	○/✗	○/✗	○/✗	○/✗	○/✗	○/✗	

개념 119~120 ▷ 자료의 표현

01 ▼284쪽 개념 119

지원이네 모둠 학생들의 키를 조사하여 나타낸 표입니다. 모둠 학생들의 키의 평균은 몇 cm입니까?

[학생들의 키]

이름	지원	소리	강우	현서	채은
키 (cm)	133	127	145	152	138

( )

02 ▼284쪽 개념 119

수미는 일주일 동안 수학 문제를 161문제 풀었습니다. 하루에 평균 몇 문제를 풀었습니까?

( )

03 ▼284쪽 개념 119

호수네 모둠 6명 학생의 줄넘기 횟수의 합은 1338회입니다. 6명 학생의 줄넘기 횟수의 평균은 몇 회입니까? ( )

04 ▼284쪽 개념 119

희원이네 가족의 나이를 모두 합하면 246살이고, 가족의 평균 나이는 41살입니다. 희원이네 가족은 모두 몇 명입니까? ( )

05 ▼284쪽 개념 119

다음 수들의 기준 수가 6이고 평균이 6일 때, ◯ 안에 들어갈 수를 구하시오.

5	6	6	◯	6

( )

06 ▼284쪽 개념 119

정민이의 과목별 점수를 조사하여 나타낸 표입니다. 평균 점수가 92점일 때 수학은 몇 점입니까?

[과목별 점수]

과목	국어	수학	사회	과학
점수(점)	97		86	91

( )

07 ▼284쪽 개념 119

진혜와 수진이의 100 m 달리기 기록을 나타낸 표입니다. 평균 기록이 더 좋은 사람은 누구입니까?

[100 m 달리기 기록]

이름＼차수	1차	2차	3차	4차
진혜	19초	17초	17초	20초
수진	16초	19초	18초	21초

( )

08 ▼284쪽 개념 119

정우의 국어, 수학의 평균 점수는 89점이고 사회, 과학의 평균 점수는 76점입니다. 정우의 네 과목 평균 점수는 몇 점입니까?

( )

09 💚 286쪽 개념 120

어느 지역의 마을별 인터넷 이용 가구 수를 나타낸 그림그래프입니다. 이 지역에서 인터넷을 이용하는 가구 수는 모두 몇 가구인지 구하시오.

[마을별 인터넷 이용 가구 수]

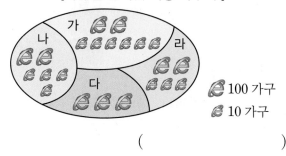

🌐 100 가구
🌐 10 가구

(　　　　　　　　　)

10 💚 286쪽 개념 120

한 달 동안 제과점별 식빵 판매량을 조사하여 나타낸 그림그래프입니다. 식빵 판매량이 가장 많은 제과점과 가장 적은 제과점의 식빵 판매량의 차는 몇 개입니까? (　　　　)

[제과점별 식빵 판매량]

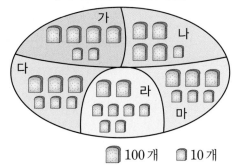

🍞 100 개　🍞 10 개

① 130개　　② 140개　　③ 150개
④ 160개　　⑤ 170개

11 💚 286쪽 개념 120

다음 중에서 그림그래프로 나타내기에 적당하지 <u>않은</u> 것은 어느 것입니까? (　　　　)

① 마을별 초등학생 수
② 도별 쌀 생산량
③ 과수원별 사과 생산량
④ 도시별 쓰레기 배출량
⑤ 연도별 해외 관광객 수

12 💚 286쪽 개념 120

다음을 보고 각각 어떤 그래프로 나타내면 좋을지 찾아 기호를 쓰시오.

> ㉠ 좋아하는 과일별 학생 수
> ㉡ 연도별 초등학교 입학생 수
> ㉢ 학생별 윗몸 일으키기 횟수
> ㉣ 도시별 편의점 수
> ㉤ 과수원별 복숭아 생산량
> ㉥ 월별 신발 판매량

(1) 막대그래프 (　　　　　　　　)
(2) 꺾은선그래프 (　　　　　　　　)
(3) 그림그래프 (　　　　　　　　)

자가
료능
와성

4학년
5학년
6학년

self check　자기 점수에 ○표 하세요.

맞힌 개수	5개 이하	6~8개	9~10개	11~12개
학습 방법	개념을 다시 공부하세요.	조금 더 노력하세요.	실수하면 안 돼요.	참 잘했어요.

띠그래프

1. 띠그래프
전체에 대한 각 부분의 비율을 띠 모양으로 나타낸 그래프를 띠그래프라고 합니다.

[좋아하는 계절]

봄 (25%)	여름 (35%)	가을 (30%)	겨울 (10%)

0 10 20 30 40 50 60 70 80 90 100(%)

큰 눈금 1칸의 비율 = 10%
작은 눈금 1칸의 비율 = 5%

참고 차지하는 비율이 높을수록 띠그래프에서의 길이가 길어집니다.

2. 띠그래프 그리기
① 전체 크기에 대하여 각 항목들이 차지하는 백분율을 구합니다.
② 백분율의 합계가 100%가 되는지 확인합니다. — (백분율)$=\dfrac{(각 항목의 수)}{(전체 수)} \times 100(\%)$
③ 각 항목이 차지하는 백분율만큼 띠를 나눕니다.
④ 나눈 띠 위에 각 항목의 명칭과 백분율의 크기를 씁니다. — 백분율의 크기는 ( ) 안에 씁니다.

참고 띠그래프를 그릴 때에는 항목의 순서대로 왼쪽에서 오른쪽으로 그립니다.

3. 띠그래프 해석하기
① 띠그래프에서 길이가 길수록 높은 비율을 차지하는 항목입니다.
② 띠그래프에서 길이가 짧을수록 낮은 비율을 차지하는 항목입니다.
③ 전체 수를 알면 띠그래프에서 각 항목의 수를 구할 수 있습니다.
④ 비율의 변화를 나타낸 띠그래프에서는 각 항목의 비율이 어떻게 변화될 것인지 예상할 수 있습니다.

> **꼭! 알아두세요~**
>
> **띠그래프 해석하기**
> ① 띠그래프에서 길이가 길다.
> ➡ 높은 비율을 차지하는 항목
> ② 띠그래프에서 길이가 짧다.
> ➡ 낮은 비율을 차지하는 항목
> ③ (각 항목 수)
> =(전체 수)$\times \dfrac{(백분율)}{100}$

개념연산 1

1 영훈이네 반 학생들의 혈액형을 조사하여 나타낸 띠그래프입니다. 가장 많은 학생들이 차지하는 혈액형은 무엇입니까?

[학생들의 혈액형]

A형 (20%)	B형 (40%)	O형 (28%)	

0 10 20 30 40 50 60 70 80 90 100(%)

AB형(12%)

( )

원리이해 2~5

2 오른쪽 띠그래프에서 피자를 좋아하는 학생 수의 비율은 치킨을 좋아하는 학생 수의 비율보다 몇 % 더 높습니까?   (   )

[좋아하는 음식]

피자	햄버거	치킨	기타

0 10 20 30 40 50 60 70 80 90 100(%)

3 6학년 학생들의 성씨를 조사하여 나타낸 표입니다. 표를 보고 띠그래프를 그려 보시오.

[성씨별 학생 수]

성씨	김씨	이씨	박씨	한씨	기타	합계
학생 수(명)	150	100	125	50	75	500

[성씨별 학생 수]

0 10 20 30 40 50 60 70 80 90 100(%)

4 지우네 반 학생들의 TV 시청 시간을 조사하여 나타낸 띠그래프입니다. TV 시청을 1시간 이상 3시간 미만으로 하는 학생 수의 비율은 전체의 몇 %입니까?

[TV 시청 시간]

0 10 20 30 40 50 60 70 80 90 100(%)

1시간 미만	1시간 이상 2시간 미만	2시간 이상 3시간 미만

(   )

5 민정이네 반 학생 40명의 취미를 조사하여 나타낸 띠그래프입니다. 오락이 취미인 학생은 모두 몇 명입니까?   (   )

[학생들의 취미]

0 10 20 30 40 50 60 70 80 90 100(%)

독서 (50%)	오락 (25%)	운동 (15%)	기타 (10%)

실력완성 6

6 경현이네 반 학생들이 좋아하는 음료수를 조사하여 나타낸 띠그래프입니다. 사이다를 좋아하는 학생이 8명이라면 오렌지 주스를 좋아하는 학생은 몇 명입니까?   (   )

[좋아하는 음료수]

0 10 20 30 40 50 60 70 80 90 100(%)

콜라 (15%)	오렌지 주스 (35%)	우유 (30%)	사이다 (20%)

Self Check	개념연산	원리이해				실력완성	선생님 확인
	1	2	3	4	5	6	
	O / X	O / X	O / X	O / X	O / X	O / X	

자가료능와성

4학년
5학년
6학년

원그래프

1. 원그래프

전체에 대한 각 부분의 비율을 원 모양으로 나타낸 그래프를 원그레프라고 합니다.

참고 각 항목이 차지하는 부분이 넓을수록 그 항목이 차지하는 비율이 큽니다.

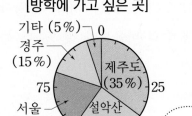

[방학에 가고 싶은 곳]
기타 (5%)
경주 (15%)
제주도 (35%)
서울 (20%)
설악산 (25%)

눈금 1칸 = 5%

2. 원그래프 그리기

① 전체 크기에 대하여 각 항목들이 차지하는 백분율을 구합니다.

② 백분율의 합계가 100 %가 되는지 확인합니다.

③ 기준선으로부터 시계 방향으로 각 항목들의 백분율만큼 원을 나눕니다.

④ 나눈 원 위에 각 항목의 명칭과 백분율의 크기를 씁니다.
—— 백분율의 크기는 ( )안에 씁니다.

참고 원그래프를 그릴 때는 항목의 순서대로 시계방향으로 그립니다.

3. 원그래프 해석하기

① 원그래프에서 면적이 넓을수록 높은 비율을 차지하는 항목입니다.

② 원그래프에서 면적이 좁을수록 낮은 비율을 차지하는 항목입니다.

③ 전체 수를 알면 원그래프에서 각 항목의 수를 구할 수 있습니다.

꼭! 알아두세요~

원그래프 해석하기

① 원그래프에서 면적이 넓다.
➡ 높은 비율을 차지하는 항목

② 원그래프에서 면적이 좁다.
➡ 낮은 비율을 차지하는 항목

③ (전체 수)
$$= \frac{(각 항목의 수)}{(백분율)} \times 100$$

개념연산 1

1 동원이네 반 학생들이 존경하는 위인을 조사하여 나타낸 표입니다. 표의 빈 칸에 알맞은 수를 쓰고, 원그래프를 그려 보시오.

[존경하는 위인]

위인	이순신	세종대왕	안중근	기타	합계
학생 수(명)	10	16	8	6	40
백분율 (%)					

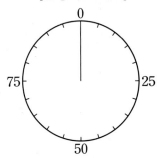

[존경하는 위인]

원리이해 2~4

2 하림이네 반 학급문고에 꽂혀져 있는 책의 종류를 조사하여 나타낸 원그래프입니다. 하림이가 읽은 책의 종류가 전체의 15 %를 차지할 때, 하림이가 읽은 책의 종류는 무엇입니까?

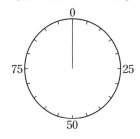

[종류별 책의 수]

(　　　　　　　　　)

3 지원이네 반 학생들이 즐겨보는 텔레비전 프로그램을 조사하였더니 게임이 20 %, 만화가 35 %, 음악이 15 %, 스포츠가 30 %이었습니다. 원그래프를 그려 보시오.

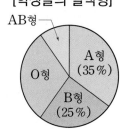

[즐겨보는 프로그램]

4 윤주네 학교 6학년 학생들의 혈액형을 조사하여 나타낸 원그래프입니다. O형인 학생 수가 AB형인 학생 수의 3배일 때, O형인 학생의 비율은 몇 %입니까?

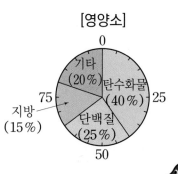

[학생들의 혈액형]

(　　　　　　　　　)

실력완성 5~6

5 오른쪽은 어느 식품 500 g에 들어 있는 영양소를 조사하여 나타낸 원그래프입니다. 이 식품 1 kg에 들어 있는 단백질은 몇 g입니까?

[영양소]

(　　　　　　　　　)

6 희준이네 학교 6학년 학생들이 가고 싶은 나라를 조사하여 나타낸 원그래프입니다. 미국에 가고 싶은 학생이 48명일 때, 일본에 가고 싶은 학생은 몇 명입니까?

[가고 싶은 나라]

(　　　　　　　　　)

Self Check	개념연산	원리이해			실력완성		선생님 확인
	1	2	3	4	5	6	
	○ / ×	○ / ×	○ / ×	○ / ×	○ / ×	○ / ×	

자가
료능
와성

4학년

5학년

6학년

36 자료의 정리 _ **293**

사건이 일어날 가능성

1. 사건이 일어날 가능성의 표현

① 가능성은 어떠한 상황에서 특정한 사건이 일어나길 기대할 수 있는 정도를 말합니다.

② 사건이 일어날 가능성을 '불가능하다.', '가능성이 작다.', '가능성이 반반이다.', '가능성이 크다.', '확실하다.' 등으로 나타냅니다.

2. 사건이 일어날 가능성을 수로 나타내기

가능성을 0, $\dfrac{1}{4}$, $\dfrac{1}{2}$, $\dfrac{3}{4}$, 1과 같은 수로 표현할 수 있습니다.

불가능하다.	가능성이 작다.	가능성이 반반이다.	가능성이 크다.	확실하다.

절대로 일어나지 않을 가능성 → 0 ─── $\dfrac{1}{4}$ ─── $\dfrac{1}{2}$ ─── $\dfrac{3}{4}$ ─── 1 ← 반드시 일어나는 가능성

3. 사건이 일어날 가능성은 전체 수에 대한 사건이 일어나는 수의 비율로 나타낼 수 있습니다.

$$(\text{사건이 일어날 가능성}) = \dfrac{(\text{어떤 사건이 일어날 수})}{(\text{사건이 일어날 모든 수})}$$

예 빨간색 공이 3개, 파란색 공이 2개 들어 있는 주머니가 있습니다. 이 주머니에서 공을 한 개 꺼냈을 때 꺼낸 공이 어떤 색일 가능성은 다음과 같습니다.

① 꺼낸 공이 빨간색일 가능성 : $\dfrac{3}{5}$ ② 꺼낸 공이 파란색일 가능성 : $\dfrac{2}{5}$

③ 꺼낸 공이 파란색이 아닐 가능성 : $1 - \dfrac{2}{5} = \dfrac{3}{5}$ ← (사건이 일어나지 않을 가능성) = 1 − (사건이 일어날 가능성)

개념연산 1~2

1 흰 공과 검은 공을 각각 4개씩 넣은 주머니에서 1개의 공을 꺼냈습니다. 물음에 답하시오.

(1) 꺼낸 공이 흰 공이거나 검은 공일 가능성을 수로 나타내시오. (   )

(2) 꺼낸 공이 빨간 공일 가능성을 수로 나타내시오. (   )

2 흰색 공 2개와 검은색 공 1개가 들어 있는 주머니에서 1개의 공을 꺼낼 때 검은색 공을 꺼낼 가능성을 구하시오. (   )

원리이해 3~6

3 상자 속에 1, 2, 3, 3, 4가 쓰여진 5장의 숫자 카드가 들어 있습니다. 상자에서 꺼낸 한 장의 카드의 숫자가 3일 가능성을 수로 나타내시오.　　　　　　(　　　　　　　)

4 오른쪽 그림과 같은 원판에 화살을 한 개 쏘아 맞힐 때 화살을 4보다 큰 수에 맞힐 가능성을 수로 나타내시오.　　　　　　(　　　　　　　)

5 1부터 10까지의 숫자가 각각 적혀 있는 10장의 카드에서 1장의 카드를 뽑을 때, 뽑은 카드가 3의 배수일 가능성을 수로 나타내시오.　　　　　　(　　　　　　　)

6 주사위 한 개를 던질 때 2의 배수의 눈이 나올 가능성은 얼마입니까?

(　　　　　　　)

실력완성 7~8

7 20개의 제비 중에서 1등 제비는 1개, 2등 제비는 2개, 3등 제비는 3개 있습니다. 이 중 1개의 제비를 뽑을 때 2등 이상인 제비를 뽑을 가능성을 수로 나타내시오.

(　　　　　　　)

8 흰 바둑돌 몇 개와 검은 바둑돌 4개가 들어 있는 주머니에서 흰 바둑돌 1개를 꺼낼 가능성을 수로 나타내면 $\frac{3}{5}$입니다. 이때 흰 바둑돌은 몇 개 들어 있습니까?

(　　　　　　　)

자가 료능 와성

4학년
5학년
6학년

Self Check	개념연산		원리이해				실력완성		선생님 확인
	1	2	3	4	5	6	7	8	
	/ 2	O / X	O / X	O / X	O / X	O / X	O / X	O / X	

개념 121~122   **자료의 정리**

01 ⌄290쪽 개념 121

상은이네 학교 6학년 학생들이 좋아하는 계절을 조사하여 나타낸 띠그래프입니다. 가장 많은 학생들이 좋아하는 계절은 무엇입니까?

[좋아하는 계절]

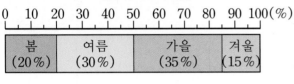

| 봄 (20%) | 여름 (30%) | 가을 (35%) | 겨울 (15%) |

(   )

02 ⌄290쪽 개념 121

소미네 학교 6학년 학생 200명이 좋아하는 색깔을 조사하여 나타낸 띠그래프입니다. 파랑을 좋아하는 학생은 몇 명입니까?

[좋아하는 색깔]

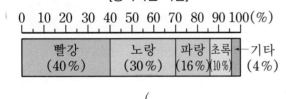

| 빨강 (40%) | 노랑 (30%) | 파랑 (16%) | 초록 (10%) | 기타 (4%) |

(   )

03 ⌄290쪽 개념 121

동원이네 반 학생들이 좋아하는 간식을 조사하여 나타낸 띠그래프입니다. 가장 많은 학생들이 좋아하는 간식과 가장 적은 학생들이 좋아하는 간식의 백분율의 차는 몇 %입니까?

[좋아하는 간식]

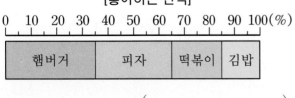

| 햄버거 | 피자 | 떡볶이 | 김밥 |

(   )

04 ⌄290쪽 개념 121

6학년 학생들의 장래 희망을 조사하여 나타낸 띠그래프입니다. 장래 희망이 선생님인 학생 수가 75명일 때, 장래 희망이 연예인인 학생은 모두 몇 명입니까?

[장래 희망]

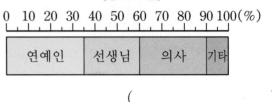

| 연예인 | 선생님 | 의사 | 기타 |

(   )

05 ⌄290쪽 개념 121

어느 마을의 과일 선호도의 변화를 나타낸 띠그래프입니다. 조사한 사람 수가 350명이라면 포도를 좋아하는 사람은 2010년에 비해 2015년에는 몇 명 늘어났습니까?

[과일 선호도의 변화]

	복숭아	딸기	포도
2010년	40%	20%	32%
2015년	37%	21%	42%

(   )

06 ⌄292쪽 개념 122

어느 과수원에서 작년에 재배한 과일별 재배 면적을 조사하여 나타낸 원그래프입니다. 수박을 재배하는 면적을 $\frac{1}{4}$을 줄여 배를 더 재배한다면 배를 재배하는 면적은 몇 %가 됩니까?

[과일별 재배 면적]

복숭아 (25%)
사과 (30%)
수박 (20%)
배 (25%)

(   )

07 ♥292쪽 개념 122

규진이네 학교의 회장 선거에서 후보자들의 득표율을 조사하여 나타낸 원그래프입니다. 전교생의 수가 600명이라면 진후의 득표수는 몇 표입니까?

(단, 무효 표는 없습니다.)

[후보자별 득표율]

지현
(4 %)

경민
(16 %)

규진
(48 %)

진후

(　　　　　　　　)

08 ♥292쪽 개념 122

학생들이 좋아하는 운동을 조사하여 나타낸 원그래프입니다. 이 원그래프를 길이가 30 cm인 띠그래프로 나타낼 때 배구를 좋아하는 학생은 몇 cm로 나타내야 합니까?

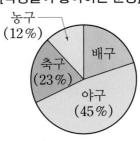

[학생들이 좋아하는 운동]

농구
(12 %)

축구
(23 %)

배구

야구
(45 %)

(　　　　　　　　)

개념 123　　　　　　　**가능성**

09 ♥294쪽 개념 123

1부터 10까지의 숫자가 각각 적혀 있는 10장의 카드 중에서 1장의 카드를 뽑을 때, 뽑은 카드가 4의 배수일 가능성을 수로 나타내시오.

(　　　　　　　　)

10 ♥294쪽 개념 123

1, 2, 2, 3, 3, 3, 4의 숫자가 각각 적혀 있는 7장의 카드에서 1장의 카드를 뽑을 때, 뽑은 카드가 홀수일 가능성을 수로 나타내시오.

(　　　　　　　　)

11 ♥294쪽 개념 123

어떤 농구선수가 12번의 3점 슛을 던지면 7번을 성공시킨다고 합니다. 이 선수가 3점 슛을 던졌을 때 성공시킬 가능성을 수로 나타내시오.

(　　　　　　　　)

12 ♥294쪽 개념 123

사건이 일어날 가능성이 더 큰 것을 말한 학생은 누구입니까?

서경 : 흰 공 1개와 검은 공 4개가 들어 있는 주머니에서 흰 공을 꺼낼 가능성

환희 : 1부터 4까지의 숫자가 각각 적힌 4장의 숫자 카드에서 5의 배수가 적힌 카드를 뽑을 가능성

(　　　　　　　　)

13 ♥294쪽 개념 123

상자 안에 제비가 50개 들어 있고, 그 중 당첨 제비가 4개 있습니다. 상자에서 제비 한 개를 뽑았을 때, 당첨 제비가 <u>아닐</u> 가능성을 수로 나타내시오.

(　　　　　　　　)

자가
료능
와성

4학년

5학년

6학년

self check　　자기 점수에 ◯표 하세요.

맞힌 개수	6개 이하	7~9개	10~11개	12~13개
학습 방법	개념을 다시 공부하세요.	조금 더 노력하세요.	실수하면 안 돼요.	참 잘했어요.

제한 시간
40분

점수

▶출제범위 : 6학년 전 범위   ▶배점 : 문항 당 5점

1 오른쪽 각기둥에서 밑면에 수직인 면은 모두 몇 개입니까?

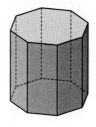

(   )

2 ㉠＋㉡＋㉢의 값을 구하시오.

㉠ 팔각뿔의 꼭짓점의 수
㉡ 오각뿔의 면의 수
㉢ 구각뿔의 모서리의 수

(   )

3 ㉠은 ㉡의 몇 배입니까?

㉠ $8\frac{2}{5} \div \frac{7}{15}$ ㉡ $5\frac{1}{5} \div 1\frac{4}{9}$

(   )

4 수현이의 책가방의 무게는 2.88 kg이고, 신발주머니의 무게는 0.36 kg입니다. 수현이의 책가방의 무게는 신발주머니의 무게의 몇 배입니까?

(   )

5 8 : 5를 잘못 읽은 것은 어느 것입니까?

(   )

① 8 대 5   ② 5에 대한 8의 비
③ 8과 5의 비   ④ 8의 5에 대한 비
⑤ 8에 대한 5의 비

6 진하기가 14 %인 설탕물 200 g과 진하기가 18 %인 설탕물 300 g이 있습니다. 두 설탕물에 녹아 있는 설탕의 양은 모두 몇 g 입니까?

(   )

7 지름이 큰 것부터 차례대로 기호를 쓰시오.

(원주율 : 3.14)

㉠ 둘레의 길이가 62.8 cm인 원의 지름
㉡ 반지름이 8.5 cm인 원의 지름
㉢ 둘레의 길이가 50.24 cm인 원의 지름

(   )

8 직육면체에서 합동인 세 면의 넓이가 각각 28 cm², 36 cm², 45 cm²일 때 직육면체의 겉넓이는 몇 cm²입니까?

(　　　　　　　)

9 오른쪽 그림과 똑같은 모양을 만들기 위해 필요한 쌓기나무의 수는 몇 개입니까?

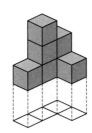

(　　　　　　　)

10 그림에서 ▱ 안의 수는 그 자리에 쌓아 올린 쌓기나무의 수입니다. 완성된 모양의 앞에서 본 모양이 다른 하나의 기호를 쓰시오.

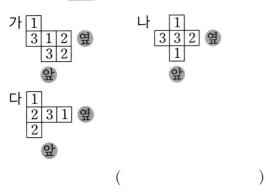

(　　　　　　　)

11 72 : 162를 가장 간단한 자연수의 비로 나타내었더니 4 : 9가 되었습니다. 각 항을 얼마로 나누었습니까?

(　　　　　　　)

12 9000을 2 : 3으로 비례배분하면 ㉠과 ㉡입니다. ㉡－㉠의 값은 얼마입니까?

(　　　　　　　)

13 전개도를 접어서 만들 수 있는 원기둥의 밑면의 반지름은 몇 cm입니까?

(원주율 : 3)

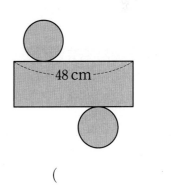

(　　　　　　　)

14 오른쪽 원뿔에서 삼각형 ㄱㄴㄷ의 둘레의 길이는 50 cm입니다. 선분 ㄱㄴ의 길이는 몇 cm입니까?

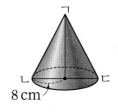

(　　　　　　　)

15 오른쪽은 윤정이네 학교 6학년 학생들이 가고 싶은 나라를 조사하여 나타낸 원그래프입니다. 일본에 가고 싶은 학생이 60명일 때, 프랑스에 가고 싶은 학생은 몇 명입니까?

[가고 싶은 나라]

(　　　　　　　　　)

16 어느 도시의 종류별 신문 구독 수를 조사하여 나타낸 띠그래프입니다. 전체 구독 부수가 40000부일 때, 나 신문의 구독 부수는 몇 부입니까?

[신문 구독 부수]

0　10　20　30　40　50　60　70　80　90　100(%)

가 신문	나 신문	다 신문	라 신문	마 신문

(　　　　　　　　　)

17 1부터 15까지의 숫자가 각각 적혀 있는 15장의 카드에서 1장의 카드를 뽑을 때, 뽑은 카드가 4의 배수일 가능성을 수로 나타내시오.

(　　　　　　　　　)

18 계산 결과를 비교하여 ○ 안에 >, =, <를 알맞게 써넣으시오.

$$11.18 \div 2.6 \bigcirc 17.48 \div 3.8$$

19 소수를 분수로 바꾸어 계산하는 과정입니다. ㉠+㉡+㉢의 값을 구하시오.

$$3\frac{3}{4} \div 4.8 = \frac{㉠}{4} \times \frac{㉡}{48} = \frac{㉢}{32}$$

(　　　　　　　　　)

20 오른쪽 정육면체의 각 모서리의 길이를 2배로 늘린 정육면체의 겉넓이는 처음 정육면체의 겉넓이의 몇 배입니까?

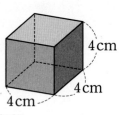

(　　　　　　　　　)

개념 확인 평가 ❷회

▶출제범위 : 6학년 전 범위   ▶배점 : 문항 당 5점

1 오른쪽 각기둥에서 밑면이 정구각형일 때 모든 모서리의 길이의 합은 몇 cm입니까?

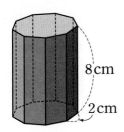

8 cm
2 cm

(   )

2 계산 결과가 자연수인 것을 모두 찾아 기호를 쓰시오.

㉠ $\dfrac{11}{15} \div \dfrac{11}{12}$ ㉡ $\dfrac{7}{11} \div \dfrac{7}{22}$

㉢ $\dfrac{9}{13} \div \dfrac{9}{16}$ ㉣ $\dfrac{9}{14} \div \dfrac{3}{28}$

(   )

3 길이가 25.2 m인 색 테이프를 길이가 1.8 m인 도막으로 자르면 모두 몇 도막이 됩니까?

(   )

4 몫을 소수 둘째 자리까지 구한 값과 몫을 반올림하여 소수 둘째 자리까지 구한 값이 같은 것을 찾아 기호를 쓰시오.

㉠ $3.04 \div 1.8$ ㉡ $5.12 \div 1.8$

(   )

5 비율이 큰 것부터 차례대로 기호를 쓰시오.

㉠ 6과 12의 비
㉡ 32에 대한 24의 비
㉢ 12의 25에 대한 비

(   )

6 어두운 부분의 넓이를 구하시오.

(원주율 : 3.14)

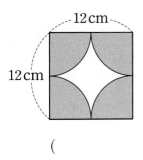

12 cm
12 cm

(   )

7 전개도를 접었을 때 만들어지는 직육면체의 겉넓이를 구하시오.

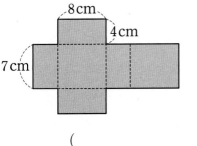

8 cm
4 cm
7 cm

(   )

8 주머니 안에 들어 있는 구슬을 모두 현수와 유빈이에게 3 : 8의 비율로 나누어 주려고 합니다. 현수가 받은 구슬이 42개라면 주머니 안에 들어 있는 구슬은 모두 몇 개입니까?

(   )

9 1층에 쌓인 쌓기나무는 2층에 쌓인 쌓기나무보다 몇 개 더 많습니까?

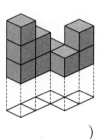

(   )

10 뒤집거나 돌렸을 때 보기와 같은 모양이 되는 것을 찾아 기호를 쓰시오.

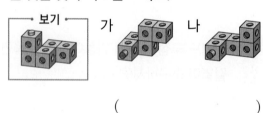

(   )

11 비례식에서 ㉠과 ㉡의 곱이 51일 때 ◯ 안에 알맞은 수는 얼마입니까?

$$17 : ㉠ = ㉡ : ◯$$

(   )

12 두 직육면체 가, 나의 부피의 차는 몇 cm^3입니까?

> 가 : 한 면의 넓이가 $18 \ cm^2$, 높이가 9 cm인 직육면체
> 나 : 가로의 길이가 5 cm, 세로의 길이가 3 cm, 높이가 7 cm인 직육면체

(   )

13 큰 원의 원주는 75.36 cm입니다. 두 원의 지름의 합은 몇 cm입니까? (원주율 : 3.14)

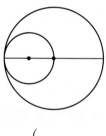

(   )

14 오른쪽 구는 지름이 몇 cm인 반원을 한 바퀴 돌려서 만든 것입니까?

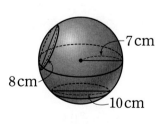

7 cm

8 cm

10 cm

(   )

15 어느 마을의 과일 선호도의 변화를 나타낸 띠그래프입니다. 조사한 사람 수가 450명이라면 사과를 좋아하는 사람은 2010년에 비해 2015년에는 몇 명 늘어났습니까?

[과일 선호도의 변화]

| 오렌지 | 포도 | 사과 |

| 2010년 | 35 % | 37 % | 28 % |
| 2015년 | 33 % | 27 % | 40 % |

(　　　　　　　　　)

16 오른쪽은 어느 식품 500 g에 들어 있는 영양소를 조사하여 나타낸 원그래프입니다. 이 식품 1 kg에 들어 있는 지방은 몇 g입니까?

[영양소]
탄수화물 (35 %)
단백질 (20 %)
지방 (25 %)
기타

(　　　　　　　　　)

17 상자 안에 제비가 20개 들어 있고, 이 중 당첨 제비는 3개입니다. 상자에서 제비 한 개를 뽑았을 때 당첨 제비가 <u>아닐</u> 가능성을 수로 나타내시오.

(　　　　　　　　　)

18 $\frac{5}{8} : \frac{\square}{28}$ 를 간단한 자연수의 비로 나타내었더니 $35 : 26$이었습니다. □ 안에 알맞은 수를 구하시오.

(　　　　　　　　　)

19 오른쪽 그림과 같은 사다리꼴의 넓이는 몇 cm^2입니까?

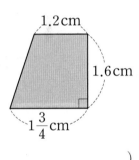

1.2 cm
1.6 cm
$1\frac{3}{4}$ cm

(　　　　　　　　　)

20 넓이가 $\frac{21}{40}$ cm^2인 직사각형이 있습니다. 가로의 길이가 $\frac{3}{5}$ cm일 때, 세로의 길이는 몇 cm입니까?

(　　　　　　　　　)

친구들~ <초등수학 총정리> 를 모두 공부했나요?
정~말 대단해요 ^^, 수학의 자신감이 쑥쑥!
이젠 수학이 어렵지 않을꺼에요!

수와 연산, 도형, 측정, 규칙성, 자료와 가능성으로 나누어 공부하다보면
어느새 4~6학년 과정을 모두 배우게 됩니다.
한 권으로 끝내는 〈초등수학 총정리〉!
쉽고 재밌게 수학을 공부할 수 있어요.

수학 100점의
비결이 뭐야?

〈초등수학 총정리〉로
공부한 덕분이지!

엄마! 우리 반 **1등**은 **계산의 신**이에요.
초등 수학 100점의 비결은 **계산력!**

KAIST 출신 저자의
계산의 신 神

《계산의 신》 권별 핵심 내용		
초등 1학년	1권	자연수의 덧셈과 뺄셈 기본 (1)
	2권	자연수의 덧셈과 뺄셈 기본 (2)
초등 2학년	3권	자연수의 덧셈과 뺄셈 발전
	4권	네 자리 수/ 곱셈구구
초등 3학년	5권	자연수의 덧셈과 뺄셈 /곱셈과 나눗셈
	6권	자연수의 곱셈과 나눗셈 발전
초등 4학년	7권	자연수의 곱셈과 나눗셈 심화
	8권	분수와 소수의 덧셈과 뺄셈 기본
초등 5학년	9권	자연수의 혼합 계산 / 분수의 덧셈과 뺄셈
	10권	분수와 소수의 곱셈
초등 6학년	11권	분수와 소수의 나눗셈 기본
	12권	분수와 소수의 나눗셈 발전

매일 하루 두 쪽씩,
하루에 10분
문제 풀이 학습

독해력을 키우는 **단계별·수준별** 맞춤 훈련!!

초등 국어

일등급 독해력

▶ 전 6권 / 각 권 본문 176쪽 · 해설 48쪽 안팎

수업 집중도를
높이는
교과서 연계 지문

+

생각하는 힘을
기르는
수능 유형 문제

+

독해의 기초를
다지는
어휘 반복 학습

≫ 초등 국어 독해, 왜 필요할까요?

- 초등학생 때 형성된 독서 습관이 모든 학습 능력의 기초가 됩니다.
- 글 속의 중심 생각과 정보를 자기 것으로 만들어 **문제를 해결하는 능력**은 한 번에
  생기는 것이 아니므로, 좋은 글을 읽으며 차근차근 쌓아야 합니다.

초등수학

영역별 필수개념

총정리

| 정답 및 풀이 |

꿈을담는틀
Dream Matrix

초등수학

영역별 필수개념

총정리

| 정답 및 풀이 |

Ⅰ. 수와 연산

01 큰 수
개념 001~004

개념 001 만/다섯 자리 수

본문 8~9쪽

1 3000, 1000 **2** (1) 육만
(2) 팔만 삼천오백십이 (3) 70000 (4) 28795
3 ㄹ **4** ㄷ **5** 40000＋5000＋80
6 4000원 **7** 26950원

3 ㉠ 9999보다 1 큰 수는 10000입니다.
ㄴ 9990보다 10 큰 수는 10000입니다.
ㄷ 9950보다 50 큰 수는 10000입니다.
ㄹ 9900보다 1000 큰 수는 10900입니다.

4 73824의 백의 자리 숫자는 8입니다.

6 1000원짜리 지폐 6장은 6000원이므로 4000원이 더 있어야 10000원이 됩니다.

7 10000원짜리 지폐 2장 ⇨ 20000원
1000원짜리 지폐 6장 ⇨ 6000원
100원짜리 동전 9개 ⇨ 900원
10원짜리 동전 5개 ⇨ 50원
이므로 저금통에 들어 있는 돈은
20000＋6000＋900＋50＝26950(원)
입니다.

개념 002 십만, 백만, 천만

본문 10~11쪽

1 1만, 100만, 1000만 **2** (1) 오천백구십육만
(2) 이백십삼만 사천이백칠십구
(3) 67520000 (4) 381691 **3** ㄴ
4 ㄷ **5** ㄱ **6** 70200000
7 356묶음 **8** 1000배

3 ㉠ 10000이 1000인 수는 10000000입니다.
ㄴ 1000의 1000배는 1000000입니다.

4 ㉠ 10000이 10인 수는 10만입니다.
ㄴ 10000의 100배는 100만입니다.
ㄷ 1000000의 10배는 1000만입니다.
따라서 나타내는 수가 가장 큰 것은 ㄷ입니다.

5 ㉠ 삼천오백만 육천 ⇨ 35006000이므로 0의 개수는 5개입니다.
ㄴ 이백팔십만 사백칠십 ⇨ 2800470이므로 0의 개수는 3개입니다.

6 천만의 자리 숫자가 나타내는 수 ⇨ 70000000
십만의 자리 숫자가 나타내는 수 ⇨ 200000
이므로 70200000입니다.

7 356만은 10000이 356인 수입니다.
따라서 연필을 10000개씩 묶어서 포장하면
모두 356묶음으로 포장할 수 있습니다.

8 ㉠은 백만의 자리 숫자이므로 5000000을 나타내고, ㄴ은 천의 자리 숫자이므로 5000을 나타냅니다. 따라서 ㉠은 ㄴ의 1000배입니다.

개념 003 억/조

본문 12~13쪽

1 ㄴ **2** 풀이 참조 **3** 600억
4 (그림) **5** ㉠ **6** ㄴ
7 5조 3800억 개

1 ㄴ 100만의 10배는 1000만입니다.

2 쓰기 : 3405217800000000
읽기 : 삼천사백오조 이천백칠십팔억

3 억이 3691, 만이 5823, 일이 1742인 수는
369158231742입니다.
이때 숫자 6은 백억의 자리 숫자이므로
600억을 나타냅니다.

5 ㉠ 3067만의 100배인 수 ⇨ 3067000000이므로 0의 개수는 7개입니다.

ⓒ 오백십억 칠천팔백이십일만
⇨ 51078210000
이므로 0의 개수는 5개입니다.

6 50000000000000은 50조이므로 십조의 자리가 5인 것은 ⓛ입니다.

7 1년 동안 5380억 개 만들면 10년 동안 만드는 과자의 양은 5380억의 10배이므로 5조 3800억 개입니다.

개념 004 뛰어세기/수의 크기 비교

> 본문 14~15쪽
>
> 1 427억, 428억, 429억, 430억
> 2 (1) < (2) > (3) > (4) >　　3 200억씩
> 4 (시계 방향으로) 90000 km, 130000 km,
> 　150000 km　　　　5 ⓛ, ⓒ, ㉠
> 6 1894억　7 ⓒ, ㉠, ⓛ

2 (1) 278954 ⇨ 6자리 수, 1398452 ⇨ 7자리 수
　따라서 1398452가 더 큰 수입니다.
(2) 61486426 ⇨ 8자리 수, 6754802 ⇨ 7자리 수
　따라서 61486426이 더 큰 수입니다.
(3) 2535<u>8</u>924 > 2534<u>8</u>924
(4) 2조 71<u>8</u>4억 > 2조 71<u>7</u>4억

3 백억의 자리 숫자가 2씩 커지므로 200억씩 뛰어서 센 것입니다.

4 만의 자리 숫자가 2씩 커지므로 20000씩 뛰어서 셉니다.

5 ㉠ 293조 4576억, ⓛ 293조 4596억
ⓒ 293조 4586억
이므로 가장 큰 수는 ⓛ, 가장 작은 수는 ㉠입니다.

6 10억씩 뛰어서 세면 10억의 자리 숫자가 1씩 커지므로
　　1864억 - 1874억 - 1884억 - 1894억
따라서 3년 후 회사의 총 자산은 1894억 원입니다.

---

7 세 수는 모두 9자리 수이고 억의 자리 숫자가 같습니다. 이때 천만의 자리 숫자는 ⓒ이 가장 크므로 ⓒ이 가장 큰 수입니다.
㉠과 ⓛ에서 ⓛ의 □에 9가 들어간다고 해도 십만의 자리 숫자가 ㉠이 더 크므로 ㉠이 ⓛ보다 더 큰 수입니다.
따라서 큰 수부터 차례대로 기호를 쓰면 ⓒ, ㉠, ⓛ입니다.

---

02 곱셈과 나눗셈　　개념 005~007

개념 005 (세 자리 수)×(두 자리 수)

> 본문 16~17쪽
>
> 1 (1) 24000 (2) 8790 (3) 6960
> 2 (1) 19500 (2) 14421 (3) 10148
> 3 ⓛ　　4 지영　　5 ⓒ, ㉠, ⓛ
> 6 41790　7 15000원　8 11680대

2 (1) 375×52에서
① 375×2=750, ② 375×50=18750이므로 ①+②=750+18750=19500입니다.
(2) 627×23에서
① 627×3=1881, ② 627×20=12540이므로 ①+②=1881+12540=14421입니다.
(3)
```
      2 3 6
  ×    4 3
  ─────────
      7 0 8
    9 4 4
  ─────────
  1 0 1 4 8
```

3 ㉠ 300×60=18000, ⓛ 800×20=16000
ⓒ 700×30=21000
400×40=16000이므로 계산 결과가 같은 것은 ⓛ입니다.

4 564×20=11280이므로 계산이 틀린 사람은 지영입니다.

5 ㉠ $905 \times 18 = 16290$, ㉡ $329 \times 48 = 15792$

㉢ $523 \times 35 = 18305$

따라서 계산 결과가 큰 것부터 차례대로 기호를 쓰면 ㉢, ㉠, ㉡입니다.

6 $192 \times 48 = 9216$, $534 \times 61 = 32574$이므로 두 계산 결과의 합은 $9216 + 32574 = 41790$입니다.

7 승현이가 30일 동안 받은 용돈은 모두

$500 \times 30 = 15000$(원)입니다.

8 (자동차 수) $= 365 \times 32 = 11680$(대)

개념 006 몇십으로 나누기/(두 자리 수)÷(두 자리 수)

본문 18~19쪽

1 (1) 9 (2) 4 (3) 8 **2** (1) 몫: 7, 나머지: 17

(2) 몫: 8, 나머지 32 **3** 풀이 참조 **4** ㉡

5 ⟍ **6** ㉢, ㉡, ㉠

7 9 상자, 18개 **8** 5상자

1 (1) $27 \div 3 = 9$이므로 $270 \div 30 = 9$

(2) $32 \div 8 = 4$이므로 $320 \div 80 = 4$

(3)
$$\begin{array}{r} 8 \\ 70 \overline{)560} \\ 560 \\ \hline 0 \end{array}$$

2 (1)
$$\begin{array}{r} 7 \\ 20 \overline{)157} \\ 140 \\ \hline 17 \end{array}$$
(2)
$$\begin{array}{r} 8 \\ 50 \overline{)432} \\ 400 \\ \hline 32 \end{array}$$

3 (1)
$$\begin{array}{r} 4 \\ 24 \overline{)99} \\ 96 \\ \hline 3 \end{array}$$
[검산] $24 \times 4 + 3 = 99$

(2)
$$\begin{array}{r} 5 \\ 17 \overline{)87} \\ 85 \\ \hline 2 \end{array}$$
[검산] $17 \times 5 + 2 = 87$

4 ㉠ $320 \div 40 = 8$ ㉡ $490 \div 70 = 7$ ㉢ $480 \div 60 = 8$

따라서 나눗셈의 몫이 다른 하나는 ㉡입니다.

---

5 $134 \div 40 = 3 \cdots 14$, $314 \div 50 = 6 \cdots 14$

$428 \div 60 = 7 \cdots 8$, $204 \div 30 = 6 \cdots 24$

$664 \div 80 = 8 \cdots 24$, $498 \div 70 = 7 \cdots 8$

6 ㉠ $99 \div 11 = 9$, ㉡ $84 \div 21 = 4$, ㉢ $57 \div 19 = 3$

따라서 몫이 작은 것부터 차례대로 기호를 쓰면 ㉢, ㉡, ㉠입니다.

7 $288 \div 30 = 9 \cdots 18$이므로 인형을 9상자까지 담을 수 있고, 남는 인형은 18개입니다.

8 $93 \div 18 = 5 \cdots 3$

따라서 고구마를 5상자까지 담을 수 있습니다.

개념 007 (세 자리 수)÷(두 자리 수)

본문 20~21쪽

1 ㉠ 6 ㉡ 27 **2** 풀이 참조

3 ⤬ **4** 367 **5** ㉠ **6** ㉡

7 10개 **8** 24개

1 $164 \div 26 = ㉠ \cdots 8$을 검산식으로 바꾸면

$26 \times ㉠ + 8 = 164$, $26 \times ㉠ = 156$

이므로 ㉠ $= 6$입니다.

또, $412 \div 55 = 7 \cdots 27$이므로 ㉡ $= 27$입니다.

2 (1)
$$\begin{array}{r} 24 \\ 12 \overline{)295} \\ 24 \\ \hline 55 \\ 48 \\ \hline 7 \end{array}$$
[검산] $12 \times 24 + 7 = 295$

(2)
$$\begin{array}{r} 16 \\ 27 \overline{)443} \\ 27 \\ \hline 173 \\ 162 \\ \hline 11 \end{array}$$
[검산] $27 \times 16 + 11 = 443$

(3)
$$\begin{array}{r} 21 \\ 32 \overline{)682} \\ 64 \\ \hline 42 \\ 32 \\ \hline 10 \end{array}$$
[검산] $32 \times 21 + 10 = 682$

3
$145 \div 20 = 7 \cdots 5, \quad 575 \div 61 = 9 \cdots 26$
$437 \div 70 = 6 \cdots 17, \quad 661 \div 82 = 8 \cdots 5$
$296 \div 30 = 9 \cdots 26, \quad 423 \div 58 = 7 \cdots 17$

4 어떤 수를 □라고 하면 □$\div 38 = 9 \cdots 25$입니다. 따라서 검산식을 이용하면
$$□ = 38 \times 9 + 25 = 367$$
입니다.

5 ㉠ $175 \div 14 = 12 \cdots 7$
㉡ $378 \div 23 = 16 \cdots 10$
㉢ $409 \div 19 = 21 \cdots 10$
이므로 나머지가 다른 것은 ㉠입니다.

6 ㉠ $769 \div 46 = 16 \cdots 33$
㉡ $486 \div 25 = 19 \cdots 11$

7 $138 \div 16 = 8 \cdots 10$이므로 포장하고 남은 초콜릿은 10개입니다.

8 $366 \div 15 = 24 \cdots 6$이므로 15 cm짜리 도막은 24개까지 만들 수 있습니다.

---

03 분수의 덧셈과 뺄셈 (1) 개념 008~011

개념 008 분모가 같은 진분수의 덧셈

본문 22 ~ 23쪽

1 (1) $\dfrac{3}{4}$ (2) $\dfrac{6}{7}$ (3) $\dfrac{11}{13}$ (4) $\dfrac{14}{15}$ (5) $\dfrac{10}{14}$
(6) $\dfrac{13}{17}$ **2** (1) $1\dfrac{1}{5}$ (2) $1\dfrac{4}{7}$ (3) $1\dfrac{3}{10}$
(4) $1\dfrac{9}{15}$ (5) $1\dfrac{2}{11}$ (6) $1\dfrac{6}{14}$
3 (1) $<$ (2) $=$ (3) $>$ **4** 1, 2, 3
5 ㉡ **6** $1\dfrac{3}{8}$ **7** $\dfrac{5}{8}$ **8** $1\dfrac{6}{12}$시간

1 (1) $\dfrac{2}{4} + \dfrac{1}{4} = \dfrac{2+1}{4} = \dfrac{3}{4}$
(2) $\dfrac{4}{7} + \dfrac{2}{7} = \dfrac{4+2}{7} = \dfrac{6}{7}$
(3) $\dfrac{5}{13} + \dfrac{6}{13} = \dfrac{5+6}{13} = \dfrac{11}{13}$

(4) $\dfrac{7}{15} + \dfrac{7}{15} = \dfrac{7+7}{15} = \dfrac{14}{15}$
(5) $\dfrac{3}{14} + \dfrac{7}{14} = \dfrac{3+7}{14} = \dfrac{10}{14}$
(6) $\dfrac{8}{17} + \dfrac{5}{17} = \dfrac{8+5}{17} = \dfrac{13}{17}$

2 (1) $\dfrac{4}{5} + \dfrac{2}{5} = \dfrac{4+2}{5} = \dfrac{6}{5} = 1\dfrac{1}{5}$
(2) $\dfrac{5}{7} + \dfrac{6}{7} = \dfrac{5+6}{7} = \dfrac{11}{7} = 1\dfrac{4}{7}$
(3) $\dfrac{5}{10} + \dfrac{8}{10} = \dfrac{5+8}{10} = \dfrac{13}{10} = 1\dfrac{3}{10}$
(4) $\dfrac{11}{15} + \dfrac{13}{15} = \dfrac{11+13}{15} = \dfrac{24}{15} = 1\dfrac{9}{15}$
(5) $\dfrac{6}{11} + \dfrac{7}{11} = \dfrac{6+7}{11} = \dfrac{13}{11} = 1\dfrac{2}{11}$
(6) $\dfrac{11}{14} + \dfrac{9}{14} = \dfrac{11+9}{14} = \dfrac{20}{14} = 1\dfrac{6}{14}$

3 (1) $\dfrac{5}{18} + \dfrac{7}{18} = \dfrac{5+7}{18} = \dfrac{12}{18}$이므로
$\dfrac{5}{18} + \dfrac{7}{18} < \dfrac{17}{18}$입니다.
(2) $\dfrac{9}{16} + \dfrac{5}{16} = \dfrac{9+5}{16} = \dfrac{14}{16}$이므로
$\dfrac{9}{16} + \dfrac{5}{16} = \dfrac{14}{16}$입니다.
(3) $\dfrac{2}{13} + \dfrac{8}{13} = \dfrac{2+8}{13} = \dfrac{10}{13}$이므로
$\dfrac{11}{13} > \dfrac{2}{13} + \dfrac{8}{13}$입니다.

4 $\dfrac{□}{13} + \dfrac{9}{13} = \dfrac{□+9}{13}$이고, 계산 결과가 진분수이어야하므로 □$+9 < 13$입니다.
따라서 □ 안에 들어갈 수 있는 자연수는 1, 2, 3입니다.

5 ㉠ $\dfrac{3}{10} + \dfrac{5}{10} = \dfrac{3+5}{10} = \dfrac{8}{10}$이므로 1보다 작습니다.
㉡ $\dfrac{2}{12} + \dfrac{9}{12} = \dfrac{2+9}{12} = \dfrac{11}{12}$이므로 1보다 작습니다.
㉢ $\dfrac{4}{6} + \dfrac{5}{6} = \dfrac{4+5}{6} = \dfrac{9}{6} = 1\dfrac{3}{6}$이므로 1보다 큽니다.

6 가장 큰 분수는 $\frac{7}{8}$이고, 가장 작은 분수는 $\frac{4}{8}$이므로 가장 큰 분수와 가장 작은 분수의 합은

$$\frac{7}{8}+\frac{4}{8}=\frac{7+4}{8}=\frac{11}{8}=1\frac{3}{8}$$입니다.

7 $\frac{3}{8}+\frac{2}{8}=\frac{3+2}{8}=\frac{5}{8}$

8 $\frac{7}{12}+\frac{11}{12}=\frac{7+11}{12}=\frac{18}{12}=1\frac{6}{12}$(시간)

개념 009 분모가 같은 대분수의 덧셈

본문 24~25쪽

1 (1) $7\frac{6}{8}$ (2) $9\frac{10}{11}$ (3) $5\frac{11}{13}$ (4) $6\frac{5}{10}$

2 (1) $10\frac{3}{6}$ (2) $15\frac{5}{14}$ (3) $12\frac{4}{17}$ (4) $6\frac{2}{7}$

(5) $10\frac{4}{12}$ (6) $13\frac{3}{15}$ **3** $9\frac{7}{10}$

4 $<$ **5** ㉡, ㉠, ㉣, ㉢ **6** $3\frac{4}{6}$ km

7 $3\frac{3}{12}$시간

---

1 (1) $2\frac{1}{8}+5\frac{5}{8}=(2+5)+\left(\frac{1}{8}+\frac{5}{8}\right)=7+\frac{6}{8}=7\frac{6}{8}$

(2) $6\frac{4}{11}+3\frac{6}{11}=(6+3)+\left(\frac{4}{11}+\frac{6}{11}\right)$

$$=9+\frac{10}{11}=9\frac{10}{11}$$

(3) $4\frac{7}{13}+1\frac{4}{13}=(4+1)+\left(\frac{7}{13}+\frac{4}{13}\right)$

$$=5+\frac{11}{13}=5\frac{11}{13}$$

(4) $1\frac{3}{10}+5\frac{2}{10}=(1+5)+\left(\frac{3}{10}+\frac{2}{10}\right)$

$$=6+\frac{5}{10}=6\frac{5}{10}$$

2 (1) $4\frac{5}{6}+5\frac{4}{6}=(4+5)+\left(\frac{5}{6}+\frac{4}{6}\right)=9+\frac{9}{6}$

$$=9+1\frac{3}{6}=10\frac{3}{6}$$

(2) $6\frac{10}{14}+8\frac{9}{14}=(6+8)+\left(\frac{10}{14}+\frac{9}{14}\right)$

$$=14+\frac{19}{14}=14+1\frac{5}{14}$$

$$=15\frac{5}{14}$$

(3) $5\frac{9}{17}+6\frac{12}{17}=(5+6)+\left(\frac{9}{17}+\frac{12}{17}\right)$

$$=11+\frac{21}{17}=11+1\frac{4}{17}$$

$$=12\frac{4}{17}$$

(4) $2\frac{3}{7}+3\frac{6}{7}=(2+3)+\left(\frac{3}{7}+\frac{6}{7}\right)=5+\frac{9}{7}$

$$=5+1\frac{2}{7}=6\frac{2}{7}$$

(5) $5\frac{7}{12}+4\frac{9}{12}=(5+4)+\left(\frac{7}{12}+\frac{9}{12}\right)$

$$=9+\frac{16}{12}=9+1\frac{4}{12}$$

$$=10\frac{4}{12}$$

(6) $9\frac{11}{15}+3\frac{7}{15}=(9+3)+\left(\frac{11}{15}+\frac{7}{15}\right)$

$$=12+\frac{18}{15}=12+1\frac{3}{15}$$

$$=13\frac{3}{15}$$

3 ㉠은 $4\frac{4}{10}$를, ㉡은 $5\frac{3}{10}$을 나타내므로 ㉠과 ㉡이 나타내는 분수의 합은

$$4\frac{4}{10}+5\frac{3}{10}=(4+5)+\left(\frac{4}{10}+\frac{3}{10}\right)$$

$$=9+\frac{7}{10}=9\frac{7}{10}$$

입니다.

4 $3\frac{7}{16}+2\frac{5}{16}=(3+2)+\left(\frac{7}{16}+\frac{5}{16}\right)$

$$=5+\frac{12}{16}=5\frac{12}{16}$$

$4\frac{3}{16}+1\frac{10}{16}=(4+1)+\left(\frac{3}{16}+\frac{10}{16}\right)$

$$=5+\frac{13}{16}=5\frac{13}{16}$$

이므로 $3\frac{7}{16}+2\frac{5}{16}<4\frac{3}{16}+1\frac{10}{16}$입니다.

5 ㉠ $1\frac{4}{12}+3\frac{6}{12}=(1+3)+\left(\frac{4}{12}+\frac{6}{12}\right)$

$$=4+\frac{10}{12}=4\frac{10}{12}$$

㉡ $2\frac{3}{12}+2\frac{8}{12}=(2+2)+\left(\frac{3}{12}+\frac{8}{12}\right)$

$$=4+\frac{11}{12}=4\frac{11}{12}$$

ⓒ $2\frac{7}{12}+1\frac{11}{12}=(2+1)+\left(\frac{7}{12}+\frac{11}{12}\right)$

$=3+\frac{18}{12}=3+1\frac{6}{12}$

$=4\frac{6}{12}$

ⓔ $1\frac{9}{12}+2\frac{11}{12}=(1+2)+\left(\frac{9}{12}+\frac{11}{12}\right)$

$=3+\frac{20}{12}=3+1\frac{8}{12}$

$=4\frac{8}{12}$

따라서 계산 결과가 큰 것부터 차례대로 기호를 쓰면 ⓒ, ㉠, ⓔ, ⓒ입니다.

6 $1\frac{3}{6}+2\frac{1}{6}=(1+2)+\left(\frac{3}{6}+\frac{1}{6}\right)$

$=3+\frac{4}{6}=3\frac{4}{6}$

따라서 주환이가 학원을 거쳐 학교까지 가는 거리는 $3\frac{4}{6}$ km입니다.

7 $1\frac{5}{12}+1\frac{10}{12}=(1+1)+\left(\frac{5}{12}+\frac{10}{12}\right)$

$=2+\frac{15}{12}=2+1\frac{3}{12}$

$=3\frac{3}{12}$

따라서 지연이가 어제와 오늘 수학 공부를 한 시간은 모두 $3\frac{3}{12}$시간입니다.

개념 010 **분모가 같은 진분수의 뺄셈/(자연수)-(분수)**

본문 26~27쪽

1 (1) $\frac{1}{4}$ (2) $\frac{3}{9}$ (3) $\frac{4}{13}$ **2** (1) $2\frac{3}{5}$

(2) $4\frac{1}{6}$ (3) $6\frac{5}{9}$ (4) $3\frac{4}{7}$ (5) $3\frac{7}{9}$ (6) $3\frac{8}{15}$

3 =   **4** $\frac{5}{13}$, $\frac{2}{13}$

5 (위에서부터) $5\frac{4}{9}$, $2\frac{5}{12}$ **6** 2개

7 $\frac{2}{8}$ **8** $1\frac{5}{9}$ m

---

1 (1) $\frac{3}{4}-\frac{2}{4}=\frac{3-2}{4}=\frac{1}{4}$

(2) $\frac{8}{9}-\frac{5}{9}=\frac{8-5}{9}=\frac{3}{9}$

(3) $\frac{10}{13}-\frac{6}{13}=\frac{10-6}{13}=\frac{4}{13}$

2 (1) $3-\frac{2}{5}=2\frac{5}{5}-\frac{2}{5}=2+\left(\frac{5}{5}-\frac{2}{5}\right)$

$=2+\frac{3}{5}=2\frac{3}{5}$

(2) $5-\frac{5}{6}=4\frac{6}{6}-\frac{5}{6}=4+\left(\frac{6}{6}-\frac{5}{6}\right)$

$=4+\frac{1}{6}=4\frac{1}{6}$

(3) $7-\frac{4}{9}=6\frac{9}{9}-\frac{4}{9}=6+\left(\frac{9}{9}-\frac{4}{9}\right)$

$=6+\frac{5}{9}=6\frac{5}{9}$

(4) $6-2\frac{3}{7}=5\frac{7}{7}-2\frac{3}{7}=3+\left(\frac{7}{7}-\frac{3}{7}\right)$

$=3+\frac{4}{7}=3\frac{4}{7}$

(5) $9-5\frac{2}{9}=8\frac{9}{9}-5\frac{2}{9}=3+\left(\frac{9}{9}-\frac{2}{9}\right)$

$=3+\frac{7}{9}=3\frac{7}{9}$

(6) $8-4\frac{7}{15}=7\frac{15}{15}-4\frac{7}{15}=3+\left(\frac{15}{15}-\frac{7}{15}\right)$

$=3+\frac{8}{15}=3\frac{8}{15}$

3 $\frac{12}{15}-\frac{4}{15}=\frac{12-4}{15}=\frac{8}{15}$,

$\frac{14}{15}-\frac{6}{15}=\frac{14-6}{15}=\frac{8}{15}$

이므로

$\frac{12}{15}-\frac{4}{15}=\frac{14}{15}-\frac{6}{15}$

입니다.

4 분모가 13인 두 진분수의 합이 $\frac{7}{13}$이고, 차가 $\frac{3}{13}$이므로 분자의 합이 7이고 분자의 차가 3입니다.

이때 $5+2=7$, $5-2=3$이므로 두 진분수는 $\frac{5}{13}$, $\frac{2}{13}$입니다.

5　$6-\dfrac{5}{9}=5\dfrac{9}{9}-\dfrac{5}{9}=5+\left(\dfrac{9}{9}-\dfrac{5}{9}\right)=5+\dfrac{4}{9}=5\dfrac{4}{9}$

$6-3\dfrac{7}{12}=5\dfrac{12}{12}-3\dfrac{7}{12}=2+\left(\dfrac{12}{12}-\dfrac{7}{12}\right)$

$\qquad\qquad=2+\dfrac{5}{12}=2\dfrac{5}{12}$

6　$7-\dfrac{3}{11}=6\dfrac{11}{11}-\dfrac{3}{11}=6\dfrac{8}{11}$이므로

$6\dfrac{8}{11}<6\dfrac{\square}{11}$에서 $8<\square$이어야 합니다.

따라서 1부터 10까지의 자연수 중에서 $\square$ 안에 들어갈 수 있는 수는 9, 10이므로 모두 2개입니다.

7　$\dfrac{5}{8}-\dfrac{3}{8}=\dfrac{5-3}{8}=\dfrac{2}{8}$

따라서 정욱이는 동생보다 우유를 $\dfrac{2}{8}$만큼 더 마셨습니다.

8　$8-6\dfrac{4}{9}=7\dfrac{9}{9}-6\dfrac{4}{9}=(7-6)+\left(\dfrac{9}{9}-\dfrac{4}{9}\right)$

$\qquad\qquad=1+\dfrac{5}{9}=1\dfrac{5}{9}$ (m)

개념 011　분모가 같은 대분수의 뺄셈

본문 28~29쪽

1 (1) $2\dfrac{1}{3}$　(2) $3\dfrac{2}{5}$　(3) $5\dfrac{5}{14}$　(4) $2\dfrac{6}{15}$

2 (1) $2\dfrac{2}{6}$　(2) $4\dfrac{5}{7}$　(3) $2\dfrac{4}{8}$　(4) $4\dfrac{8}{15}$

　(5) $4\dfrac{6}{12}$　(6) $2\dfrac{10}{16}$　**3** $2\dfrac{1}{4}$　**4** ㉠

5 ㉣　　**6** $1\dfrac{3}{6}$　　**7** $2\dfrac{3}{10}$ L　**8** $4\dfrac{12}{16}$ kg

1 (1) $3\dfrac{2}{3}-1\dfrac{1}{3}=(3-1)+\left(\dfrac{2}{3}-\dfrac{1}{3}\right)$

$\qquad\qquad=2+\dfrac{1}{3}=2\dfrac{1}{3}$

(2) $5\dfrac{4}{5}-2\dfrac{2}{5}=(5-2)+\left(\dfrac{4}{5}-\dfrac{2}{5}\right)$

$\qquad\qquad=3+\dfrac{2}{5}=3\dfrac{2}{5}$

(3) $9\dfrac{10}{14}-4\dfrac{5}{14}=(9-4)+\left(\dfrac{10}{14}-\dfrac{5}{14}\right)$

$\qquad\qquad=5+\dfrac{5}{14}=5\dfrac{5}{14}$

(4) $8\dfrac{13}{15}-6\dfrac{7}{15}=(8-6)+\left(\dfrac{13}{15}-\dfrac{7}{15}\right)$

$\qquad\qquad=2+\dfrac{6}{15}=2\dfrac{6}{15}$

2 (1) $5\dfrac{1}{6}-2\dfrac{5}{6}=4\dfrac{7}{6}-2\dfrac{5}{6}$

$\qquad\qquad=(4-2)+\left(\dfrac{7}{6}-\dfrac{5}{6}\right)$

$\qquad\qquad=2+\dfrac{2}{6}=2\dfrac{2}{6}$

(2) $8\dfrac{4}{7}-3\dfrac{6}{7}=7\dfrac{11}{7}-3\dfrac{6}{7}$

$\qquad\qquad=(7-3)+\left(\dfrac{11}{7}-\dfrac{6}{7}\right)$

$\qquad\qquad=4+\dfrac{5}{7}=4\dfrac{5}{7}$

(3) $7\dfrac{3}{8}-4\dfrac{7}{8}=6\dfrac{11}{8}-4\dfrac{7}{8}$

$\qquad\qquad=(6-4)+\left(\dfrac{11}{8}-\dfrac{7}{8}\right)$

$\qquad\qquad=2+\dfrac{4}{8}=2\dfrac{4}{8}$

(4) $9\dfrac{4}{15}-4\dfrac{11}{15}=8\dfrac{19}{15}-4\dfrac{11}{15}$

$\qquad\qquad=(8-4)+\left(\dfrac{19}{15}-\dfrac{11}{15}\right)$

$\qquad\qquad=4+\dfrac{8}{15}=4\dfrac{8}{15}$

(5) $6\dfrac{3}{12}-1\dfrac{9}{12}=5\dfrac{15}{12}-1\dfrac{9}{12}$

$\qquad\qquad=(5-1)+\left(\dfrac{15}{12}-\dfrac{9}{12}\right)$

$\qquad\qquad=4+\dfrac{6}{12}=4\dfrac{6}{12}$

(6) $11\dfrac{9}{16}-8\dfrac{15}{16}=10\dfrac{25}{16}-8\dfrac{15}{16}$

$\qquad\qquad=(10-8)+\left(\dfrac{25}{16}-\dfrac{15}{16}\right)$

$\qquad\qquad=2+\dfrac{10}{16}=2\dfrac{10}{16}$

3 ㉠$=3\dfrac{3}{4}-1\dfrac{2}{4}$

$\qquad=(3-1)+\left(\dfrac{3}{4}-\dfrac{2}{4}\right)$

$\qquad=2+\dfrac{1}{4}=2\dfrac{1}{4}$

4 ㉠ $4\dfrac{13}{21}-2\dfrac{10}{21}=(4-2)+\left(\dfrac{13}{21}-\dfrac{10}{21}\right)$

$\qquad\qquad=2+\dfrac{3}{21}=2\dfrac{3}{21}$

$$\text{©} \ 5\frac{8}{21}-3\frac{6}{21}=(5-3)+\left(\frac{8}{21}-\frac{6}{21}\right)$$
$$=2+\frac{2}{21}=2\frac{2}{21}$$

이므로 계산 결과가 더 큰 것은 ㉠입니다.

5 ㉠ $8\frac{2}{7}-5\frac{4}{7}=7\frac{9}{7}-5\frac{4}{7}=(7-5)+\left(\frac{9}{7}-\frac{4}{7}\right)$
$$=2+\frac{5}{7}=2\frac{5}{7}$$

㉡ $7\frac{4}{12}-5\frac{11}{12}=6\frac{16}{12}-5\frac{11}{12}$
$$=(6-5)+\left(\frac{16}{12}-\frac{11}{12}\right)$$
$$=1+\frac{5}{12}=1\frac{5}{12}$$

㉢ $3\frac{3}{10}-1\frac{9}{10}=2\frac{13}{10}-1\frac{9}{10}$
$$=(2-1)+\left(\frac{13}{10}-\frac{9}{10}\right)$$
$$=1+\frac{4}{10}=1\frac{4}{10}$$

㉣ $4\frac{3}{7}-2\frac{6}{7}=3\frac{10}{7}-2\frac{6}{7}$
$$=(3-2)+\left(\frac{10}{7}-\frac{6}{7}\right)$$
$$=1+\frac{4}{7}=1\frac{4}{7}$$

6 $\square+3\frac{4}{6}=5\frac{1}{6}$에서
$$\square=5\frac{1}{6}-3\frac{4}{6}=4\frac{7}{6}-3\frac{4}{6}$$
$$=(4-3)+\left(\frac{7}{6}-\frac{4}{6}\right)=1\frac{3}{6}$$
입니다.

7 $3\frac{8}{10}-1\frac{5}{10}=(3-1)+\left(\frac{8}{10}-\frac{5}{10}\right)$
$$=2+\frac{3}{10}=2\frac{3}{10}$$

따라서 화단에 준 물의 양은 $2\frac{3}{10}$ L입니다.

8 $6\frac{3}{16}-1\frac{7}{16}=5\frac{19}{16}-1\frac{7}{16}$
$$=(5-1)+\left(\frac{19}{16}-\frac{7}{16}\right)$$
$$=4+\frac{12}{16}=4\frac{12}{16}$$

따라서 남아 있는 밀가루의 양은 $4\frac{12}{16}$ kg입니다.

04 소수의 덧셈과 뺄셈

개념 012 소수 두 자리 수/소수 세 자리 수
본문 30~31쪽

1 0.15, 영점 일오 **2** (1) 0.054 (2) 357
3 4.38에 ○, 3.98에 ○ **4** (그림: 선 연결)
5 (1) 0.03 (2) 0.3
  (3) 0.003 (4) 0.003 **6** 0.16 **7** 0.147

3 4.3**8** ➡ 0.08, 9.7**2** ➡ 0.02
  5.1**6** ➡ 0.06, 3.9**8** ➡ 0.08

5 (1) 소수 둘째 자리 숫자이므로 0.03을 나타냅니다.
  (2) 소수 첫째 자리 숫자이므로 0.3을 나타냅니다.
  (3) 소수 셋째 자리 숫자이므로 0.003을 나타냅니다.
  (4) 소수 셋째 자리 숫자이므로 0.003을 나타냅니다.

6 $\frac{16}{100}=0.16$

7 주어진 카드로 만들 수 있는 소수 세 자리 수는 □.□□□입니다.
  이때 0<1<4<7이므로 가장 작은 소수 세 자리 수는 0.147입니다.

개념 013 소수 사이의 관계/소수의 크기 비교
본문 32~33쪽

1 (1) 0.3, 0.03 (2) 0.09, 0.9
2 (1) > (2) < (3) > **3** ㉡
4 1000배 **5** ㉡, ㉢ **6** 6.91, 6.47
7 3.67, 4.24 **8** 693

2 (1) 15>12이므로 15.24>12.79입니다.
  (2) 0.4<0.5이므로 0.48<0.52입니다.
  (3) 3.28>3.27이므로 3.28>3.275입니다.

정답 및 풀이

3 ㉠ 0.005의 10배인 수는 소수점이 오른쪽으로 한 자리 이동한 0.05입니다.

㉡ 0.005의 100배인 수는 소수점이 오른쪽으로 두 자리 이동한 0.5입니다.

㉢ 0.5의 $\frac{1}{10}$배인 수는 소수점이 왼쪽으로 한 자리 이동한 0.05입니다.

㉣ 5의 $\frac{1}{100}$배인 수는 소수점이 왼쪽으로 두 자리 이동한 0.05입니다.

4 ㉠이 나타내는 수는 7이고, ㉡이 나타내는 수는 0.007이므로 ㉠은 ㉡의 1000배입니다.

5 ㉡ 1 mL=0.001 L이므로 164 mL=0.164 L 입니다.

㉢ 1 mm=0.1 cm이므로 5 mm=0.5 cm입니다.

6 6.91>6.859>6.803>6.47이므로 가장 큰 수는 6.91이고 가장 작은 수는 6.47입니다.

8 어떤 수를 $\frac{1}{100}$배 한 수는 어떤 수의 소수점을 왼쪽으로 두 자리 이동한 0.693이므로 어떤 수는 0.693의 소수점을 오른쪽으로 두 자리 이동한 69.3입니다.
따라서 69.3을 10배 한 수는 693입니다.

개념 014 자연수 부분이 없는 소수의 덧셈

본문 34~35쪽

1 (1) 0.6 (2) 1.6 (3) 1.3 (4) 0.7 (5) 1.1
(6) 1.7 **2** (1) 0.96 (2) 0.85 (3) 0.57
(4) 0.95 (5) 0.66 (6) 1.46 **3** ㉡
4 ✕ **5** ㉠, ㉣ **6** 1.38 **7** 1.4 km
8 1.23 kg

1 (5)
$$\begin{array}{r} 0.\overset{1}{6} \\ +0.5 \\ \hline 1.1 \end{array}$$
(6)
$$\begin{array}{r} 0.\overset{1}{9} \\ +0.8 \\ \hline 1.7 \end{array}$$

---

2 (5)
$$\begin{array}{r} 0.3\overset{1}{8} \\ +0.28 \\ \hline 0.66 \end{array}$$
(6)
$$\begin{array}{r} 0.9\overset{1}{5} \\ +0.51 \\ \hline 1.46 \end{array}$$

3 ㉠ 0.4+0.8=1.2   ㉡ 0.7+0.2=0.9
㉢ 0.6+0.9=1.5   ㉣ 0.8+0.8=1.6
따라서 계산 결과가 가장 작은 것은 ㉡입니다.

4 0.62+0.54=1.16, 0.36+0.48=0.84
0.86+0.23=1.09

5 ㉠ 0.4+0.8=1.2   ㉡ 0.2+0.6=0.8
㉢ 0.34+0.57=0.91   ㉣ 0.56+0.45=1.01
따라서 계산 결과가 1보다 큰 것은 ㉠, ㉣입니다.

6 어떤 수를 □라고 하면 □-0.73=0.65이므로 □=0.65+0.73=1.38입니다.

7 0.9+0.5=1.4(km)이므로 집에서 도서관을 거쳐 학교까지 가려면 1.4 km를 가야 합니다.

8 0.49+0.74=1.23(kg)이므로 책이 들어 있는 가방의 무게는 1.23 kg입니다.

개념 015 자연수 부분이 있는 소수의 덧셈

본문 36~37쪽

1 (1) 8.64 (2) 4.36 (3) 9.53 (4) 9.89
(5) 6.77 (6) 10.51 **2** (1) 6.26 (2) 9.57
(3) 5.44 (4) 10.65 (5) 7.72 (6) 12.03
3 5.84   **4** 7, 8, 9 **5** <   **6** 7.42 m
7 6.82 kg **8** 2.87 L

1 (5)
$$\begin{array}{r} 4.\overset{1}{5}8 \\ +2.19 \\ \hline 6.77 \end{array}$$
(6)
$$\begin{array}{r} 6.\overset{1}{6}\overset{1}{3} \\ +3.88 \\ \hline 10.51 \end{array}$$

2 (5)
$$\begin{array}{r} 3.\overset{1}{8}2 \\ +3.9 \\ \hline 7.72 \end{array}$$
(6)
$$\begin{array}{r} 5.\overset{1}{6} \\ +6.43 \\ \hline 12.03 \end{array}$$

3 가장 큰 수는 3.46이고 가장 작은 수는 2.38이므로 가장 큰 수와 가장 작은 수의 합은
3.46+2.38=5.84입니다.

4 $2.56+3.87=6.43$이므로 $6.43<\square.36$입니다. 소수 첫째 자리의 숫자를 비교하면 $4>3$이므로 $\square$ 안에 들어갈 수 있는 수는 7, 8, 9입니다.

5 $2.5+3.76=6.26$이므로 $2.5+3.76<6.28$입니다.

6 $1\,cm=0.01\,m$이므로 $562\,cm=5.62\,m$입니다. 따라서 두 거리의 합은
$$1.8+5.62=7.42\,(m)$$
입니다.

7 $5.37+1.45=6.82\,(kg)$이므로 효정이가 캔 감자의 무게는 $6.82\,kg$입니다.

8 정민이가 어제 마신 물의 양이 $1.3\,L$이므로 오늘 마신 물의 양은 $1.3+0.27=1.57\,(L)$입니다.
따라서 정민이가 어제와 오늘 마신 물의 양은 $1.3+1.57=2.87\,(L)$입니다.

---

5 $0.56-0.18=0.38$
$0.73-0.26=0.47$
$0.64-0.45=0.19$

6 $0.73-\square=0.59-0.15$, $0.73-\square=0.44$이므로 $\square=0.73-0.44=0.29$입니다.

7 돼지고기를 닭고기보다 $0.9-0.5=0.4\,(kg)$ 더 많이 샀습니다.

8 $0.92-0.68=0.24$이므로 남은 철사는 $0.24\,m$입니다.

개념 016 **자연수 부분이 없는 소수의 뺄셈**

본문 38~39쪽

1 (1) 0.4 (2) 0.6 (3) 0.3 (4) 0.4 (5) 0.1
　(6) 0.5 **2** (1) 0.32 (2) 0.34 (3) 0.26
　(4) 0.41 (5) 0.69 (6) 0.08 **3** 0.3
4 ㉡ **5** (교차) **6** 0.29 **7** 0.4 kg
8 0.24 m

2 (5)
$$\begin{array}{r}\overset{8\;10}{0.9\,3}\\-0.2\,4\\\hline 0.6\,9\end{array}$$
(6)
$$\begin{array}{r}\overset{5\;10}{0.6\,7}\\-0.5\,9\\\hline 0.0\,8\end{array}$$

3 0.1이 8개인 수는 0.8이므로 ㉠$=0.8$
0.1이 5개인 수는 0.5이므로 ㉡$=0.5$
따라서 ㉠$-$㉡의 값은 $0.8-0.5=0.3$입니다.

4 ㉠ $0.5-0.1=0.4$　　㉡ $0.7-0.6=0.1$
㉢ $0.8-0.2=0.6$　　㉣ $0.9-0.4=0.5$
따라서 계산 결과가 가장 작은 것은 ㉡입니다.

개념 017 **자연수 부분이 있는 소수의 뺄셈**

본문 40~41쪽

1 (1) 4.43 (2) 3.65 (3) 3.58 (4) 6.35
　(5) 1.42 (6) 0.34 **2** (1) 2.52 (2) 5.38
　(3) 2.45 (4) 6.16 (5) 2.04 (6) 0.89
3 5.71 **4** 3.75 **5** < **6** (1) 1.6
　(2) 4.66 **7** 17.81 kg **8** 1.79 m

1 (5)
$$\begin{array}{r}\overset{4\;10}{5.0\,4}\\-3.6\,2\\\hline 1.4\,2\end{array}$$
(6)
$$\begin{array}{r}\overset{3\;10\;10}{4.1\,2}\\-3.7\,8\\\hline 0.3\,4\end{array}$$

2 (4)
$$\begin{array}{r}\overset{8\;10}{9.9\,0}\\-3.7\,4\\\hline 6.1\,6\end{array}$$
(5)
$$\begin{array}{r}\overset{2\;10}{7.3\,0}\\-5.2\,6\\\hline 2.0\,4\end{array}$$
(6)
$$\begin{array}{r}\overset{5\;11\;10}{6.2\,0}\\-5.3\,1\\\hline 0.8\,9\end{array}$$

3 가장 큰 수는 11.07이고 가장 작은 수는 5.36이므로 가장 큰 수와 가장 작은 수의 차는 $11.07-5.36=5.71$입니다.

4 어떤 수를 $\square$라고 하면 $\square+1.53=5.28$이므로 $\square=5.28-1.53=3.75$입니다.

5 $8.7-3.55=5.15$, $9.64-4.4=5.24$이므로 오른쪽 식의 계산 결과가 더 큽니다.

6 (1) $360\,cm=3.6\,m$이므로
$$5.2\,m-360\,cm=5.2\,m-3.6\,m=1.6\,m$$
(2) $746\,cm=7.46\,m$이므로
$$746\,cm-2.8\,m=7.46\,m-2.8\,m=4.66\,m$$

정답 및 풀이

7 41.38−23.57＝17.81이므로 창훈이는 서희보다 17.81 kg 더 무겁습니다.

8 3.2−1.41＝1.79이므로 지우는 윤서보다 색 테이프를 1.79 m 더 가지고 있습니다.

반드시 알아야 하는 필수 문제　　　본문 42~45쪽

01 ┌──┐	02 795321	03 ㉢	04 6개
╳	05 5651억, 6651억, 7651억		
06 ㉡	07 ④	08 6720원	09 9도막
10 8	11 8상자, 8개		12 421
13 $\frac{5}{8}$	14 $1\frac{2}{7}$	15 호형	16 $7\frac{4}{5}$ cm
17 $\frac{4}{9}$	18 $4\frac{3}{10}$ kg		19 $3\frac{3}{12}$ L
20 $1\frac{1}{8}$	21 ④	22 ㉡	23 100배
24 2개	25 1.19	26 2.82 km	
27 11.1	28 ③	29 ㉢, ㉡, ㉠	
30 2.63	31 4.54 kg		

2 9＞7＞5＞3＞2＞1이므로 만의 자리에 9를 놓은 다음 큰 숫자를 높은 자리부터 차례로 씁니다. 따라서 만의 자리 숫자가 9인 여섯 자리 수는 □9□□□□이므로 가장 큰 여섯 자리 수는 795321입니다.

4 이십사조 칠백이억 백오십만 삼천오백을 14자리의 수로 나타내면 24070201503500이므로 숫자 0은 모두 6개입니다.

5 천억의 자리가 1씩 커지므로 1000억씩 뛰어 세었습니다.

6 ㉠ 39135853151492, ㉡ 39137608000000
따라서 더 큰 수는 ㉡입니다.

7 ① 80×100＝8000　② 20×700＝14000
③ 500×20＝10000　④ 600×50＝30000
⑤ 700×40＝28000
따라서 곱이 가장 큰 것은 ④입니다.

8 한 개에 560원인 과자 12개의 값은
560×12＝6720(원)입니다.

9 540÷60＝9이므로 모두 9도막이 되었습니다.

10 92÷29＝3 … 5이므로 ㉠＝3, ㉡＝5입니다.
따라서 ㉠＋㉡의 값은 3＋5＝8입니다.

11 200÷24＝8 … 8이므로 호두과자는 8상자이고, 남은 호두과자는 8개입니다.

12 어떤 수를 □라고 하면 □÷32＝13 … 5이므로 □＝32×13＋5＝421입니다.

13 $\frac{3}{8}+\frac{2}{8}=\frac{3+2}{8}=\frac{5}{8}$이므로 민호와 동생이 먹은 케이크의 양은 전체의 $\frac{5}{8}$입니다.

14 주어진 5장의 숫자 카드로 분모가 7인 진분수를 만들 때, 가장 큰 진분수는 $\frac{6}{7}$이고 가장 작은 진분수는 $\frac{3}{7}$이므로 두 분수의 합은
$\frac{6}{7}+\frac{3}{7}=\frac{9}{7}=1\frac{2}{7}$입니다.

15 [호형] $2\frac{8}{16}+3\frac{5}{16}=(2+3)+\left(\frac{8}{16}+\frac{5}{16}\right)$
$=5\frac{13}{16}$
[주형] $4\frac{9}{16}+1\frac{3}{16}=(4+1)+\left(\frac{9}{16}+\frac{3}{16}\right)$
$=5\frac{12}{16}$
따라서 계산 결과가 더 큰 사람은 호형입니다.

16 (정삼각형의 세 변의 길이의 합)
$=2\frac{3}{5}+2\frac{3}{5}+2\frac{3}{5}$
$=(2+2+2)+\left(\frac{3}{5}+\frac{3}{5}+\frac{3}{5}\right)$
$=6+\frac{9}{5}=6+1\frac{4}{5}=7\frac{4}{5}$ (cm)

17 ㉠＝$\frac{6}{9}$, ㉡＝$\frac{2}{9}$이므로 ㉠−㉡＝$\frac{6}{9}-\frac{2}{9}=\frac{4}{9}$입니다.

18 $5-\frac{7}{10}=4\frac{10}{10}-\frac{7}{10}=4+\left(\frac{10}{10}-\frac{7}{10}\right)$
$=4+\frac{3}{10}=4\frac{3}{10}$ (kg)

19 $4\frac{5}{12}-1\frac{2}{12}=(4-1)+\left(\frac{5}{12}-\frac{2}{12}\right)$

$\qquad\qquad=3+\frac{3}{12}=3\frac{3}{12}$

이므로 남은 과일주스는 $3\frac{3}{12}$ L입니다.

20 어떤 수를 ◯라고 하면 ◯$+2\frac{5}{8}=6\frac{3}{8}$이므로

$◯=6\frac{3}{8}-2\frac{5}{8}=5\frac{11}{8}-2\frac{5}{8}$

$\qquad=(5-2)+\left(\frac{11}{8}-\frac{5}{8}\right)$

$\qquad=3+\frac{6}{8}=3\frac{6}{8}$

따라서 바르게 계산한 답은

$3\frac{6}{8}-2\frac{5}{8}=(3-2)+\left(\frac{6}{8}-\frac{5}{8}\right)=1\frac{1}{8}$

입니다.

21 ④ $\frac{7}{100}$ 을 소수로 나타내면 0.07입니다.

22 ㉠ 2.596 ⇨ 2 ㉡ 4.192 ⇨ 0.002

㉢ 5.237 ⇨ 0.2 ㉣ 9.428 ⇨ 0.02

따라서 숫자 2가 나타내는 수가 가장 작은 수는 ㉡입니다.

23 ㉠ 2.83의 10배인 수는 소수점이 오른쪽으로 한 자리 이동한 28.3입니다.

㉡ 238의 $\frac{1}{1000}$배인 수는 소수점이 왼쪽으로 세 자리 이동한 0.238입니다.

이때 $28.3=0.238\times100$이므로 ㉠은 ㉡의 100 배인 수입니다.

24 5보다 큰 소수 두 자리 수는 자연수 부분이 5보다 크거나 같아야 합니다.

따라서 만들 수 있는 소수는 6.24, 6.42의 2개입니다.

25 ㉠ 0.01이 73개인 수는 0.73입니다.

㉡ 0.01이 46개인 수는 0.46입니다.

따라서 ㉠과 ㉡의 합은 $0.73+0.46=1.19$입니다.

26 $1.37+1.45=2.82$이므로 유리가 집에서 서점을 지나 도서관까지 가는 거리는 2.82 km입니다.

27 숫자 카드로 만들 수 있는 가장 큰 소수 두 자리 수는 8.52이고, 가장 작은 소수 두 자리 수는 2.58입니다.

따라서 만들 수 있는 가장 큰 수와 가장 작은 수의 합은

$\qquad 8.52+2.58=11.1$

입니다.

28 ① $0.7-0.2=0.5$ ② $0.6-0.3=0.3$

③ $0.65-0.52=0.13$ ④ $0.43-0.29=0.14$

⑤ $0.5-0.1=0.4$

따라서 계산 결과가 가장 작은 것은 ③입니다.

29 ㉠ $6.29-4.13=2.16$

㉡ $7.32-5.64=1.68$

㉢ $5.41-3.87=1.54$

$2.16>1.68>1.54$이므로 계산 결과가 작은 것부터 차례대로 기호를 쓰면 ㉢, ㉡, ㉠입니다.

30 $2.97+㉠=5.6$이므로 $㉠=5.6-2.97=2.63$ 입니다.

31 지영이와 은호가 딴 딸기의 무게는 $3.5+2.9=6.4(kg)$입니다. 이 중 1.86 kg으로 딸기잼을 만들었으므로 남은 딸기의 무게는 $6.4-1.86=4.54\ (kg)$입니다.

---

05 **혼합 계산** 개념 018~019

개념 **018** **자연수의 혼합 계산(1)**

본문 46~47쪽

1 (1) $35-15+6=26$ (2) $45-(13+12)=20$

2 (1) 9 (2) 2 (3) 24 (4) 58 (5) 15 (6) 27

3 82 **4** ㉡, 56 **5** > **6** 12개

7 36개 **8** 171장

1 (1) $35-15+6=20+6=26$

(2) $45-(13+12)=45-25=20$

2 (1) $12 \times 6 \div 8 = 9$
      72
      9

(2) $56 \div (4 \times 7) = 2$
      28
      2

(3) $72 \div (2 \times 6) \times 4 = 24$
      12
      6
      24

(4) $4 \times 7 + 5 \times 6 = 58$
      28   30
      58

(5) $3 \times (5 - 3) + 9 = 15$
      2
      6
      15

(6) $47 - (3 + 7) \times 2 = 27$
      10
      20
      27

3 ㉠ $22 + 35 - 14 = 57 - 14 = 43$,
㉡ $73 - 54 + 20 = 19 + 20 = 39$이므로
㉠$+$㉡$= 43 + 39 = 82$입니다.

4 $14 \times (16 \div 4) = 14 \times 4 = 56$

5 $38 - (8 - 4) \times 3 = 38 - 4 \times 3 = 38 - 12 = 26$,
$8 + 4 \times (25 - 21) = 8 + 4 \times 4 = 8 + 16 = 24$
이므로 $38 - (8 - 4) \times 3 > 8 + 4 \times (25 - 21)$입니다.

6 $60 - (21 + 27) = 60 - 48 = 12$(개)
이므로 도현이가 가지고 있는 구슬의 개수는 영진이와 은정이가 가지고 있는 구슬의 개수의 합보다 12개 더 많습니다.

7 $72 \div 8 \times 4 = 36$(개)이므로 상자에 담은 치약은 모두 36개입니다.

8 (준수가 가지고 있는 색종이 수)
$= (27 + 36) \times 3 - 18 = 63 \times 3 - 18$
$= 189 - 18 = 171$(장)
따라서 준수는 색종이를 171장 가지고 있습니다.

개념 019 자연수의 혼합 계산(2)

1 (1) 53   (2) 10   (3) 13   (4) 28   (5) 24   (6) 4
2 ㉠   **3** 32   **4** 5   **5** 42
6 700원   **7** 21줄   **8** 4개

1 (1) $3 + 54 - 36 \div 9 = 53$
      57   4
      53

(2) $84 \div (25 - 4) + 6 = 10$
      21
      4
      10

(3) $8 + (40 - 5) \div 7 = 13$
      35
      5
      13

(4) $16 + 15 - 6 \times 4 \div 8 = 28$
      31   24
      3
      28

(5) $36 \div (7 - 4) \times 2 = 24$
      3
      12
      24

(6) $96 \div 3 - (5 + 2) \times 4 = 4$
      32   7
      28
      4

2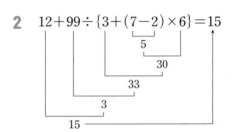
$12 + 99 \div \{3 + (7 - 2) \times 6\} = 15$
      5
      30
      33
      3
      15

따라서 ㉠을 가장 마지막에 계산합니다.

3 $(37 + 28) \div 5 - 3 = 65 \div 5 - 3 = 13 - 3 = 10$,
$14 + (51 - 27) \div 3 = 14 + 24 \div 3 = 14 + 8 = 22$
이므로 두 식의 계산 결과의 합은
    $10 + 22 = 32$
입니다.

4
$$\begin{aligned}\bigcirc\ 37-30\div5\times4+14&=37-6\times4+14\\&=37-24+14\\&=27\end{aligned}$$
$$\begin{aligned}\bigcirc\ 6\times8+96\div6-42&=48+16-42\\&=64-42\\&=22\end{aligned}$$
따라서 ㉠과 ㉡의 차는 $27-22=5$입니다.

5
$$\begin{aligned}25\diamond14&=14\times\{25+(25-14)\}\div12\\&=14\times(25+11)\div12\\&=14\times36\div12\\&=504\div12=42\end{aligned}$$

6 $6000\div4-4000\div5=1500-800=700$(원)
따라서 복숭아 1개는 참외 1개보다 700원 더 비쌉니다.

7 (학생들이 서 있는 줄의 수)
= (한 반에서 운동장에 나간 학생 수) × (반 수)
÷ (한 줄에 서 있는 학생 수)
$=(32-4)\times9\div12$
$=28\times9\div12$
$=252\div12=21$(줄)

8 (선생님께서 가져가신 자두의 수)
$=\{50-(4+2)\times7\}\div2=(50-6\times7)\div2$
$=(50-42)\div2=8\div2=4$(개)
따라서 선생님께서 가져가신 자두는 4개입니다.

06 약수와 배수 개념 020~022

개념 020 약수와 배수
본문 50~51쪽

1 (1) 1, 2, 4 (2) 1, 2, 3, 4, 6, 12
2 (1) 5, 10, 15 (2) 7, 14, 21
3 (1) 약수 (2) 배수 (3) 약수   **4** 8, 10
5 56   **6** ㉠, ㉢   **7** 104   **8** 12

4 12를 나누었을 때 나누어떨어지지 않는 수를 찾습니다.
$12\div8=1\cdots4$, $12\div10=1\cdots2$이므로 8, 10은 12의 약수가 아닙니다.

5 $7\times1=7$, $7\times2=14$, $7\times3=21$, $7\times4=28$ ……이므로 7, 14, 21, 28, 35 ……는 7의 배수입니다. 따라서 8번째 수는 $7\times8=56$입니다.

6 ㉠ $30\div15=2$ ㉡ $48\div30=1\cdots18$
㉢ $60\div30=2$ ㉣ $30\div9=3\cdots3$
따라서 ㉠은 30의 약수이고 ㉢은 30의 배수입니다.

7 $13\times7=91$, $13\times8=104$이므로 13의 배수 중에서 100에 가장 가까운 수는 104입니다.

8 4의 배수는 4, 8, 12, 16 …… 입니다.
4의 약수는 1, 2, 4이므로 4의 약수의 합은 $1+2+4=7$입니다.
8의 약수는 1, 2, 4, 8이므로 8의 약수의 합은 $1+2+4+8=15$입니다.
12의 약수는 1, 2, 3, 4, 6, 12이므로 12의 약수의 합은 $1+2+3+4+6+12=28$입니다.
따라서 어떤 수는 12입니다.

개념 021 공약수와 최대공약수
본문 52~53쪽

1 1, 2, 4, 8   **2** (1) 1, 2, 4 ; 4
(2) 1, 2, 3, 6 ; 6   **3** ㉢   **4** ㉡
5 18   **6** 3, 6, 12   **7** 14
8 17

1 24의 약수 ➡ 1, 2, 3, 4, 6, 8, 12, 24
32의 약수 ➡ 1, 2, 4, 8, 16, 32
따라서 24와 32의 공약수는 1, 2, 4, 8입니다.

2 (1) 20의 약수 : 1, 2, 4, 5, 10, 20
24의 약수 : 1, 2, 3, 4, 6, 8, 12, 24
20과 24의 공약수 ➡ 1, 2, 4
20과 24의 최대공약수 ➡ 4

정답 및 풀이

(2) 18의 약수 : ①, ②, ③, ⑥, 9, 18

48의 약수 : ①, ②, ③, 4, ⑥, 8, 12, 16, 24, 48

18과 48의 공약수 ➡ 1, 2, 3, 6

18과 48의 최대공약수 ➡ 6

3 ㉠ 5와 15의 공약수 : 1, 5 ➡ 2개

㉡ 6과 20의 공약수 : 1, 2 ➡ 2개

㉢ 18과 24의 공약수 : 1, 2, 3, 6 ➡ 4개

㉣ 25와 40의 공약수 : 1, 5 ➡ 2개

따라서 두 수의 공약수가 가장 많은 것은 ㉢입니다.

4 ㉠ 2) 30 48

　　3) 15 24

　　　　 5　 8　　➡ 최대공약수 : $2 \times 3 = 6$

㉡ 7) 21 49

　　　 3　 7　　➡ 최대공약수 : 7

따라서 6<7이므로 ㉡이 더 큰 수입니다.

5 공약수 중에서 가장 큰 수가 최대공약수입니다.

따라서 두 수의 최대공약수는 18입니다.

6 ■와 ●의 최대공약수가 12이므로 ■와 ●의 공약수는 12의 약수입니다.

이때 12의 약수는 1, 2, 3, 4, 6, 12이므로 3의 배수는 3, 6, 12입니다.

7 56과 42의 공약수는 1, 2, 7, 14이므로 어떤 수가 될 수 있는 수는 1, 2, 7, 14입니다.

따라서 어떤 수가 될 수 있는 수 중에서 가장 큰 수는 14입니다.

8 17) 34 51

　　　　 2　 3　　➡ 최대공약수 : 17

따라서 17명에게 똑같이 나누어 줄 수 있습니다.

개념 022 공배수와 최소공배수

본문 54~55쪽

1 12, 24, 36	**2** 1260	**3** 3개
4 36, 72　**5** 140	**6** 42	**7** 15
8 21장		

1 4의 배수 : 4, 8, ⑫, 16, 20, ㉔, 28 ……

6의 배수 : 6, ⑫, 18, ㉔, 30, ㊱, 42 ……

이므로 4와 6의 공배수는 작은 수부터 차례로 12, 24, 36, …입니다.

2 공통으로 있는 수의 곱 2×3에 나머지 수를 모두 곱하면 $2 \times 3 \times 3 \times 7 \times 2 \times 5 = 1260$이므로 최소공배수는 1260입니다.

3 2의 배수 : 2, 4, ⑥, 8, 10, ⑫ ……

3의 배수 : 3, ⑥, 9, ⑫, 15, 18……

이므로 2와 3의 공배수는 6의 배수입니다.

따라서 1에서 20까지의 자연수 중에서 6의 배수는 6, 12, 18의 3개입니다.

4 12의 배수도 되고 18의 배수도 되는 수는 12와 18의 공배수, 즉 12와 18의 최소공배수인 36의 배수입니다.

36의 배수 : 36, 72, 108 ……

따라서 12와 18의 공배수 중에서 100보다 작은 수는 36, 72입니다.

5 20의 배수이면서 28의 배수인 수 중에서 가장 작은 수는 20과 28의 최소공배수입니다.

2) 20 28

2) 10 14

　　 5　 7 ➡ 최소공배수 : $2 \times 2 \times 5 \times 7 = 140$

6 두 수의 공배수는 두 수의 최소공배수의 배수와 같습니다.

이때 두 수의 최소공배수가 14이므로 14의 배수 중 세 번째로 작은 수는 14, 28, 42 ……에서 42입니다.

7 ㉠과 ㉡의 최소공배수가 90이므로

$\square \times 5 \times 2 \times 3 = 90$, $\square \times 30 = 90$에서 $\square = 3$입니다.

이때 ㉠÷3=10이므로 ㉠=30이고,

㉡÷3=15이므로 ㉡=45입니다.

따라서 ㉡−㉠=45−30=15입니다.

8 5) 15 35

　　　 3　 7 ➡ 최소공배수 : $5 \times 3 \times 7 = 105$

16 _ 정답 및 풀이

만들려는 정사각형의 한 변의 길이가 105 cm이
므로

$\qquad$ (가로 한 줄에 놓을 종이의 수)
$\qquad = 105 \div 15 = 7$(장)
$\qquad$ (세로 한 줄에 놓을 종이의 수)
$\qquad = 105 \div 35 = 3$(장)
따라서 필요한 종이는 모두 $7 \times 3 = 21$(장)입니다.

07 약분과 통분 개념 023~025

개념 023 크기가 같은 분수

본문 56~57쪽

1 풀이 참조	2 (1) (왼쪽부터) 8, 15, 16

2 (2) (왼쪽부터) 20, 12, 5 $\qquad$ 3 ㉠, ㉢

4 66 $\qquad$ 5 $\dfrac{18}{42}$, $\dfrac{21}{49}$ $\qquad$ 6 $\dfrac{32}{44}$

1 (예)

$\qquad \Rightarrow \dfrac{2}{3} = \dfrac{4}{6}$

2 (1) $\dfrac{4}{5} = \dfrac{4 \times 2}{5 \times 2} = \dfrac{4 \times 3}{5 \times 3} = \dfrac{4 \times 4}{5 \times 4}$

$\qquad \Rightarrow \dfrac{4}{5} = \dfrac{8}{10} = \dfrac{12}{15} = \dfrac{16}{20}$

(2) $\dfrac{40}{48} = \dfrac{40 \div 2}{48 \div 2} = \dfrac{40 \div 4}{48 \div 4} = \dfrac{40 \div 8}{48 \div 8}$

$\qquad \Rightarrow \dfrac{40}{48} = \dfrac{20}{24} = \dfrac{10}{12} = \dfrac{5}{6}$

3 $\dfrac{3}{4} = \dfrac{6}{8} = \dfrac{9}{12} = \dfrac{12}{16} = \dfrac{15}{20} = \cdots\cdots$

따라서 $\dfrac{3}{4}$과 크기가 같은 분수는 ㉠, ㉢입니다.

4 $\dfrac{㉠}{7} = \dfrac{12}{28}$에서 $\dfrac{㉠}{7} = \dfrac{㉠ \times 4}{7 \times 4} = \dfrac{12}{28}$이므로
㉠$\times 4 = 12$, 즉 ㉠$=3$입니다.
또, $\dfrac{3}{7} = \dfrac{27}{㉢}$에서 $\dfrac{3}{7} = \dfrac{3 \times 9}{7 \times 9} = \dfrac{27}{㉢}$이므로
㉢$= 7 \times 9 = 63$입니다.
따라서 ㉠$+$㉢$= 3 + 63 = 66$입니다.

5 $\dfrac{3 \times 5}{7 \times 5} = \dfrac{15}{35}$, $\dfrac{3 \times 6}{7 \times 6} = \dfrac{18}{42}$, $\dfrac{3 \times 7}{7 \times 7} = \dfrac{21}{49}$,

$\dfrac{3 \times 8}{7 \times 8} = \dfrac{24}{56}$ $\cdots\cdots$이므로 $\dfrac{3}{7}$과 크기가 같고, 분

모가 40보다 크고 50보다 작은 분수는 $\dfrac{18}{42}$,

$\dfrac{21}{49}$입니다.

6 $\dfrac{8}{11} = \dfrac{16}{22} = \dfrac{24}{33} = \dfrac{32}{44} = \cdots\cdots$이므로

분모와 분자의 합이 76인 분수는 $\dfrac{32}{44}$입니다.

개념 024 분수의 약분과 통분

본문 58~59쪽

1 (1) 10 (2) 5 (3) 5	2 (1) $\dfrac{3}{4}$ (2) $\dfrac{2}{3}$

(3) $\dfrac{4}{9}$ $\qquad$ 3 (1) $\dfrac{9}{30}$, $\dfrac{8}{30}$ $\qquad$ (2) $\dfrac{28}{48}$, $\dfrac{15}{48}$

4 ㉢ $\qquad$ 5 14 $\qquad$ 6 9, 45 $\qquad$ 7 $\dfrac{3}{16}$, $\dfrac{7}{10}$

1 (1) $\dfrac{12 \div 2}{20 \div 2} = \dfrac{6}{10}$

(2) $\dfrac{48 \div 12}{60 \div 12} = \dfrac{4}{5}$

(3) $\dfrac{30 \div 15}{75 \div 15} = \dfrac{2}{5}$

2 (1) 15와 20의 최대공약수는 5이므로 분모와 분
자를 각각 5로 나누면 $\dfrac{15 \div 5}{20 \div 5} = \dfrac{3}{4}$입니다.

(2) 28과 42의 최대공약수가 14이므로 분모와
분자를 각각 14로 나누면 $\dfrac{28 \div 14}{42 \div 14} = \dfrac{2}{3}$입니다.

(3) 36과 81의 최대공약수는 9이므로 분모와 분
자를 각각 9로 나누면 $\dfrac{36 \div 9}{81 \div 9} = \dfrac{4}{9}$입니다.

4 $\dfrac{56}{80}$에서 56과 80의 최대공약수가 8이므로 8의
약수, 즉 1, 2, 4, 8 중에서 2, 4, 8로 분자, 분
모를 나눌 수 있습니다.

정답 및 풀이

5 기약분수로 나타내기 위해서는 분모와 분자를 두 수의 최대공약수로 나누어 줍니다.

$$\begin{array}{r} 2\,)\underline{\;42\quad 56\;} \\ 7\,)\underline{\;21\quad 28\;} \\ 3\quad 4 \end{array}$$

$2\times7=14$이므로 $\dfrac{42}{56}$를 기약분수로 나타내기 위해서는 분모와 분자를 14로 나누었습니다.

6 $\bigcirc\times13=117$이므로 $\bigcirc=117\div13=9$입니다.
$\bigcirc=5\times\bigcirc=5\times9=45$입니다.

7 두 분수 $\dfrac{15}{80}$와 $\dfrac{56}{80}$을 각각 약분하여 기약분수로 나타내면

$$\dfrac{15}{80}=\dfrac{15\div5}{80\div5}=\dfrac{3}{16},\ \dfrac{56}{80}=\dfrac{56\div8}{80\div8}=\dfrac{7}{10}$$

이므로 통분하기 전의 두 기약분수는 $\dfrac{3}{16}$, $\dfrac{7}{10}$ 입니다.

개념 **025** **분수의 크기 비교**

본문 60~61쪽

1 (1) $<$ (2) $>$ (3) $<$ (4) $<$ (5) $<$ (6) $>$

2 $<$, $>$, $<$, $\dfrac{5}{9}$, $\dfrac{3}{5}$, $\dfrac{2}{3}$ **3** 진주

4 $\dfrac{7}{10}$, $\dfrac{3}{5}$, $\dfrac{8}{15}$ **5** 민성   **6** 우체국

---

1 (1) $\dfrac{3}{7}=\dfrac{3\times3}{7\times3}=\dfrac{9}{21}$, $\dfrac{2}{3}=\dfrac{2\times7}{3\times7}=\dfrac{14}{21}$이므로
$\dfrac{3}{7}<\dfrac{2}{3}$입니다.

(2) $\dfrac{3}{5}=\dfrac{3\times7}{5\times7}=\dfrac{21}{35}$, $\dfrac{4}{7}=\dfrac{4\times5}{7\times5}=\dfrac{20}{35}$이므로
$\dfrac{3}{5}>\dfrac{4}{7}$입니다.

(3) $\dfrac{7}{10}=\dfrac{7\times3}{10\times3}=\dfrac{21}{30}$, $\dfrac{11}{15}=\dfrac{11\times2}{15\times2}=\dfrac{22}{30}$
이므로 $\dfrac{7}{10}<\dfrac{11}{15}$입니다.

(4) $2\dfrac{3}{8}=2\dfrac{3\times3}{8\times3}=2\dfrac{9}{24}$,
$2\dfrac{5}{12}=2\dfrac{5\times2}{12\times2}=2\dfrac{10}{24}$이므로
$2\dfrac{3}{8}<2\dfrac{5}{12}$입니다.

(5) $3\dfrac{2}{3}=3\dfrac{2\times5}{3\times5}=3\dfrac{10}{15}$이므로
$3\dfrac{7}{15}<3\dfrac{2}{3}$입니다.

(6) $5\dfrac{5}{7}=5\dfrac{5\times9}{7\times9}=5\dfrac{45}{63}$,
$5\dfrac{6}{9}=5\dfrac{6\times7}{9\times7}=5\dfrac{42}{63}$이므로
$5\dfrac{5}{7}>5\dfrac{6}{9}$입니다.

2 $\left(\dfrac{5}{9},\ \dfrac{2}{3}\right)\Rightarrow\left(\dfrac{5}{9},\ \dfrac{6}{9}\right)$에서 $\dfrac{5}{9}<\dfrac{6}{9}$이므로
$\dfrac{5}{9}<\dfrac{2}{3}$입니다.
$\left(\dfrac{2}{3},\ \dfrac{3}{5}\right)\Rightarrow\left(\dfrac{10}{15},\ \dfrac{9}{15}\right)$에서 $\dfrac{10}{15}>\dfrac{9}{15}$이므로
$\dfrac{2}{3}>\dfrac{3}{5}$입니다.
$\left(\dfrac{5}{9},\ \dfrac{3}{5}\right)\Rightarrow\left(\dfrac{25}{45},\ \dfrac{27}{45}\right)$에서 $\dfrac{25}{45}<\dfrac{27}{45}$이므로
$\dfrac{5}{9}<\dfrac{3}{5}$입니다.
따라서 $\dfrac{5}{9}<\dfrac{3}{5}<\dfrac{2}{3}$입니다.

3 $\dfrac{5}{12}=\dfrac{5\times3}{12\times3}=\dfrac{15}{36}$,
$\dfrac{4}{9}=\dfrac{4\times4}{9\times4}=\dfrac{16}{36}$이므로
$\dfrac{5}{12}<\dfrac{4}{9}$입니다.
따라서 두 분수의 크기를 잘못 비교한 사람은 진주입니다.

4 $\left(\dfrac{3}{5},\ \dfrac{7}{10}\right)\Rightarrow\left(\dfrac{6}{10},\ \dfrac{7}{10}\right)$이므로 $\dfrac{3}{5}<\dfrac{7}{10}$
$\left(\dfrac{7}{10},\ \dfrac{8}{15}\right)\Rightarrow\left(\dfrac{21}{30},\ \dfrac{16}{30}\right)$이므로 $\dfrac{7}{10}>\dfrac{8}{15}$
$\left(\dfrac{3}{5},\ \dfrac{8}{15}\right)\Rightarrow\left(\dfrac{9}{15},\ \dfrac{8}{15}\right)$이므로 $\dfrac{3}{5}>\dfrac{8}{15}$
따라서 큰 수부터 차례대로 쓰면 $\dfrac{7}{10}$, $\dfrac{3}{5}$, $\dfrac{8}{15}$ 입니다.

5 $\left(1\dfrac{7}{10},\ 1\dfrac{3}{4}\right)\Rightarrow\left(1\dfrac{14}{20},\ 1\dfrac{15}{20}\right)$에서
$1\dfrac{14}{20}<1\dfrac{15}{20}$이므로 $1\dfrac{7}{10}<1\dfrac{3}{4}$입니다.
따라서 민성이가 밤을 더 많이 주웠습니다.

6 집에서 우체국까지의 거리는 $2\frac{5}{8}$ km, 집에서 경찰서까지의 거리는 $2\frac{7}{12}$ km, 집에서 도서관까지의 거리는 $2\frac{9}{16}$ km입니다. 이때
$$\left(2\frac{5}{8}, 2\frac{7}{12}, 2\frac{9}{16}\right) \Rightarrow \left(2\frac{30}{48}, 2\frac{28}{48}, 2\frac{27}{48}\right)$$에서
$2\frac{27}{48} < 2\frac{28}{48} < 2\frac{30}{48}$이므로 $2\frac{9}{16} < 2\frac{7}{12} < 2\frac{5}{8}$
입니다. 따라서 집에서 가장 먼 곳은 우체국입니다.

08 분수의 덧셈과 뺄셈(2)　개념 026~029

개념 026 분모가 다른 진분수의 덧셈

　　　　　　　　　　　　　　　본문 62~63쪽

1 (1) $\frac{31}{35}$　(2) $\frac{13}{18}$　(3) $\frac{11}{20}$　**2** (1) $1\frac{19}{24}$

　(2) $1\frac{11}{20}$　(3) $1\frac{5}{12}$　**3** $\frac{25}{28}$　**4** 3개

5 ㉢　　　**6** $1\frac{9}{20}$ cm　**7** $\frac{17}{18}$시간　**8** $1\frac{29}{72}$ km

1 (1) $\frac{2}{7} + \frac{3}{5} = \frac{10}{35} + \frac{21}{35} = \frac{31}{35}$

(2) $\frac{1}{6} + \frac{5}{9} = \frac{3}{18} + \frac{10}{18} = \frac{13}{18}$

(3) $\frac{3}{10} + \frac{1}{4} = \frac{6}{20} + \frac{5}{20} = \frac{11}{20}$

2 (1) $\frac{7}{8} + \frac{11}{12} = \frac{21}{24} + \frac{22}{24} = \frac{43}{24} = 1\frac{19}{24}$

(2) $\frac{3}{4} + \frac{4}{5} = \frac{15}{20} + \frac{16}{20} = \frac{31}{20} = 1\frac{11}{20}$

(3) $\frac{4}{6} + \frac{3}{4} = \frac{8}{12} + \frac{9}{12} = \frac{17}{12} = 1\frac{5}{12}$

3 $\frac{3}{7} + \frac{13}{28} = \frac{12}{28} + \frac{13}{28} = \frac{25}{28}$

4 8과 12의 최소공배수가 24이므로
$$\frac{\square}{8} + \frac{7}{12} = \frac{\square \times 3}{8 \times 3} + \frac{7 \times 2}{12 \times 2}$$
$$= \frac{\square \times 3}{24} + \frac{14}{24}$$
$$= \frac{\square \times 3 + 14}{24}$$

이때 $1 = \frac{24}{24}$이므로 $\frac{\square \times 3 + 14}{24} < \frac{24}{24}$에서
$\square \times 3 + 14 < 24$, $\square \times 3 < 10$입니다.
따라서 □ 안에 들어갈 수 있는 자연수는 1, 2, 3이므로 모두 3개입니다.

5 ㉠ $\frac{1}{2} + \frac{3}{8} = \frac{4}{8} + \frac{3}{8} = \frac{7}{8}$

㉡ $\frac{2}{3} + \frac{1}{5} = \frac{10}{15} + \frac{3}{15} = \frac{13}{15}$

㉢ $\frac{5}{12} + \frac{7}{8} = \frac{10}{24} + \frac{21}{24} = \frac{31}{24} = 1\frac{7}{24}$

따라서 계산 결과가 1보다 큰 것은 ㉢입니다.

6 (가로의 길이와 세로의 길이의 합)
$$= \frac{17}{20} + \frac{3}{5} = \frac{17}{20} + \frac{3 \times 4}{5 \times 4}$$
$$= \frac{17}{20} + \frac{12}{20} = \frac{29}{20}$$
$$= 1\frac{9}{20} \text{ (cm)}$$

7 $\frac{1}{2} + \frac{4}{9} = \frac{9}{18} + \frac{8}{18} = \frac{9+8}{18} = \frac{17}{18}$이므로 두 사람이 자전거를 탄 시간은 $\frac{17}{18}$시간입니다.

8 $\frac{7}{9} + \frac{5}{8} = \frac{56}{72} + \frac{45}{72} = \frac{56+45}{72}$
$$= \frac{101}{72} = 1\frac{29}{72}$$

이므로 집에서 서점을 거쳐 학교까지 가는 거리는 $1\frac{29}{72}$ km입니다.

개념 027 분모가 다른 대분수의 덧셈

　　　　　　　　　　　　　　　본문 64~65쪽

1 (1) $6\frac{31}{35}$　(2) $4\frac{11}{12}$　(3) $7\frac{5}{6}$　(4) $6\frac{7}{12}$

　(5) $7\frac{13}{30}$　(6) $13\frac{19}{24}$　**2** (1) $8\frac{11}{21}$　(2) $11\frac{7}{12}$

　(3) $9\frac{3}{8}$　(4) $5\frac{5}{12}$　(5) $8\frac{1}{3}$　(6) $10\frac{17}{42}$

3 $5\frac{41}{70}$　**4** 18　**5** $6\frac{11}{30}$　**6** $\frac{14}{15}$ cm

7 $5\frac{3}{4}$ L　**8** $38\frac{1}{8}$ kg

정답 및 풀이

1 (1) $2\frac{2}{7}+4\frac{3}{5}=(2+4)+\left(\frac{2}{7}+\frac{3}{5}\right)$

$\qquad=6+\left(\frac{10}{35}+\frac{21}{35}\right)$

$\qquad=6+\frac{31}{35}=6\frac{31}{35}$

(2) $3\frac{1}{6}+1\frac{3}{4}=(3+1)+\left(\frac{1}{6}+\frac{3}{4}\right)$

$\qquad=4+\left(\frac{2}{12}+\frac{9}{12}\right)$

$\qquad=4+\frac{11}{12}=4\frac{11}{12}$

(3) $1\frac{5}{8}+6\frac{5}{24}=(1+6)+\left(\frac{5}{8}+\frac{5}{24}\right)$

$\qquad=7+\left(\frac{15}{24}+\frac{5}{24}\right)$

$\qquad=7+\frac{20}{24}=7\frac{20}{24}=7\frac{5}{6}$

(4) $4\frac{1}{3}+2\frac{1}{4}=(4+2)+\left(\frac{1}{3}+\frac{1}{4}\right)$

$\qquad=6+\left(\frac{4}{12}+\frac{3}{12}\right)$

$\qquad=6+\frac{7}{12}=6\frac{7}{12}$

(5) $3\frac{4}{15}+4\frac{1}{6}=(3+4)+\left(\frac{4}{15}+\frac{1}{6}\right)$

$\qquad=7+\left(\frac{8}{30}+\frac{5}{30}\right)$

$\qquad=7+\frac{13}{30}=7\frac{13}{30}$

(6) $6\frac{3}{8}+7\frac{5}{12}=(6+7)+\left(\frac{3}{8}+\frac{5}{12}\right)$

$\qquad=13+\left(\frac{9}{24}+\frac{10}{24}\right)$

$\qquad=13+\frac{19}{24}=13\frac{19}{24}$

2 (1) $4\frac{6}{7}+3\frac{2}{3}=(4+3)+\left(\frac{6}{7}+\frac{2}{3}\right)$

$\qquad=7+\left(\frac{18}{21}+\frac{14}{21}\right)$

$\qquad=7+\frac{32}{21}=7+1\frac{11}{21}=8\frac{11}{21}$

(2) $3\frac{3}{4}+7\frac{5}{6}=(3+7)+\left(\frac{3}{4}+\frac{5}{6}\right)$

$\qquad=10+\left(\frac{9}{12}+\frac{10}{12}\right)$

$\qquad=10+\frac{19}{12}=10+1\frac{7}{12}=11\frac{7}{12}$

(3) $6\frac{5}{8}+2\frac{9}{12}=(6+2)+\left(\frac{5}{8}+\frac{9}{12}\right)$

$\qquad=8+\left(\frac{15}{24}+\frac{18}{24}\right)$

$\qquad=8+\frac{33}{24}=8+1\frac{9}{24}$

$\qquad=9\frac{9}{24}=9\frac{3}{8}$

(4) $3\frac{2}{3}+1\frac{3}{4}=\frac{11}{3}+\frac{7}{4}=\frac{44}{12}+\frac{21}{12}$

$\qquad=\frac{65}{12}=5\frac{5}{12}$

(5) $5\frac{5}{7}+2\frac{13}{21}=\frac{40}{7}+\frac{55}{21}=\frac{120}{21}+\frac{55}{21}$

$\qquad=\frac{175}{21}=8\frac{7}{21}=8\frac{1}{3}$

(6) $1\frac{5}{6}+8\frac{4}{7}=\frac{11}{6}+\frac{60}{7}=\frac{77}{42}+\frac{360}{42}$

$\qquad=\frac{437}{42}=10\frac{17}{42}$

3 가장 큰 수는 $4\frac{2}{7}$ 이고 가장 작은 수는 $1\frac{3}{10}$

이므로 가장 큰 수와 가장 작은 수의 합은

$\qquad 4\frac{2}{7}+1\frac{3}{10}=4\frac{20}{70}+1\frac{21}{70}$

$\qquad\qquad=(4+1)+\left(\frac{20}{70}+\frac{21}{70}\right)$

$\qquad\qquad=5+\frac{41}{70}=5\frac{41}{70}$

4 $1\frac{3}{7}+2\frac{1}{4}=1\frac{12}{28}+2\frac{7}{28}$

$\qquad=(1+2)+\left(\frac{12}{28}+\frac{7}{28}\right)$

$\qquad=3+\frac{19}{28}=3\frac{19}{28}$

이므로 $3\frac{19}{28}>3\frac{\square}{28}$ 입니다.

따라서 □ 안에 들어갈 수 있는 자연수 중에서
가장 큰 수는 18입니다.

5 $\square-3\frac{9}{10}=2\frac{7}{15}$ 에서

$\qquad \square=3\frac{9}{10}+2\frac{7}{15}=3\frac{27}{30}+2\frac{14}{30}$

$\qquad\quad=(3+2)+\left(\frac{27}{30}+\frac{14}{30}\right)=5+\frac{41}{30}$

$\qquad\quad=5\frac{41}{30}=6\frac{11}{30}$

따라서 □ 안에 알맞은 분수는 $6\frac{11}{30}$ 입니다.

6 $1\frac{5}{6}+2\frac{2}{5}+2\frac{7}{10}=\left(1\frac{25}{30}+2\frac{12}{30}\right)+2\frac{21}{30}$

$=3\frac{37}{30}+2\frac{21}{30}=5\frac{58}{30}$

$=6\frac{28}{30}=6\frac{14}{15}\ (\text{cm})$

7 $3\frac{7}{12}+2\frac{1}{6}=3\frac{7}{12}+2\frac{2}{12}$

$=(3+2)+\left(\frac{7}{12}+\frac{2}{12}\right)$

$=5+\frac{9}{12}=5\frac{9}{12}$

$=5\frac{3}{4}\ (\text{L})$

따라서 두 사람이 받은 물은 $5\frac{3}{4}$ L입니다.

8 (주영이의 몸무게)+(가방의 무게)

$=35\frac{1}{4}+2\frac{7}{8}=35\frac{2}{8}+2\frac{7}{8}$

$=(35+2)+\left(\frac{2}{8}+\frac{7}{8}\right)$

$=37+\frac{9}{8}=37\frac{9}{8}$

$=38\frac{1}{8}\ (\text{kg})$

따라서 가방을 멘 주영이의 무게는 $38\frac{1}{8}$ kg입니다.

개념 **028** **분모가 다른 진분수의 뺄셈**

본문 66~67쪽

1 (1) $\frac{11}{30}$ (2) $\frac{41}{77}$ (3) $\frac{13}{45}$ (4) $\frac{37}{84}$ (5) $\frac{7}{30}$

(6) $\frac{9}{40}$ **2** (1) $\frac{7}{24}$ (2) $\frac{1}{18}$ (3) $\frac{3}{20}$

(4) $\frac{11}{30}$ (5) $\frac{29}{56}$ (6) $\frac{1}{14}$ **3** 가

4 ✕ **5** $\frac{11}{15},\frac{3}{10},\frac{13}{30}$ **6** $\frac{31}{60}$ L

7 $\frac{13}{45}$ kg

---

1 (1) $\frac{7}{10}-\frac{1}{3}=\frac{21}{30}-\frac{10}{30}=\frac{11}{30}$

(2) $\frac{5}{7}-\frac{2}{11}=\frac{55}{77}-\frac{14}{77}=\frac{41}{77}$

(3) $\frac{8}{9}-\frac{3}{5}=\frac{40}{45}-\frac{27}{45}=\frac{13}{45}$

(4) $\frac{7}{12}-\frac{1}{7}=\frac{49}{84}-\frac{12}{84}=\frac{37}{84}$

(5) $\frac{9}{10}-\frac{2}{3}=\frac{27}{30}-\frac{20}{30}=\frac{7}{30}$

(6) $\frac{3}{5}-\frac{3}{8}=\frac{24}{40}-\frac{15}{40}=\frac{9}{40}$

2 (1) $\frac{11}{12}-\frac{5}{8}=\frac{22}{24}-\frac{15}{24}=\frac{7}{24}$

(2) $\frac{8}{9}-\frac{5}{6}=\frac{16}{18}-\frac{15}{18}=\frac{1}{18}$

(3) $\frac{11}{15}-\frac{7}{12}=\frac{44}{60}-\frac{35}{60}=\frac{9}{60}=\frac{3}{20}$

(4) $\frac{8}{15}-\frac{1}{6}=\frac{16}{30}-\frac{5}{30}=\frac{11}{30}$

(5) $\frac{7}{8}-\frac{5}{14}=\frac{49}{56}-\frac{20}{56}=\frac{29}{56}$

(6) $\frac{1}{6}-\frac{2}{21}=\frac{7}{42}-\frac{4}{42}=\frac{3}{42}=\frac{1}{14}$

3 가 : $\frac{9}{10}-\frac{1}{4}=\frac{9\times2}{10\times2}-\frac{1\times5}{4\times5}$

$=\frac{18}{20}-\frac{5}{20}=\frac{13}{20}$

나 : $\frac{3}{4}-\frac{3}{10}=\frac{3\times5}{4\times5}-\frac{3\times2}{10\times2}$

$=\frac{15}{20}-\frac{6}{20}=\frac{9}{20}$

따라서 계산 결과가 더 큰 것은 가입니다.

4 $\frac{3}{5}-\frac{1}{3}=\frac{3\times3}{5\times3}-\frac{1\times5}{3\times5}=\frac{9}{15}-\frac{5}{15}=\frac{4}{15}$

$\frac{7}{10}-\frac{1}{8}=\frac{7\times4}{10\times4}-\frac{1\times5}{8\times5}=\frac{28}{40}-\frac{5}{40}=\frac{23}{40}$

5 계산 결과가 가장 크려면 가장 큰 분수에서 가장 작은 분수를 빼야 합니다.

$\frac{7}{20}=\frac{21}{60}$, $\frac{11}{15}=\frac{44}{60}$, $\frac{3}{10}=\frac{18}{60}$이므로

$\frac{11}{15}>\frac{7}{20}>\frac{3}{10}$입니다.

따라서 $\frac{11}{15}-\frac{3}{10}=\frac{22}{30}-\frac{9}{30}=\frac{13}{30}$입니다.

6 $\dfrac{11}{12} - \dfrac{2}{5} = \dfrac{55}{60} - \dfrac{24}{60} = \dfrac{55-24}{60} = \dfrac{31}{60}$ 이므로

남은 오렌지 주스의 양은 $\dfrac{31}{60}$ L입니다.

7 $\dfrac{11}{15} - \dfrac{4}{9} = \dfrac{11 \times 3}{15 \times 3} - \dfrac{4 \times 5}{9 \times 5}$

$\qquad = \dfrac{33}{45} - \dfrac{20}{45}$

$\qquad = \dfrac{13}{45}$ (kg)

따라서 남은 소금의 양은 $\dfrac{13}{45}$ kg입니다.

개념 029 분모가 다른 대분수의 뺄셈

본문 68~69쪽

1 (1) $3\dfrac{17}{40}$ (2) $7\dfrac{13}{28}$ (3) $3\dfrac{1}{4}$ (4) $4\dfrac{19}{72}$

(5) $4\dfrac{4}{21}$ (6) $3\dfrac{17}{40}$ **2** (1) $1\dfrac{5}{6}$ (2) $2\dfrac{28}{45}$

(3) $3\dfrac{19}{30}$ (4) $5\dfrac{1}{2}$ (5) $4\dfrac{16}{21}$ (6) $2\dfrac{31}{48}$

3 (1) $5\dfrac{5}{12}$ (2) $3\dfrac{11}{40}$ **4** $>$ **5** $4\dfrac{7}{18}$

6 8, 9 **7** 유미, $\dfrac{1}{45}$ m **8** $2\dfrac{47}{90}$ m

---

1 (1) $6\dfrac{4}{5} - 3\dfrac{3}{8} = 6\dfrac{32}{40} - 3\dfrac{15}{40}$

$\qquad = (6-3) + \left(\dfrac{32}{40} - \dfrac{15}{40} \right)$

$\qquad = 3 + \dfrac{17}{40} = 3\dfrac{17}{40}$

(2) $9\dfrac{5}{7} - 2\dfrac{1}{4} = 9\dfrac{20}{28} - 2\dfrac{7}{28}$

$\qquad = (9-2) + \left(\dfrac{20}{28} - \dfrac{7}{28} \right)$

$\qquad = 7 + \dfrac{13}{28} = 7\dfrac{13}{28}$

(3) $7\dfrac{5}{12} - 4\dfrac{1}{6} = 7\dfrac{5}{12} - 4\dfrac{2}{12}$

$\qquad = (7-4) + \left(\dfrac{5}{12} - \dfrac{2}{12} \right)$

$\qquad = 3 + \dfrac{3}{12} = 3 + \dfrac{1}{4}$

$\qquad = 3\dfrac{1}{4}$

(4) $12\dfrac{8}{9} - 8\dfrac{5}{8} = 12\dfrac{64}{72} - 8\dfrac{45}{72}$

$\qquad = (12-8) + \left(\dfrac{64}{72} - \dfrac{45}{72} \right)$

$\qquad = 4 + \dfrac{19}{72} = 4\dfrac{19}{72}$

(5) $5\dfrac{6}{7} - 1\dfrac{2}{3} = 5\dfrac{18}{21} - 1\dfrac{14}{21}$

$\qquad = (5-1) + \left(\dfrac{18}{21} - \dfrac{14}{21} \right)$

$\qquad = 4 + \dfrac{4}{21} = 4\dfrac{4}{21}$

(6) $6\dfrac{4}{5} - 3\dfrac{3}{8} = 6\dfrac{32}{40} - 3\dfrac{15}{40}$

$\qquad = (6-3) + \left(\dfrac{32}{40} - \dfrac{15}{40} \right)$

$\qquad = 3 + \dfrac{17}{40} = 3\dfrac{17}{40}$

2 (1) $3\dfrac{1}{2} - 1\dfrac{2}{3} = 3\dfrac{3}{6} - 1\dfrac{4}{6} = 2\dfrac{9}{6} - 1\dfrac{4}{6}$

$\qquad = (2-1) + \left(\dfrac{9}{6} - \dfrac{4}{6} \right)$

$\qquad = 1 + \dfrac{5}{6} = 1\dfrac{5}{6}$

(2) $4\dfrac{2}{9} - 1\dfrac{3}{5} = 4\dfrac{10}{45} - 1\dfrac{27}{45} = 3\dfrac{55}{45} - 1\dfrac{27}{45}$

$\qquad = (3-1) + \left(\dfrac{55}{45} - \dfrac{27}{45} \right)$

$\qquad = 2 + \dfrac{28}{45} = 2\dfrac{28}{45}$

(3) $7\dfrac{8}{15} - 3\dfrac{9}{10} = 7\dfrac{16}{30} - 3\dfrac{27}{30} = 6\dfrac{46}{30} - 3\dfrac{27}{30}$

$\qquad = (6-3) + \left(\dfrac{46}{30} - \dfrac{27}{30} \right)$

$\qquad = 3 + \dfrac{19}{30} = 3\dfrac{19}{30}$

(4) $8\dfrac{5}{13} - 2\dfrac{23}{26} = 8\dfrac{10}{26} - 2\dfrac{23}{26} = 7\dfrac{36}{26} - 2\dfrac{23}{26}$

$\qquad = (7-2) + \left(\dfrac{36}{26} - \dfrac{23}{26} \right)$

$\qquad = 5 + \dfrac{13}{26} = 5 + \dfrac{1}{2}$

$\qquad = 5\dfrac{1}{2}$

(5) $9\dfrac{3}{7} - 4\dfrac{14}{21} = 9\dfrac{9}{21} - 4\dfrac{14}{21} = 8\dfrac{30}{21} - 4\dfrac{14}{21}$

$\qquad = (8-4) + \left(\dfrac{30}{21} - \dfrac{14}{21} \right)$

$\qquad = 4 + \dfrac{16}{21} = 4\dfrac{16}{21}$

(6) $5\dfrac{7}{16} - 2\dfrac{19}{24} = 5\dfrac{21}{48} - 2\dfrac{38}{48} = 4\dfrac{69}{48} - 2\dfrac{38}{48}$

$\qquad = (4-2) + \left(\dfrac{69}{48} - \dfrac{38}{48}\right)$

$\qquad = 2 + \dfrac{31}{48} = 2\dfrac{31}{48}$

3 (1) $9\dfrac{2}{3} - 4\dfrac{1}{4} = 9\dfrac{8}{12} - 4\dfrac{3}{12}$

$\qquad = (9-4) + \left(\dfrac{8}{12} - \dfrac{3}{12}\right)$

$\qquad = 5 + \dfrac{5}{12} = 5\dfrac{5}{12}$

(2) $9\dfrac{7}{8} - 6\dfrac{3}{5} = 9\dfrac{35}{40} - 6\dfrac{24}{40}$

$\qquad = (9-6) + \left(\dfrac{35}{40} - \dfrac{24}{40}\right)$

$\qquad = 3 + \dfrac{11}{40} = 3\dfrac{11}{40}$

4 $4\dfrac{9}{14} - 2\dfrac{10}{21} = 4\dfrac{27}{42} - 2\dfrac{20}{42}$

$\qquad = (4-2) + \left(\dfrac{27}{42} - \dfrac{20}{42}\right)$

$\qquad = 2 + \dfrac{7}{42} = 2\dfrac{7}{42} = 2\dfrac{1}{6}$

$8\dfrac{6}{7} - 6\dfrac{5}{6} = 8\dfrac{36}{42} - 6\dfrac{35}{42}$

$\qquad = (8-6) + \left(\dfrac{36}{42} - \dfrac{35}{42}\right)$

$\qquad = 2 + \dfrac{1}{42} = 2\dfrac{1}{42}$

이므로 $4\dfrac{9}{14} - 2\dfrac{10}{21} > 8\dfrac{6}{7} - 6\dfrac{5}{6}$입니다.

5 가장 큰 수는 $7\dfrac{2}{9}$이고 가장 작은 수는 $2\dfrac{5}{6}$이므로

$7\dfrac{2}{9} - 2\dfrac{5}{6} = 7\dfrac{4}{18} - 2\dfrac{15}{18} = 6\dfrac{22}{18} - 2\dfrac{15}{18}$

$\qquad = (6-2) + \left(\dfrac{22}{18} - \dfrac{15}{18}\right)$

$\qquad = 4 + \dfrac{7}{18} = 4\dfrac{7}{18}$

입니다.

6 $9\dfrac{7}{16} - 1\dfrac{7}{8} = 9\dfrac{7}{16} - 1\dfrac{14}{16} = 8\dfrac{23}{16} - 1\dfrac{14}{16}$

$\qquad = (8-1) + \left(\dfrac{23}{16} - \dfrac{14}{16}\right)$

$\qquad = 7 + \dfrac{9}{16} = 7\dfrac{9}{16}$

이므로 $7\dfrac{9}{16} < \square\dfrac{5}{16}$입니다.

이때 $\dfrac{9}{16} > \dfrac{5}{16}$이므로 1부터 9까지의 자연수 중에서 $\square$ 안에 들어갈 수 있는 수는 8, 9입니다.

7 $\left(1\dfrac{7}{15},\ 1\dfrac{4}{9}\right) \Rightarrow \left(1\dfrac{21}{45},\ 1\dfrac{20}{45}\right)$

$\qquad\qquad\qquad \Rightarrow 1\dfrac{7}{15} > 1\dfrac{4}{9}$

따라서 유미가 현석이보다

$1\dfrac{7}{15} - 1\dfrac{4}{9} = 1\dfrac{21}{45} - 1\dfrac{20}{45} = \dfrac{1}{45}$ (m)

더 큽니다.

8 $7\dfrac{3}{10} - 4\dfrac{7}{9} = 7\dfrac{27}{90} - 4\dfrac{70}{90} = 6\dfrac{117}{90} - 4\dfrac{70}{90}$

$\qquad = (6-4) + \left(\dfrac{117}{90} - \dfrac{70}{90}\right)$

$\qquad = 2 + \dfrac{47}{90} = 2\dfrac{47}{90}$

따라서 은행나무는 단풍나무보다 $2\dfrac{47}{90}$ m 더 높습니다.

09 분수의 곱셈
개념 030~032

개념 030 분수와 자연수의 곱셈

본문 70~71쪽

1 (1) $2\dfrac{2}{5}$ (2) $13\dfrac{1}{2}$ (3) $7\dfrac{7}{9}$ (4) $13\dfrac{3}{4}$

(5) $22\dfrac{2}{3}$ (6) $26\dfrac{1}{4}$ **2** ㉡   **3** $3\dfrac{9}{13}$ cm

4 지연   **5** ㉣, ㉢, ㉠, ㉡   **6** $4\dfrac{1}{2}$ L

7 4 km

1 (1) $\dfrac{4}{5} \times 3 = \dfrac{4 \times 3}{5} = \dfrac{12}{5} = 2\dfrac{2}{5}$

(2) $\dfrac{9}{14} \times 21 = \dfrac{9 \times \overset{3}{\cancel{21}}}{\underset{2}{\cancel{14}}} = \dfrac{27}{2} = 13\dfrac{1}{2}$

(3) $10 \times \dfrac{7}{9} = \dfrac{10 \times 7}{9} = \dfrac{70}{9} = 7\dfrac{7}{9}$

(4) $2\dfrac{3}{4} \times 5 = \dfrac{11}{4} \times 5 = \dfrac{55}{4} = 13\dfrac{3}{4}$

(5) $4 \times 5\dfrac{2}{3} = 4 \times \dfrac{17}{3} = \dfrac{68}{3} = 22\dfrac{2}{3}$

정답 및 풀이

(6) $12 \times 2\frac{3}{16} = 12 \times \frac{35}{16} = \frac{\overset{3}{12} \times 35}{\underset{4}{16}}$

$\qquad = \frac{105}{4} = 26\frac{1}{4}$

2 ㉠ $\frac{11}{12} \times 8 = \frac{11 \times \overset{2}{8}}{\underset{3}{12}} = \frac{22}{3} = 7\frac{1}{3}$

㉡ $\frac{5}{8} \times 32 = \frac{5 \times \overset{4}{32}}{\underset{1}{8}} = 20$

㉢ $5 \times \frac{17}{20} = \frac{\overset{1}{5} \times 17}{\underset{4}{20}} = \frac{17}{4} = 4\frac{1}{4}$

따라서 계산 결과가 자연수인 것은 ㉡입니다.

3 정사각형의 네 변의 길이는 같으므로
$\frac{12}{13} \times 4 = \frac{48}{13} = 3\frac{9}{13}$ (cm)입니다.

4 대분수와 자연수의 곱셈은 반드시 대분수를 가분수로 고친 후, 자연수와 곱셈을 합니다.
그런데 지연이의 계산식에서 대분수를 가분수로 고치지 않고, 대분수의 진분수 부분과 자연수를 약분한 후 계산하였으므로 잘못 계산한 사람은 지연입니다.

5 ㉠ $10 \times 1\frac{1}{6} = 10 \times \frac{7}{6} = \frac{\overset{5}{10} \times 7}{\underset{3}{6}} = \frac{35}{3} = 11\frac{2}{3}$

㉡ $9 \times 1\frac{3}{7} = 9 \times \frac{10}{7} = \frac{90}{7} = 12\frac{6}{7}$

㉢ $7 \times 1\frac{5}{14} = 7 \times \frac{19}{14} = \frac{\overset{1}{7} \times 19}{\underset{2}{14}} = \frac{19}{2} = 9\frac{1}{2}$

㉣ $6 \times 1\frac{3}{8} = 6 \times \frac{11}{8} = \frac{\overset{3}{6} \times 11}{\underset{4}{8}} = \frac{33}{4} = 8\frac{1}{4}$

따라서 계산 결과가 작은 것부터 차례대로 기호를 쓰면 ㉣, ㉢, ㉠, ㉡입니다.

6 $\frac{3}{4} \times 6 = \frac{3 \times \overset{3}{6}}{\underset{2}{4}} = \frac{9}{2} = 4\frac{1}{2}$ (L)

7 1시간 20분 $= 1\frac{20}{60}$시간 $= 1\frac{1}{3}$시간이므로 성진이가 1시간 20분 동안 걸은 거리는
$3 \times 1\frac{1}{3} = 3 \times \frac{4}{3} = \frac{\overset{1}{3} \times 4}{\underset{1}{3}} = 4$ (km)
입니다.

개념 031 (진분수)×(진분수)

1 (1) $\frac{1}{20}$ (2) $\frac{1}{72}$ (3) $\frac{1}{180}$ **2** (1) $\frac{6}{35}$

(2) $\frac{21}{40}$ (3) $\frac{12}{17}$ **3** (1) $<$ (2) $>$

4 $\frac{1}{96}$ **5** $\frac{5}{24}$ **6** $\frac{1}{5}$ **7** $\frac{1}{8}$

8 $\frac{3}{10}$

1 (1) $\frac{1}{4} \times \frac{1}{5} = \frac{1}{4 \times 5} = \frac{1}{20}$

(2) $\frac{1}{8} \times \frac{1}{9} = \frac{1}{8 \times 9} = \frac{1}{72}$

(3) $\frac{1}{12} \times \frac{1}{15} = \frac{1}{12 \times 15} = \frac{1}{180}$

2 (1) $\frac{2}{5} \times \frac{3}{7} = \frac{2 \times 3}{5 \times 7} = \frac{6}{35}$

(2) $\frac{3}{4} \times \frac{7}{10} = \frac{3 \times 7}{4 \times 10} = \frac{21}{40}$

(3) $\frac{4}{\underset{1}{5}} \times \frac{\overset{3}{15}}{17} = \frac{4 \times 3}{1 \times 17} = \frac{12}{17}$

4 $\frac{1}{8} > \frac{1}{10} > \frac{1}{12}$이므로 가장 큰 수는 $\frac{1}{8}$이고 가장 작은 수는 $\frac{1}{12}$입니다.
따라서 가장 큰 수와 가장 작은 수의 곱은
$\frac{1}{8} \times \frac{1}{12} = \frac{1}{8 \times 12} = \frac{1}{96}$
입니다.

5 $\frac{\overset{5}{35}}{\underset{8}{64}} \times \frac{\overset{1}{8}}{\underset{3}{21}} = \frac{5 \times 1}{8 \times 3} = \frac{5}{24}$

6 ㉠ $\frac{\overset{2}{8}}{\underset{5}{15}} \times \frac{\overset{3}{9}}{\underset{5}{20}} = \frac{2 \times 3}{5 \times 5} = \frac{6}{25}$

㉡ $\frac{\overset{1}{7}}{\underset{5}{30}} \times \frac{\overset{1}{6}}{\underset{5}{35}} = \frac{1 \times 1}{5 \times 5} = \frac{1}{25}$

㉠과 ㉡의 차는 $\frac{6}{25} - \frac{1}{25} = \frac{5}{25} = \frac{1}{5}$입니다.

7 (세영이가 오늘 먹은 피자의 양)
$= \frac{1}{2} \times \frac{1}{4} = \frac{1}{2 \times 4} = \frac{1}{8}$

24 _ 정답 및 풀이

8 채원이네 반 학생 중에서 오늘 원피스를 입은 학생은 전체의 $\dfrac{9}{14} \times \dfrac{7}{15}$입니다.

➡ $\dfrac{\overset{3}{\cancel{9}}}{\underset{2}{\cancel{14}}} \times \dfrac{\overset{1}{\cancel{7}}}{\underset{5}{\cancel{15}}} = \dfrac{3 \times 1}{2 \times 5} = \dfrac{3}{10}$

개념 032 **(대분수)×(대분수)/세 분수의 곱셈**

본문 74~75쪽

1 (1) $4\dfrac{1}{6}$ (2) 16 (3) $8\dfrac{7}{10}$ **2** (1) $\dfrac{2}{5}$

(2) $1\dfrac{3}{4}$ (3) 15 **3** $31\dfrac{1}{2}$ **4** 4개

5 $3\dfrac{2}{5}$ **6** 8 **7** $21\dfrac{2}{3}$ L **8** $\dfrac{2}{7}$

---

1 (1) $1\dfrac{2}{3} \times 2\dfrac{1}{2} = \dfrac{5}{3} \times \dfrac{5}{2} = \dfrac{25}{6} = 4\dfrac{1}{6}$

(2) $4\dfrac{1}{2} \times 3\dfrac{5}{9} = \dfrac{\overset{1}{\cancel{9}}}{\underset{1}{\cancel{2}}} \times \dfrac{\overset{16}{\cancel{32}}}{\underset{1}{\cancel{9}}} = \dfrac{16}{1} = 16$

(3) $2\dfrac{2}{5} \times 3\dfrac{5}{8} = \dfrac{12}{5} \times \dfrac{29}{\underset{2}{\cancel{8}}}^{3} = \dfrac{87}{10} = 8\dfrac{7}{10}$

2 (1) $\dfrac{2}{3} \times \dfrac{3}{4} \times \dfrac{4}{5} = \dfrac{2 \times \overset{1}{\cancel{3}} \times \overset{1}{\cancel{4}}}{\underset{1}{\cancel{3}} \times \underset{1}{\cancel{4}} \times 5} = \dfrac{2}{5}$

(2) $1\dfrac{2}{3} \times \dfrac{3}{7} \times 2\dfrac{9}{20} = \dfrac{5}{3} \times \dfrac{3}{7} \times \dfrac{49}{20}$

$= \dfrac{\overset{1}{\cancel{5}} \times \overset{1}{\cancel{3}} \times \overset{7}{\cancel{49}}}{\underset{1}{\cancel{3}} \times \underset{1}{\cancel{7}} \times \underset{4}{\cancel{20}}}$

$= \dfrac{7}{4} = 1\dfrac{3}{4}$

(3) $\dfrac{7}{9} \times 7\dfrac{1}{7} \times 2\dfrac{7}{10} = \dfrac{7}{9} \times \dfrac{50}{7} \times \dfrac{27}{10}$

$= \dfrac{\overset{1}{\cancel{7}} \times \overset{5}{\cancel{50}} \times \overset{3}{\cancel{27}}}{\underset{1}{\cancel{9}} \times \underset{1}{\cancel{7}} \times \underset{1}{\cancel{10}}} = 15$

3 가장 큰 수는 $8\dfrac{1}{6}$이고, 가장 작은 수는 $3\dfrac{6}{7}$이므로 가장 큰 수와 가장 작은 수의 곱은

$8\dfrac{1}{6} \times 3\dfrac{6}{7} = \dfrac{49}{\underset{2}{\cancel{6}}}^{7} \times \dfrac{\overset{9}{\cancel{27}}}{\underset{1}{\cancel{7}}} = \dfrac{63}{2} = 31\dfrac{1}{2}$입니다.

---

4 $1\dfrac{11}{15} \times 2\dfrac{3}{4} = \dfrac{26}{15}^{13} \times \dfrac{11}{\underset{2}{\cancel{4}}} = \dfrac{143}{30} = 4\dfrac{23}{30}$이므로

$4\dfrac{23}{30} > \square \dfrac{7}{10}$입니다.

이때 $\dfrac{7}{10} = \dfrac{7 \times 3}{10 \times 3} = \dfrac{21}{30}$이므로 $\dfrac{23}{30} > \dfrac{7}{10}$입니다.

따라서 $\square$ 안에 들어갈 수 있는 자연수는 1, 2, 3, 4이므로 4개입니다.

5 $\text{㉠} \times \text{㉡} \times \text{㉢} = 2\dfrac{4}{5} \times \dfrac{6}{7} \times 1\dfrac{5}{12}$

$= \dfrac{14}{5} \times \dfrac{6}{7} \times \dfrac{17}{12}$

$= \dfrac{\overset{2}{\cancel{14}} \times \overset{1}{\cancel{6}} \times 17}{5 \times \underset{1}{\cancel{7}} \times \underset{2}{\cancel{12}}}$

$= \dfrac{1 \times 1 \times 17}{5 \times 1 \times 1}$

$= \dfrac{17}{5} = 3\dfrac{2}{5}$

6 $\dfrac{5}{8} \times 1\dfrac{13}{15} \times 5\dfrac{5}{7} = \dfrac{5}{8} \times \dfrac{28}{15} \times \dfrac{40}{7}$

$= \dfrac{\overset{1}{\cancel{5}} \times \overset{4}{\cancel{28}} \times \overset{5}{\cancel{40}}}{\underset{1}{\cancel{8}} \times \underset{3}{\cancel{15}} \times \underset{1}{\cancel{7}}} = \dfrac{20}{3}$

$= 6\dfrac{2}{3}$

따라서 ㉠$=6$, ㉡$=2$이므로 ㉠$+$㉡의 값은 $6+2=8$입니다.

7 $\left(2\dfrac{1}{12}\text{시간 동안 받은 물의 양}\right)$

$= 10\dfrac{2}{5} \times 2\dfrac{1}{12} = \dfrac{52}{\underset{1}{\cancel{5}}}^{13} \times \dfrac{25}{\underset{3}{\cancel{12}}}^{5}$

$= \dfrac{65}{3} = 21\dfrac{2}{3} \text{ (L)}$

8 버스 안의 초등학생은 전체의 $\dfrac{3}{5} \times \dfrac{5}{7}$이므로 버스 안에 운동화를 신은 초등학생은 전체의

$\dfrac{3}{5} \times \dfrac{5}{7} \times \dfrac{2}{3} = \dfrac{\overset{1}{\cancel{3}} \times \overset{1}{\cancel{5}} \times 2}{\underset{1}{\cancel{5}} \times 7 \times \underset{1}{\cancel{3}}} = \dfrac{2}{7}$

입니다.

10 소수의 곱셈 개념 033~036

개념 033 분수와 소수의 관계

본문 76~77쪽

1 (1) 0.8 (2) 0.65 (3) 2.75 (4) $\dfrac{7}{10}$ (5) $\dfrac{12}{25}$

(6) $4\dfrac{7}{20}$ **2** ㉠, ㉢ **3** ⨉ **4** ㉢

5 87 **6** 1.56 L **7** $1\dfrac{21}{25}$ L

1 (1) $\dfrac{4}{5}=\dfrac{4\times2}{5\times2}=\dfrac{8}{10}=0.8$

(2) $\dfrac{13}{20}=\dfrac{13\times5}{20\times5}=\dfrac{65}{100}=0.65$

(3) $2\dfrac{3}{4}=2+\dfrac{3\times25}{4\times25}=2+\dfrac{75}{100}$
$=2+0.75=2.75$

(5) $0.48=\dfrac{48}{100}=\dfrac{48\div4}{100\div4}=\dfrac{12}{25}$

(6) $4.35=4+\dfrac{35}{100}=4+\dfrac{35\div5}{100\div5}$
$=4+\dfrac{7}{20}=4\dfrac{7}{20}$

2 ㉠ $\dfrac{1}{2}=\dfrac{1\times5}{2\times5}=\dfrac{5}{10}=0.5$

㉢ $\dfrac{4}{5}=\dfrac{4\times2}{5\times2}=\dfrac{8}{10}=0.8$

3 $\dfrac{5}{8}=\dfrac{5\times125}{8\times125}=\dfrac{625}{1000}=0.625$

$\dfrac{4}{25}=\dfrac{4\times4}{25\times4}=\dfrac{16}{100}=0.16$

$\dfrac{19}{500}=\dfrac{19\times2}{500\times2}=\dfrac{38}{1000}=0.038$

4 ㉠ $3.6=3+\dfrac{6}{10}=3+\dfrac{6\div2}{10\div2}=3+\dfrac{3}{5}=3\dfrac{3}{5}$

㉢ $0.32=\dfrac{32}{100}=\dfrac{32\div4}{100\div4}=\dfrac{8}{25}$

㉢ $4.25=4+\dfrac{25}{100}=4+\dfrac{25\div25}{100\div25}$
$=4+\dfrac{1}{4}=4\dfrac{1}{4}$

따라서 소수를 기약분수로 나타낼 때 분모가 가장 작은 소수는 ㉢입니다.

5 $0.74=\dfrac{74}{100}=\dfrac{74\div2}{100\div2}=\dfrac{37}{50}$이므로 분모와 분자의 합은 $50+37=87$입니다.

6 $1\dfrac{11}{50}=1+\dfrac{11\times2}{50\times2}=1+\dfrac{22}{100}=1+0.22=1.22$
이므로 동석이가 마신 우유의 양은
$1.22+0.34=1.56$ (L)입니다.

7 $1.84=1+\dfrac{84}{100}=1+\dfrac{84\div4}{100\div4}=1+\dfrac{21}{25}=1\dfrac{21}{25}$
이므로 현우가 일주일 동안 마신 우유의 양을 기약분수로 나타내면 $1\dfrac{21}{25}$ L입니다.

개념 034 (소수)×(자연수)

본문 78~79쪽

1 (1) 3.5 (2) 5.4 (3) 1.12 (4) 5.6 (5) 1.8
(6) 2.34 **2** (1) 7.5 (2) 46.8 (3) 25.2
(4) 12.6 (5) 37.5 (6) 16.2 **3** 6.3
4 ㉢ **5** 14 **6** 22.4 cm **7** 35.1 kg
8 43.2 g

1 (1) $0.7\times5=\dfrac{7}{10}\times5=\dfrac{35}{10}=3.5$

(2) $6\times0.9=6\times\dfrac{9}{10}=\dfrac{54}{10}=5.4$

(3) $8\times0.14=8\times\dfrac{14}{100}=\dfrac{112}{100}=1.12$

(4) $\begin{array}{r}0.8\\\times\ \ 7\\\hline5.6\end{array}$ (5) $\begin{array}{r}0.3\\\times\ \ 6\\\hline1.8\end{array}$ (6) $\begin{array}{r}0.26\\\times\ \ \ 9\\\hline2.34\end{array}$

2 (1) $2.5\times3=\dfrac{25}{10}\times3=\dfrac{75}{10}=7.5$

(2) $5.2\times9=\dfrac{52}{10}\times9=\dfrac{468}{10}=46.8$

(3) $7\times3.6=7\times\dfrac{36}{10}=\dfrac{252}{10}=25.2$

(4) $\begin{array}{r}4.2\\\times\ \ 3\\\hline12.6\end{array}$ (5) $\begin{array}{r}7.5\\\times\ \ 5\\\hline37.5\end{array}$ (6) $\begin{array}{r}6\\\times\ 2.7\\\hline16.2\end{array}$

3 $0.9\times7=\dfrac{9}{10}\times7=\dfrac{63}{10}=6.3$

4
$$\textcircled{\scriptsize ㄱ}\ 28 \times 0.07 = 28 \times \frac{7}{100} = \frac{196}{100} = 1.96$$

$$\textcircled{\scriptsize ㄴ}\ 3 \times 0.9 = 3 \times \frac{9}{10} = \frac{27}{10} = 2.7$$

$$\textcircled{\scriptsize ㄷ}\ 10 \times 0.15 = 10 \times \frac{15}{100} = \frac{150}{100} = 1.5$$

따라서 계산 결과가 가장 큰 것은 ㄴ입니다.

5
$$8 \times 5.2 = 8 \times \frac{52}{10} = \frac{416}{10} = 41.6$$이므로 ㄱ=41.6

이고, $6.9 \times 4 = \frac{69}{10} \times 4 = \frac{276}{10} = 27.6$이므로

ㄴ=27.6입니다.

따라서 ㄱ−ㄴ=41.6−27.6=14입니다.

6 정사각형의 네 변의 길이는 같으므로 정사각형의 둘레의 길이는

$$5.6 \times 4 = \frac{56}{10} \times 4 = \frac{224}{10} = 22.4\,(\text{cm})$$

입니다.

7
$$39 \times 0.9 = 39 \times \frac{9}{10} = \frac{351}{10} = 35.1$$

이므로 동생의 몸무게는 35.1 kg입니다.

8
$$5.4 \times 8 = \frac{54}{10} \times 8 = \frac{432}{10} = 43.2$$

이므로 100원짜리 동전 8개의 무게는 43.2 g입니다.

개념 035 크기 비교/곱의 소수점의 위치

본문 80~81쪽

> **1** (1) > (2) < (3) < **2** (1) 2.5 (2) 704
> (3) 5170 (4) 6.53 (5) 1.253 (6) 0.905
> **3** ㄱ, ㄷ, ㄴ   **4** 오른쪽에 ○
> **5** ㄱ, ㄷ   **6** 5687   **7** 폭포

1 (1) $\dfrac{3}{5} = \dfrac{3 \times 2}{5 \times 2} = \dfrac{6}{10} = 0.6$이므로

$0.7 > \dfrac{3}{5}$입니다.

(2) $\dfrac{16}{25} = \dfrac{16 \times 4}{25 \times 4} = \dfrac{64}{100} = 0.64$이므로

$0.62 < \dfrac{16}{25}$입니다.

(3) $3\dfrac{9}{40} = 3 + \dfrac{9}{40} = 3 + \dfrac{9 \times 25}{40 \times 25}$

$$= 3 + \frac{225}{1000} = 3 + 0.225$$

$$= 3.225$$

이므로 $3\dfrac{9}{40} < 3.273$입니다.

2 (1) $0.25 \times 10 = 2.5$

(2) $7.04 \times 100 = 704$

(3) $5.17 \times 1000 = 5170$

(4) $65.3 \times 0.1 = 6.53$

(5) $125.3 \times 0.01 = 1.253$

(6) $905 \times 0.001 = 0.905$

3 $\textcircled{\scriptsize ㄱ}\ \dfrac{18}{25} = \dfrac{18 \times 4}{25 \times 4} = \dfrac{72}{100} = 0.72$

$\textcircled{\scriptsize ㄴ}\ \dfrac{13}{20} = \dfrac{13 \times 5}{20 \times 5} = \dfrac{65}{100} = 0.65$

$\textcircled{\scriptsize ㄷ}\ 0.715$

따라서 $0.65 < 0.715 < 0.72$이므로 큰 수부터 차례대로 기호를 쓰면 ㄱ, ㄷ, ㄴ입니다.

4 $1\dfrac{19}{25} = 1 + \dfrac{19 \times 4}{25 \times 4} = 1 + \dfrac{76}{100} = 1\dfrac{76}{100} = 1.76$

이므로 $1\dfrac{19}{25} < 1.84$입니다.

따라서 2개의 물통 중 물이 더 많이 들어 있는 물통은 오른쪽에 있는 물통입니다.

5 $\textcircled{\scriptsize ㄱ}\ 3.92 \times 10 = 39.2$

$\textcircled{\scriptsize ㄷ}\ 392 \times 0.01 = 3.92$

6 $5.687 \times 10 = 56.87$이므로 ㄱ=56.87

$0.7184 \times$ ㄴ $= 71.84$에서 ㄴ=100

따라서 ㄱ×ㄴ=56.87×100=5687입니다.

7 $1\dfrac{7}{8} = 1 + \dfrac{7}{8} = 1 + \dfrac{7 \times 125}{8 \times 125}$

$$= 1 + \frac{875}{1000}$$

$$= 1 + 0.875 = 1.875$$

이므로 $1\dfrac{7}{8} > 1.55$입니다.

따라서 등산로 입구에서 더 가까운 곳은 폭포입니다.

개념 036 1보다 작은/1보다 큰 소수의 곱셈

본문 82~83쪽

1 (1) 0.36 (2) 0.4 (3) 0.185 (4) 0.102
  (5) 0.2275 (6) 0.0792   2 (1) 4.32
  (2) 4.55 (3) 14.528 (4) 12.048 (5) 15.045
  (6) 11.2658   3 >   4 0.5525 m²
5 4.32   6 8   7 3개   8 7.504 g

1 (1) $0.4 \times 0.9 = \dfrac{4}{10} \times \dfrac{9}{10} = \dfrac{36}{100} = 0.36$

(2) $0.8 \times 0.5 = \dfrac{8}{10} \times \dfrac{5}{10} = \dfrac{40}{100} = 0.4$

(3) $0.5 \times 0.37 = \dfrac{5}{10} \times \dfrac{37}{100} = \dfrac{185}{1000} = 0.185$

(4) $0.17 \times 0.6 = \dfrac{17}{100} \times \dfrac{6}{10} = \dfrac{102}{1000} = 0.102$

(5) $0.35 \times 0.65 = \dfrac{35}{100} \times \dfrac{65}{100} = \dfrac{2275}{10000} = 0.2275$

(6) $0.24 \times 0.33 = \dfrac{24}{100} \times \dfrac{33}{100} = \dfrac{792}{10000} = 0.0792$

2 (1) $2.7 \times 1.6 = \dfrac{27}{10} \times \dfrac{16}{10} = \dfrac{432}{100} = 4.32$

(2) $1.3 \times 3.5 = \dfrac{13}{10} \times \dfrac{35}{10} = \dfrac{455}{100} = 4.55$

(3) $3.2 \times 4.54 = \dfrac{32}{10} \times \dfrac{454}{100} = \dfrac{14528}{1000} = 14.528$

(4) $5.02 \times 2.4 = \dfrac{502}{100} \times \dfrac{24}{10} = \dfrac{12048}{1000} = 12.048$

(5) $4.25 \times 3.54 = \dfrac{425}{100} \times \dfrac{354}{100} = \dfrac{150450}{10000}$
$= 15.045$

(6) $6.19 \times 1.82 = \dfrac{619}{100} \times \dfrac{182}{100} = \dfrac{112658}{10000}$
$= 11.2658$

3 $0.3 \times 0.75 = \dfrac{3}{10} \times \dfrac{75}{100} = \dfrac{225}{1000} = 0.225$,

$0.36 \times 0.6 = \dfrac{36}{100} \times \dfrac{6}{10} = \dfrac{216}{1000} = 0.216$이므로

$0.3 \times 0.75 > 0.36 \times 0.6$입니다.

4 (나무판의 넓이)
= (가로의 길이) × (세로의 길이)
$= 0.85 \times 0.65 = \dfrac{85}{100} \times \dfrac{65}{100} = \dfrac{5525}{10000}$
$= 0.5525 \ (\text{m}^2)$

5 가장 큰 수는 3.6이고, 가장 작은 수는 1.2이므로 가장 큰 수와 가장 작은 수의 곱은
$3.6 \times 1.2 = \dfrac{36}{10} \times \dfrac{12}{10} = \dfrac{432}{100} = 4.32$입니다.

6 $2.5 \times 3.14 = \dfrac{25}{10} \times \dfrac{314}{100} = \dfrac{7850}{1000} = 7.85$이므로
□ 안에 들어갈 수 있는 가장 작은 자연수는 8입니다.

7 $0.05 \times 0.4 = \dfrac{5}{100} \times \dfrac{4}{10} = \dfrac{20}{1000} = 0.02$,

$0.3 \times 0.2 = \dfrac{3}{10} \times \dfrac{2}{10} = \dfrac{6}{100} = 0.06$에서

$0.02 < \square < 0.06$이므로 □ 안에 들어갈 수 있는 소수 두 자리 수는 0.03, 0.04, 0.05의 3개입니다.

8 $5.36 \times 1.4 = \dfrac{536}{100} \times \dfrac{14}{10} = \dfrac{7504}{1000}$
$= 7.504 \ (\text{g})$

반드시 알아야 하는 필수 문제

본문 84~87쪽

01 ㉡   02 31g   03 ㉡, ㉣, ㉠, ㉢
04 ③   05 (선 연결)   06 42
07 ⑤   08 4장
09 ②, ④   10 70일 후   11 2조각   12 ㉢
13 ③, ④   14 2   15 ㉠ 50, ㉡ 13,
  ㉢ 51, 가장 작은 분수 : $\dfrac{5}{6}$

16 콜라, 사이다, 오렌지 주스   17 $\dfrac{33}{40}$ kg

18 =   19 26   20 $4\dfrac{1}{2}$시간

21 $\dfrac{9}{20}$ kg 22 $3\dfrac{19}{60}$ cm   23 $1\dfrac{43}{48}$

24 ②   25 $13\dfrac{1}{4}$ cm   26 $\dfrac{1}{12}$

27 $13\dfrac{1}{2}$ m²   28 $2\dfrac{11}{25}$

29 2.45 km   30 ㉠, ㉣

31 3.45, 4.14

1 ㉠ $47-12\times3+8=47-36+8=19$

㉡ $3+6\times4-7=3+24-7=27-7=20$

㉢ $34-9+2\times7=25+14=39$

따라서 바르게 계산한 것은 ㉡입니다.

2 초콜릿 8개의 무게가 120 g이므로 초콜릿 1개의 무게는 $120\div8=15$ (g)입니다.

또, 사탕 5개의 무게가 80 g이므로 사탕 1개의 무게는 $80\div5=16$ (g)입니다.

따라서 초콜릿 1개와 사탕 1개의 무게를 합하면 $15+16=31$ (g)입니다.

3 곱셈과 나눗셈은 덧셈과 뺄셈보다 먼저 계산합니다.

4 18은 18의 약수, 즉 1, 2, 3, 6, 9, 18로 나누면 나누어떨어집니다.

따라서 어떤 수가 될 수 없는 수는 ③입니다.

5 $189\div9=21$, $143\div13=11$, $204\div17=12$

6 두 수의 곱셈식에서 공통으로 들어 있는 수의 곱은 $2\times3\times7$이므로 두 수 가와 나의 최대공약수는 $2\times3\times7=42$입니다.

7 어떤 두 수의 최대공약수가 40이므로 두 수의 공약수는 40의 약수와 같습니다.

이때 40의 약수는 1, 2, 4, 5, 8, 10, 20, 40이므로 두 수의 공약수가 아닌 수는 ⑤입니다.

8 배와 감을 가장 많은 봉지에 남김없이 나누어 담으려면 봉지의 수는 36과 28의 최대공약수이어야 합니다.

$$\begin{array}{r}2\,)\,\underline{36\quad28}\\2\,)\,\underline{18\quad14}\\9\quad7\end{array}\Rightarrow\text{최대공약수}:2\times2=4$$

따라서 배와 감을 똑같이 최대 4장의 봉지에 나누어 담을 수 있습니다.

9 4의 배수 : 4, 8, 12, 16, 20, 24, 28, 32, 36 …

6의 배수 : 6, 12, 18, 24, 30, 36, 42 ……

4와 6의 공배수 : 12, 24, 36 ……

따라서 4와 6의 공배수가 아닌 것은 ②, ④입니다.

10 지수와 현주가 다음 번에 도서관에서 만나는 날은 10과 14의 최소공배수만큼이 지난 후입니다.

$$2\,)\,\underline{10\quad14}\\\quad\;5\quad7\Rightarrow\text{최소공배수}:2\times5\times7=70$$

따라서 다음 번에 두 사람이 도서관에서 만나는 날은 70일 후입니다.

11 전체를 똑같이 6으로 나눈 것 중의 하나는 전체를 똑같이 12로 나눈 것 중의 둘과 같습니다.

따라서 주윤이가 먹은 양과 같은 양을 먹으려면 은혜는 2조각을 먹어야 합니다.

12 ㉠ $\dfrac{15}{27}=\dfrac{15\div3}{27\div3}=\dfrac{5}{9}$

㉡ $\dfrac{32}{56}=\dfrac{32\div8}{56\div8}=\dfrac{4}{7}$

㉢ $\dfrac{21}{48}=\dfrac{21\div3}{48\div3}=\dfrac{7}{16}$

㉣ $\dfrac{30}{75}=\dfrac{30\div15}{75\div15}=\dfrac{2}{5}$

따라서 두 분수의 크기가 서로 다른 것은 ㉢입니다.

13 $\dfrac{60}{75}$에서 60과 75의 최대공약수가 15이므로 공약수는 1, 3, 5, 15입니다.

따라서 분모와 분자를 동시에 나눌 수 없는 수는 두 수의 공약수가 아닌 ③, ④입니다.

14 $\dfrac{28}{42}=\dfrac{28\div14}{42\div14}=\dfrac{㉠}{3}$이므로

$$㉠=28\div14=2$$

입니다.

15 $\dfrac{5}{6}=\dfrac{5\times10}{6\times10}=\dfrac{㉠}{60}$이므로 ㉠은 $5\times10=50$입니다.

$\dfrac{㉡}{15}=\dfrac{㉡\times4}{15\times4}=\dfrac{52}{60}$에서 $㉡\times4=52$이므로 $㉡=52\div4=13$입니다.

$\dfrac{17}{20}=\dfrac{17\times3}{20\times3}=\dfrac{㉢}{60}$이므로 ㉢은 $17\times3=51$입니다.

따라서 가장 작은 분수는 $\dfrac{5}{6}$입니다.

16 $\left(\dfrac{2}{5}, \dfrac{4}{9}\right) \Rightarrow \left(\dfrac{18}{45}, \dfrac{20}{45}\right)$이므로 $\dfrac{2}{5} < \dfrac{4}{9}$입니다.

$\left(\dfrac{4}{9}, \dfrac{7}{15}\right) \Rightarrow \left(\dfrac{20}{45}, \dfrac{21}{45}\right)$이므로 $\dfrac{4}{9} < \dfrac{7}{15}$입니다.

따라서 $\dfrac{2}{5} < \dfrac{4}{9} < \dfrac{7}{15}$이므로 음료수의 양이 적은 것부터 차례대로 쓰면 콜라, 사이다, 오렌지 주스입니다.

17 $\dfrac{9}{20} + \dfrac{3}{8} = \dfrac{18}{40} + \dfrac{15}{40} = \dfrac{33}{40}$ (kg)입니다.

18 $\dfrac{2}{3} + \dfrac{3}{4} = \dfrac{8}{12} + \dfrac{9}{12} = \dfrac{17}{12} = 1\dfrac{5}{12}$

$\dfrac{7}{12} + \dfrac{5}{6} = \dfrac{7}{12} + \dfrac{10}{12} = \dfrac{17}{12} = 1\dfrac{5}{12}$

따라서 $\dfrac{2}{3} + \dfrac{3}{4} = \dfrac{7}{12} + \dfrac{5}{6}$입니다.

19 $4\dfrac{2}{9} + 3\dfrac{1}{5} = (4+3) + \left(\dfrac{2}{9} + \dfrac{1}{5}\right)$

$= 7 + \left(\dfrac{10}{45} + \dfrac{9}{45}\right)$

$= 7 + \dfrac{19}{45} = 7\dfrac{19}{45}$

이므로 ㉠$=7$, ㉡$=19$입니다.

따라서 ㉠$+$㉡$=7+19=26$입니다.

20 $1\dfrac{5}{6} + 2\dfrac{2}{3} = (1+2) + \left(\dfrac{5}{6} + \dfrac{2}{3}\right)$

$= 3 + \left(\dfrac{5}{6} + \dfrac{4}{6}\right)$

$= 3 + \dfrac{9}{6} = 3 + 1\dfrac{3}{6}$

$= 4\dfrac{3}{6} = 4\dfrac{1}{2}$(시간)

21 $\dfrac{17}{20} - \dfrac{2}{5} = \dfrac{17}{20} - \dfrac{2 \times 4}{5 \times 4}$

$= \dfrac{17}{20} - \dfrac{8}{20} = \dfrac{9}{20}$ (kg)

22 $6\dfrac{9}{20} > 3\dfrac{2}{15}$이므로

$6\dfrac{9}{20} - 3\dfrac{2}{15} = 6\dfrac{27}{60} - 3\dfrac{8}{60}$

$= (6-3) + \left(\dfrac{27}{60} - \dfrac{8}{60}\right)$

$= 3 + \dfrac{19}{60}$

$= 3\dfrac{19}{60}$ (cm)

23 어떤 수를 □라고 하면

$\square + 2\dfrac{11}{16} = 4\dfrac{7}{12}$

$\square = 4\dfrac{7}{12} - 2\dfrac{11}{16} = 4\dfrac{28}{48} - 2\dfrac{33}{48}$

$= 3\dfrac{76}{48} - 2\dfrac{33}{48}$

$= (3-2) + \left(\dfrac{76}{48} - \dfrac{33}{48}\right)$

$= 1\dfrac{43}{48}$

따라서 어떤 수는 $1\dfrac{43}{48}$입니다.

24 $\dfrac{5}{7} \times 3 = \dfrac{5}{7} + \dfrac{5}{7} + \dfrac{5}{7} = \dfrac{5+5+5}{7}$

$= \dfrac{5 \times 3}{7} = \dfrac{15}{7} = 2\dfrac{1}{7}$

25 $4\dfrac{5}{12} \times 3 = \dfrac{53}{12} \times 3 = \dfrac{53 \times \overset{1}{\cancel{3}}}{\underset{4}{\cancel{12}}}$

$= \dfrac{53}{4} = 13\dfrac{1}{4}$ (cm)

26 (감자를 캔 밭)$=$(감자를 심은 밭)$\times \dfrac{1}{4}$

$= \dfrac{1}{3} \times \dfrac{1}{4} = \dfrac{1}{3 \times 4} = \dfrac{1}{12}$

27 $5\dfrac{1}{4} \times 2\dfrac{4}{7} = \dfrac{\overset{3}{\cancel{21}}}{\underset{2}{\cancel{4}}} \times \dfrac{\overset{9}{\cancel{18}}}{\underset{1}{\cancel{7}}} = \dfrac{27}{2} = 13\dfrac{1}{2}$ (m²)

28 $2.44 = 2\dfrac{44}{100} = 2\dfrac{11}{25}$

29 (달린 거리)$=$(운동장 한 바퀴의 거리) $\times$ (달린 바퀴 수)

$= 0.35 \times 7 = \dfrac{35}{100} \times 7$

$= \dfrac{245}{100} = 2.45$ (km)

30 ㉠ $\dfrac{3}{5} = \dfrac{3 \times 2}{5 \times 2} = \dfrac{6}{10} = 0.6$이므로 $0.5 < 0.6$입니다.

$\Rightarrow 0.5 < \dfrac{3}{5}$

㉡ $\dfrac{3}{4} = \dfrac{3 \times 25}{4 \times 25} = \dfrac{75}{100} = 0.75$이므로

$0.75 > 0.55$입니다.

$\Rightarrow \dfrac{3}{4} > 0.55$

$$ⓒ \ 4\frac{3}{8}=4+\frac{3}{8}=4+\frac{3\times125}{8\times125}=4+\frac{375}{1000}$$
$$=4+0.375=4.375$$
이므로 4.1<4.375입니다.

$$➡ 4.1<4\frac{3}{8}$$

$$ⓔ \ \frac{23}{25}=\frac{23\times4}{25\times4}=\frac{92}{100}=0.92이므로$$
0.92>0.9입니다.

$$➡ \frac{23}{25}>0.9$$

따라서 크기를 잘못 비교한 것은 ㉠, ㉣입니다.

31 $$1.5\times2.3=\frac{15}{10}\times\frac{23}{10}=\frac{345}{100}=3.45$$
$$3.45\times1.2=\frac{345}{100}\times\frac{12}{10}=\frac{4140}{1000}=4.14$$

---

11 분수의 나눗셈(1) 개념 037~038

개념 037 (자연수)÷(자연수) (1)

본문 88~89쪽

1 (1) $1\times\frac{1}{3}$ (2) $4\times\frac{1}{5}$ (3) $3\times\frac{1}{8}$ **2** (1) $\frac{1}{10}$

(2) $\frac{8}{15}$ (3) $\frac{4}{11}$ **3** (교차 연결)

4 ㉠, ㉢ **5** (1) > (2) > (3) <

6 ㉠ 23 ㉡ $\frac{9}{23}$ **7** $\frac{4}{5}$ m

3 $$7\div8=7\times\frac{1}{8}$$
$$9\div12=9\times\frac{1}{12}$$
$$16\div5=16\times\frac{1}{5}$$

4 $$㉠ \ 2\div3=2\times\frac{1}{3}=\frac{2}{3}$$
$$㉢ \ 10\div7=10\times\frac{1}{7}=\frac{10}{7}$$

5 (1) $1\div2=\frac{1}{2}$, $1\div3=\frac{1}{3}$이고, $\frac{1}{2}>\frac{1}{3}$이므로
1÷2>1÷3입니다.

(2) $2\div5=\frac{2}{5}$, $2\div7=\frac{2}{7}$이고, $\frac{2}{5}>\frac{2}{7}$이므로
2÷5>2÷7입니다.

(3) $12\div5=\frac{12}{5}$, $15\div6=\frac{15}{6}=\frac{5}{2}$이고,
$\left(\frac{12}{5},\frac{5}{2}\right)➡\left(\frac{24}{10},\frac{25}{10}\right)$이므로 $\frac{12}{5}<\frac{15}{6}$
입니다.
따라서 12÷5<15÷6입니다.

6 $9\div23=9\times\frac{1}{23}=\frac{9}{23}$이므로 ㉠=23,
$㉡=\frac{9}{23}$입니다.

7 철사 한 도막의 길이는 $4\div5=\frac{4}{5}$ (m)입니다.

개념 038 (분수)÷(자연수)

본문 90~91쪽

1 (1) $\frac{2}{15}$ (2) $\frac{2}{13}$ (3) $\frac{3}{14}$ (4) $\frac{7}{36}$ (5) $\frac{3}{7}$

(6) $\frac{3}{8}$ **2** (1) $\frac{10}{21}$ (2) $1\frac{2}{3}$ (3) $1\frac{4}{7}$

2 29 **3** ㉢ **4** $\frac{13}{36}$ **5** $\frac{7}{50}$ m

6 $\frac{5}{24}$ L **7** $\frac{20}{27}$ cm

1 (1) $$\frac{2}{3}\div5=\frac{2}{3}\times\frac{1}{5}=\frac{2}{15}$$

(2) $$\frac{8}{13}\div4=\frac{\overset{2}{\cancel{8}}}{13}\times\frac{1}{\underset{1}{\cancel{4}}}=\frac{2}{13}$$

(3) $$\frac{9}{14}\div3=\frac{\overset{3}{\cancel{9}}}{14}\times\frac{1}{\underset{1}{\cancel{3}}}=\frac{3}{14}$$

(4) $$\frac{7}{4}\div9=\frac{7}{4}\times\frac{1}{9}=\frac{7}{36}$$

(5) $$\frac{15}{7}\div5=\frac{\overset{3}{\cancel{15}}}{7}\times\frac{1}{\underset{1}{\cancel{5}}}=\frac{3}{7}$$

(6) $$\frac{45}{8}\div15=\frac{\overset{3}{\cancel{45}}}{8}\times\frac{1}{\underset{1}{\cancel{15}}}=\frac{3}{8}$$

2 (1) $$3\frac{1}{3}\div7=\frac{10}{3}\times\frac{1}{7}=\frac{10}{21}$$

(2) $6\frac{2}{3} \div 4 = \frac{\overset{5}{\cancel{20}}}{3} \times \frac{1}{\underset{1}{\cancel{4}}} = \frac{5}{3} = 1\frac{2}{3}$

(3) $9\frac{3}{7} \div 6 = \frac{\overset{11}{\cancel{66}}}{7} \times \frac{1}{\underset{1}{\cancel{6}}} = \frac{11}{7} = 1\frac{4}{7}$

3 $\frac{16}{25} \div 4 = \frac{\overset{4}{\cancel{16}}}{25} \times \frac{1}{\underset{1}{\cancel{4}}} = \frac{4}{25}$ 이므로

㉠$=25$, ㉡$=4$입니다.

따라서 ㉠$+$㉡$=25+4=29$입니다.

4 ㉠ $\frac{13}{2} \div 10 = \frac{13}{2} \times \frac{1}{10} = \frac{13}{20}$

㉡ $\frac{14}{3} \div 7 = \frac{\overset{2}{\cancel{14}}}{3} \times \frac{1}{\underset{1}{\cancel{7}}} = \frac{2}{3}$

㉢ $\frac{15}{4} \div 3 = \frac{\overset{5}{\cancel{15}}}{4} \times \frac{1}{\underset{1}{\cancel{3}}} = \frac{5}{4} = 1\frac{1}{4}$

㉣ $\frac{9}{5} \div 5 = \frac{9}{5} \times \frac{1}{5} = \frac{9}{25}$

따라서 계산 결과가 가장 큰 것은 ㉢입니다.

5 작은 수는 $5\frac{5}{12}$이고 큰 수는 15이므로

$5\frac{5}{12} \div 15 = \frac{65}{12} \div 15 = \frac{\overset{13}{\cancel{65}}}{12} \times \frac{1}{\underset{3}{\cancel{15}}} = \frac{13}{36}$

입니다.

6 (정오각형의 한 변의 길이)
$=$(정오각형의 둘레의 길이)$\div 5$
$=\frac{7}{10} \div 5 = \frac{7}{10} \times \frac{1}{5} = \frac{7}{50}$ (m)
입니다.

7 $\frac{25}{12} \div 10 = \frac{\overset{5}{\cancel{25}}}{12} \times \frac{1}{\underset{2}{\cancel{10}}} = \frac{5}{24}$ (L)이므로 한 사

람이 마신 과일주스는 $\frac{5}{24}$ L입니다.

8 직사각형의 세로의 길이를 □ cm라고 하면

$6 \times \square = 4\frac{4}{9}$

$\square = 4\frac{4}{9} \div 6 = \frac{40}{9} \div 6$

$= \frac{\overset{20}{\cancel{40}}}{9} \times \frac{1}{\underset{3}{\cancel{6}}} = \frac{20}{27}$ (cm)

따라서 직사각형의 세로의 길이는 $\frac{20}{27}$ cm입니다.

12 소수의 나눗셈(1) 개념 039~045

개념 039 몫이 한 자리 수인 경우 (1)

본문 92~93쪽

1 (1) (왼쪽에서부터) 39, 3, 13, 1.3
　(2) (왼쪽에서부터) 96, 4, 24, 2.4
2 (1) 1.4　(2) 3.6　(3) 4.3　(4) 2.3　(5) 4.2
　(6) 5.3　**3** ㉢　　**4** 12.5　**5** ㉡
6 21.6 cm　**7** 32.4 m^2

2 (1) $5.6 \div 4 = \frac{\overset{14}{\cancel{56}}}{10} \times \frac{1}{\underset{1}{\cancel{4}}} = \frac{14}{10} = 1.4$

(2) $28.8 \div 8 = \frac{\overset{36}{\cancel{288}}}{10} \times \frac{1}{\underset{1}{\cancel{8}}} = \frac{36}{10} = 3.6$

(3) $30.1 \div 7 = \frac{\overset{43}{\cancel{301}}}{10} \times \frac{1}{\underset{1}{\cancel{7}}} = \frac{43}{10} = 4.3$

(4)
$$\begin{array}{r} 2.3 \\ 7\overline{)16.1} \\ \underline{14} \\ 2\ 1 \\ \underline{2\ 1} \\ 0 \end{array}$$

(5)
$$\begin{array}{r} 4.2 \\ 6\overline{)25.2} \\ \underline{24} \\ 1\ 2 \\ \underline{1\ 2} \\ 0 \end{array}$$

(6)
$$\begin{array}{r} 5.3 \\ 9\overline{)47.7} \\ \underline{45} \\ 2\ 7 \\ \underline{2\ 7} \\ 0 \end{array}$$

3 ㉠ $6.8 \div 2 = \frac{\overset{34}{\cancel{68}}}{10} \times \frac{1}{\underset{1}{\cancel{2}}} = \frac{34}{10} = 3.4$

㉡ $9.6 \div 3 = \frac{\overset{32}{\cancel{96}}}{10} \times \frac{1}{\underset{1}{\cancel{3}}} = \frac{32}{10} = 3.2$

㉢ $18.9 \div 7 = \frac{\overset{27}{\cancel{189}}}{10} \times \frac{1}{\underset{1}{\cancel{7}}} = \frac{27}{10} = 2.7$

따라서 나눗셈의 몫이 가장 작은 것은 ㉢입니다.

4 $\square = 62.5 \div 5 = \frac{\overset{125}{\cancel{625}}}{10} \times \frac{1}{\underset{1}{\cancel{5}}} = \frac{125}{10} = 12.5$

5 ㉠ $7.2 \div 3 = \dfrac{\overset{24}{\cancel{72}}}{10} \times \dfrac{1}{\underset{1}{\cancel{3}}} = \dfrac{24}{10} = 2.4$

㉡ $15.2 \div 4 = \dfrac{\overset{38}{\cancel{152}}}{10} \times \dfrac{1}{\underset{1}{\cancel{4}}} = \dfrac{38}{10} = 3.8$

㉢ $11.4 \div 6 = \dfrac{\overset{19}{\cancel{114}}}{10} \times \dfrac{1}{\underset{1}{\cancel{6}}} = \dfrac{19}{10} = 1.9$

따라서 나눗셈의 몫이 가장 큰 것은 ㉡입니다.

6 $86.4 \div 4 = \dfrac{\overset{216}{\cancel{864}}}{10} \times \dfrac{1}{\underset{1}{\cancel{4}}} = \dfrac{216}{10} = 21.6 \,(\text{cm})$

따라서 리본 1개의 길이는 21.6 cm입니다.

7 배추를 심은 곳의 넓이는

$194.4 \div 6 = \dfrac{\overset{324}{\cancel{1944}}}{10} \times \dfrac{1}{\underset{1}{\cancel{6}}} = \dfrac{324}{10} = 32.4 \,(\text{m}^2)$

입니다.

개념 040 몫이 한 자리 수인 경우 (2)

본문 94 ~ 95쪽

1 (1) (왼쪽에서부터) 495, 15, 33, 3.3

(2) (왼쪽에서부터) 378, 18, 21, 2.1

2 (1) 2.7 (2) 3.9 (3) 4.9 (4) 6.4 (5) 3.1

(6) 6.7 **3** < **4** 4.7 **5** 0.3

6 1.7 km 7 14.2 cm

---

2 (1) $43.2 \div 16 = \dfrac{\overset{27}{\cancel{432}}}{10} \times \dfrac{1}{\underset{1}{\cancel{16}}} = \dfrac{27}{10} = 2.7$

(2) $85.8 \div 22 = \dfrac{\overset{39}{\cancel{858}}}{10} \times \dfrac{1}{\underset{1}{\cancel{22}}} = \dfrac{39}{10} = 3.9$

(3) $63.7 \div 13 = \dfrac{\overset{49}{\cancel{637}}}{10} \times \dfrac{1}{\underset{1}{\cancel{13}}} = \dfrac{49}{10} = 4.9$

(4)
$$\begin{array}{r} 6.4 \\ 12\overline{)76.8} \\ 72 \\ \hline 48 \\ 48 \\ \hline 0 \end{array}$$

(5)
$$\begin{array}{r} 3.1 \\ 32\overline{)99.2} \\ 96 \\ \hline 32 \\ 32 \\ \hline 0 \end{array}$$

---

(6)
$$\begin{array}{r} 6.7 \\ 14\overline{)93.8} \\ 84 \\ \hline 98 \\ 98 \\ \hline 0 \end{array}$$

3 $46.8 \div 13 = \dfrac{\overset{36}{\cancel{468}}}{10} \times \dfrac{1}{\underset{1}{\cancel{13}}} = \dfrac{36}{10} = 3.6$

$42.9 \div 11 = \dfrac{\overset{39}{\cancel{429}}}{10} \times \dfrac{1}{\underset{1}{\cancel{11}}} = \dfrac{39}{10} = 3.9$

따라서 $46.8 \div 13 < 42.9 \div 11$입니다.

4 가장 큰 수는 56.4이고 가장 작은 수는 12이므로 가장 큰 수를 가장 작은 수로 나눈 몫은

$56.4 \div 12 = \dfrac{\overset{47}{\cancel{564}}}{10} \times \dfrac{1}{\underset{1}{\cancel{12}}}$

$= \dfrac{47}{10} = 4.7$

입니다.

5 가 : $57.4 \div 14 = \dfrac{\overset{41}{\cancel{574}}}{10} \times \dfrac{1}{\underset{1}{\cancel{14}}} = \dfrac{41}{10} = 4.1$

나 : $64.6 \div 17 = \dfrac{\overset{38}{\cancel{646}}}{10} \times \dfrac{1}{\underset{1}{\cancel{17}}} = \dfrac{38}{10} = 3.8$

따라서 가－나＝4.1－3.8＝0.3입니다.

6 1시간 25분＝85분이므로 1분 동안 달린 거리는

$144.5 \div 85 = \dfrac{\overset{17}{\cancel{1445}}}{10} \times \dfrac{1}{\underset{1}{\cancel{85}}} = \dfrac{17}{10}$

$= 1.7 \,(\text{km})$

입니다.

7 (삼각형의 넓이)＝(밑변의 길이)×(높이)÷2이므로

(높이)＝(삼각형의 넓이)×2÷(밑변의 길이)

$= 156.2 \times 2 \div 22 = 312.4 \div 22$

$= \dfrac{\overset{142}{\cancel{3124}}}{10} \times \dfrac{1}{\underset{1}{\cancel{22}}}$

$= \dfrac{142}{10} = 14.2 \,(\text{cm})$

입니다.

개념 041 몫이 두 자리 수인 경우

본문 96~97쪽

1 (1) (왼쪽에서부터) 816, 3, 272, 2.72

(2) (왼쪽에서부터) 744, 6, 124, 1.24

2 (1) 1.96　(2) 4.28　(3) 5.69　(4) 1.77

(5) 7.28　(6) 6.96　**3** ✕(선 연결)　**4** ㉣

5 13.42, 6.71

6 9.42　　**7** 9.67 g

2 (1) $7.84 \div 4 = \dfrac{\overset{196}{\cancel{784}}}{100} \times \dfrac{1}{\cancel{4}} = \dfrac{196}{100} = 1.96$

(2) $29.96 \div 7 = \dfrac{\overset{428}{\cancel{2996}}}{100} \times \dfrac{1}{\cancel{7}} = \dfrac{428}{100} = 4.28$

(3) $34.14 \div 6 = \dfrac{\overset{569}{\cancel{3414}}}{100} \times \dfrac{1}{\cancel{6}} = \dfrac{569}{100} = 5.69$

(4)
```
    1.7 7
5 ) 8.8 5
    5
    3 8
    3 5
      3 5
      3 5
        0
```

(5)
```
    7.2 8
4 ) 2 9.1 2
    2 8
      1 1
        8
      3 2
      3 2
        0
```

(6)
```
      6.9 6
8 ) 5 5.6 8
    4 8
    7 6
    7 2
      4 8
      4 8
        0
```

3 $12.53 \div 7 = \dfrac{\overset{179}{\cancel{1253}}}{100} \times \dfrac{1}{\cancel{7}} = \dfrac{179}{100} = 1.79$

$13.59 \div 9 = \dfrac{\overset{151}{\cancel{1359}}}{100} \times \dfrac{1}{\cancel{9}} = \dfrac{151}{100} = 1.51$

$5.88 \div 3 = \dfrac{\overset{196}{\cancel{588}}}{100} \times \dfrac{1}{\cancel{3}} = \dfrac{196}{100} = 1.96$

4 ㉠ $34.86 \div 7 = \dfrac{\overset{498}{\cancel{3486}}}{100} \times \dfrac{1}{\cancel{7}} = \dfrac{498}{100} = 4.98$

㉡ $45.92 \div 8 = \dfrac{\overset{574}{\cancel{4592}}}{100} \times \dfrac{1}{\cancel{8}} = \dfrac{574}{100} = 5.74$

㉢ $23.44 \div 4 = \dfrac{\overset{586}{\cancel{2344}}}{100} \times \dfrac{1}{\cancel{4}} = \dfrac{586}{100} = 5.86$

㉣ $32.55 \div 5 = \dfrac{\overset{651}{\cancel{3255}}}{100} \times \dfrac{1}{\cancel{5}} = \dfrac{651}{100} = 6.51$

따라서 나눗셈의 몫이 6보다 큰 것은 ㉣입니다.

5 $40.26 \div 3 = \dfrac{\overset{1342}{\cancel{4026}}}{100} \times \dfrac{1}{\cancel{3}} = \dfrac{1342}{100} = 13.42$

$13.42 \div 2 = \dfrac{\overset{671}{\cancel{1342}}}{100} \times \dfrac{1}{\cancel{2}} = \dfrac{671}{100} = 6.71$

6 $\square = 65.94 \div 7 = \dfrac{\overset{942}{\cancel{6594}}}{100} \times \dfrac{1}{\cancel{7}} = \dfrac{942}{100} = 9.42$

7 $58.02 \div 6 = \dfrac{\overset{967}{\cancel{5802}}}{100} \times \dfrac{1}{\cancel{6}} = \dfrac{967}{100} = 9.67 \ (g)$

개념 042 몫이 1보다 작은 경우

본문 98~99쪽

1 (1) (왼쪽에서부터) 24, 3, 8, 0.8

(2) (왼쪽에서부터) 315, 5, 63, 0.63

2 (1) 0.8　(2) 0.73　(3) 0.86　(4) 0.7　(5) 0.69

(6) 0.74　**3** 0.62, 0.73　　　　　**4** >

5 ㉡, ㉠, ㉢　　　　　　　**6** 0.93 cm²

7 0.94 L

2 (1) $7.2 \div 9 = \dfrac{\overset{8}{\cancel{72}}}{10} \times \dfrac{1}{\cancel{9}} = \dfrac{8}{10} = 0.8$

(2) $5.84 \div 8 = \dfrac{\overset{73}{\cancel{584}}}{100} \times \dfrac{1}{\cancel{8}} = \dfrac{73}{100} = 0.73$

(3) $7.74 \div 9 = \dfrac{\overset{86}{\cancel{774}}}{100} \times \dfrac{1}{\cancel{9}} = \dfrac{86}{100} = 0.86$

(4) $8.4 \div 12 = \dfrac{\overset{7}{\cancel{84}}}{10} \times \dfrac{1}{\underset{1}{\cancel{12}}} = \dfrac{7}{10} = 0.7$

(5) $10.35 \div 15 = \dfrac{\overset{69}{\cancel{1035}}}{100} \times \dfrac{1}{\underset{1}{\cancel{15}}} = \dfrac{69}{100} = 0.69$

(6) $15.54 \div 21 = \dfrac{\overset{74}{\cancel{1554}}}{100} \times \dfrac{1}{\underset{1}{\cancel{21}}} = \dfrac{74}{100} = 0.74$

3 $4.34 \div 7 = \dfrac{\overset{62}{\cancel{434}}}{100} \times \dfrac{1}{\underset{1}{\cancel{7}}} = \dfrac{62}{100} = 0.62$

$11.68 \div 16 = \dfrac{\overset{73}{\cancel{1168}}}{100} \times \dfrac{1}{\underset{1}{\cancel{16}}} = \dfrac{73}{100} = 0.73$

4 $7.11 \div 9 = \dfrac{\overset{79}{\cancel{711}}}{100} \times \dfrac{1}{\underset{1}{\cancel{9}}} = \dfrac{79}{100} = 0.79$

$15.62 \div 22 = \dfrac{\overset{71}{\cancel{1562}}}{100} \times \dfrac{1}{\underset{1}{\cancel{22}}} = \dfrac{71}{100} = 0.71$

따라서 $7.11 \div 9 > 15.62 \div 22$입니다.

5 ㉠ $5.04 \div 9 = \dfrac{\overset{56}{\cancel{504}}}{100} \times \dfrac{1}{\underset{1}{\cancel{9}}} = \dfrac{56}{100} = 0.56$

㉡ $13.57 \div 23 = \dfrac{\overset{59}{\cancel{1357}}}{100} \times \dfrac{1}{\underset{1}{\cancel{23}}} = \dfrac{59}{100} = 0.59$

㉢ $16.43 \div 31 = \dfrac{\overset{53}{\cancel{1643}}}{100} \times \dfrac{1}{\underset{1}{\cancel{31}}} = \dfrac{53}{100} = 0.53$

따라서 몫이 큰 것부터 차례대로 기호를 쓰면
㉡, ㉠, ㉢입니다.

6 $14.88 \div 16 = \dfrac{\overset{93}{\cancel{1488}}}{100} \times \dfrac{1}{\underset{1}{\cancel{16}}} = \dfrac{93}{100}$
$\qquad\qquad\quad = 0.93 \,(\text{cm}^2)$

따라서 색칠된 부분의 넓이는 $0.93 \,\text{cm}^2$입니다.

7 $5.64 \div 6 = \dfrac{\overset{94}{\cancel{564}}}{100} \times \dfrac{1}{\underset{1}{\cancel{6}}}$
$\qquad\quad = \dfrac{94}{100}$
$\qquad\quad = 0.94 \,(\text{L})$

따라서 약수터에서 1분 동안 흘러나오는 물의
양은 $0.94 \,\text{L}$입니다.

개념 043 소수점 아래 0을 내려 계산하는 경우

본문 100~101쪽

1 (1) (왼쪽에서부터) 84, 5, 84, 168, 1.68

(2) (왼쪽에서부터) 154, 4, 77, 385, 3.85

2 (1) 0.55　(2) 1.96　(3) 1.45　(4) 3.46

(5) 11.35　(6) 12.28　**3** ㉡　　**4** 1.95

5 (위에서부터) 6, 2, 9, 3, 0, 0

6 4.45 kg　**7** 12.45 km

---

2 (1) $3.3 \div 6 = \dfrac{\overset{11}{\cancel{33}}}{10} \times \dfrac{1}{\underset{2}{\cancel{6}}} = \dfrac{11}{20} = \dfrac{55}{100} = 0.55$

(2) $9.8 \div 5 = \dfrac{98}{10} \times \dfrac{1}{5} = \dfrac{98}{50} = \dfrac{196}{100} = 1.96$

(3) $8.7 \div 6 = \dfrac{\overset{29}{\cancel{87}}}{10} \times \dfrac{1}{\underset{2}{\cancel{6}}} = \dfrac{29}{20} = \dfrac{145}{100} = 1.45$

(4) $86.5 \div 25 = \dfrac{\overset{173}{\cancel{865}}}{10} \times \dfrac{1}{\underset{5}{\cancel{25}}} = \dfrac{173}{50} = \dfrac{346}{100}$
$\qquad\qquad\quad = 3.46$

(5) $45.4 \div 4 = \dfrac{\overset{227}{\cancel{454}}}{10} \times \dfrac{1}{\underset{2}{\cancel{4}}} = \dfrac{227}{20} = \dfrac{1135}{100}$
$\qquad\qquad\quad = 11.35$

(6) $61.4 \div 5 = \dfrac{614}{10} \times \dfrac{1}{5} = \dfrac{614}{50} = \dfrac{1228}{100}$
$\qquad\qquad\quad = 12.28$

3 ㉠ $6.9 \div 6 = \dfrac{\overset{23}{\cancel{69}}}{10} \times \dfrac{1}{\underset{2}{\cancel{6}}} = \dfrac{23}{20} = \dfrac{115}{100} = 1.15$

㉡ $33.8 \div 4 = \dfrac{\overset{169}{\cancel{338}}}{10} \times \dfrac{1}{\underset{2}{\cancel{4}}} = \dfrac{169}{20} = \dfrac{845}{100} = 8.45$

㉢ $55.8 \div 12 = \dfrac{\overset{93}{\cancel{558}}}{10} \times \dfrac{1}{\underset{2}{\cancel{12}}} = \dfrac{93}{20} = \dfrac{465}{100} = 4.65$

따라서 나눗셈의 몫이 가장 큰 것은 ㉡입니다.

4 어떤 소수를 □라고 하면 □ $\times 24 = 46.8$이므로

$□ = 46.8 \div 24 = \dfrac{\overset{39}{\cancel{468}}}{10} \times \dfrac{1}{\underset{2}{\cancel{24}}} = \dfrac{39}{20} = \dfrac{195}{100}$
$\qquad\qquad\qquad = 1.95$

따라서 어떤 소수는 1.95입니다.

6 $53.4 \div 12 = \dfrac{\overset{89}{534}}{10} \times \dfrac{1}{\underset{2}{12}} = \dfrac{89}{20} = \dfrac{445}{100}$

$\qquad\qquad\qquad = 4.45 \ (\text{kg})$

7 $74.7 \div 6 = \dfrac{\overset{249}{747}}{10} \times \dfrac{1}{\underset{2}{6}} = \dfrac{249}{20}$

$\qquad\qquad = \dfrac{1245}{100} = 12.45 \ (\text{km})$

개념 044 **몫의 소수 첫째 자리에 0이 있는 경우**

본문 102~103쪽

1 (1) (왼쪽에서부터) 53, 5, 53, 106, 1.06

(2) (왼쪽에서부터) 832, 4, 208, 2.08

2 (1) 3.05 (2) 2.08 (3) 2.09 (4) 4.05

(5) 12.06 (6) 15.07

3 (왼쪽에서부터) 2.07, 3.09, 6.02

4 ㉢, ㉡, ㉠, ㉣ **5** ㉡ **6** 1.08 L

7 1.04 kg

---

2 (1) $6.1 \div 2 = \dfrac{61}{10} \times \dfrac{1}{2} = \dfrac{61}{20} = \dfrac{305}{100} = 3.05$

(2) $6.24 \div 3 = \dfrac{\overset{208}{624}}{100} \times \dfrac{1}{\underset{1}{3}} = \dfrac{208}{100} = 2.08$

(3) $8.36 \div 4 = \dfrac{\overset{209}{836}}{100} \times \dfrac{1}{\underset{1}{4}} = \dfrac{209}{100} = 2.09$

(4) $20.25 \div 5 = \dfrac{\overset{405}{2025}}{100} \times \dfrac{1}{\underset{1}{5}} = \dfrac{405}{100} = 4.05$

(5) $48.24 \div 4 = \dfrac{\overset{1206}{4824}}{100} \times \dfrac{1}{\underset{1}{4}} = \dfrac{1206}{100} = 12.06$

(6) $90.42 \div 6 = \dfrac{\overset{1507}{9042}}{100} \times \dfrac{1}{\underset{1}{6}} = \dfrac{1507}{100} = 15.07$

3 $8.28 \div 4 = \dfrac{\overset{207}{828}}{100} \times \dfrac{1}{\underset{1}{4}} = \dfrac{207}{100} = 2.07$

$24.72 \div 8 = \dfrac{\overset{309}{2472}}{100} \times \dfrac{1}{\underset{1}{8}} = \dfrac{309}{100} = 3.09$

$90.3 \div 15 = \dfrac{\overset{301}{903}}{10} \times \dfrac{1}{\underset{5}{15}} = \dfrac{301}{50} = \dfrac{602}{100} = 6.02$

4 ㉠ $45.54 \div 9 = \dfrac{\overset{506}{4554}}{100} \times \dfrac{1}{\underset{1}{9}} = \dfrac{506}{100} = 5.06$

㉡ $72.36 \div 12 = \dfrac{\overset{603}{7236}}{100} \times \dfrac{1}{\underset{1}{12}} = \dfrac{603}{100} = 6.03$

㉢ $56.48 \div 8 = \dfrac{\overset{706}{5648}}{100} \times \dfrac{1}{\underset{1}{8}} = \dfrac{706}{100} = 7.06$

㉣ $28.35 \div 7 = \dfrac{\overset{405}{2835}}{100} \times \dfrac{1}{\underset{1}{7}} = \dfrac{405}{100} = 4.05$

따라서 몫이 큰 것부터 차례대로 기호를 쓰면
㉢, ㉡, ㉠, ㉣입니다.

5 ㉠ $33.06 \div 3 = \dfrac{\overset{1102}{3306}}{100} \times \dfrac{1}{\underset{1}{3}} = \dfrac{1102}{100} = 11.02$

㉡ $19.44 \div 6 = \dfrac{\overset{324}{1944}}{100} \times \dfrac{1}{\underset{1}{6}} = \dfrac{324}{100} = 3.24$

㉢ $40.32 \div 8 = \dfrac{\overset{504}{4032}}{100} \times \dfrac{1}{\underset{1}{8}} = \dfrac{504}{100} = 5.04$

㉣ $77.55 \div 11 = \dfrac{\overset{705}{7755}}{100} \times \dfrac{1}{\underset{1}{11}} = \dfrac{705}{100} = 7.05$

따라서 몫의 소수 첫째 자리 숫자가 0이 아닌 것
은 ㉡입니다.

6 $7.56 \div 7 = \dfrac{\overset{108}{756}}{100} \times \dfrac{1}{\underset{1}{7}} = \dfrac{108}{100} = 1.08 \ (\text{L})$

7 $17.68 \div 17 = \dfrac{\overset{104}{1768}}{100} \times \dfrac{1}{\underset{1}{17}} = \dfrac{104}{100} = 1.04 \ (\text{kg})$

개념 045 **(자연수)÷(자연수) (2)**

본문 104~105쪽

1 (1) 4.5 (2) 1.75 (3) 2.4 (4) 3.25 (5) 3.6

(6) 1.5 **2** (1) 0.6 (2) 0.57 **3** ㉡ **4** 6

5 ㉢ **6** 11.5 g **7** 16.7 g

---

1 (1) $9 \div 2 = \dfrac{\overset{45}{90}}{10} \times \dfrac{1}{\underset{1}{2}} = \dfrac{45}{10} = 4.5$

(2) $7 \div 4 = \dfrac{\overset{35}{70}}{10} \times \dfrac{1}{\underset{2}{4}} = \dfrac{35}{20} = \dfrac{175}{100} = 1.75$

(3) $12 \div 5 = \dfrac{\overset{24}{\cancel{120}}}{10} \times \dfrac{1}{\cancel{5}} = \dfrac{24}{10} = 2.4$

(4) $26 \div 8 = \dfrac{\overset{65}{\cancel{260}}}{10} \times \dfrac{1}{\underset{2}{\cancel{8}}} = \dfrac{65}{20} = \dfrac{325}{100} = 3.25$

(5) $54 \div 15 = \dfrac{\overset{36}{\cancel{540}}}{10} \times \dfrac{1}{\cancel{15}} = \dfrac{36}{10} = 3.6$

(6) $36 \div 24 = \dfrac{\overset{15}{\cancel{360}}}{10} \times \dfrac{1}{\cancel{24}} = \dfrac{15}{10} = 1.5$

3 ㉠ $10 \div 4 = \dfrac{\overset{25}{\cancel{100}}}{10} \times \dfrac{1}{\cancel{4}} = \dfrac{25}{10} = 2.5$

㉡ $14 \div 5 = \dfrac{\overset{28}{\cancel{140}}}{10} \times \dfrac{1}{\cancel{5}} = \dfrac{28}{10} = 2.8$

㉢ $18 \div 8 = \dfrac{\overset{45}{\cancel{180}}}{10} \times \dfrac{1}{\underset{2}{\cancel{8}}} = \dfrac{45}{20} = \dfrac{225}{100} = 2.25$

㉣ $45 \div 18 = \dfrac{\overset{25}{\cancel{450}}}{10} \times \dfrac{1}{\cancel{18}} = \dfrac{25}{10} = 2.5$

따라서 나눗셈의 몫이 가장 큰 것은 ㉡입니다.

4 $52 \div 8 = \dfrac{\overset{65}{\cancel{520}}}{10} \times \dfrac{1}{\underset{1}{\cancel{8}}} = \dfrac{65}{10} = 6.5$이므로 $6.5 > \square$

입니다.

따라서 □ 안에 들어갈 수 있는 자연수 중에서 가장 큰 수는 6입니다.

5 ㉠ $25 \div 4 = \dfrac{\overset{125}{\cancel{250}}}{10} \times \dfrac{1}{\underset{2}{\cancel{4}}} = \dfrac{125}{20} = \dfrac{625}{100} = 6.25$

㉡ $43 \div 5 = \dfrac{\overset{86}{\cancel{430}}}{10} \times \dfrac{1}{\cancel{5}} = \dfrac{86}{10} = 8.6$

㉢ $29 \div 7 = 4.142\cdots\cdots$

㉣ $18 \div 12 = \dfrac{\overset{15}{\cancel{180}}}{10} \times \dfrac{1}{\cancel{12}} = \dfrac{15}{10} = 1.5$

따라서 나누어떨어지지 않는 것은 ㉢입니다.

6 $92 \div 8 = \dfrac{\overset{115}{\cancel{920}}}{10} \times \dfrac{1}{\underset{1}{\cancel{8}}} = \dfrac{115}{10} = 11.5$ (g)

7 $250 \div 15 = 16.66\cdots\cdots$에서 소수 둘째 자리의

숫자가 6이므로 소수 둘째 자리에서 반올림하여 나타내면 16.7입니다.

따라서 지우개 1개의 무게는 16.7 g입니다.

13 분수의 나눗셈(2) 개념 046~048

개념 046 (자연수)÷(단위분수)/(진분수)÷(단위분수)

본문 106 ~ 107쪽

> **1** (1) 6 (2) 36 (3) 56 (4) 72 (5) 120
> (6) 216 **2** (1) 5 (2) 8 (3) 7 (4) 10
> (5) 13 (6) 12   **3** >   **4** 8 **5** ㉢
> **6** 20일   **7** 4번

1 (1) $3 \div \dfrac{1}{2} = 3 \times \left(1 \div \dfrac{1}{2}\right) = 3 \times 2 = 6$

(2) $9 \div \dfrac{1}{4} = 9 \times \left(1 \div \dfrac{1}{4}\right) = 9 \times 4 = 36$

(3) $8 \div \dfrac{1}{7} = 8 \times \left(1 \div \dfrac{1}{7}\right) = 8 \times 7 = 56$

(4) $12 \div \dfrac{1}{6} = 12 \times \left(1 \div \dfrac{1}{6}\right) = 12 \times 6 = 72$

(5) $15 \div \dfrac{1}{8} = 15 \times \left(1 \div \dfrac{1}{8}\right) = 15 \times 8 = 120$

(6) $24 \div \dfrac{1}{9} = 24 \times \left(1 \div \dfrac{1}{9}\right) = 24 \times 9 = 216$

2 (1) $\dfrac{5}{7} \div \dfrac{1}{7} = 5 \div 1 = 5$

(2) $\dfrac{8}{9} \div \dfrac{1}{9} = 8 \div 1 = 8$

(3) $\dfrac{7}{8} \div \dfrac{1}{8} = 7 \div 1 = 7$

(4) $\dfrac{10}{11} \div \dfrac{1}{11} = 10 \div 1 = 10$

(5) $\dfrac{13}{16} \div \dfrac{1}{16} = 13 \div 1 = 13$

(6) $\dfrac{12}{17} \div \dfrac{1}{17} = 12 \div 1 = 12$

3 $10 \div \dfrac{1}{4} = 10 \times \left(1 \div \dfrac{1}{4}\right) = 10 \times 4 = 40$

$12 \div \dfrac{1}{3} = 12 \times \left(1 \div \dfrac{1}{3}\right) = 12 \times 3 = 36$

따라서 $10 \div \dfrac{1}{4} > 12 \div \dfrac{1}{3}$입니다.

정답 및 풀이

4 $\square \div \dfrac{1}{9} = \square \times \left(1 \div \dfrac{1}{9}\right) = \square \times 9 = 72$이므로

$\square = 72 \div 9 = 8$입니다.

5 ㉠ $\dfrac{7}{11} \div \dfrac{1}{11} = 7 \div 1 = 7$

㉡ $\dfrac{9}{10} \div \dfrac{1}{10} = 9 \div 1 = 9$

㉢ $\dfrac{5}{6} \div \dfrac{1}{6} = 5 \div 1 = 5$

이므로 계산 결과가 가장 작은 것은 ㉢입니다.

6 $5 \div \dfrac{1}{4} = 5 \times \left(1 \div \dfrac{1}{4}\right) = 5 \times 4 = 20$(일)

7 $\dfrac{4}{5} \div \dfrac{1}{5} = 4 \div 1 = 4$(번)

개념 **047** (진분수)÷(진분수)

본문 108~109쪽

1 (1) 2 (2) 3 (3) 6 (4) $\dfrac{9}{10}$ (5) $1\dfrac{3}{32}$

(6) $1\dfrac{1}{3}$ **2** ㉡ **3** 4 **4** 47

5 ㉢ **6** 3개 **7** $\dfrac{3}{4}$ m

---

1 (4) $\dfrac{3}{5} \div \dfrac{2}{3} = \dfrac{3}{5} \times \dfrac{3}{2} = \dfrac{9}{10}$

(5) $\dfrac{7}{8} \div \dfrac{4}{5} = \dfrac{7}{8} \times \dfrac{5}{4} = \dfrac{35}{32} = 1\dfrac{3}{32}$

(6) $\dfrac{5}{8} \div \dfrac{15}{32} = \dfrac{\overset{1}{\cancel{5}}}{\cancel{8}} \times \dfrac{\overset{4}{\cancel{32}}}{\cancel{15}} = \dfrac{4}{3} = 1\dfrac{1}{3}$

2 ㉠ $\dfrac{8}{13} \div \dfrac{2}{13} = 8 \div 2 = 4$

㉡ $\dfrac{10}{17} \div \dfrac{2}{17} = 10 \div 2 = 5$

㉢ $\dfrac{16}{21} \div \dfrac{4}{21} = 16 \div 4 = 4$

따라서 계산 결과가 다른 것은 ㉡입니다.

3 가장 큰 분수는 $\dfrac{20}{23}$이고, 가장 작은 분수는 $\dfrac{5}{23}$

이므로 가장 큰 분수를 가장 작은 분수로 나눈

몫은 $\dfrac{20}{23} \div \dfrac{5}{23} = 20 \div 5 = 4$입니다.

---

4 $\dfrac{2}{7} \div \dfrac{8}{11} = \dfrac{\overset{1}{\cancel{2}}}{7} \times \dfrac{11}{\underset{4}{\cancel{8}}} = \dfrac{11}{28}$이므로 ㉠=11,

㉡=8, ㉢=28입니다.

따라서 ㉠+㉡+㉢=11+8+28=47입니다.

5 ㉠ $\dfrac{4}{7} \div \dfrac{2}{3} = \dfrac{\overset{2}{\cancel{4}}}{7} \times \dfrac{3}{\underset{1}{\cancel{2}}} = \dfrac{6}{7}$

㉡ $\dfrac{7}{12} \div \dfrac{4}{5} = \dfrac{7}{12} \times \dfrac{5}{4} = \dfrac{35}{48}$

㉢ $\dfrac{3}{4} \div \dfrac{5}{7} = \dfrac{3}{4} \times \dfrac{7}{5} = \dfrac{21}{20} = 1\dfrac{1}{20}$

따라서 계산 결과가 1보다 큰 것은 ㉢입니다.

6 $\dfrac{12}{13} \div \dfrac{4}{13} = 12 \div 4 = 3$(개)

7 직사각형의 세로의 길이를 $\square$ m라고 하면

$$\dfrac{9}{10} \times \square = \dfrac{27}{40}$$

$$\square = \dfrac{27}{40} \div \dfrac{9}{10} = \dfrac{\overset{3}{\cancel{27}}}{\underset{4}{\cancel{40}}} \times \dfrac{\overset{1}{\cancel{10}}}{\underset{1}{\cancel{9}}} = \dfrac{3}{4} \text{ (m)}$$

따라서 세로의 길이는 $\dfrac{3}{4}$ m입니다.

개념 **048** (자연수)÷(분수)/대분수의 나눗셈

본문 110~111쪽

1 (1) $8\dfrac{2}{5}$ (2) $16\dfrac{1}{3}$ (3) 42 (4) $2\dfrac{2}{9}$ (5) $3\dfrac{1}{4}$

(6) $8\dfrac{1}{10}$ **2** (1) $10\dfrac{1}{2}$ (2) $\dfrac{1}{3}$ (3) $\dfrac{5}{18}$ (4) 6

(5) $1\dfrac{1}{4}$ (6) $2\dfrac{18}{19}$ **3** < **4** $9\dfrac{1}{3}$

5 $\dfrac{65}{88}$배 **6** 10조각 **7** $1\dfrac{4}{17}$배

---

1 (1) $7 \div \dfrac{5}{6} = 7 \times \dfrac{6}{5} = \dfrac{42}{5} = 8\dfrac{2}{5}$

(2) $14 \div \dfrac{6}{7} = \overset{7}{\cancel{14}} \times \dfrac{7}{\underset{3}{\cancel{6}}} = \dfrac{49}{3} = 16\dfrac{1}{3}$

(3) $24 \div \dfrac{12}{21} = \overset{2}{\cancel{24}} \times \dfrac{21}{\underset{1}{\cancel{12}}} = 42$

(4) $5 \div \dfrac{9}{4} = 5 \times \dfrac{4}{9} = \dfrac{20}{9} = 2\dfrac{2}{9}$

(5) $8 \div \dfrac{32}{13} = \overset{1}{\cancel{8}} \times \dfrac{13}{\underset{4}{\cancel{32}}} = \dfrac{13}{4} = 3\dfrac{1}{4}$

(6) $12 \div \dfrac{40}{27} = \overset{3}{\cancel{12}} \times \dfrac{27}{\underset{10}{\cancel{40}}} = \dfrac{81}{10} = 8\dfrac{1}{10}$

2 (1) $4\dfrac{2}{3} \div \dfrac{4}{9} = \dfrac{14}{3} \div \dfrac{4}{9} = \dfrac{\overset{7}{\cancel{14}}}{\cancel{3}_1} \times \dfrac{\overset{3}{\cancel{9}}}{\cancel{4}_2}$

$= \dfrac{21}{2} = 10\dfrac{1}{2}$

(2) $\dfrac{5}{12} \div 1\dfrac{1}{4} = \dfrac{5}{12} \div \dfrac{5}{4} = \dfrac{\cancel{5}}{\cancel{12}_3} \times \dfrac{\overset{1}{\cancel{4}}}{\cancel{5}_1} = \dfrac{1}{3}$

(3) $\dfrac{7}{9} \div 2\dfrac{4}{5} = \dfrac{7}{9} \div \dfrac{14}{5} = \dfrac{\cancel{7}}{9} \times \dfrac{5}{\cancel{14}_2} = \dfrac{5}{18}$

(4) $6\dfrac{2}{5} \div 1\dfrac{1}{15} = \dfrac{32}{5} \div \dfrac{16}{15} = \dfrac{\overset{2}{\cancel{32}}}{\cancel{5}_1} \times \dfrac{\overset{3}{\cancel{15}}}{\cancel{16}_1} = 6$

(5) $3\dfrac{1}{8} \div 2\dfrac{1}{2} = \dfrac{25}{8} \div \dfrac{5}{2} = \dfrac{\overset{5}{\cancel{25}}}{\cancel{8}_4} \times \dfrac{\overset{1}{\cancel{2}}}{\cancel{5}_1}$

$= \dfrac{5}{4} = 1\dfrac{1}{4}$

(6) $4\dfrac{2}{3} \div 1\dfrac{7}{12} = \dfrac{14}{3} \div \dfrac{19}{12} = \dfrac{14}{\cancel{3}} \times \dfrac{\overset{4}{\cancel{12}}}{19}$

$= \dfrac{56}{19} = 2\dfrac{18}{19}$

3 $5 \div \dfrac{7}{11} = 5 \times \dfrac{11}{7} = \dfrac{55}{7} = 7\dfrac{6}{7}$

$6 \div \dfrac{8}{13} = \overset{3}{\cancel{6}} \times \dfrac{13}{\cancel{8}_4} = \dfrac{39}{4} = 9\dfrac{3}{4}$

따라서 $5 \div \dfrac{7}{11} < 6 \div \dfrac{8}{13}$ 입니다.

4 대분수는 $5\dfrac{1}{3}$ 이고 진분수는 $\dfrac{4}{7}$ 이므로 대분수를 진분수로 나눈 몫은

$5\dfrac{1}{3} \div \dfrac{4}{7} = \dfrac{\overset{4}{\cancel{16}}}{3} \times \dfrac{7}{\cancel{4}_1} = \dfrac{28}{3} = 9\dfrac{1}{3}$ 입니다.

5 ㉠ $6\dfrac{1}{2} \div 2\dfrac{2}{3} = \dfrac{13}{2} \div \dfrac{8}{3} = \dfrac{13}{2} \times \dfrac{3}{8}$

$= \dfrac{39}{16} = 2\dfrac{7}{16}$

㉡ $8\dfrac{2}{5} \div 2\dfrac{6}{11} = \dfrac{42}{5} \div \dfrac{28}{11} = \dfrac{\overset{3}{\cancel{42}}}{5} \times \dfrac{11}{\cancel{28}_2}$

$= \dfrac{33}{10} = 3\dfrac{3}{10}$

이므로

$㉠ \div ㉡ = 2\dfrac{7}{16} \div 3\dfrac{3}{10} = \dfrac{39}{16} \div \dfrac{33}{10}$

$= \dfrac{\overset{13}{\cancel{39}}}{\cancel{16}_8} \times \dfrac{\overset{5}{\cancel{10}}}{\cancel{33}_{11}} = \dfrac{65}{88}$(배)

6 $4 \div \dfrac{2}{5} = \overset{2}{\cancel{4}} \times \dfrac{5}{\cancel{2}_1} = 10$(조각)

7 $3\dfrac{1}{2} \div 2\dfrac{5}{6} = \dfrac{7}{2} \div \dfrac{17}{6} = \dfrac{7}{\cancel{2}_1} \times \dfrac{\overset{3}{\cancel{6}}}{17} = \dfrac{21}{17} = 1\dfrac{4}{17}$

이므로 정호가 캔 감자의 무게는 민정이가 캔 감자의 무게의 $1\dfrac{4}{17}$배입니다.

14 소수의 나눗셈(2) 개념 049~053

개념 049 자릿수가 같은 두 소수의 나눗셈

본문 112~113쪽

1 (1) 8 (2) 17 (3) 13 (4) 6 (5) 17 (6) 24
2 (1) 9 (2) 13 (3) 17 (4) 23 (5) 15 (6) 19
3 ㉢, ㉡, ㉠, ㉣ **4** 854 **5** 17
6 26도막 **7** 15분

1 (1) $5.6 \div 0.7 = \dfrac{56}{10} \div \dfrac{7}{10} = 56 \div 7 = 8$

(2) $23.8 \div 1.4 = \dfrac{238}{10} \div \dfrac{14}{10} = 238 \div 14 = 17$

(3) $29.9 \div 2.3 = \dfrac{299}{10} \div \dfrac{23}{10} = 299 \div 23 = 13$

(4)
```
        6
  0.9)5.4
      5 4
        0
```

(5)
```
          1 7
  2.1)3 5.7
        2 1
        1 4 7
        1 4 7
            0
```

(6)
```
          2 4
  1.4)3 3.6
        2 8
        5 6
        5 6
          0
```

2 (1) $2.34 \div 0.26 = \dfrac{234}{100} \div \dfrac{26}{100} = 234 \div 26 = 9$

(2) $40.82 \div 3.14 = \dfrac{4082}{100} \div \dfrac{314}{100}$
$= 4082 \div 314 = 13$

(3) $71.74 \div 4.22 = \dfrac{7174}{100} \div \dfrac{422}{100}$
$= 7174 \div 422 = 17$

(4)
```
            2 3
  0.16) 3.6 8
         3 2
         4 8
         4 8
           0
```

(5)
```
            1 5
  0.47) 7.0 5
         4 7
       2 3 5
       2 3 5
           0
```

(6)
```
              1 9
  1.32) 2 5.0 8
         1 3 2
       1 1 8 8
       1 1 8 8
             0
```

3 ㉠ $7.2 \div 0.6 = \dfrac{72}{10} \div \dfrac{6}{10} = 72 \div 6 = 12$

㉡ $20.8 \div 1.6 = \dfrac{208}{10} \div \dfrac{16}{10} = 208 \div 16 = 13$

㉢ $53.2 \div 3.8 = \dfrac{532}{10} \div \dfrac{38}{10} = 532 \div 38 = 14$

㉣ $26.4 \div 2.4 = \dfrac{264}{10} \div \dfrac{24}{10} = 264 \div 24 = 11$

따라서 몫이 큰 것부터 차례대로 기호를 쓰면
㉢, ㉡, ㉠, ㉣입니다.

4 $7.41 \div 0.57 = \dfrac{741}{100} \div \dfrac{57}{100} = 741 \div 57 = 13$이므로
㉠$=100$, ㉡$=741$, ㉢$=13$입니다.
따라서 ㉠$+$㉡$+$㉢$=100+741+13=854$입니다.

5 어떤 수를 □라고 하면 $7.31 \div □ = 0.43$이므로
$□ = 7.31 \div 0.43 = \dfrac{731}{100} \div \dfrac{43}{100}$
$= 731 \div 43 = 17$
따라서 어떤 수는 17입니다.

6 $31.2 \div 1.2 = \dfrac{312}{10} \div \dfrac{12}{10}$
$= 312 \div 12 = 26$(도막)

7 $58.05 \div 3.87 = \dfrac{5805}{100} \div \dfrac{387}{100}$
$= 5805 \div 387 = 15$
이므로 달팽이가 58.05 cm 떨어져 있는 먹이를
먹으러 가는데 15분이 걸립니다.

개념 050 자릿수가 다른 두 소수의 나눗셈

본문 114~115쪽

1 (1) 33.6, 8, 33.6, 8, 4.2
(2) 73.2, 12, 73.2, 12, 6.1
(3) 365.7, 69, 365.7, 69, 5.3

2 (1) 5.2　(2) 1.9　(3) 2.8　(4) 2.2　(5) 2.1
(6) 3.4　**3** $<$　**4** 8.4　**5** 2.8

6 1, 2, 3　**7** 4.6배　**8** 10.6 km

2 (1) $6.76 \div 1.3 = \dfrac{67.6}{10} \div \dfrac{13}{10} = 67.6 \div 13 = 5.2$

(2) $4.18 \div 2.2 = \dfrac{41.8}{10} \div \dfrac{22}{10} = 41.8 \div 22 = 1.9$

(3) $10.36 \div 3.7 = \dfrac{103.6}{10} \div \dfrac{37}{10}$
$= 103.6 \div 37 = 2.8$

(4) $7.92 \div 3.6 = \dfrac{79.2}{10} \div \dfrac{36}{10} = 79.2 \div 36 = 2.2$

(5) $8.82 \div 4.2 = \dfrac{88.2}{10} \div \dfrac{42}{10} = 88.2 \div 42 = 2.1$

(6) $2.278 \div 0.67 = \dfrac{227.8}{100} \div \dfrac{67}{100}$
$= 227.8 \div 67 = 3.4$

3 $31.28 \div 4.6 = \dfrac{312.8}{10} \div \dfrac{46}{10} = 312.8 \div 46 = 6.8$

$14.49 \div 2.1 = \dfrac{144.9}{10} \div \dfrac{21}{10} = 144.9 \div 21 = 6.9$

따라서 $31.28 \div 4.6 < 14.49 \div 2.1$입니다.

4 가장 큰 수는 22.68이고, 가장 작은 수는 2.7이
므로 가장 큰 수를 가장 작은 수로 나눈 몫은

$22.68 \div 2.7 = \dfrac{226.8}{10} \div \dfrac{27}{10}$
$= 226.8 \div 27 = 8.4$

입니다.

5 $4.884 \div 0.74 = \dfrac{488.4}{100} \div \dfrac{74}{100}$
$= 488.4 \div 74 = 6.6$

$8.968 \div 2.36 = \dfrac{896.8}{100} \div \dfrac{236}{100}$
$= 896.8 \div 236 = 3.8$

따라서 두 나눗셈의 몫의 차는 $6.6 - 3.8 = 2.8$입니다.

6 $17.86 \div 4.7 = \dfrac{178.6}{10} \div \dfrac{47}{10} = 178.6 \div 47 = 3.8$
이므로 $3.8 > \square$입니다.
따라서 $\square$ 안에 들어갈 수 있는 자연수는 1, 2, 3입니다.

7 $8.74 \div 1.9 = \dfrac{87.4}{10} \div \dfrac{19}{10} = 87.4 \div 19 = 4.6$이므로 감나무의 높이는 석류나무의 높이의 4.6배입니다.

8 (휘발유 1 L로 갈 수 있는 거리)
$=$ (거리)$\div$(휘발유의 양)
$= 135.68 \div 12.8 = \dfrac{1356.8}{10} \div \dfrac{128}{10}$
$= 1356.8 \div 128 = 10.6$ (km)

개념 051 (자연수)÷(소수)

본문 116~117쪽

1 (1) 160, 32, 160, 32, 5
(2) 1440, 24, 1440, 24, 60
(3) 2500, 125, 2500, 125, 20
2 (1) 15 (2) 5 (3) 80 (4) 4 (5) 12 (6) 24
3 8, 5 **4** ㉡, ㉢, ㉠ **5** ㉠, ㉣
6 6 cm **7** 8개 **8** 3개

---

2 (1) $24 \div 1.6 = \dfrac{240}{10} \div \dfrac{16}{10} = 240 \div 16 = 15$
(2) $18 \div 3.6 = \dfrac{180}{10} \div \dfrac{36}{10} = 180 \div 36 = 5$
(3) $280 \div 3.5 = \dfrac{2800}{10} \div \dfrac{35}{10} = 2800 \div 35 = 80$
(4) $17 \div 4.25 = \dfrac{1700}{100} \div \dfrac{425}{100} = 1700 \div 425 = 4$

(5) $63 \div 5.25 = \dfrac{6300}{100} \div \dfrac{525}{100}$
$= 6300 \div 525 = 12$
(6) $90 \div 3.75 = \dfrac{9000}{100} \div \dfrac{375}{100}$
$= 9000 \div 375 = 24$

3 $18 \div 2.25 = \dfrac{1800}{100} \div \dfrac{225}{100} = 1800 \div 225 = 8$,
$8 \div 1.6 = \dfrac{80}{10} \div \dfrac{16}{10} = 80 \div 16 = 5$입니다.

4 ㉠ $63 \div 3.15 = \dfrac{6300}{100} \div \dfrac{315}{100}$
$= 6300 \div 315 = 20$
㉡ $49 \div 1.96 = \dfrac{4900}{100} \div \dfrac{196}{100}$
$= 4900 \div 196 = 25$
㉢ $99 \div 4.5 = \dfrac{990}{10} \div \dfrac{45}{10} = 990 \div 45 = 22$
따라서 계산 결과가 큰 것부터 차례대로 기호를 쓰면 ㉡, ㉢, ㉠입니다.

5 ㉠ $153 \div 8.5 = \dfrac{1530}{10} \div \dfrac{85}{10} = 1530 \div 85 = 18$
㉡ $58 \div 14.5 = \dfrac{580}{10} \div \dfrac{145}{10} = 580 \div 145 = 4$
㉢ $39 \div 3.25 = \dfrac{3900}{100} \div \dfrac{325}{100}$
$= 3900 \div 325 = 12$
㉣ $29 \div 1.16 = \dfrac{2900}{100} \div \dfrac{116}{100}$
$= 2900 \div 116 = 25$
따라서 계산 결과가 15보다 큰 것은 ㉠, ㉣입니다.

6 (평행사변형의 넓이)$=$(밑변의 길이)$\times$(높이)이므로
(높이)$=$(평행사변형의 넓이)$\div$(밑변의 길이)
$= 51 \div 8.5 = \dfrac{510}{10} \div \dfrac{85}{10}$
$= 510 \div 85 = 6$ (cm)
입니다.

7 $14 \div 1.75 = \dfrac{1400}{100} \div \dfrac{175}{100} = 1400 \div 175 = 8$이므로 모두 8개의 물병에 나누어 담을 수 있습니다.

8 (오이를 모두 담는 데 필요한 상자의 수)

$=20 \div 1.25 = \dfrac{2000}{100} \div \dfrac{125}{100}$

$=2000 \div 125 = 16$

따라서 더 있어야 하는 상자의 수는

$16-13=3$(개)입니다.

개념 052 결과 어림하기/나머지 구하기

본문 118~119쪽

1 (1) 72, 9   (2) 8.9, 9   **2** (1) 9, 2.5

(2) 12, 3.9   (3) 14, 2.8   (4) 6, 3.3

(5) 13, 5.6   (6) 10, 1.7

3 예 128, 32, 31.9

4 (시계 방향으로) 12, 3.1, 5, 8.1   **5** 72.9

6 예 약 15 kg, 15.1 kg   **7** 9개

2

(1)
```
        9
   7 ) 6 5.5
       6 3
       ───
         2.5
```

(2)
```
       1 2
   8 ) 9 9.9
       8
       ───
       1 9
       1 6
       ───
         3.9
```

(3)
```
       1 4
   5 ) 7 2.8
       5
       ───
       2 2
       2 0
       ───
         2.8
```

(4)
```
        6
   9 ) 5 7.3
       5 4
       ───
         3.3
```

(5)
```
       1 3
   6 ) 8 3.6
       6
       ───
       2 3
       1 8
       ───
         5.6
```

(6)
```
       1 0
   4 ) 4 1.7
       4
       ───
         1.7
```

3 127.6을 자연수로 바꾸어 생각하면 128입니다.

따라서 어림한 값은 $128 \div 4 = 32$이고, 실제로 계산한 값은

$127.6 \div 4 = \dfrac{1276}{10} \div 4 = \dfrac{\overset{319}{\cancel{1276}}}{10} \times \dfrac{1}{\underset{1}{\cancel{4}}}$

$= \dfrac{319}{10} = 31.9$

입니다.

4 $63.1 \div 5 = 12 \cdots 3.1$, $63.1 \div 11 = 5 \cdots 8.1$

5 □ $= 14 \times 5 + 2.9 = 72.9$입니다.

---

6 90.6 kg은 약 90 kg이고 $90 \div 6 = 15$이므로 한 봉지에 약 15 kg씩 담을 수 있다고 어림할 수 있습니다.

실제로 계산해 보면 $90.6 \div 6 = 15.1$ (kg)입니다.

7 $17.6 \div 2 = 8 \cdots 1.6$이므로 물 17.6 L를 2 L씩 물통에 나누어 담으면 8개의 물통에는 2 L의 물이 들어가고, 나머지 한 물통에는 1.6 L의 물이 들어가야 합니다.

따라서 물을 모두 담으려면 9개의 물통이 필요합니다.

개념 053 몫을 반올림하여 나타내기

본문 120~121쪽

1 (1) 7.3   (2) 7.27   (3) 7.267   **2** (1) 1.6

(2) 1.4   (3) 2.4   (4) 23.4   (5) 25.3

(6) 11.2   **3** 7   **4** <   **5** ㉠

6 약 3.1배   **7** 약 2.27 km

2

(1)
```
        1.5 6
   3 ) 4.7 0
       3
       ───
       1 7
       1 5
       ───
         2 0
         1 8
         ───
           2
```

(2)
```
        1.3 8
   6 ) 8.3 0
       6
       ───
       2 3
       1 8
       ───
         5 0
         4 8
         ───
           2
```

(3)
```
         2.3 7
   9 ) 2 1.4 0
       1 8
       ───
       3 4
       2 7
       ───
         7 0
         6 3
         ───
           7
```

(4)
```
          2 3.4 2
  1.4 ) 3 2.8 0 0
         2 8
         ───
         4 8
         4 2
         ───
           6 0
           5 6
           ───
             4 0
             2 8
             ───
             1 2
```

(5)
$$
\begin{array}{r}
2\,5.2\,8 \\
2.1\,)\overline{5\,3.1\,0\,0} \\
4\,2 \\
\hline
1\,1\,1 \\
1\,0\,5 \\
\hline
6\,0 \\
4\,2 \\
\hline
1\,8\,0 \\
1\,6\,8 \\
\hline
1\,2
\end{array}
$$

(6)
$$
\begin{array}{r}
1\,1.1\,7 \\
5.7\,)\overline{6\,3.7\,0\,0} \\
5\,7 \\
\hline
6\,7 \\
5\,7 \\
\hline
1\,0\,0 \\
5\,7 \\
\hline
4\,3\,0 \\
3\,9\,9 \\
\hline
3\,1
\end{array}
$$

3
$$
\begin{array}{r}
2.8\,6\,5 \\
2.5\,3\,)\overline{7.2\,5.0\,0\,0} \\
5\,0\,6 \\
\hline
2\,1\,9\,0 \\
2\,0\,2\,4 \\
\hline
1\,6\,6\,0 \\
1\,5\,1\,8 \\
\hline
1\,4\,2\,0 \\
1\,2\,6\,5 \\
\hline
1\,5\,5
\end{array}
$$

$7.25 \div 2.53 = 2.865 \cdots$이므로 몫을 소수 셋째 자리에서 반올림하여 소수 둘째 자리까지 나타 내면 2.87입니다.

4 $13.9 \div 3 = 4.63 \cdots \Rightarrow 4.6$
$28.1 \div 6 = 4.68 \cdots \Rightarrow 4.7$
따라서 오른쪽 나눗셈의 몫이 더 큽니다.

5 ㉠ $4.3 \div 2.6 = 1.653 \cdots$이므로 몫을 소수 둘째 자리까지 구한 값은 1.65이고, 몫을 반올림 하여 소수 둘째 자리까지 구한 값도 1.65입 니다.
㉡ $6.8 \div 2.8 = 2.428 \cdots$이므로 몫을 소수 둘째 자리까지 구한 값은 2.42이고, 몫을 반올림 하여 소수 둘째 자리까지 구한 값은 2.43입 니다.
따라서 몫을 소수 둘째 자리까지 구한 값과 몫을 반올림하여 소수 둘째 자리까지 구한 값이 같은 것은 ㉠입니다.

6 (호박의 무게)÷(배추의 무게)
$= 3.7 \div 1.2 = 3.08 \cdots \Rightarrow$ 약 3.1
따라서 호박의 무게는 배추의 무게의 약 3.1배

입니다.

7 1시간 30분$=1\frac{30}{60}$시간$=1\frac{1}{2}$시간$=1.5$시간
민석이가 한 시간 동안 걸은 평균 거리는
$3.4 \div 1.5 = 2.266 \cdots$
이므로 소수 셋째 자리에서 반올림하여 소수 둘 째 자리까지 나타내면 약 2.27 km입니다.

01	**02** 13	**03** $1\frac{4}{5}$ kg	**04** ㉣
	05 ④	**06** 1, 2	**07** 9.4 cm
08 ⑤	**09** 5.68 g	**10** ①, ③	**11** 0.98 m
12 5개	**13** 2.09 kg	**14** 8.2	**15** 2.67 m²
16 24개	**17** ②	**18** 11	**19** $2\frac{10}{17}$배
20 <	**21** $14\frac{2}{9}$	**22** 3배	**23** ④, ⑤
24 8	**25** 왼쪽에 ○		**26** 4개
27 ㉡	**28** 45 kg	**29** >	
30 2.1	**31** 약 10.5배		

2 $7 \div \square = 7 \times \frac{1}{\square}$이므로 $7 \times \frac{1}{\square} = 7 \times \frac{1}{13}$입니다.
따라서 $\square$ 안에 들어갈 자연수는 13입니다.

3 $9 \div 5 = 9 \times \frac{1}{5} = \frac{9}{5} = 1\frac{4}{5}$이므로 한 봉지의 무 게는 $1\frac{4}{5}$ kg입니다.

4 ㉠ $\frac{21}{11} \div 7 = \frac{\overset{3}{\cancel{21}}}{11} \times \frac{1}{\underset{1}{\cancel{7}}} = \frac{3}{11}$
㉡ $\frac{24}{13} \div 4 = \frac{\overset{6}{\cancel{24}}}{13} \times \frac{1}{\underset{1}{\cancel{4}}} = \frac{6}{13}$
㉢ $\frac{9}{5} \div 2 = \frac{9}{5} \times \frac{1}{2} = \frac{9}{10}$
㉣ $\frac{26}{5} \div 14 = \frac{\overset{13}{\cancel{26}}}{5} \times \frac{1}{\underset{7}{\cancel{14}}} = \frac{13}{35}$
따라서 계산 결과가 잘못된 것은 ㉣입니다.

정답 및 풀이

5 ① $1\frac{2}{3} \div 5 = \frac{5}{3} \div 5 = \frac{\overset{1}{\cancel{5}}}{3} \times \frac{1}{\cancel{5}} = \frac{1}{3}$

② $2\frac{4}{5} \div 7 = \frac{14}{5} \div 7 = \frac{\overset{2}{\cancel{14}}}{5} \times \frac{1}{\cancel{7}} = \frac{2}{5}$

③ $6\frac{2}{7} \div 11 = \frac{44}{7} \div 11 = \frac{\overset{4}{\cancel{44}}}{7} \times \frac{1}{\cancel{11}} = \frac{4}{7}$

④ $5\frac{5}{9} \div 5 = \frac{50}{9} \div 5 = \frac{\overset{10}{\cancel{50}}}{9} \times \frac{1}{\cancel{5}} = \frac{10}{9} = 1\frac{1}{9}$

⑤ $8\frac{1}{6} \div 14 = \frac{49}{6} \div 14 = \frac{\overset{7}{\cancel{49}}}{6} \times \frac{1}{\underset{2}{\cancel{14}}} = \frac{7}{12}$

따라서 나눗셈의 몫이 1보다 큰 것은 ④입니다.

6 $15\frac{2}{5} \div 7 = \frac{77}{5} \div 7 = \frac{\overset{11}{\cancel{77}}}{5} \times \frac{1}{\cancel{7}} = \frac{11}{5} = 2\frac{1}{5}$

이므로 $\square < 2\frac{1}{5}$입니다.

따라서 $\square$ 안에 들어갈 수 있는 자연수는 1, 2입니다.

7 마름모는 네 변의 길이가 모두 같으므로
(마름모의 한 변의 길이)
　= (마름모의 둘레의 길이) ÷ 4
　$= 37.6 \div 4 = \frac{\overset{94}{\cancel{376}}}{10} \times \frac{1}{\cancel{4}} = \frac{94}{10} = 9.4 \,(\text{cm})$

입니다.

8 ① $34.2 \div 18 = \frac{\overset{19}{\cancel{342}}}{10} \times \frac{1}{\cancel{18}} = \frac{19}{10} = 1.9$

② $33.6 \div 12 = \frac{\overset{28}{\cancel{336}}}{10} \times \frac{1}{\cancel{12}} = \frac{28}{10} = 2.8$

③ $25.5 \div 17 = \frac{\overset{15}{\cancel{255}}}{10} \times \frac{1}{\cancel{17}} = \frac{15}{10} = 1.5$

④ $28.6 \div 13 = \frac{\overset{22}{\cancel{286}}}{10} \times \frac{1}{\cancel{13}} = \frac{22}{10} = 2.2$

⑤ $17.1 \div 19 = \frac{\overset{9}{\cancel{171}}}{10} \times \frac{1}{\cancel{19}} = \frac{9}{10} = 0.9$

따라서 계산 결과가 1보다 작은 것은 ⑤입니다.

9 연필 1타는 12자루이므로 연필 1자루의 무게는
$68.16 \div 12 = \frac{\overset{568}{\cancel{6816}}}{100} \times \frac{1}{\cancel{12}} = \frac{568}{100}$
　　　　$= 5.68 \,(\text{g})$

입니다.

10 ① $4.98 \div 6 = \frac{\overset{83}{\cancel{498}}}{100} \times \frac{1}{\cancel{6}} = \frac{83}{100} = 0.83$

② $8.1 \div 3 = \frac{\overset{27}{\cancel{81}}}{10} \times \frac{1}{\cancel{3}} = \frac{27}{10} = 2.7$

③ $10.36 \div 14 = \frac{\overset{74}{\cancel{1036}}}{100} \times \frac{1}{\cancel{14}} = \frac{74}{100}$
　　　　$= 0.74$

④ $32.89 \div 13 = \frac{\overset{253}{\cancel{3289}}}{100} \times \frac{1}{\cancel{13}} = \frac{253}{100}$
　　　　$= 2.53$

⑤ $60.3 \div 9 = \frac{\overset{67}{\cancel{603}}}{10} \times \frac{1}{\cancel{9}} = \frac{67}{10} = 6.7$

몫의 자연수 부분이 0인 나눗셈은 ①, ③입니다.

11 $8.82 \div 9 = \frac{\overset{98}{\cancel{882}}}{100} \times \frac{1}{\cancel{9}} = \frac{98}{100} = 0.98 \,(\text{m})$

12 $20.1 \div 15 = \frac{\overset{67}{\cancel{201}}}{10} \times \frac{1}{\underset{5}{\cancel{15}}} = \frac{67}{50} = \frac{134}{100} = 1.34$이

므로 $1.34 < 1.3\square$입니다.

따라서 1부터 9까지의 자연수 중에서 $\square$ 안에 들어갈 수 있는 수는 5, 6, 7, 8, 9이므로 5개입니다.

13 똑같은 책 14권의 무게가 29.26 kg이므로 책 한 권의 무게는
$29.26 \div 14 = \frac{\overset{209}{\cancel{2926}}}{100} \times \frac{1}{\cancel{14}} = \frac{209}{100}$
　　　　$= 2.09 \,(\text{kg})$

입니다.

14 (삼각형의 넓이) = (밑변의 길이) × (높이) ÷ 2이
므로
(밑변의 길이) = (삼각형의 넓이) × 2 ÷ (높이)

$$=61.5 \times 2 \div 15 = 123 \div 15$$

$$= \frac{\overset{82}{\cancel{123}0}}{10} \times \frac{1}{\cancel{15}} = \frac{82}{10}$$

$$=8.2 \text{ (cm)}$$

입니다.

15 $40 \div 15 = 2.666 \cdots$ 에서 소수 셋째 자리의 숫자가 6이므로 소수 셋째 자리에서 반올림하여 소수 둘째 자리까지 나타내면 2.67입니다.

따라서 페인트 1 L로 2.67 m²의 벽을 칠할 수 있습니다.

16 $6 \div \frac{1}{4} = 6 \times \left(1 \div \frac{1}{4}\right) = 6 \times 4 = 24$(개)

17 $\frac{5}{16} \div \frac{1}{16} = 5 \div 1 = 5$입니다.

① $\frac{6}{7} \div \frac{1}{7} = 6 \div 1 = 6$

② $\frac{5}{9} \div \frac{1}{9} = 5 \div 1 = 5$

③ $\frac{7}{10} \div \frac{1}{10} = 7 \div 1 = 7$

④ $\frac{9}{13} \div \frac{1}{13} = 9 \div 1 = 9$

⑤ $\frac{11}{14} \div \frac{1}{14} = 11 \div 1 = 11$

따라서 $\frac{5}{16} \div \frac{1}{16}$과 계산 결과가 같은 것은 ② 입니다.

18 $\frac{22}{27} \div \frac{\square}{27} = 2$에서 $22 \div \square = 2$입니다.

따라서 $\square = 22 \div 2 = 11$입니다.

19 (색테이프 ㉮의 길이)÷(색테이프 ㉯의 길이)

$$= \frac{16}{17} \div \frac{4}{11} = \frac{16}{17} \times \frac{11}{\cancel{4}} = \frac{44}{17} = 2\frac{10}{17}\text{(배)}$$

20 $5 \div \frac{7}{11} = 5 \times \frac{11}{7} = \frac{55}{7} = 7\frac{6}{7}$

$$6 \div \frac{8}{13} = \overset{3}{\cancel{6}} \times \frac{13}{\underset{4}{\cancel{8}}} = \frac{39}{4} = 9\frac{3}{4}$$

따라서 $7\frac{6}{7} < 9\frac{3}{4}$이므로 $5 \div \frac{7}{11} < 6 \div \frac{8}{13}$입니다.

21 어떤 수를 $\square$라고 하면 $\square \times \frac{7}{16} = 2\frac{13}{18}$이므로

$$\square = 2\frac{13}{18} \div \frac{7}{16} = \frac{49}{18} \div \frac{7}{16}$$

$$= \frac{\overset{7}{\cancel{49}}}{\underset{9}{\cancel{18}}} \times \frac{\overset{8}{\cancel{16}}}{\underset{1}{\cancel{7}}} = \frac{56}{9} = 6\frac{2}{9}$$

입니다. 따라서 바르게 계산한 값은

$$6\frac{2}{9} \div \frac{7}{16} = \frac{56}{9} \div \frac{7}{16} = \frac{\overset{8}{\cancel{56}}}{9} \times \frac{16}{\underset{1}{\cancel{7}}}$$

$$= \frac{128}{9} = 14\frac{2}{9}$$

22 $16.8 \div 5.6 = \frac{168}{10} \div \frac{56}{10} = 168 \div 56 = 3$이므로 희정이의 연필의 길이는 철민이의 연필의 길이의 3배입니다.

23 $17.52 \div 1.46 = 175.2 \div 14.6 = 1752 \div 146$이므로 몫이 같은 것은 ④, ⑤입니다.

24 가장 큰 수는 20.32이므로 가장 큰 수를 2.54로 나눈 몫은

$$20.32 \div 2.54 = \frac{2032}{100} \div \frac{254}{100}$$

$$= 2032 \div 254 = 8$$

입니다.

25 $45.58 \div 5.3 = \frac{455.8}{10} \div \frac{53}{10} = 455.8 \div 53 = 8.6$

$77.28 \div 9.2 = \frac{772.8}{10} \div \frac{92}{10} = 772.8 \div 92 = 8.4$

26 $10.44 \div 3.6 = \frac{104.4}{10} \div \frac{36}{10} = 104.4 \div 36 = 2.9$

$15.84 \div 2.4 = \frac{158.4}{10} \div \frac{24}{10} = 158.4 \div 24 = 6.6$

따라서 $2.9 < \square < 6.6$이므로 $\square$ 안에 들어갈 수 있는 자연수는 3, 4, 5, 6으로 모두 4개입니다.

27 ㉠ $15 \div 3.75 = \frac{1500}{100} \div \frac{375}{100} = 1500 \div 375 = 4$

㉡ $26 \div 0.45 = \frac{2600}{100} \div \frac{45}{100}$

$$= 2600 \div 45 = 57.7777\cdots$$

㉢ $152 \div 1.9 = \frac{1520}{10} \div \frac{19}{10} = 1520 \div 19 = 80$

㉣ $111 \div 3.7 = \frac{1110}{10} \div \frac{37}{10} = 1110 \div 37 = 30$

따라서 나눗셈의 몫이 자연수가 아닌 것은 ⓒ입니다.

28 (유선이의 몸무게)=(아버지의 몸무게)÷1.6

$$=72÷1.6=\frac{720}{10}÷\frac{16}{10}$$

$$=720÷16=45 \text{ (kg)}$$

29 $66.9÷5=13\cdots1.9$, $55.8÷3=18\cdots1.8$이므로 왼쪽 나눗셈의 나머지가 더 큽니다.

30 $31.4÷5=6\cdots1.4$, $72.7÷9=8\cdots0.7$이므로 두 나머지의 합은 $1.4+0.7=2.1$입니다.

31 (대인국 사람의 키)÷(소인국 사람의 키)

$$=6.28÷0.6=10.466\cdots\cdots$$

이므로 소수 둘째 자리에서 반올림하여 소수 첫째 자리까지 나타내면 10.5입니다.

따라서 대인국 사람의 키는 소인국 사람의 키의 약 10.5배입니다.

Ⅱ. 도형

15 평면도형의 이동
개념 054~058

개념 054 평면도형을 밀기

본문 128~129쪽

1 풀이 참조	2 오른쪽에 ◯
3 풀이 참조	4 왼, 8
5 풀이 참조	

1

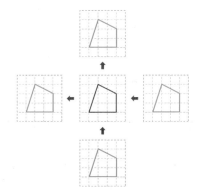

2 모양 조각을 왼쪽으로 밀어도 모양 조각의 모양은 변하지 않습니다.

3

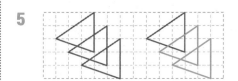

4 모눈의 크기가 1 cm이므로 왼쪽으로 8 cm만큼 밀어서 이동한 도형입니다.

5

개념 055 평면도형을 뒤집기

본문 130~131쪽

1 풀이 참조	2 오른쪽에 ◯
3 세 번째에 ◯	4 오른(또는 왼)
5 풀이 참조	

1

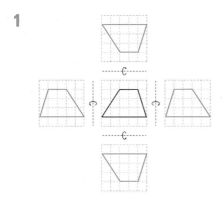

2 모양 조각을 아래쪽으로 뒤집으면 모양 조각의 위쪽과 아래쪽이 서로 바뀝니다.

3 숫자의 위쪽과 아래쪽이 같으면 아래쪽으로 뒤집었을 때의 숫자가 처음 숫자와 같습니다.

5

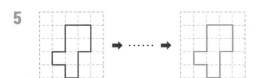

도형을 오른쪽으로 2번 뒤집었을 때의 도형은 처음 도형과 같습니다.

개념 056 **평면도형을 돌리기**

본문 132 ~ 133쪽

1 풀이 참조	**2** 풀이 참조
3 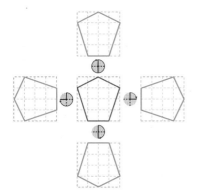	**4** ㉢ **5** 풀이 참조

1

2 (1)   (2)

---

3 화살표 끝이 가리키는 위치가 같으면 돌렸을 때 같은 모양이 됩니다.

4 어느 방향으로 돌려도 같은 도형이 되어야 하므로 도형의 왼쪽, 오른쪽, 위쪽, 아래쪽 부분이 모두 같은 도형을 찾습니다.
따라서 어느 방향으로 돌려도 처음 도형과 같은 것은 ㉢입니다.

5

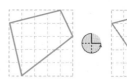

처음 도형은 주어진 도형을 시계 방향으로 90° 만큼 돌린 도형과 같습니다.

개념 057 **평면도형을 뒤집고 돌리기**

본문 134 ~ 135쪽

1 풀이 참조	**2** 풀이 참조
3 오른쪽에 ○	**4** 위(또는 아래)
5 풀이 참조	**6** 풀이 참조

1

2

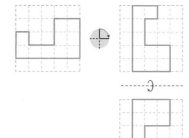

5

6

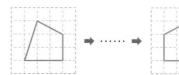

개념 058 무늬 꾸미기

본문 136~137쪽

1 풀이 참조	2 ㉮
3 가운데에 ○	4 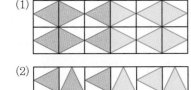 5

1 (1)

(2)

2 ㉮ 밀기 ㉯ 시계 방향으로 90° 돌리기

3 두 번째 무늬는 돌리기를 이용해야만 만들 수 있는 무늬입니다.

5 ◥ 모양을 시계 방향으로 90°만큼 돌리는 것을 반복해서 모양을 만들고, 그 모양을 오른쪽과 아래쪽으로 밀어서 무늬를 만들었습니다.
따라서 ㉠에 알맞은 모양은 ◥ 모양을 시계 방향으로 270° 돌리고 아래쪽으로 민 것과 같은 모양입니다.

16 삼각형

개념 059~060

개념 059 삼각형 분류하기

본문 138~139쪽

1 예각삼각형: 나, 다, 둔각삼각형: 라, 마	
2 (1) 8 (2) 9	3 ㉡
4 직각삼각형	5 ㉡ 6 18 cm
7 5 cm	8 14 cm

4 삼각형의 세 각의 크기의 합은 180°이므로
    (나머지 한 각의 크기)=180°-60°-30°
                        =90°
따라서 주어진 삼각형은 세 각이 60°, 30°, 90°인 삼각형이므로 직각삼각형입니다.

5 ㉡ 삼각형의 세 변의 길이가 모두 다르므로 이등변삼각형이 아닙니다.

6 정삼각형은 세 변의 길이가 같으므로
    (세 변의 길이의 합)=6+6+6=18 (cm)
입니다.

7 삼각형 ㄱㄴㄷ은 이등변삼각형이므로
(변 ㄱㄴ의 길이)=(변 ㄱㄷ의 길이)=8 cm입니다.
변 ㄴㄷ의 길이를 □ cm라고 하면
    8+8+□=21, 16+□=21
    □=5 (cm)
따라서 변 ㄴㄷ의 길이는 5 cm입니다.

8 이등변삼각형은 두 변의 길이가 같으므로 나머지 한 변의 길이는 12 cm입니다.
따라서 이등변삼각형의 세 변의 길이의 합은
12+18+12=42 (cm)입니다.
이때 정삼각형은 세 변의 길이가 같으므로 정삼각형의 한 변의 길이는 42÷3=14 (cm)로 해야 합니다.

개념 060 삼각형의 성질

본문 140~141쪽

1 (1) 70 (2) 35	
2 (위에서부터) 8, 60, 8	3 75°
4 ㉡	5 36 cm 6 115° 7 ㉡

2 정삼각형은 세 변의 길이가 같으므로
    ㉠=㉡=8 (cm)
정삼각형은 세 각의 크기가 같으므로
    ㉢=180°÷3=60°

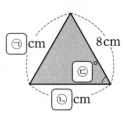

3 이등변삼각형의 한 각의 크기가 30°이므로
    (나머지 두 각의 크기의 합)
    =180°-30°=150°
이등변삼각형의 두 각의 크기는 같으므로
㉠=150°÷2=75°입니다.

4 ㉡ 정삼각형은 세 각의 크기가 모두 60°이므로 예각삼각형입니다.

5 (나머지 한 각의 크기)＝180°－60°－60°＝60° 이므로 주어진 삼각형은 정삼각형입니다.
정삼각형은 세 변의 길이가 모두 같으므로 세 변의 길이의 합은 12×3＝36 (cm)입니다.

6 (각 ㄱㄴㄷ)＝(각 ㄱㄷㄴ)＝□°라고 하면 삼각형의 세 각의 크기의 합은 180°이므로
$$50°+□°+□°=180°, □°+□°=130°$$
따라서 □°＝65°이므로 ㉠＝180°－65°＝115° 입니다.

7 두 변의 길이가 같으므로 나머지 두 각의 크기는 같습니다. 이때 나머지 두 각의 크기의 합은 180°－60°＝120°이므로 한 각의 크기는 120°÷2＝60°입니다.
따라서 주어진 삼각형은 세 각의 크기가 모두 60°인 삼각형이므로 예각삼각형이면서 이등변삼각형이고, 정삼각형입니다.

17 수직과 평행 개념 061~063

개념 **061** **수직과 수선**

본문 142~143쪽

1 (1) 다   (2) 수선   **2** ㉠   **3** 가, 다
4 (1) 2개   (2) 직선 나   **5** ㉡   **6** 55°
7 3개

2 직각 삼각자의 직각 부분을 주어진 직선에 맞추고 수선을 그은 것을 찾으면 ㉠입니다.

4 (1) 직선 가의 수선은 직선 라, 직선 바이므로 모두 2개입니다.
(2) 직선 마와 수직으로 만나는 직선은 직선 나입니다.

5 각도기에서 90°가 되는 눈금 위에 찍은 ㉡과 직선으로 이어야 합니다.

6 선분 ㄱㄹ과 선분 ㄷㅁ이 서로 수직이므로 두 선분이 만나서 이루는 각의 크기는 90°입니다.
따라서 (각 ㄱㅁㄷ)＝90°이므로
$$(각 ㄴㅁㄷ)=90°-35°=55°$$
입니다.

7 한 점에서 한 직선에 그을 수 있는 수선은 한 개이고 삼각형의 변은 3개이므로 점 ㅇ에서 삼각형의 각 변에 모두 3개의 수선을 그을 수 있습니다.

개념 **062** **평행선**

본문 144~145쪽

1 나, 라, 평행선   **2** (2) ○   **3** ㉡
4 변 ㄱㄹ과 변 ㄴㄷ   **5** 1개   **6** 7쌍
7 예 셀 수 없이 많이 그을 수 있습니다.

3 ㉠ 두 직선이 이루는 각이 직각일 때, 두 직선은 서로 수직입니다.
㉡ 한 직선에 평행한 직선은 무수히 많습니다.

4 변 ㄱㄴ과 수직인 변은 변 ㄱㄹ, 변 ㄴㄷ이므로 서로 평행한 변은 변 ㄱㄹ과 변 ㄴㄷ입니다.

5 한 직선에 평행한 직선은 셀 수 없이 많지만 한 점을 지나고 한 직선에 평행한 직선은 1개뿐입니다.

6

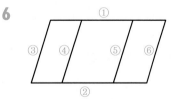

가로로 놓인 변 중에서 서로 평행한 변은
①과 ② ➡ 1쌍
세로로 놓인 변 중에서 서로 평행한 변은
③과 ④, ③과 ⑤, ③과 ⑥, ④와 ⑤, ④와 ⑥,
⑤와 ⑥ ➡ 6쌍
따라서 도형에서 서로 평행한 변은 모두
1＋6＝7(쌍)입니다.

정답 및 풀이

7 한 직선에 평행한 직선은 무수히 많습니다.
따라서 직선 가에 평행한 직선은 셀 수 없이 많이 그을 수 있습니다.

개념 063 평행선 사이의 거리/무늬 만들기

본문 146~147쪽

1 라, 바　**2** 풀이 참조

3 (1) 변 ㄴㄷ　(2) 변 ㅁㅂ　　**4** ㉠, ㉡

5 30°, 45°　**6** 2 cm　　**7** 12 cm

2

6 (직선 가와 직선 나 사이의 거리)
　＋(직선 나와 직선 다 사이의 거리)
　＝(직선 가와 직선 다 사이의 거리)이므로
　　5.5＝3.5＋(직선 나와 직선 다 사이의 거리)
　➡ (직선 나와 직선 다 사이의 거리)
　　　＝5.5－3.5＝2 (cm)

7 변 ㄱㅂ과 변 ㄴㄷ 사이의 거리는
　　(변 ㅂㅁ의 길이)＋(변 ㄹㄷ의 길이)
　　＝5＋7＝12 (cm)
입니다.

---

18 다각형

개념 064~067

개념 064 사다리꼴/ 평행사변형

본문 148~149쪽

1 (1) 변 ㄱㄹ과 변 ㄴㄷ　(2) 사다리꼴

2 (1) 변 ㄱㄹ과 변 ㄴㄷ, 변 ㄱㄴ과 변 ㄹㄷ
　(2) 평행사변형　　**3** 가, 라, 마, 바

4 4개　　**5** 120°　　**6** 28 cm　**7** 8 cm

3 나, 다는 마주 보는 한 쌍의 변이 평행하지 않으므로 사다리꼴이 아닙니다.

---

4 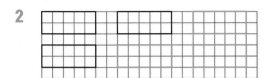 ➡ 가, 다, 라, 마

따라서 사다리꼴은 모두 4개입니다.

5 평행사변형은 마주 보는 각의 크기가 같으므로
　　(각 ㄱㄴㄷ)＝(360°－60°－60°)÷2＝120°

6 평행사변형은 마주 보는 변의 길이가 같으므로
　　(네 변의 길이의 합)＝8＋6＋8＋6
　　　　　　　　　＝14＋14＝28 (cm)

7 사각형 ㄱㄴㄷㄹ은 마주 보는 두 쌍의 변이 서로 평행한 사각형이므로 평행사변형입니다.
　평행사변형은 마주 보는 변의 길이가 같으므로
　　(변 ㄴㅁ의 길이)＝(변 ㄱㄹ의 길이)
　　　＝10 cm
　　(선분 ㅁㄷ의 길이)
　　＝(변 ㄴㄷ의 길이)－(변 ㄴㅁ의 길이)
　　＝18－10＝8 (cm)

개념 065 마름모/직사각형과 정사각형

본문 150~151쪽

1 (1) 변 ㄴㄷ, 변 ㄷㄹ, 변 ㄹㄱ　(2) 마름모

2 (1) ○　(2) ×　(3) ○　(4) ○　　**3** 40 cm

4 112°　　**5** 48 cm　**6** 20 cm　**7** 29 cm

8 정사각형

3 마름모는 네 변의 길이가 모두 같으므로
　　(네 변의 길이의 합)＝10＋10＋10＋10
　　　　　　　　　　＝40 (cm)
입니다.

4 (각 ㄴㄱㄹ)＝㉠이라고 하면 사각형의 네 각의 크기의 합은 360°이고 마름모는 마주 보는 각의 크기가 같으므로
　　㉠＋68°＋㉠＋68°＝360°
　　(㉠＋68°)×2＝360°
　　㉠＋68°＝180°
　　㉠＝180°－68°＝112°
따라서 각 ㄴㄱㄹ의 크기는 112°입니다.

이렇게도 풀어요 마름모에서 이웃하는 두 각의 크기의 합이 180°이므로

$$(각 ㄴㄱㄹ)+68°=180°$$
$$(각 ㄴㄱㄹ)=180°-68°=112°$$

5 직사각형은 마주 보는 변의 길이가 같으므로

(변 ㄴㄷ의 길이)$=15$ cm,

(변 ㄷㄹ의 길이)$=9$ cm입니다.

따라서 직사각형 ㄱㄴㄷㄹ의 둘레의 길이는

$$9+15+9+15=48 (cm)$$

입니다.

6 정사각형은 네 변의 길이가 모두 같으므로

$$(네 변의 길이의 합)=5+5+5+5$$
$$=20 (cm)$$

7 마름모는 네 변의 길이가 모두 같으므로

$$(마름모의 한 변의 길이)=116÷4$$
$$=29 (cm)$$

8 • 마주 보는 두 쌍의 변이 서로 평행합니다.

➡ 평행사변형, 마름모, 직사각형, 정사각형

• 마름모라고 할 수 있습니다.

➡ 마름모, 정사각형

• 직사각형이라고 할 수 있습니다.

➡ 직사각형, 정사각형

따라서 조건을 모두 만족하는 사각형은 정사각형입니다.

개념 066 다각형과 정다각형

본문 152~153쪽

1 (1) 가, 다, 라, 마, 바 (2) 가, 다, 라, 마
2 십각형 **3** 정구각형 **4** 민현 **5** 30 cm
6 17 cm **7** 정팔각형 **8** 135°

3 9개의 선분으로 둘러싸여 있으므로 구각형입니다. 구각형 중에서 변의 길이와 각의 크기가 모두 같은 도형은 정구각형입니다.

4 다각형은 선분으로만 둘러싸인 도형입니다. 정다각형은 변의 길이가 모두 같고 각의 크기가 모두 같은 다각형입니다.

5 정다각형은 모든 변의 길이가 같으므로 정오각형의 모든 변의 길이의 합은 $6×5=30 (cm)$입니다.

6 정육각형은 변의 길이가 모두 같으므로 주어진 정육각형의 한 변의 길이는

$$102÷6=17 (cm)$$

입니다.

7 정다각형은 변의 길이가 모두 같으므로 만든 정다각형의 변의 수는 $24÷3=8$(개)입니다.

따라서 변이 8개인 정다각형은 정팔각형입니다.

8 변이 8개이므로 주어진 정다각형은 정팔각형입니다.

정팔각형의 8개의 각의 크기는 모두 같고 각의 크기의 합이 1080°이므로 정팔각형의 한 각의 크기는 $1080°÷8=135°$입니다.

개념 067 대각선

본문 154~155쪽

1 (1) 풀이 참조 (2) 5개
2 선분 ㄱㄷ, 선분 ㄴㄹ **3** 풀이 참조, 9개
4 16 cm **5** 정사각형 **6** 40 cm **7** 7개
8 직각이등변삼각형

1 (1)

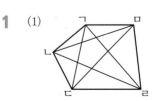

2 대각선을 나타내는 선분은 이웃하지 않은 두 꼭짓점을 이은 선분 ㄱㄷ과 선분 ㄴㄹ입니다.

3

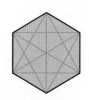

정답 및 풀이

4 직사각형의 두 대각선은 길이가 같고, 한 대각선이 다른 대각선을 반으로 나누므로 두 대각선의 길이의 합은 $4+4+4+4=16$ (cm)입니다.

5 두 대각선의 길이가 같은 사각형은 직사각형과 정사각형입니다.
이 중에서 두 대각선이 서로 수직으로 만나는 사각형은 정사각형입니다.

6 마름모는 한 대각선이 다른 대각선을 반으로 나누므로 (선분 ㄱㄷ의 길이)$=8\times2=16$ (cm),
(선분 ㄴㄹ의 길이)$=12\times2=24$ (cm)입니다.
따라서 두 대각선의 길이의 합은
$16+24=40$ (cm)입니다.

7 도형 가는 대각선이 없습니다.
도형 나는 대각선이 2개입니다.
도형 다는 대각선이 5개입니다.
따라서 세 도형의 대각선의 개수의 합은
$0+2+5=7$(개)입니다.

8 정사각형의 두 대각선은 길이가 같고 한 대각선이 다른 대각선을 반으로 나누므로
(선분 ㄱㅁ의 길이)$=$(선분 ㅁㄹ의 길이)입니다.
또, 정사각형의 두 대각선은 서로 수직으로 만나므로 (각 ㄱㅁㄹ)$=90°$입니다.
따라서 삼각형 ㄱㅁㄹ은 직각이등변삼각형입니다.

반드시 알아야 하는 ^{필수} 문제   본문 156~157쪽

01 나   **02** ㉢   **03** ㉡   **04** ㉡
05 30 cm   **06** ㉡   **07** 120°   **08** 3개
09 선분 ㅁㅈ, 선분 ㅂㅊ, 선분 ㄹㅌ
10 5 cm   **11** 12 cm   **12** 11 cm
13 서로 같습니다.   **14** 20 cm

1 모양 조각을 아래쪽으로 밀어도 모양 조각의 모양은 변하지 않습니다.

2 오른쪽 도형은 왼쪽 도형을 시계 방향으로 270°(또는 반시계 방향으로 90°) 돌린 것입니다.

3 ㉠ 돌리기 ㉡ 밀기 ㉢ 돌리기
따라서 규칙이 다른 하나는 ㉡입니다.

4 ㉠ (나머지 한 각)$=180°-60°-45°=75°$이므로 예각삼각형입니다.
㉡ (나머지 한 각)$=180°-55°-25°=100°$이므로 둔각삼각형입니다.
㉢ (나머지 한 각)$=180°-50°-60°=70°$이므로 예각삼각형입니다.
㉣ (나머지 한 각)$=180°-75°-15°=90°$이므로 직각삼각형입니다.
따라서 둔각삼각형은 ㉡입니다.

5 삼각형 ㄱㄴㄷ은 이등변삼각형이므로
(변 ㄱㄷ의 길이)$=$(변 ㄴㄷ의 길이)$=12$ cm
입니다.
따라서 세 변의 길이의 합은
$12+6+12=30$ (cm)
입니다.

6 삼각형의 세 각의 크기의 합은 180°이므로 나머지 한 각의 크기는 다음과 같습니다.
㉠ $180°-40°-90°=50°$ ➡ 40°, 90°, 50°
㉡ $180°-40°-70°=70°$ ➡ 40°, 70°, 70°
따라서 이등변삼각형이 될 수 있는 것은 ㉡입니다.

7 세 변의 길이가 같으므로 정삼각형이고 정삼각형은 세 각의 크기가 같으므로
$㉠=㉡=180°\div3=60°$
입니다.
따라서 $㉠+㉡=60°+60°=120°$입니다.

8 직선 가와 만나서 이루는 각이 직각인 것을 모두 찾으면 3개입니다.

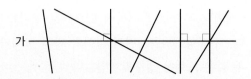

10 도형에서 변 ㄱㄹ과 변 ㄴㄷ이 서로 평행합니다.

따라서 평행선 사이의 거리는 두 변 ㄱㄹ과 ㄴㄷ 사이의 수선의 길이인 5 cm입니다.

11 (직선 가와 직선 나 사이의 거리)

$=$(직선 가와 직선 다 사이의 거리)

$\qquad -$(직선 나와 직선 다 사이의 거리)

$=20-$(직선 나와 직선 다 사이의 거리)

$=20-8=12\,(cm)$

12 (변 ㄴㄷ의 길이)$=\square$ cm라고 하면 평행사변형은 마주 보는 두 변의 길이가 같으므로

$9+\square+9+\square=40$

$(9+\square)\times 2=40$

$9+\square=20$

$\square=20-9$

$\qquad =11\,(cm)$

따라서 변 ㄴㄷ의 길이는 11 cm입니다.

13 도형 가는 마름모이고 마름모는 네 변의 길이가 모두 같으므로

(도형 가의 네 변의 길이의 합)

$=15+15+15+15$

$=60\,(cm)$

도형 나는 정사각형이고 정사각형도 네 변의 길이가 모두 같으므로

(도형 나의 네 변의 길이의 합)

$=15+15+15+15$

$=60\,(cm)$

따라서 도형 가와 도형 나의 네 변의 길이의 합은 서로 같습니다.

14 마름모는 한 대각선이 다른 대각선을 반으로 나누므로

(선분 ㄱㄷ의 길이)$=6\times 2=12\,(cm)$

(선분 ㄴㄹ의 길이)$=4\times 2=8\,(cm)$

입니다.

따라서 두 대각선의 길이의 합은

$12+8=20\,(cm)$

입니다.

개념 068 **도형의 합동/합동인 삼각형 그리기(1)**

본문 158~159쪽

1 (1) 점 ㄹ (2) 변 ㅂㅁ (3) 각 ㄹㅁㅂ   **2** 나

3 58°, 122°   **4** 자, 컴퍼스

5 7 cm   **6** 30 cm

3 (각 ㄹㄷㄴ)=(각 ㅂㅁㅇ)=58°

(각 ㅅㅂㅁ)=(각 ㄱㄹㄷ)

$\qquad =360°-(108°+72°+58°)$

$\qquad =122°$

5 변 ㄴㄷ을 그린 후에 점 ㄴ을 중심으로 반지름이 7 cm인 원의 일부분을 그립니다.

6 (변 ㄱㄴ의 길이)=(변 ㅂㄹ의 길이)=13 cm,

(변 ㄱㄷ의 길이)=(변 ㅂㅁ의 길이)=5 cm이므로

(삼각형 ㄱㄴㄷ의 둘레의 길이)

$\qquad =13+5+12=30\,(cm)$

개념 069 **합동인 삼각형 그리기(2)**

본문 160~161쪽

1 ㉠, ㉢, ㉣, ㉡   **2** ㉠ 5 ㉡ 5 ㉢ 5

㉣ 40, 5, 65   **3** 각 ㄱㄷㄴ

4 변 ㄱㄷ   **5** 자, 각도기   **6** 변 ㄱㄷ

3 두 변의 길이가 주어졌으므로 그 사이의 각의 크기를 알아야 합니다.

4 변 ㄱㄷ의 길이를 알아야 두 변의 길이와 그 사이의 각의 크기를 알게 되므로 합동인 삼각형을 그릴 수 있습니다.

5 한 변의 길이와 그 양 끝 각의 크기가 주어진 삼각형을 그리려면 자를 사용하여 한 변을 긋고, 각도기를 사용하여 그 양 끝 각을 그립니다.

6 변 ㄱㄴ 또는 변 ㄴㄷ이 가장 먼저 그려지고 변 ㄱㄷ 이 가장 마지막에 그려집니다.

개념 070 선대칭도형

본문 162~163쪽

1 나 **2** 풀이 참조
3 (1) 110, 6 (2) 65, 8 **4** 5개 **5** BIKE
6 10 cm **7** 18 cm

1 직선 나를 따라 접으면 완전히 겹쳐집니다.

2
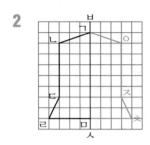

3 (2) 선대칭도형에서 대응각의 크기가 같으므로
$$\square = 180° - (55° + 60°)$$
$$= 65°$$

4 O C A K M

6 대응점에서 대칭축까지의 거리는 같으므로
(선분 ㄷㄹ의 길이)=(선분 ㄴㄹ의 길이)
$$= 6 \text{ cm}$$
삼각형 ㄱㄴㄷ의 둘레의 길이는
(변 ㄱㄴ의 길이)+(변 ㄱㄷ의 길이)+6+6
$$= 32 \text{ (cm)}$$
이므로
(변 ㄱㄴ의 길이)+(변 ㄱㄷ의 길이)
$$= 32 - (6+6)$$
$$= 20 \text{ (cm)}$$
선대칭도형에서 대응변의 길이가 같으므로
(변 ㄱㄴ의 길이)=(변 ㄱㄷ의 길이)입니다.
따라서
(변 ㄱㄷ의 길이)=20÷2=10 (cm)
입니다.

7 선대칭도형에서 대응변의 길이는 같으므로
(선대칭도형의 둘레의 길이)
$$= (5+4) \times 2$$
$$= 18 \text{ (cm)}$$

개념 071 점대칭도형

본문 164~165쪽

1 (1) 점 ㄹ (2) 변 ㅁㅂ (3) 각 ㄷㄹㅁ
2 ㉢, ㉠, ㉡ **3** ㉠, ㉣
4 (위에서부터) 150, 9 **5** 풀이 참조
6 63 cm² **7** 28 cm²

1 (2) 점 ㄴ의 대응점은 점 ㅁ이고 점 ㄷ의 대응점
은 점 ㅂ이므로 변 ㄴㄷ의 대응변은 변 ㅁㅂ
입니다.
(3) 점 ㅂ의 대응점은 점 ㄷ, 점 ㄱ의 대응점은
점 ㄹ, 점 ㄴ의 대응점은 점 ㅁ이므로
각 ㅂㄱㄴ의 대응각은 각 ㄷㄹㅁ입니다.

4 점대칭도형에서 대응변의 길이와 대응각의 크기
는 각각 같습니다.

5 (1)
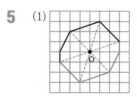

(2)
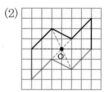

각 점에서 대칭의 중심까지의 길이와 같도록 대
응점을 찍은 후 각 대응점을 이어 점대칭도형을
완성합니다.

6 변 ㄱㄴ의 대응변이 변 ㄹㅁ이므로
(변 ㄱㄴ의 길이)=(변 ㄹㅁ의 길이)
$$= 9 \text{ cm}$$
점대칭도형의 넓이는 삼각형 ㄱㄴㄷ의 넓이의 2
배이므로
(점대칭도형의 넓이)=(7×9÷2)×2
$$= 63 \text{ (cm}^2)$$

7 점대칭도형을 완성하면 가로의 길이가 7 cm,
세로의 길이가 4 cm인 직사각형이 되므로
(점대칭도형의 넓이)=7×4=28 (cm²)
입니다.

20 직육면체 개념 072~074

개념 072 직육면체

본문 166 ~ 167쪽

1 나, 라, 바 **2** (1) 면 ㄱㄴㄷㄹ, 면 ㄴㅂㅅㄷ, 면 ㄷㅅㅇㄹ (2) 점 ㅁ

3 승현 **4** 6개 **5** 23 cm

6 (시계 방향으로) 6, 10, 14 **7** 90 cm

1 직육면체는 직사각형 모양의 면 6개로 둘러싸인 도형입니다.

3 직육면체에서 면과 면이 만나는 선분을 모서리, 모서리와 모서리가 만나는 점을 꼭짓점이라 합니다.

4 보이는 면의 수는 3개이고 보이지 않는 모서리의 수도 3개이므로 보이는 면과 보이지 않는 모서리의 수의 합은 3＋3＝6(개)입니다.

5 보이지 않는 모서리는 점선으로 된 모서리이므로 보이지 않는 모서리의 길이의 합은 10＋8＋5＝23 (cm)입니다.

7 길이가 6 cm인 모서리와 평행한 끈은 2개이므로
$$6 \times 2 = 12 \,(\text{cm})$$
길이가 8 cm인 모서리와 평행한 끈은 2개이므로
$$8 \times 2 = 16 \,(\text{cm})$$
길이가 12 cm인 모서리와 평행한 끈은 4개이므로
$$12 \times 4 = 48 \,(\text{cm})$$
매듭의 길이가 14 cm이므로 사용한 끈의 길이는
$$12 + 16 + 48 + 14 = 90 \,(\text{cm})$$
입니다.

개념 073 정육면체

본문 168 ~ 169쪽

1 (1) × (2) ○ (3) ○ (4) ○ **2** 정사각형

3 132 cm **4** 48 cm **5** ㉡, ㉤ **6** 13 cm

7 ㉠, ㉢ **8** 8 cm

2 정육면체의 6개의 면은 모두 정사각형입니다.

3 12개의 모서리의 길이가 모두 같으므로
$$(\text{모든 모서리의 길이의 합}) = 11 \times 12$$
$$= 132 \,(\text{cm})$$

4 정육면체는 12개의 모서리의 길이가 모두 같으므로 색칠한 면의 둘레의 길이는
$$12 \times 4 = 48 \,(\text{cm})$$
입니다.

5 ㉡ 꼭짓점은 모두 8개입니다.
㉤ 정육면체는 12개의 모서리의 길이가 모두 같습니다.

6 정육면체는 12개의 모서리의 길이가 모두 같으므로 한 모서리의 길이를 □ cm라고 하면
$$\square \times 12 = 156, \ \square = 156 \div 12 = 13 \,(\text{cm})$$
따라서 한 모서리의 길이는 13 cm입니다.

7 직육면체와 정육면체는 면의 수, 모서리의 수, 꼭짓점의 수가 같습니다.

8 (직육면체의 모든 모서리의 길이의 합)
$$= (12 + 5 + 7) \times 4 = 96 \,(\text{cm})$$
정육면체는 12개의 모서리의 길이가 모두 같으므로 정육면체의 한 모서리의 길이는
$$96 \div 12 = 8 \,(\text{cm})$$
입니다.

개념 074 직육면체의 성질과 전개도

본문 170 ~ 171쪽

1 (1) 면 ㅁㅂㅅㅇ (2) 3쌍 **2** ㉢

3 36 cm **4** 90° **5** 6, 8

6 면 ㉮와 면 ㉱, 면 ㉯와, 면 ㉰, 면 ㉰와 면 ㉲

7 14 **8** 94 cm

2 ㉠ 전개도를 접었을 때 서로 만나는 선분의 길이가 다릅니다.
㉡ 전개도를 접었을 때 겹치는 면이 생깁니다.

3 직육면체에서 서로 평행한 면은 모양과 크기가 같으므로

(평행한 면의 네 변의 길이의 합)
＝(색칠한 면의 네 변의 길이의 합)
＝11＋7＋11＋7＝36 (cm)

4 직육면체에서 서로 만나는 면은 수직입니다.

6 전개도를 접었을 때 면 ㉮와 마주 보는 면은 면 ㉯, 면 ㉰와 마주 보는 면은 면 ㉱, 면 ㉲와 마주 보는 면은 면 ㉳입니다.

7 서로 평행한 두 면의 눈의 수의 합이 7이므로 눈의 수가 3인 면과 평행한 면의 눈의 수는 4입니다. 1부터 6까지의 수 중에서 3과 4를 제외하면 3의 눈이 그려진 면과 수직인 4개의 면에 그려진 눈의 수는 1, 2, 5, 6입니다.
따라서 눈의 수의 합은 1＋2＋5＋6＝14입니다.

8 (선분 ㄱㅎ의 길이)＝(선분 ㅍㅊ의 길이)
＝(선분 ㄴㅁ의 길이)＝(선분 ㅂㅅ의 길이)
＝11 cm
(선분 ㅎㅍ의 길이)＝(선분 ㅊㅈ의 길이)
＝(선분 ㅁㅂ의 길이)＝(선분 ㅅㅇ의 길이)
＝5 cm
(선분 ㄱㄴ의 길이)＝(선분 ㅈㅇ의 길이)
＝15 cm
따라서 사각형 ㄱㄴㅇㅈ의 둘레의 길이는
11×4＋5×4＋15×2＝94 (cm)

반드시 알아야 하는 필수 문제   본문 172～173쪽

01 나와 라 **02** 30 cm **03** 6 cm **04** 변 ㄴㄷ

05 ㉡, ㉢ **06** (1) 3개 (2) 5개 **07** 117°

08 30 cm **09** ㅍ, ㅐ, ㄨ **10** 44 cm

11 6개 **12** 8 cm **13** ②, ③

14 면 ㄱㄴㅂㅁ, 면 ㄷㅅㅇㄹ

15 풀이 참조, 90 cm

1 모양과 크기가 같아서 포개었을 때, 완전히 겹쳐지는 두 도형을 찾으면 나와 라입니다.

2 합동인 두 도형에서 대응변의 길이는 서로 같으므로
(변 ㅁㅂ의 길이)＝(변 ㄱㄹ의 길이)＝10 cm
(변 ㅅㅇ의 길이)＝(변 ㄷㄴ의 길이)＝5 cm
따라서 사각형 ㅁㅂㅅㅇ의 둘레의 길이는
10＋6＋5＋9＝30 (cm)
입니다.

4 길이가 주어진 변 ㄱㄴ 또는 변 ㄱㄷ이 가장 먼저 그려지고 변 ㄴㄷ이 가장 마지막에 그려집니다.

5 ㉡ 모양은 같지만 크기가 다른 경우가 있습니다.
㉢ 모양과 크기가 다른 경우가 있습니다.

6 (1) , 3개   (2) , 5개

7 (각 ㄹㄷㅂ)＝180°－63°＝117°입니다.
선대칭도형에서 대응각의 크기는 같으므로
(각 ㄱㄴㅂ)＝(각 ㄹㄷㅂ)＝117°입니다.

8 대칭의 중심은 대응점을 이은 선분을 이등분하므로
(선분 ㄴㄹ의 길이)＝15×2＝30 (cm)
사각형 ㄱㄴㄷㄹ은 직사각형이므로
(선분 ㄱㄷの 길이)＝(선분 ㄴㄹ의 길이)
＝30 cm

9 선대칭도형 : ㅊ ㅍ ㅌ ㅎ Ｈ Ｘ Ｙ
점대칭도형 : ㅍ Ｈ Ｎ Ｘ
따라서 선대칭도형도 되고 점대칭도형도 되는 것은 ㅍ, Ｈ, Ｘ입니다.

10 점대칭도형에서 대응변의 길이는 서로 같으므로
(변 ㄱㄴ의 길이)＝(변 ㄹㅁ의 길이)＝7 cm,
(변 ㄴㄷ의 길이)＝(변 ㅁㅂ의 길이)＝6 cm,
(변 ㄷㄹ의 길이)＝(변 ㅂㄱ의 길이)＝9 cm
따라서 점대칭도형의 둘레의 길이는

$(7+6+9) \times 2 = 44 \, (\text{cm})$

입니다.

11 직육면체의 겨냥도에서 보이는 모서리는 9개, 보이지 않는 모서리는 3개입니다.

12 정육면체는 12개의 모서리의 길이가 모두 같으므로 정육면체의 한 모서리의 길이는
$96 \div 12 = 8 \, (\text{cm})$입니다.

13 ② 직육면체의 면의 모양은 직사각형이고 정육면체의 면의 모양은 정사각형입니다.
③ 정육면체의 모서리의 길이는 모두 같지만 직육면체의 모서리의 길이는 서로 다릅니다.

15

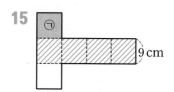

정육면체는 모든 모서리의 길이가 같으므로 빗금 친 부분은 가로의 길이가 $9 \times 4 = 36 \, (\text{cm})$, 세로의 길이가 $9 \, \text{cm}$인 직사각형입니다.
따라서 빗금 친 부분의 둘레의 길이는
$36 + 9 + 36 + 9 = 90 \, (\text{cm})$
입니다.

---

21 **각기둥과 각뿔** 개념 075~077

개념 **075** **각기둥**

본문 174 ~ 175쪽

1 (1) 가, 다, 마, 바, 사, 아
(2) 가, 다, 바, 사, 아 (3) 다, 바, 사
(4) 다, 바, 사   **2** (1) ㄹㅁㅂ
(2) **삼각형** (3) **수직** (4) **직사각형**
3 ㉢   **4** 면 ㄱㄴㄷㄹㅁ, 면 ㅂㅅㅇㅈㅊ
5 면 ㄱㄴㅂㅁ, 면 ㄴㄷㄹㅂ, 면 ㄱㄷㄹㅁ
6 10

---

3 각기둥은 위와 아래에 있는 면이 서로 평행하고 합동인 다각형으로 이루어진 입체도형입니다.

4 서로 평행하고 나머지 다른 면에 수직인 두 면을 찾으면 면 ㄱㄴㄷㄹㅁ, 면 ㅂㅅㅇㅈㅊ입니다.

5 밑면에 수직인 면이 옆면이므로 색칠한 면에 수직인 면을 모두 찾으면 면 ㄱㄴㅂㅁ,
면 ㄴㄷㄹㅂ, 면 ㄱㄷㄹㅁ입니다.

6 밑면의 모양이 오각형이므로 한 밑면의 변의 수는 5이고, 옆면의 수는 한 밑면의 변의 수와 같으므로 5입니다.
따라서 한 밑면의 변의 수와 옆면의 수의 합은 $5 + 5 = 10$입니다.

개념 **076** **각기둥의 이름과 구성 요소, 전개도**

본문 176 ~ 177쪽

1 (1) 삼각기둥   (2) 팔각기둥
2 (1) 사각기둥   (2) 칠각기둥
3 (1) 7 cm   (2) 5 cm   **4** 구각기둥
5 (왼쪽에서부터) 15, 12, 9   **6** 14 cm

---

1 (1) 밑면의 모양이 삼각형이므로 삼각기둥입니다.
(2) 밑면의 모양이 팔각형이므로 팔각기둥입니다.

2 (1) 옆면의 모양이 직사각형이고 밑면의 모양이 사각형이므로 사각기둥의 전개도입니다.
(2) 옆면의 모양이 직사각형이고 밑면의 모양이 칠각형이므로 칠각기둥의 전개도입니다.

3 (2) 합동인 두 밑면의 대응하는 꼭짓점을 이은 모서리의 길이가 높이이므로 5 cm입니다.

4 꼭짓점의 수가 9인 다각형은 구각형입니다.
따라서 밑면의 모양이 구각형이므로 구각기둥입니다.

5 각기둥의 전개도를 접었을 때 맞닿는 선분의 길이는 같습니다.

6 각기둥의 전개도를 접었을 때 맞닿는 선분의 길이는 같으므로
(선분 ㄱㅊ의 길이)=(선분 ㅈㅊ의 길이)=3 cm,
(선분 ㅊㅇ의 길이)=(선분 ㄷㅁ의 길이)=6 cm
(선분 ㅇㅅ의 길이)=(선분 ㅇㅈ의 길이)=5 cm
따라서 선분 ㄱㅅ의 길이는
$\quad$(선분 ㄱㅊ의 길이)+(선분 ㅊㅇ의 길이)
$\quad\quad$+(선분 ㅇㅅ의 길이)
$\quad$=3+6+5=14 (cm)

개념 077 각뿔

본문 178~179쪽

1 나, 라 　　**2** (1) 삼각뿔 　(2) 육각뿔
3 6 　　　**4** (1) 6 cm 　(2) 7 cm
5 44 cm

3 주어진 각뿔의 밑면의 수는 1이고, 옆면의 수는 5이므로 밑면의 수와 옆면의 수의 합은
$\quad$1+5=6

4 각뿔의 높이는 각뿔의 꼭짓점에서 밑면에 수직인 선분의 길이입니다.

5 길이가 4 cm인 모서리의 수는 4이고, 길이가 7 cm인 모서리의 수는 4이므로 모든 모서리의 길이의 합은
$\quad\quad$4×4+7×4=16+28=44 (cm)

---

22 **원기둥, 원뿔, 구** 　　개념 078~080

개념 078 원기둥

본문 180~181쪽

1 (왼쪽에서부터) 밑면, 높이, 옆면, 밑면
2 2 cm, 6 cm 　　　**3** (1) 5 cm 　(2) 12 cm
4 ㉡, ㉣ 　**5** 31.4 cm, 12 cm 　　**6** 6 cm
7 248 cm^2

2 전개도의 옆면의 세로의 길이는 원기둥의 높이와 같고, 전개도의 옆면의 가로의 길이는 원기둥의 밑면의 둘레의 길이와 같습니다.

4 ㉠ 꼭짓점은 없습니다.
　㉢ 밑면의 모양은 원이고 2개입니다.

5 전개도의 옆면의 가로의 길이는 밑면의 둘레의 길이와 같으므로 5×2×3.14=31.4 (cm)입니다.
전개도의 옆면의 세로의 길이는 원기둥의 높이와 같으므로 12 cm입니다.

6 (옆면의 가로의 길이)=(밑면의 둘레의 길이)
$\quad\quad\quad\quad\quad\quad\quad\quad$=(밑면의 반지름)×2×3
$\quad$36=(밑면의 반지름)×6
$\quad$(밑면의 반지름)=36÷6=6 (cm)
따라서 밑면의 반지름은 6 cm입니다.

7 (직사각형의 가로의 길이)=4×2×3.1
$\quad\quad\quad\quad\quad\quad\quad\quad$=24.8 (cm),
(직사각형의 세로의 길이)=10 cm
이므로 원기둥의 전개도에서 직사각형의 넓이는
24.8×10=248 (cm^2)입니다.

개념 079 원뿔과 구

본문 182~183쪽

1 나 　　　　**2** 중심, 반지름
3 (1) ㉠ 　(2) ㉡ 　　　　**4** 30 cm
5 (1) 12 cm 　(2) 8 cm 　**6** 26 cm 　**7** 7 cm

3 (1) 원뿔의 꼭짓점에서 밑면에 수직인 선분의 길이, 즉 높이를 재는 그림입니다.
　(2) 원뿔의 꼭짓점에서 원의 둘레의 한 점을 이은 선분의 길이, 즉 모선의 길이를 재는 그림입니다.

4 (밑면의 반지름)=(밑면의 지름)÷2이므로
$\quad\quad$(선분 ㄴㄷ의 길이)=10÷2=5 (cm)
모선의 길이는 모두 같으므로
$\quad\quad$(선분 ㄱㄴ의 길이)=13 cm
따라서 삼각형 ㄱㄴㄷ의 둘레의 길이는
13+5+12=30 (cm)입니다.

6 (선분 ㄴㄷ의 길이)=$10 \times 2 = 20$ (cm)이고,
삼각형 ㄱㄴㄷ의 둘레의 길이가 72 cm이므로
(선분 ㄱㄴ의 길이)=$(72-20) \div 2$
$= 26$ (cm)

7 구의 반지름은 반원의 반지름과 같고 반원의 반지름은 $14 \div 2 = 7$ (cm)이므로 구의 반지름은 7 cm입니다.

개념 080 입체도형의 비교

> 본문 184~185쪽

1 굽은 면, 평평한 면(직사각형) ; 3, 7 ; 원, 오각형 **2** 풀이 참조 **3** ㉡, ㉢
4 ㉢ **5** ㉡, ㉣, ㉠, ㉢

1 원기둥은 밑면이 2개, 옆면이 1개이므로 면의 수는 $2+1=3$입니다.
또, 오각기둥은 밑면이 2개, 옆면이 5개이므로 면의 수는 $2+5=7$입니다.

2
 ,   ,
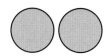

구는 어느 방향에서 보아도 항상 원 모양입니다.

3 밑면의 모양이 다각형이고 옆면의 모양이 직사각형인 것은 각기둥에 대한 설명입니다.

4 원기둥과 원뿔, 구는 모두 위에서 보았을 때 원 모양입니다.

5 ㉠ 원기둥의 밑면의 수 : 2
㉡ 구의 밑면의 수 : 0
㉢ 원뿔의 모선의 수 : 무수히 많습니다.
㉣ 원뿔의 꼭짓점의 수 : 1

개념 081 쌓기나무의 수

> 본문 186~187쪽

1 나 **2** ①번 : 3, ②번 : 2, ③번 : 2
④번 : 1, 합계 :8 **3** (1) 10개 (2) 6개
4 다, 나, 가 **5** 6개 **6** 4개

4 가 : $3+2+1+2=8$(개)
나 : $3+2+1+1=7$(개)
다 : $1+3+1+1=6$(개)
따라서 쌓기나무의 수가 적은 것부터 차례대로 기호를 쓰면 다, 나, 가입니다.

5
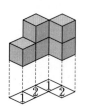
(필요한 쌓기나무의 수)
$=1+2+1+2$
$=6$(개)

6 바닥에 닿는 면의 모양의 각 자리에 쌓인 쌓기나무의 수를 나타내면 사용한 쌓기나무는 모두 $2+2+1+3+2+1=11$(개)입니다.
따라서 남은 쌓기나무는 $15-11=4$(개)입니다.

개념 082 위, 앞, 옆에서 본 모양 그리기

> 본문 188~189쪽

1 ㉢, ㉠ **2** 풀이 참조 **3** ㉢, ㉠, ㉡
4 나 **5** ㉠ **6** 3

1 위에서 본 모양은 바닥에 닿는 면의 모양과 같습니다. ➡ ㉢
옆에서 본 모양은 각 줄의 가장 높은 층의 모양과 같습니다. ➡ ㉠

2
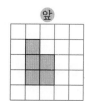 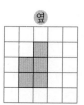

4 앞에서 보면 왼쪽에서부터 3층, 2층, 2층입니다.

5

6 앞에서 보면 왼쪽에서부터 3층, 1층이고 옆에서 보면 왼쪽에서부터 1층, 3층이므로 ㉠에 들어갈 숫자는 3입니다.

개념 083 **전체 모양 알기**

본문 190~191쪽

1 (1) 3개, 1개, 1개, 2개 (2) 7개

2 (1) 풀이 참조 (2) ㉡ **3** 5개 **4** 16개

1 앞에서 보면 3층, 1층이므로 ②번 자리는 1개입니다. 옆에서 보면 2층, 1층, 3층이므로 ④번 자리는 2개, ③번 자리는 1개, ①번 자리는 3개입니다.
따라서 필요한 쌓기나무의 수는
$$3+1+1+2=7(개)$$
입니다.

2 (1)
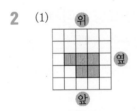

(2) 앞에서 본 모양에서는 왼쪽에서부터 1층, 2층, 1층이고 옆에서 본 모양에서는 왼쪽에서부터 1층, 2층이므로 쌓기나무 전체 모양은 ㉡입니다.

3 앞에서 보면 2층, 2층, 3층이므로 ㉠자리에 쌓은 쌓기나무는 3개입니다.
옆에서 보면 2층, 1층, 3층이므로 ㉡자리에 쌓은 쌓기나무는 2개입니다.
따라서 ㉠자리와 ㉡자리에 쌓은 쌓기나무의 수를 모두 더하면 $3+2=5(개)$입니다.

4 위, 앞, 옆에서 본 모양을 보고 쌓기나무를 가장 많이 사용하여 쌓을 수 있는 쌓기나무는 오른쪽 그림과 같습니다.

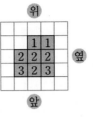

따라서 필요한 쌓기나무의 수는
$$1+1+2+2+2+3+2+3=16(개)입니다.$$

개념 084 **연결큐브로 여러 가지 모양 만들기**

본문 192~193쪽

1 나 **2** 오른쪽에 ○ **3** ✕(교차)

4 2가지 **5** 풀이 참조

6 다

4
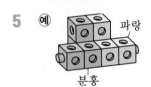 ➡ 2가지

5 (예)
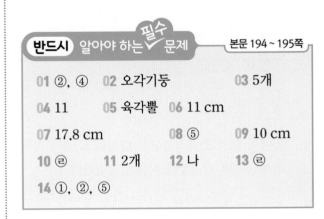

반드시 알아야 하는 필수 문제

본문 194~195쪽

01 ②, ④ **02** 오각기둥 **03** 5개

04 11 **05** 육각뿔 **06** 11 cm

07 17.8 cm **08** ⑤ **09** 10 cm

10 ㉣ **11** 2개 **12** 나 **13** ㉣

14 ①, ②, ⑤

2 각기둥의 밑면은 2개이므로 면이 7개인 각기둥의 옆면은 $7-2=5(개)$이고, 한 밑면의 변이 5개이므로 밑면의 모양은 오각형입니다.
따라서 면이 7개인 각기둥의 이름은 오각기둥입니다.

3 전개도를 접었을 때 밑면과 수직으로 만나는 선분은 선분 ㄴㄷ, 선분 ㅊㄹ, 선분 ㅈㅂ, 선분 ㅂㅇ, 선분 ㅁㅅ의 5개입니다.

4 주어진 각뿔의 꼭짓점의 수는 6이고, 옆면의 수는 5이므로 꼭짓점의 수와 옆면의 수를 모두 더하면 11입니다.

6 원기둥의 높이는 15 cm이고, 밑면의 지름이 8 cm이므로 반지름은 $8 \div 2 = 4$ (cm)입니다. 따라서 원기둥의 높이와 밑면의 반지름의 차는 $15 - 4 = 11$ (cm)입니다.

7 (옆면의 가로의 길이)=(밑면의 둘레의 길이)
　　　　　　　　　　　$= 8 \times 3.1 = 24.8$ (cm)
(옆면의 세로의 길이)=(원기둥의 높이)=7 cm
따라서 옆면의 가로의 길이와 세로의 길이의 차는 $24.8 - 7 = 17.8$ (cm)입니다.

8 원뿔에서 모선은 수없이 많고 그 길이는 모두 같습니다.

9 한 바퀴 돌려서 만든 구의 반지름이 5 cm이므로 반원의 반지름은 5 cm입니다.

10 어느 방향에서 보아도 같은 모양인 것은 구입니다.

11 오른쪽 그림에서 색칠한 부분에 1개씩 쌓은 쌓기나무가 보이지 않습니다. 따라서 보이지 않는 쌓기나무는 2개입니다.

12 가, 다 :　　　　나 :

13 앞에서 본 모양에서는 왼쪽에서부터 1층, 2층 1층이고 옆에서 본 모양에서는 왼쪽에서부터 1층, 1층, 2층이므로 ㉣ 쌓기나무를 본 것입니다.

14 ①　　　②　　　⑤

24 각도
개념 085~087

개념 085 각의 크기 비교/각의 크기 재기
본문 198~199쪽

1 (1) 나　(2) 두 변이 벌어진 정도
2 (1) 70°　(2) 145°　　**3** 나　　**4** 다, 나
5 110°　　**6** 20°

2 (1) 각의 한 변이 각도기의 바깥쪽 눈금 0에 맞추어져 있으므로 바깥쪽 눈금을 읽으면 70°입니다.
(2) 각의 한 변이 각도기의 안쪽 눈금 0에 맞추어져 있으므로 안쪽 눈금을 읽으면 145°입니다.

3 투명 종이를 사용하여 각을 본뜬 다음 두 각을 비교하여 큰 각과 작은 각을 찾습니다.

4 각의 두 변이 가장 많이 벌어진 것은 다이고, 가장 적게 벌어진 것은 나입니다.

5 각 ㄴㅁㄹ은 각의 한 변이 각도기의 안쪽 눈금 0에 맞추어져 있으므로 안쪽 눈금을 읽으면 110°입니다.

6 주어진 그림에서 찾을 수 있는 가장 작은 각은 각 ㄷㅁㄹ이므로 각도기를 사용하여 각도를 재어 보면 20°입니다.

개념 086 각의 크기에 따른 분류/ 각 그리기
본문 200~201쪽

1 (1) 둔　(2) 예　　　**2** 풀이 참조
3 ㉠, ㉣　　**4** 150°, 130°, 95°　　**5** ㉡
6 ㉡, ㉣　　**7** 둔각

2 **예**

3 0°보다 크고 직각보다 작은 각을 찾습니다.

4 둔각은 직각보다 크고 180°보다 작은 각이므로 150°, 130°, 95°입니다.

5 각의 한 변이 각도기의 안쪽 눈금 0에 맞추어져 있으므로 안쪽 눈금이 60을 가리키는 부분에 점을 찍어야 합니다.

6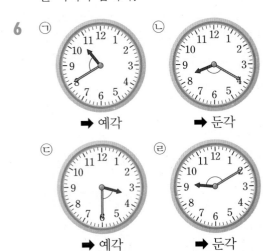

따라서 시계의 긴바늘과 짧은바늘이 이루는 작은 쪽의 각이 직각보다 크고 180°보다 작은 각을 찾으면 ㉡, ㉣입니다.

7 정각 5시를 시계에 나타내면 오른쪽과 같습니다. 시계의 긴바늘과 짧은바늘이 이루는 작은 쪽의 각이 직각보다 크고 180°보다 작습니다.

개념 087 각도의 합과 차

본문 202 ~ 203쪽

1 (1) 120° (2) 175° (3) 190° (4) 50°

    (5) 60° (6) 125° **2** (1) 30 (2) 100

3 (1) 120 (2) 36 **4** ㉣ **5** 165°

6 38° **7** ㉡, ㉠, ㉢ **8** 95°

---

2 (1) 삼각형의 세 각의 크기의 합은 180°이므로
$$\square° = 180° - 80° - 70° = 30°$$
입니다.

---

(2) 사각형의 네 각의 크기의 합은 360°이므로
$$\square° = 360° - 120° - 70° - 70° = 100°$$
입니다.

3 (1) $72° + 48° = 120°$

    (2) $75° - 39° = 36°$

4 ㉠ $80° + 47° = 127°$

    ㉡ $110° - 25° = 85°$

    ㉢ $38° + 69° = 107°$

    ㉣ $214° - 143° = 71°$

따라서 계산한 각도가 가장 작은 것은 ㉣입니다.

5 사각형의 네 각의 크기의 합은 360°이므로
$$㉠ + ㉡ + 90° + 105° = 360°$$
$$㉠ + ㉡ + 195° = 360°$$
$$㉠ + ㉡ = 360° - 195° = 165°$$
입니다.

6 직선 위의 한 점을 꼭짓점으로 하는 각의 크기는 180°이므로

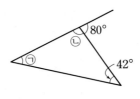

$$㉡ = 180° - 80°$$
$$= 100°$$
삼각형의 세 각의 크기의 합은 180°이므로
$$㉠ + 42° + 100° = 180°$$
$$㉠ + 142° = 180°$$
$$㉠ = 180° - 142° = 38°$$
입니다.

7 ㉠ $55° + \square = 120°$이므로
$$\square = 120° - 55° = 65°$$
    입니다.

    ㉡ $85° + \square = 160°$이므로
$$\square = 160° - 85° = 75°$$
    입니다.

    ㉢ $180° - \square = 125°$이므로
$$\square = 180° - 125° = 55°$$
    입니다.

따라서 □ 안에 들어갈 각도가 큰 것부터 차례대로 기호를 쓰면 ㉡, ㉠, ㉢입니다.

8 삼각형 ㅁㄷㄹ에서 각 ㅁㄷㄹ과 각 ㅁㄹㄷ의 크기가 같으므로

$$70°+(각 ㅁㄷㄹ)+(각 ㅁㄹㄷ)=180°$$
$$70°+(각 ㅁㄷㄹ)×2=180°$$
$$(각 ㅁㄷㄹ)×2=180°-70°$$
$$(각 ㅁㄷㄹ)×2=110°$$
$$(각 ㅁㄷㄹ)=110°÷2=55°$$

삼각형 ㄱㄴㄷ에서

$$90°+60°+(각 ㄱㄷㄴ)=180°$$
$$150°+(각 ㄱㄷㄴ)=180°$$
$$(각 ㄱㄷㄴ)=180°-150°=30°$$

직선 위의 한 점을 꼭짓점으로 하는 각의 크기는 $180°$이므로

$$㉠=180°-55°-30°$$
$$=125°-30°$$
$$=95°$$

입니다.

본문 204 ~ 205쪽

반드시 알아야 하는 **필수** 문제

01 1, 3, 2 **02** 가, 다 **03** ㉠, ㉢

04 145° **05** 민주

06 (왼쪽에서부터) 예, 둔, 둔, 둔, 예

07 (1) 둔각 (2) 예각 **08** ③ **09** ⑤

10 50° **11** ㉢ **12** 140° **13** 175°

14 90°

---

1 두 변이 벌어진 정도를 비교하여 각의 크기를 비교합니다.

2 각의 두 변이 가장 크게 벌어진 것은 가이고, 가장 작게 벌어진 것은 다입니다.

3 ㉡ 각의 크기는 각을 이루는 변의 길이와 관계없이 두 변이 벌어진 정도가 클수록 큽니다.
㉣ 직각을 똑같이 90으로 나눈 하나를 1도라고 합니다.

4 각 ㄹㄴㄷ은 각의 한 변이 각도기의 안쪽 눈금 0에 맞춰져 있으므로 나머지 변과 만나는 안쪽 눈금을 읽으면 145°입니다.

5 지운이가 읽은 각도는 각의 한 변이 안쪽 눈금 0에 맞춰져 있으므로 나머지 변과 만나는 안쪽 눈금을 읽으면 60°입니다.

7 (1) 시계의 긴바늘과 짧은바늘이 이루는 작은 쪽의 각이 직각보다 크고 180°보다 작으므로 둔각입니다.
(2) 시계의 긴바늘과 짧은바늘이 이루는 작은 쪽의 각이 0°보다 크고 직각보다 작으므로 예각입니다.

8 각의 한 변이 각도기의 안쪽 눈금 0에 맞추어져 있으므로 안쪽 눈금이 80을 가리키는 부분에 점을 찍어야 합니다.

9 ① $145°-62°=83°$
② $60°+58°=118°$
③ $170°-95°=75°$
④ $205°-90°=115°$
⑤ $240°-116°=124°$
따라서 계산한 각도가 가장 큰 것은 ⑤입니다.

10 직선 위의 한 점을 꼭짓점으로 하는 각의 크기는 $180°$이고 각 ㄱㅁㄴ은 직각이므로 90°입니다.
따라서

$$(각 ㄴㅁㄷ)=180°-90°-40°=50°$$

입니다.

11 삼각형의 세 각의 크기의 합은 $180°$이므로 나머지 한 각의 크기를 $□°$라고 하면
㉠ $30°+105°+□°=180°$이므로

$$135°+□°=180°$$
$$□°=180°-135°$$
$$=45°$$

㉡ $55°+69°+□°=180°$이므로

$$124°+□°=180°$$
$$□°=180°-124°$$
$$=56°$$

ⓒ $28° + 84° + \square° = 180°$이므로

$112° + \square° = 180°$

$\square° = 180° - 112°$

$\quad = 68°$

ⓔ $90° + 45° + \square° = 180°$이므로

$135° + \square° = 180°$

$\square° = 180° - 135°$

$\quad = 45°$

따라서 나머지 한 각의 크기가 가장 큰 것은 ⓒ
입니다.

12 삼각형의 세 각의 크기의 합이 180°입니다.

왼쪽 삼각형에서 $① + 50° + 45° = 180°$이므로

$① + 95° = 180°$

$① = 180° - 95° = 85°$

오른쪽 삼각형에서 $65° + 60° + ① = 180°$이므로

$125° + ① = 180°$

$① = 180° - 125° = 55°$

따라서 ①과 ①의 합은 $85° + 55° = 140°$입니다.

13 사각형의 네 각의 크기의 합은 360°이므로

$① + ① + 90° + 95° = 360°$

$① + ① = 360° - 185° = 175°$

14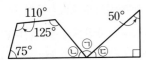

사각형의 네 각의 크기의 합은 360°이므로

$110° + 75° + ① + 125° = 360°$

$① + 310° = 360°$

$① = 360° - 310° = 50°$

삼각형의 세 각의 크기의 합은 180°이므로

$① + 90° + 50° = 180°$

$① + 140° = 180°$

$① = 180° - 140° = 40°$

직선 위의 한 점을 꼭짓점으로 하는 각의 크기는
180°이므로

$① = 180° - 50° - 40°$

$\quad = 130° - 40° = 90°$

입니다.

---

25 **어림하기** 개념 088~089

개념 088 **이상, 이하, 초과, 미만**

본문 206 ~ 207쪽

1 (1) 이상 (2) 이하 **2** (1) 초과 (2) 미만

3 5개 **4** 50, 53에 ○, 30, 28에 △

5 45, 34, 37 **6** 태연

7 효주, 석현 **8** 28대 미만

3 37 이상인 수는 37보다 크거나 같은 수이므로
39, 41, 37.2, 57, 37의 5개입니다.

4 50 이상인 수는 50보다 크거나 같은 수이므로
50, 53입니다.
30 이하인 수는 30보다 작거나 같은 수이므로
30, 28입니다.

5 50을 포함하지 않으면서 50보다 작은 수는 45,
34, 37입니다.

6 71 초과인 수는 71이 포함되지 않고 71보다 큰
수입니다.
따라서 잘못 말한 학생은 태연입니다.

7 13 이하인 수는 13, 12이므로 선수가 될 수 있
는 학생은 효주, 석현입니다.

8 1반, 4반, 5반 학생들은 모두 자전거를 탈 수 있
고 2반, 3반 학생들은 자전거가 부족하여 전부
탈 수 없었으므로 자전거는 28대 미만으로 있습
니다.

개념 089 **수의 범위/올림, 버림, 반올림**

본문 208 ~ 209쪽

1 풀이 참조 **2** (1) 480 (2) 5400

3 24, 29, 34, 40 **4** 14.9 **5** 하늘

6 = **7** 13500원 **8** 23상자

1

$$\xleftrightarrow{\quad 12\ 13\ 14\ 15\ 16\ 17\ 18\ 19\ 20\ 21 \quad}$$

14 초과인 수는 14가 포함되지 않으므로 14를 ○으로 나타내고, 19 이하인 수는 19가 포함되므로 19를 ●으로 나타낸 후 두 점을 선으로 잇습니다.

2 (1) 476 ➡ 480
　　　└─ 올립니다.

(2) 5329 ➡ 5400
　　　└─ 올립니다.

3 20보다 크고 40보다 작거나 같은 수를 찾으면 24, 29, 34, 40입니다.

4 13을 ○으로, 15를 ○으로 나타내고, 두 점을 선으로 이었으므로 수직선에 나타낸 수의 범위는 13 초과 15 미만인 수입니다.
따라서 주어진 수 중에서 13 초과 15 미만인 수는 14.9입니다.

5 백의 자리 미만의 수를 0으로 보고 버립니다.
[지원] 239 ➡ 200
[예진] 1014 ➡ 1000
[하늘] 37531 ➡ 37500
따라서 바르게 나타낸 사람은 하늘입니다.

6 683을 반올림하여 십의 자리까지 나타낸 수는 680입니다.

7 3.5 kg과 5 kg은 2 kg 초과 5 kg 이하에 속하고, 9 kg은 5 kg 초과 10 kg 이하에 속합니다.
따라서 택배 요금은 모두
$$4000 \times 2 + 5500 = 8000 + 5500$$
$$= 13500(원)$$
입니다.

8 2342를 버림하여 백의 자리까지 나타내면 2300이므로 귤 2300개를 100개씩 담으면 23상자입니다.
따라서 팔 수 있는 상자는 모두 23상자입니다.

---

26 다각형의 넓이　　개념 090~095

개념 090 직사각형의 둘레

본문 210~211쪽

1 (1) 28 cm	(2) 30 cm	
2 (1) 32 cm	(2) 20 cm	**3** 가
4 9 cm	**5** ⓒ	**6** 14 cm　**7** 32 cm

1 (1) (직사각형의 둘레의 길이)
　　$= (8+6) \times 2 = 14 \times 2 = 28\ (cm)$
(2) (직사각형의 둘레의 길이)
　　$= (10+5) \times 2 = 15 \times 2 = 30\ (cm)$

2 (1) (정사각형의 둘레의 길이) $= 8 \times 4 = 32\ (cm)$
(2) (정사각형의 둘레의 길이) $= 5 \times 4 = 20\ (cm)$

3 (가의 둘레의 길이)
　$= (18+6) \times 2 = 24 \times 2 = 48\ (cm)$
(나의 둘레의 길이)
　$= (11+12) \times 2 = 23 \times 2 = 46\ (cm)$
따라서 둘레의 길이가 더 긴 직사각형은 가입니다.

4 직사각형의 둘레의 길이가 26 cm이므로 세로의 길이를 □ cm라 하면
　$(4+□) \times 2 = 26,\ 4+□ = 13,\ □ = 9$
따라서 직사각형의 세로의 길이는 9 cm입니다.

5 (㉠의 둘레의 길이) $= (3+4) \times 2 = 14\ (cm)$
(㉡의 둘레의 길이) $= 5 \times 4 = 20\ (cm)$
(㉢의 둘레의 길이) $= (2+6) \times 2 = 16\ (cm)$
따라서 둘레의 길이가 가장 긴 도형은 ㉡입니다.

6 (직사각형의 둘레의 길이) $= (12+16) \times 2$
　　　　　　　　　　　　$= 28 \times 2 = 56\ (cm)$
직사각형과 정사각형의 둘레의 길이가 같으므로
　(정사각형의 한 변의 길이)
　$= 56 \div 4 = 14\ (cm)$

7 오른쪽과 같이 도형의 둘레의 길이는 가로의 길이가 10 cm, 세로의 길이가

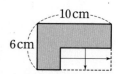

6 cm인 직사각형의 둘레의 길이와 같습니다.
따라서 주어진 도형의 둘레의 길이는
$(10+6) \times 2 = 16 \times 2 = 32$ (cm)입니다.

개념 091 단위넓이 알아보기

본문 212~213쪽

1 나, 가, 다 **2** (1) 4, 3 (2) 4, 3, 12

(3) 12 **3** 가 : 9 cm², 나: 8 cm²

4 (1) 50000 (2) 8 **5** (1) 6 m² (2) 4 m²

6 20번 **7** 300장

1 각 도형이 단위넓이의 몇 배인지 구하면
가 : 5배, 나 : 6배, 다 : 4배입니다.
따라서 넓이가 넓은 것부터 차례대로 기호를 쓰면
나, 가, 다입니다.

3 한 변의 길이가 1 cm인 정사각형의 넓이는 1 cm²
입니다.
작은 정사각형이 가는 9개, 나는 8개로 이루어
져 있으므로
가 : 9 cm², 나 : 8 cm²

5 (1) 300 cm = 3 m이고, 단위넓이 1 m²가 가로
로 3번, 세로로 2번 들어갑니다. 따라서
(직사각형의 넓이) = $3 \times 2 = 6$ (m²)입니다.

(2) 200 cm = 2 m이고, 단위넓이 1 m²가 가로
로 2번, 세로로 2번 들어갑니다. 따라서
(정사각형의 넓이) = $2 \times 2 = 4$ (m²)입니다.

6 400 cm = 4 m이므로 주어진 도형에서 1 m²가
가로로 5번, 세로로 4번 들어갑니다.
따라서 1 m²가 20번 들어갑니다.

7 (벽의 가로의 길이) = 6 m = 600 cm,
(벽의 세로의 길이) = 3 m = 300 cm입니다.
타일은 가로의 길이가 20 cm, 세로의 길이가
30 cm이므로 타일은 가로로 600÷20 = 30(장),
세로로 300÷30 = 10(장) 들어갑니다.
따라서 필요한 타일은 $30 \times 10 = 300$(장)입니다.

개념 092 직사각형의 넓이

본문 214~215쪽

1 (1) 136 cm² (2) 121 cm²

2 (1) 84 cm² (2) 72 cm² **3** 21

4 204 cm² **5** (1) 102 cm² (2) 119 cm²

6 363 cm² **7** 168 m²

1 (1) (직사각형의 넓이) = $17 \times 8 = 136$ (cm²)

(2) (정사각형의 넓이) = $11 \times 11 = 121$ (cm²)

2 (1) (가+나+다)
= $3 \times 8 + 4 \times (8-3)$
$+ 5 \times 8$
= $24 + 20 + 40$
= 84 (cm²)

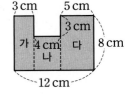

3 □ = (직사각형의 넓이) ÷ (세로의 길이)
= $231 \div 11 = 21$ (cm)

4 직사각형의 세로의 길이를 □ cm라 하면 직사
각형의 둘레의 길이가 58 cm이므로
$(17 + □) \times 2 = 58$, $17 + □ = 29$, $□ = 12$
따라서 직사각형의 세로의 길이가 12 cm이므
로 직사각형의 넓이는 $17 \times 12 = 204$ (cm²)입
니다.

5 (1) (전체 직사각형의 넓이)
−(색칠하지 않은 직사각형의 넓이)
= $12 \times 10 - (3 \times 6)$
= $120 - 18 = 102$ (cm²)

(2) 도형을 모으면 가로의 길이가 17 cm, 세로
의 길이가 $9 - 2 = 7$ (cm)인 직사각형이므
로 색칠한 부분의 넓이는
$17 \times 7 = 119$ (cm²)입니다.

6 (메모지의 한 변의 길이)
= (정사각형의 둘레의 길이) ÷ 4
= $44 \div 4 = 11$ (cm)
(메모지 한 장의 넓이) = 11×11
$= 121$ (cm²)

이므로

(메모지 3장의 넓이의 합)$=121\times3$
$=363\,(\text{cm}^2)$

7 도형을 모으면
가로의 길이는
$6+8=14\,(\text{m})$,
세로의 길이는
$6+6=12\,(\text{m})$인 직사각형이 됩니다.
따라서 색칠한 부분의 넓이는
$14\times12=168\,(\text{m}^2)$입니다.

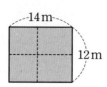

개념 093 **평행사변형의 넓이/삼각형의 넓이**

본문 216~217쪽

1 (1) $48\,\text{cm}^2$ (2) $63\,\text{cm}^2$ **2** $121\,\text{cm}^2$
3 ㉠ **4** $48\,\text{cm}^2$ **5** $18\,\text{cm}$ **6** 15
7 $21\,\text{cm}^2$

1 (1) (평행사변형의 넓이)$=8\times6=48\,(\text{cm}^2)$
(2) (삼각형의 넓이)$=$(밑변의 길이)$\times$(높이)$\div2$
$=14\times9\div2$
$=63\,(\text{cm}^2)$

2 정사각형의 한 변의 길이는 평행사변형의 높이
와 같으므로 11 cm입니다. 따라서
(평행사변형의 넓이)$=$(정사각형의 넓이)
$=11\times11=121\,(\text{cm}^2)$
입니다.

3 (㉠의 넓이)$=7\times11=77\,(\text{cm}^2)$
(㉡의 넓이)$=9\times8=72\,(\text{cm}^2)$
따라서 더 넓은 평행사변형은 ㉠입니다.

4 삼각형의 세 변의 길이의 합이 32 cm이므로
(밑변의 길이)
$=32-(10+10)=12\,(\text{cm})$
따라서 삼각형의 넓이는 $12\times8\div2=48\,(\text{cm}^2)$
입니다.

5 (삼각형의 넓이)$=$(밑변의 길이)$\times$(높이)$\div2$이
므로
$108=$(밑변의 길이)$\times12\div2$,
(밑변의 길이)$\times6=108$
(밑변의 길이)$=108\div6=18\,(\text{cm})$

6 주어진 평행사변형은 밑변의 길이가 18 cm이
고 높이가 10 cm이므로
(평행사변형의 넓이)$=18\times10$
$=180\,(\text{cm}^2)$
이 평행사변형은 밑변의 길이가 12 cm이고 높
이가 □cm라고도 할 수 있으므로
(평행사변형의 넓이)$=12\times$□
$=180\,(\text{cm}^2)$
□$=180\div12=15\,(\text{cm})$

7 평행사변형 ㄱㄴㄷㄹ의 밑변의 길이가
$8+6=14\,(\text{cm})$이고 넓이가 98 cm²이므로
(평행사변형 ㄱㄴㄷㄹ의 넓이)
$=14\times$(높이)
$=98\,(\text{cm}^2)$
(높이)$=98\div14=7\,(\text{cm})$
색칠한 삼각형은 밑변의 길이가 6 cm이고 높이
가 평행사변형 ㄱㄴㄷㄹ의 높이와 같으므로
(색칠한 삼각형의 넓이)$=6\times7\div2$
$=21\,(\text{cm}^2)$

개념 094 **사다리꼴의 넓이**

본문 218~219쪽

1 (1) $50\,\text{cm}^2$ (2) $25\,\text{cm}^2$
2 (1) $36\,\text{cm}^2$ (2) $81\,\text{cm}^2$ **3** $155\,\text{cm}^2$
4 $60\,\text{m}^2$ **5** $10\,\text{cm}$ **6** $120\,\text{cm}^2$ **7** 35

1 (1) $10\times5=50\,(\text{cm}^2)$
(2) $50\div2=25\,(\text{cm}^2)$

2 (1) (사다리꼴의 넓이)
　　$=(4+8)\times6\div2=36\ (\mathrm{cm}^2)$
　(2) (사다리꼴의 넓이)
　　$=(7+11)\times9\div2=81\ (\mathrm{cm}^2)$

3 색종이는 윗변의 길이가 $17-3=14\ (\mathrm{cm})$, 아랫변의 길이가 $17\ \mathrm{cm}$, 높이가 $10\ \mathrm{cm}$인 사다리꼴 모양이므로
　　(색종이의 넓이)$=(14+17)\times10\div2$
　　　　　　　　　$=155\ (\mathrm{cm}^2)$

4 사다리꼴의 윗변의 길이가 $5\ \mathrm{m}$이고 아랫변의 길이가 $5\times2=10\ (\mathrm{m})$, 높이가 $8\ \mathrm{m}$이므로
　　(사다리꼴의 넓이)$=(5+10)\times8\div2$
　　　　　　　　　　$=60\ (\mathrm{m}^2)$

5 (평행사변형의 넓이)$=10\times6=60\ (\mathrm{cm}^2)$이고 평행사변형과 사다리꼴의 넓이가 같으므로 사다리꼴의 높이를 $\square\ \mathrm{cm}$라고 하면
　　$(4+8)\times\square\div2=60,\ (4+8)\times\square=60\times2$
　　$12\times\square=120,\ \square=120\div12=10\ (\mathrm{cm})$
　따라서 사다리꼴의 높이는 $10\ \mathrm{cm}$입니다.

6 삼각형 ㄴㄷㄹ은 밑변의 길이가 $16\ \mathrm{cm}$이고 넓이가 $80\ \mathrm{cm}^2$이므로 삼각형 ㄴㄷㄹ의 높이는 $80\times2\div16=10\ (\mathrm{cm})$입니다.
　(사다리꼴의 높이)$=$(삼각형 ㄴㄷㄹ의 높이)이므로 사다리꼴의 넓이는
　　$(8+16)\times10\div2=120\ (\mathrm{cm}^2)$입니다.

7 (㉮의 넓이)$=15\times30\div2=225\ (\mathrm{cm}^2)$이고, ㉯의 넓이는 ㉮의 넓이의 4배이므로
　　(㉯의 넓이)$=225\times4=900\ (\mathrm{cm}^2)$
　이때 ㉯는 사다리꼴이므로
　　(㉯의 넓이)$=(\square+25)\times30\div2$
　　　　　　　$=900\ (\mathrm{cm}^2)$
　　$(\square+25)\times30=1800$
　　$\square+25=1800\div30=60$
　　$\square=60-25=35\ (\mathrm{cm})$
　따라서 $\square$ 안에 알맞은 수는 35입니다.

개념 095 마름모의 넓이/다각형의 넓이

> **1** (1) $20\ \mathrm{cm}^2$　(2) $75\ \mathrm{cm}^2$
> **2** (1) $88\ \mathrm{cm}^2$　(2) $407\ \mathrm{cm}^2$
> **3** (1) $48\ \mathrm{cm}^2$　(2) $50\ \mathrm{cm}^2$　　　**4** 나
> **5** $48\ \mathrm{cm}^2$　**6** $24\ \mathrm{cm}^2$　**7** $203\ \mathrm{cm}^2$

1 (1) (마름모의 넓이)$=8\times5\div2$
　　　　　　　　　$=20\ (\mathrm{cm}^2)$
　(2) (마름모의 넓이)$=15\times10\div2$
　　　　　　　　　$=75\ (\mathrm{cm}^2)$

2 (1) (다각형의 넓이)
　　$=$(삼각형 ㄱㄴㄹ의 넓이)
　　　$+$(삼각형 ㄴㄷㄹ의 넓이)
　　$=(11\times8\div2)\times2$
　　$=88\ (\mathrm{cm}^2)$

　(2) (다각형의 넓이)
　　$=(22\times10\div2)+22\times10+(22\times7\div2)$
　　$=110+220+77$
　　$=407\ (\mathrm{cm}^2)$

3 (1) (마름모의 넓이)$=12\times4=48\ (\mathrm{cm}^2)$
　(2) (마름모의 넓이)$=25\times2=50\ (\mathrm{cm}^2)$

4 (가의 넓이)$=(4+4)\times(7+7)\div2$
　　　　　　$=8\times14\div2=56\ (\mathrm{cm}^2)$
　(나의 넓이)$=12\times12\div2=72\ (\mathrm{cm}^2)$
　따라서 나의 넓이가 더 넓습니다.

5 다각형을 삼각형 ㉮와 ㉯로 나누어 넓이를 구하면
　　(다각형의 넓이)
　　$=$(삼각형 ㉮의 넓이)
　　　$+$(삼각형 ㉯의 넓이)
　　$=(8\times7\div2)+(5\times8\div2)$
　　$=28+20$
　　$=48\ (\mathrm{cm}^2)$
　입니다.

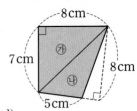

6 큰 마름모의 두 대각선의 길이는
3+8+3=14 (cm), 8 cm이므로
(큰 마름모의 넓이)=14×8÷2
=56 (cm²)
(작은 마름모의 넓이)=8×8÷2
=32 (cm²)
(색칠한 부분의 넓이)=56−32
=24 (cm²)
입니다.

7 다각형을 사다리꼴과
삼각형으로 나누어
넓이를 구하면

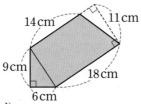

(다각형의 넓이)
=(사다리꼴의 넓이)
+(삼각형의 넓이)
={(14+18)×11÷2}+(6×9÷2)
=176+27=203 (cm²)

반드시 알아야 하는 ^{필수} 문제   본문 222~223쪽

01 3명   **02** ㉠, ㉣
03 36 이상 40 미만인 수   **04** ⑤
05 69장   **06** 14 cm   **07** 10배   **08** 400장
09 18 cm   **10** 둘레의 길이: 40 cm,
넓이: 66 cm²   **11** 8 cm   **12** 가
13 13 cm   **14** ㉠, ㉢, ㉡, ㉣   **15** 11 cm

1 95 이상인 수는 95보다 크거나 같은 수입니다.
따라서 줄넘기 횟수가 95회 이상인 학생은 우현
(95회), 성규(102회), 성종(98회)으로 3명입니다.

2 ㉡ 32는 32 이하인 수입니다.
㉢ 11, 12, 13 중에서 12 초과인 수는 13입니다.

3 36을 ●으로, 40을 ○으로 나타내고, 두 점을
선으로 이었으므로 수직선에 나타난 수의 범위
는 36 이상 40 미만인 수입니다.

4 십의 자리의 숫자가 0, 1, 2, 3, 4이면 버리고,
5, 6, 7, 8, 9이면 올립니다.
① 4780 ➡ 4800   ② 4806 ➡ 4800
③ 4829 ➡ 4800   ④ 4799 ➡ 4800
⑤ 4854 ➡ 4900
따라서 반올림하여 백의 자리까지 나타낸 결과
가 다른 하나는 ⑤입니다.

5 68300을 올림하여 천의 자리까지 나타내면
69000이고, 69000은 1000이 69인 수이므로
1000원짜리 지폐를 69장 지불해야 합니다.

6 직사각형의 둘레의 길이는
(4+3)×2=14 (cm)

7 단위넓이를 겹치지 않게 놓았을 때 10번 놓을
수 있습니다.

8 직사각형 모양의 바닥의 가로의 길이는 400 cm,
세로의 길이는 600 cm이고 타일의 가로의 길이
는 20 cm, 세로의 길이는 30 cm이므로 타일이
가로로 400÷20=20(장),
세로로 600÷30=20(장) 들어갑니다.
따라서 타일은 20×20=400(장) 필요합니다.

9 (정사각형의 넓이)=12×12=144 (cm²)이고,
직사각형과 정사각형의 넓이가 같으므로 직사각
형의 넓이는 144 cm²입니다. 따라서 직사각형
의 가로의 길이는 144÷8=18 (cm)입니다.

10 도형의 둘레의 길이는 가로의 길이가 12 cm,
세로의 길이가 8 cm인 직사각형의 둘레의 길이
와 같으므로
(도형의 둘레의 길이)=(12+8)×2=40 (cm)
(도형의 넓이)
=㉮+㉯
=2×(8−5)
+12×5
=6+60=66 (cm²)

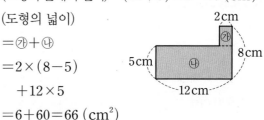

정답 및 풀이

11 평행사변형의 밑변의 길이가 15 cm이고 넓이가 120 cm²이므로

$$120=15\times(\text{높이})$$
$$(\text{높이})=120\div15=8\ (\text{cm})$$

입니다.

12 (가의 넓이)$=10\times7\div2=35\ (\text{cm}^2)$
(나의 넓이)$=5\times6\div2=15\ (\text{cm}^2)$
따라서 가의 넓이가 더 넓습니다.

13 아랫변의 길이를 □ cm라 하면

$$(10+□)\times8\div2=92,\ (10+□)\times4=92$$
$$10+□=23,\ □=13\ (\text{cm})$$

따라서 아랫변의 길이는 13 cm입니다.

14 마름모의 넓이를 각각 구하면
㉠ $12\times8\div2=48\ (\text{cm}^2)$
㉡ $14\times6\div2=42\ (\text{cm}^2)$
㉢ $10\times9\div2=45\ (\text{cm}^2)$
㉣ $16\times5\div2=40\ (\text{cm}^2)$
이므로 넓이가 넓은 것부터 차례대로 기호를 쓰면 ㉠, ㉢, ㉡, ㉣입니다.

15 선분 ㄷㅁ의 길이를 □ cm라 하면

(색칠한 부분의 넓이)
$=$ (사다리꼴의 넓이)$-$(삼각형의 넓이)

이므로

$$\{(10+15)\times10\div2\}-(□\times4\div2)=103$$
$$125-□\times2=103$$
$$□\times2=22,\ □=11$$

따라서 선분 ㄷㅁ의 길이는 11 cm입니다.

---

27 원의 넓이 개념 096~097

개념 096 원주와 원주율

본문 224~225쪽

1 22 cm **2** (1) 31.4 cm (2) 40.82 cm
3 ㉠, ㉢ **4** ㉢, ㉠, ㉡ **5** 12 cm
6 620 cm

---

1 (지름)$=$(원주)$\div$(원주율)
$=68.2\div3.1$
$=22\ (\text{cm})$

2 (1) (원주)$=$(지름)$\times$(원주율)
$=10\times3.14$
$=31.4\ (\text{cm})$
(2) (원주)$=$(반지름)$\times2\times$(원주율)
$=6.5\times2\times3.14$
$=40.82\ (\text{cm})$

3 ㉢ 원의 크기와 관계없이 원주율은 항상 일정합니다.

4 ㉠ (지름)$=46.5\div3.1=15\ (\text{cm})$
㉡ (지름)$=7\times2=14\ (\text{cm})$
㉢ (지름)$=49.6\div3.1=16\ (\text{cm})$
따라서 지름이 큰 것부터 차례대로 기호를 쓰면 ㉢, ㉠, ㉡입니다.

5 만들 수 있는 가장 큰 원의 원주는 끈의 길이인 74.4 cm와 같습니다.
따라서 만든 원의 반지름은
$$74.4\div3.1\div2=12\ (\text{cm})$$
입니다.

6 (바퀴의 둘레의 길이)$=25\times2\times3.1=155\ (\text{cm})$
(바퀴가 굴러간 거리)$=155\times4=620\ (\text{cm})$

개념 097 원의 넓이 구하기

본문 226~227쪽

1 (1) 607.6 cm² (2) 198.4 cm²
2 (1) 9 cm² (2) 81 cm²
3 예 192 cm² **4** 170.5 cm² **5** =
6 78.5 m² **7** 99 cm²

---

1 (1) $14\times14\times3.1=607.6\ (\text{cm}^2)$
(2) (원의 반지름)$=16\div2=8\ (\text{cm})$이므로
(원의 넓이)$=8\times8\times3.1=198.4\ (\text{cm}^2)$
입니다.

2 ⑴ (색칠한 부분의 넓이)
$$=(원의 넓이)-(마름모의 넓이)$$
$$=(3\times3\times3)-(6\times6\div2)$$
$$=27-18=9\,(cm^2)$$

⑵ (색칠한 부분의 넓이)
$$=(큰 원의 넓이)-(작은 원의 넓이)$$
$$=(6\times6\times3)-(3\times3\times3)$$
$$=108-27=81\,(cm^2)$$

3 원 안의 마름모의 넓이는
$$16\times16\div2=128\,(cm^2)$$
원 밖의 정사각형의 넓이는
$$16\times16=256\,(cm^2)$$
이므로 $128\,cm^2<(원의 넓이)<256\,cm^2$입니다.
따라서 원의 넓이는 $192\,cm^2$라고 어림할 수 있습니다.

4 (큰 원의 반지름)$=11-3=8\,(cm)$이므로
(두 원의 넓이의 차)
$$=(8\times8\times3.1)-(3\times3\times3.1)$$
$$=198.4-27.9$$
$$=170.5\,(cm^2)$$
입니다.

5 왼쪽 그림에서 색칠하지 않은 부분 2개를 합하면 지름이 15 cm인 원이 되므로
(왼쪽 색칠한 부분의 넓이)
$=$(한 변의 길이가 15 cm인 정사각형의 넓이)
$\quad-$(지름이 15 cm인 원의 넓이)
오른쪽 그림에서 색칠하지 않은 부분 4개를 합하면 지름이 15 cm인 원이 되므로
(오른쪽 색칠한 부분의 넓이)
$=$(한 변의 길이가 15 cm인 정사각형의 넓이)
$\quad-$(지름이 15 cm인 원의 넓이)
따라서 왼쪽 색칠한 부분과 오른쪽 색칠한 부분의 넓이는 같습니다.

6 (씨름장의 반지름)$=10\div2=5\,(m)$이므로
(씨름장의 넓이)$=5\times5\times3.14=78.5\,(m^2)$
입니다.

7 (가장 큰 원의 반지름)$=20\div2=10\,(cm)$이므로
(중간 원의 반지름)$=10-3$
$$=7\,(cm)$$
(가장 작은 원의 반지름)$=7-3$
$$=4\,(cm)$$
따라서 3점을 얻을 수 있는 부분의 넓이는
(중간 원의 넓이)$-$(가장 작은 원의 넓이)
$$=(7\times7\times3)-(4\times4\times3)$$
$$=147-48=99\,(cm^2)$$
입니다.

28 직육면체의 겉넓이와 부피 개념 098~100

개념 098 직육면체의 겉넓이

본문 228~229쪽

1 ⑴ $76\,cm^2$　⑵ $96\,cm^2$　　　**2** $216\,cm^2$
3 나　　**4** $136\,cm^2$　**5** $143\,cm^2$　**6** $6\,cm$
7 $486\,cm^2$

1 ⑴ $(4\times5+5\times2+4\times2)\times2$
$$=(20+10+8)\times2=76\,(cm^2)$$
⑵ $4\times4\times6=96\,(cm^2)$

2 (정육면체의 겉넓이)$=$(한 면의 넓이)$\times6$
$$=(6\times6)\times6=216\,(cm^2)$$

3 (가의 겉넓이)$=(8\times7+7\times5+8\times5)\times2$
$$=(56+35+40)\times2=262\,(cm^2)$$
(나의 겉넓이)$=7\times7\times6=294\,(cm^2)$
따라서 나의 겉넓이가 더 넓습니다.

4 직육면체의 세로의 길이를 $\square$ cm라고 하면 밑에 놓인 면의 넓이가 $24\,cm^2$이므로
$$8\times\square=24,\ \square=3\,(cm)$$
따라서 직육면체의 겉넓이는
$$(8\times3+3\times4+8\times4)\times2=68\times2$$
$$=136\,(cm^2)$$
입니다.

5 (합동인 세 면의 넓이의 합)
= (직육면체의 겉넓이) ÷ 2
= 286 ÷ 2 = 143 (cm²)

6 밑에 놓인 면의 한 모서리의 길이가 7 cm이므로 직육면체의 가로, 세로의 길이는 모두 7 cm입니다.

직육면체의 높이를 ☐ cm라 하면
(직육면체의 겉넓이)
= (7 × 7 + 7 × ☐ + 7 × ☐) × 2 = 266
(49 + 14 × ☐) × 2 = 266
49 + 14 × ☐ = 133
14 × ☐ = 84, ☐ = 6 (cm)
따라서 직육면체의 높이는 6 cm입니다.

7 (정육면체의 한 면의 넓이) = 324 ÷ 4 = 81 (cm²)
(정육면체의 겉넓이) = 81 × 6 = 486 (cm²)

개념 **099** **직육면체의 부피 비교/부피의 단위**

본문 230 ~ 231쪽

1 나	**2** 30 cm³	**3** <
4 나, 가, 다		**5** 80 cm³
6 가, 다, 나		**7** 6줄

3 가의 쌓기나무의 수 : 2 × 2 × 3 = 12(개)
나의 쌓기나무의 수 : 4 × 2 × 3 = 24(개)
따라서 쌓기나무의 수가 더 많은 나의 부피가 더 큽니다.

4 가 : 1층에 쌓은 쌓기나무는 5 × 2 = 10(개)이고 높이는 2층이므로 사용한 쌓기나무는 모두 10 × 2 = 20(개)입니다.
나 : 1층에 쌓은 쌓기나무는 2 × 2 = 4(개)이고 높이는 3층이므로 사용한 쌓기나무는 모두 4 × 3 = 12(개)입니다.
다 : 1층에 쌓은 쌓기나무는 4 × 3 = 12(개)이고 높이는 3층이므로 사용한 쌓기나무는 모두 12 × 3 = 36(개)입니다.
따라서 12개 < 20개 < 36개이므로 부피가 작은 것부터 차례대로 기호를 쓰면 나, 가, 다입니다.

5 (쌓기나무의 수) = 4 × 5 × 4 = 80(개)이고, 쌓기나무 한 개의 부피가 1 cm³이므로
(직육면체의 부피) = 80 cm³입니다.

6 가 상자 : 가로에 4개씩, 세로에 2개씩이므로 1층에는 4 × 2 = 8(개), 높이는 2층을 쌓을 수 있습니다. 따라서 단위 물건을 8 × 2 = 16(개) 쌓을 수 있습니다.
나 상자 : 가로에 3개씩, 세로에 4개씩이므로 1층에는 3 × 4 = 12(개), 높이는 2층을 쌓을 수 있습니다. 따라서 단위 물건을 12 × 2 = 24(개) 쌓을 수 있습니다.
다 상자 : 가로에 2개씩, 세로에 3개씩이므로 1층에는 2 × 3 = 6(개), 높이는 3층을 쌓을 수 있습니다. 따라서 단위 물건을 6 × 3 = 18(개) 쌓을 수 있습니다.
16개 < 18개 < 24개이므로 부피가 작은 상자부터 차례대로 기호를 쓰면 가, 다, 나입니다.

7 정육면체의 부피가 288 cm³이므로 쌓기나무는 모두 288개입니다.
세로로 ☐줄을 쌓았다고 하면
(쌓기나무의 수)
= (1층에 쌓은 쌓기나무의 수) × (층 수)
이므로 6 × ☐ × 8 = 288, ☐ = 288 ÷ 48 = 6
따라서 세로로 6줄을 쌓았습니다.

개념 **100** **직육면체의 부피 구하기/ 1m³**

본문 232 ~ 233쪽

1 (1) 90 cm³	(2) 240 cm³	
2 (1) 160 m³	(2) 125 m³	**3** 488 cm³
4 40 cm²	**5** 160, 160000000	**6** 343 cm³
7 8 m		

1 (1) (직육면체의 부피) = 6 × 5 × 3 = 90 (cm³)
(2) (직육면체의 부피) = 30 × 8 = 240 (cm³)

2 (1) (직육면체의 부피) = 8 × 4 × 5 = 160 (m³)
(2) (정육면체의 부피) = 5 × 5 × 5 = 125 (m³)

3 (정육면체 가의 부피)
$$=8\times8\times8=512\,(\text{cm}^3)$$
(정육면체 나의 부피)
$$=10\times10\times10=1000\,(\text{cm}^3)$$
따라서 두 정육면체의 부피의 차는
$$1000-512=488\,(\text{cm}^3)$$
입니다.

4 (색칠한 면의 넓이)=(직육면체의 부피)÷(높이)
$$=560\div14=40\,(\text{cm}^2)$$

5 (직육면체의 부피)$=5\times8\times4$
$$=160\,(\text{m}^3)$$
$$=160000000\,(\text{cm}^3)$$

6 (한 면의 넓이)=(정육면체의 겉넓이)÷6
$$=294\div6=49\,(\text{cm}^2)$$
$7\times7=49$이므로 정육면체의 한 모서리의 길이는 7 cm입니다.
따라서 정육면체의 부피는
$$7\times7\times7=343\,(\text{cm}^3)$$
입니다.

7 $168000000\,\text{cm}^3=168\,\text{m}^3$이므로
(직육면체의 부피)=$21\times$(높이)=$168\,(\text{m}^3)$
(높이)$=168\div21=8\,(\text{m})$
입니다.

본문 234~235쪽

반드시 알아야 하는 필수 문제

01 3.14, 3.14, 3.14　　02 4 cm　　03 9.3 m

04 507 cm²　　　　　　05 40 cm²

06 198.4 cm²　　　　　07 190 cm²

08 248 cm²　　　　　　09 152 cm²

10 초콜릿의 수: 216개, 상자의 부피: 216 cm³

11 60 cm³　　　　　　12 5 cm

13 (1) 7000000　(2) 5　(3) 2600000　(4) 5.2

14 가　　　　15 198 cm³

1 (원주)÷(지름)$=6.28\div2=3.14$
(원주)÷(지름)$=18.84\div6=3.14$
(원주)÷(지름)$=31.4\div10=3.14$

2 만들 수 있는 가장 큰 원의 원주는 철사의 길이와 같으므로 25.12 cm입니다.
따라서 만든 원의 반지름은
$$25.12\div3.14\div2=4\,(\text{cm})$$
입니다.

3 원의 지름이 3 m이고 원주율이 3.1이므로
(원주)=(지름)$\times3.1=3\times3.1=9.3\,(\text{m})$
입니다.

4 (가장 큰 원의 지름)=(정사각형의 한 변의 길이)이므로
(원의 반지름)$=26\div2=13\,(\text{cm})$
(원의 넓이)$=13\times13\times3=507\,(\text{cm}^2)$

5 (색칠한 부분의 넓이)
=(정사각형의 넓이)−(반원의 넓이)
$$=(8\times8)-\left(4\times4\times3\times\frac{1}{2}\right)$$
$$=64-24=40\,(\text{cm}^2)$$

6 (색칠한 부분의 넓이)
=(큰 반원의 넓이)−(작은 원의 넓이)
$$=\left(16\times16\times3.1\times\frac{1}{2}\right)-(8\times8\times3.1)$$
$$=396.8-198.4=198.4\,(\text{cm}^2)$$

7 (만든 직육면체의 겉넓이)
=(가의 넓이)$\times2+$(나의 넓이)$\times4$
$$=(5\times5)\times2+(7\times5)\times4$$
$$=50+140=190\,(\text{cm}^2)$$

8 빗금 친 면의 넓이가 60 cm²이므로
(빗금 친 면의 세로의 길이)$=60\div10=6\,(\text{cm})$
입니다.
따라서 직육면체의 겉넓이는
$$60\times2+(10\times4+6\times4)\times2$$
$$=120+(40+24)\times2$$
$$=120+128=248\,(\text{cm}^2)$$
입니다.

9 (상자의 겉넓이)$=(8 \times 2 + 6 \times 2 + 8 \times 6) \times 2$
$\qquad\qquad\qquad = (16 + 12 + 48) \times 2$
$\qquad\qquad\qquad = 152 \, (cm^2)$

10 한 모서리의 길이가 1 cm인 정육면체 모양의 초콜릿의 부피는 $1 \, cm^3$입니다.
상자에 초콜릿을 가득 채우려면 가로로 6개씩, 세로로 9개씩 4층 높이로 쌓아야 합니다.
따라서 필요한 초콜릿의 수는 $6 \times 9 \times 4 = 216$(개)이고, 상자의 부피는 $216 \, cm^3$입니다.

11 1층에 쌓은 쌓기나무는 $4 \times 3 = 12$(개)이고 5층까지 쌓으면 사용한 쌓기나무는
$\qquad 12 \times 5 = 60$(개)
쌓기나무 1개의 부피가 $1 \, cm^3$이므로 직육면체의 부피는 $60 \, cm^3$입니다.

12 직육면체의 높이를 □ cm라 하면
$\qquad 9 \times 4 \times \square = 180,\ 36 \times \square = 180$
$\qquad \square = 5 \,(cm)$
따라서 직육면체의 높이는 5 cm입니다.

14 500 cm=5 m이므로
$\qquad$(직육면체 가의 부피)$=4.5 \times 3 \times 5$
$\qquad\qquad\qquad\qquad\qquad = 67.5 \,(m^3)$
600 cm=6 m이므로
$\qquad$(직육면체 나의 부피)$=6 \times 2 \times 5.5 = 66 \,(m^3)$
따라서 부피가 더 큰 것은 가입니다.

15 (가로의 길이)
$\qquad =$(직육면체의 부피)$\div$(세로의 길이)$\div$(높이)
$\qquad = 162 \div 3 \div 9 = 6 \,(cm)$
따라서 직육면체의 겉넓이는
$\qquad (6 \times 3 + 3 \times 9 + 6 \times 9) \times 2$
$\qquad = 99 \times 2 = 198 \,(cm^2)$
입니다.

Ⅳ. 규칙성

29 규칙 찾기 개념 101~104

개념 101 수의 배열에서 규칙 찾기

본문 238~239쪽

1 (1) 10　(2) 1000　(3) 1010　**2** 36, 972
3 (위에서부터) 832, 642, 412, 432, 222, 252
4 2304　**5** ★: C4, ◆: E7　**6** 1220

1 (2) $1550 - 2550 - 3550 - 4550 - 5550$
$\qquad +1000 \quad +1000 \quad +1000 \quad +1000$
1550부터 시작하여 1000씩 커지는 규칙입니다.

(3) $1500 - 2510 - 3520 - 4530 - 5540$
$\qquad +1010 \quad +1010 \quad +1010 \quad +1010$
1500부터 시작하여 1010씩 커지는 규칙입니다.

3 가로는 오른쪽으로 10씩 커지고, 세로는 아래쪽으로 200씩 작아집니다.

4 9부터 시작하여 4씩 곱해진 수가 오른쪽에 있습니다. 따라서 빈칸에 알맞은 수는
$\qquad 576 \times 4 = 2304$
입니다.

5 가로를 보면 C3에서 시작하여 알파벳은 그대로이고 숫자만 1씩 커지므로 ★은 C4입니다.
세로로 보면 A7에서 시작하여 숫자는 그대로이고 알파벳만 순서대로 바뀌므로 ◆는 E7입니다.

6 $220 - 320 - 520 - 820$
$\qquad +100 \quad +200 \quad +300$
220부터 시작하여 100, 200, 300, ……씩 커지는 규칙입니다.
따라서 빈칸에 들어갈 수는 820보다 400 큰 수이므로
$\qquad 820 + 400 = 1220$
입니다.

개념 102 도형의 배열에서 규칙 찾기

본문 240~241쪽

1 (1) 1, 3, 6, 10 (2) 15개

2 반시계방향, 1　　　**3** 25개　　　**4** 64개

5 10번째

1　(2) 모형의 개수가 1개, 3개, 6개, 10개로 한 단계가 진행될 때마다 2개, 3개, 4개씩 늘어납니다.

따라서 다섯째 도형에서는 5개가 더 늘어나 15개가 됩니다.

3　모양의 개수가 1개에서 시작하여 다음 단계로 진행될 때마다 3개, 5개, 7개 늘어납니다. 즉 늘어나는 모형의 개수가 2개씩 많아집니다.

7+2=9이므로 다섯째에 알맞은 모양은 넷째의 모형의 수인 16개보다 9개 더 늘어난 25개로 만든 모양입니다.

4　첫 번째, 두 번째, 세 번째에 놓인 바둑돌의 수를 계산식으로 나타내면 각각 1×1=1(개), 2×2=4(개), 3×3=9(개)입니다.

따라서 8번째에 놓아야 할 바둑돌은 8×8=64(개)입니다.

5　첫 번째, 두 번째, 세 번째 ……에 놓인 구슬의 수를 각각 계산식으로 나타내면

$$1+3\times1, \ 1+3\times2, \ 1+3\times3 \ \cdots\cdots$$

이므로 구슬이 31개 놓이는 곳을 □번째라고 하면 1+3×□=31, 3×□=30, □=10입니다.

따라서 구슬이 31개 놓이는 곳은 10번째입니다.

개념 103 계산식에서 규칙 찾기

본문 242~243쪽

1 967−745=222　　　**2** 888888

3 5555555505　　　**4** 2, 3

5 788888889÷9　　　**6** 222, 333, 666

1　같은 자리의 수가 똑같이 커지는 두 수의 차는 항상 일정합니다.

주어진 식은 각각 백의 자리 수가 1씩 커지므로 다섯째에 알맞은 식은 967−745=222입니다.

2　계산한 값은 88, 888, 8888 ……이므로

$$98765\times9+3=888888$$

입니다.

3　123456789에 9의 1배를 곱하면 1111111101, 9의 2배를 곱하면 2222222202, 9의 3배를 곱하면 3333333303이 나오는 규칙입니다.

이때 45는 9의 5배이므로

$$123456789\times45=5555555505$$

입니다.

4　□와 △ 중에서 △를 계속 더할 때 3씩 커지므로 △=3입니다.

이때 □+△×1=5에서 □+3=5이므로 □=2입니다.

5　첫째 계산식에서 답은 1, 둘째 계산식에서 답은 21, 셋째 계산식에서 답은 321이므로 구하고자 하는 87654321은 여덟째 계산식입니다.

주어진 식을 살펴보면 나누어지는 수에서 일의 자리는 9로 고정이고 가장 앞자리 수는 순서보다 1 작은 수로 시작합니다. 그리고 가운데 8의 개수는 맨 앞자리의 숫자만큼 써주는 규칙임을 알 수 있습니다.

따라서 구하고자 하는 여덟째 계산식의 맨 앞자리 수는 7이고 가운데 8은 7개 써주고 일의 자리는 9로 고정이므로 87654321의 계산식은 788888889÷9입니다.

6　37×3=37×3×1=111,
37×6=37×3×2=222,
37×9=37×3×3=333

이므로 □가 1부터 9까지의 자연수일 때 37×3×□=□□□가 되는 규칙입니다.

따라서

$$37\times18=37\times3\times6=666$$

입니다.

개념 104 규칙적인 계산식 찾기

본문 244 ~ 245쪽

1 12, 13, 14, 15, 16

2 (1) 3   (2) 512, 515   **3** ㉠ 18, ㉡ 5

4 37×21   **5** 21

1 위의 수에 7을 더하면 아래의 수가 됩니다.

2 (1), (2) 연속하는 세 수의 합은 가운데 수의 3배와 같습니다.

3 ㉡ 차가 일정한 다섯 개의 수의 합은 가운데 있는 수의 5배입니다.

4 $37×3=37×3×1=111$,
$37×6=37×3×2=222$,
$37×9=37×3×3=333$,
$37×12=37×3×4=444$
이므로 □가 1부터 9까지의 자연수일 때
$37×3×□=□□□$가 되는 규칙입니다.
따라서 777이 되기 위해서는
$37×3×7=37×21$이 되어야 합니다.

5 (5개의 수의 합)$=14+20+21+22+28=105$
➡ $105÷5=21$

반드시 알아야 하는 필수 문제

본문 246 ~ 247쪽

01 (위에서부터) 688, 482, 386, 284

02 243   **03** 46   **04** 62   **05** 10개

06 45개   **07** 파란 구슬   **08** 6, 6

09 8888811111   **10** 777777777

11 $1+2+3+4+5+6+5+4+3+2+1=36$

12 같습니다.   **13** ㉠ $27÷3÷3÷3=1$
㉡ $81÷3÷3÷3÷3=1$

1 가로는 오른쪽으로 2씩 커지고, 세로는 아래쪽으로 100씩 작아집니다.

3 $\underset{+5}{1}\ \underset{+5}{6}\ \underset{+5}{11}\ \underset{+5}{16}\ 21$ ……이므로 5씩 커지는 규칙입니다.
따라서 10번째 수는
$21+5+5+5+5+5=21+5×5=46$입니다.

4 $\underset{+2}{2}\ \underset{+3}{4}\ \underset{+4}{7}\ 11$ ……
2부터 시작해서 2, 3, 4, 5, ……씩 커지는 규칙입니다.
따라서 다섯 번째 수는 $11+5=16$, 여섯 번째 수는 $16+6=22$이고, 첫 번째부터 6번째 수까지 모두 더하면
$2+4+7+11+16+22=62$
입니다.

5 모형의 개수가 2개, 4개, 6개, 8개로 한 단계가 진행될 때마다 2개씩 늘어납니다.
따라서 다섯째 도형에서는 8개에서 2개 더 늘어나 10개가 됩니다.

6 첫 번째에 놓인 바둑돌의 수 : $1=1$(개),
두 번째에 놓인 바둑돌의 수 : $1+2=3$(개),
세 번째에 놓인 바둑돌의 수 : $1+2+3=6$(개)
……이므로
(9번째에 놓이는 바둑돌의 수)
$=1+2+3+4+5+6+7+8+9$
$=45$(개)

7 '빨간 구슬－파란 구슬－파란 구슬－노란 구슬'이 반복되는 규칙입니다.
이때 $23÷4=5…3$이므로 23번째에 놓을 구슬은 세 번째에 놓인 구슬과 같은 파란 구슬입니다.

8 1부터 홀수를 차례로 더하면
(더한 홀수의 개수)×(더한 홀수의 개수)로 나타내는 규칙입니다.
따라서 $1+3+5+7+9+11$은 1부터 홀수를 차례로 6개를 더한 수이므로 $6×6$입니다.

9 8811, 888111, 88881111……이므로 곱해지는 수의 자릿수만큼 8을 쓴 후, 같은 개수만큼 1을 쓰는 규칙입니다.

따라서 99999×88889는 곱해지는 수의 자릿수가 5자리이므로 계산 결과는 8888811111입니다.

10 9=9×1 ➡ 12345679×9=111111111
18=9×2 ➡ 12345679×18=222222222
27=9×3 ➡ 12345679×27=333333333
따라서 63=9×7이므로
12345679×63=777777777입니다.

11 계산 결과는 덧셈식의 가운데 수를 두 번 곱한 것과 같습니다.
다섯째에 알맞은 덧셈식을 구하면
1+2+3+4+5+6+5+4+3+2+1=36입니다.

12 22+30=52, 23+29=52이므로 ╲방향과 ╱방향에 있는 두 수의 합은 같습니다.

---

30 규칙과 대응   개념 105

개념 **105** **규칙과 대응**

본문 248~249쪽

1 예 꼭짓점의 수는 오각형의 수의 5배입니다.

2 (표) 16, 24, 32, 40,

예 ▲=●×8 또는 ●=▲÷8

3 (윗줄) 3, 5, 7 (아랫줄) 8, 10, 12

4 16   5 오전 8시 6 ㉠ 2, ㉡ 1

7 7명

---

2 상자 한 개에 배가 8개씩 담겨져 있으므로 상자가 한 개씩 늘어날 때마다 배는 8개씩 늘어나므로 배의 수(▲)는 상자의 수(●)의 8배입니다.
따라서 ●와 ▲ 사이의 대응 관계를 식으로 나타내면
▲=●×8 또는 ●=▲÷8
입니다.

3 ■는 ▲보다 6 크므로
2+6=8
4+6=10
6+6=12
입니다.
▲는 ■보다 6 작으므로
9−6=3
11−6=5
13−6=7
입니다.

4 ♥는 ♡보다 4 작으므로 ♥=♡−4입니다.
따라서
12=♡−4, ♡=12+4=16
이므로 ♥가 12일 때 ♡는 16입니다.

5 뉴욕의 시간은 서울의 시간보다 14시간 느리므로 (뉴욕의 시각)=(서울의 시각)−14입니다.
따라서 서울이 오후 10시일 때 뉴욕의 시각은
오후 10시−14시간=오전 8시
입니다.

6 1×2+1=3
2×2+1=5
3×2+1=7
4×2+1=9
5×2+1=11
6×2+1=13
이므로 ●×2+1=■입니다.
따라서 ㉠=2, ㉡=1입니다.

7 승객 1명의 버스의 요금이 900원이므로 승객이 1명 늘어날 때마다 버스의 요금은 900원씩 늘어납니다.
따라서 (요금)=(승객의 수)×900이고 요금이 6300원이므로
6300=(승객의 수)×900
(승객의 수)=6300÷900
=7(명)
따라서 승객의 수는 7명입니다.

정답 및 풀이

01 (위에서부터) 9 ; 1, 2, 3, 5

02 (위에서부터) 27, 54 ; 2, 5

   예 ★은 ●의 9배입니다. 또는 ●는 ★을 9로 나눈 몫입니다.

03 (1) 4장 (2) 2, 3, 4, 5 (3) 예 겹쳐 붙인 부분의 수는 색종이의 수보다 1 작습니다. 또는 색종이의 수는 겹쳐 붙인 부분의 수보다 1 큽니다.   04 $◉+◈=17$

05 ②, ④   06 (1) ㄷ (2) ㄹ   07 ㄴ, ㄹ

08 (1) 오후 5시, 오후 6시, 오후 7시, 오후 8시, ▲=★+2 또는 ★=▲−2 (2) 오후 11시

09 8상자   10 (1) $◆=▲−2005$ 또는 $▲=◆+2005$ (2) 2030년   11 8개

---

1 ▲는 ■보다 5 크므로 4+5=9입니다.
■는 ▲보다 5 작으므로
$$6-5=1,\ 7-5=2,$$
$$8-5=3,\ 10-5=5$$
입니다.

4 $◉+◈=17$, $◈=17-◉$ 등으로 나타낼 수 있습니다.

5 탈 수 있는 사람의 수(■)는 놀이기구의 수(●)의 8배입니다.
따라서 ■와 ● 사이의 대응 관계를 식으로 나타내면
$$●×8=■ \text{ 또는 } ■÷8=●$$
입니다.

6 (1) 4÷4=1, 8÷4=2,
12÷4=3, 16÷4=4,
20÷4=5이므로 ▲÷4=■입니다.
(2) 7−6=1, 7−5=2,
7−4=3, 7−3=4,
7−2=5이므로 7−■=▲입니다.

7 ㄱ $◈=◉×8$
ㄴ $◈=8-◉$
ㄷ $◈=◉-8$
ㄹ $◈=8-◉$

8 (1) 서울이 오후 2시일 때 호주는 오후 4시이므로 호주의 시각은 서울의 시각보다 2시간 빠릅니다.
(2) 오후 9시+2시간=오후 11시이므로 호주는 오후 11시입니다.

9 상자 1개에 지우개가 7개 들어 있으므로 상자가 1개씩 늘어날 때마다 지우개는 7개씩 늘어납니다. 이때 ◈와 ◉ 사이의 대응 관계를 식으로 나타내면 $◉=◈×7$입니다.
따라서 지우개가 56개일 때
$$56=◈×7,\ ◈=56÷7=8$$
이므로 지우개 56개는 8상자입니다.

10 (1) 2016년에 준형이의 나이가 11살이므로 2017년에 12살, 2018년에 13살, 2019년에 14살입니다.
준형이의 나이는 연도보다 2005가 작으므로
(연도)−2005=(준형이의 나이) 또는
(준형이의 나이)+2005=(연도)입니다.
➡ $◆=▲-2005$ 또는 $▲=◆+2005$
(2) 준형이가 25살이 되는 해는
25+2005=2030(년)입니다.

11 처음 정삼각형 한 개를 만들 때는 성냥개비가 3개 필요하고, 정삼각형이 한 개씩 늘어날 때마다 성냥개비는 2개씩 늘어납니다.
1×2+1=3, 2×2+1=5, 3×2+1=7, 4×2+1=9이므로
정삼각형의 수를 ◉, 성냥개비의 수를 ◈라 하면
$$◉×2+1=◈ \text{ 또는 } (◈-1)÷2=◉$$
이때 성냥개비 17개로 만들 수 있는 정삼각형의 수를 ☐개라 하면
$$☐×2+1=17,\ ☐=(17-1)÷2=8$$
따라서 성냥개비 17개로 정삼각형 모양을 8개까지 만들 수 있습니다.

개념 **106** 두 수의 비교/비

본문 252~253쪽

1 (1) 64　(2) 3　　**2** (1) 4　(2) 4, 3
　(3) 4, 3　**3** (1) 5배　(2) 5개　**4** 6개
5 (1) 3 : 4　(2) 5 : 8　**6** ㉣　　**7** 16개
8 9 : 14

1 (1) 96−32=64이므로 남학생이 여학생보다 64
　명 더 많습니다.
　(2) 96÷32=3이므로 남학생 수는 여학생 수의
　3배입니다.

2 (1) 기준이 되는 것 ➡ 귤의 개수
　(2) 기준이 되는 것 ➡ 사과의 개수
　(3) 기준이 되는 것 ➡ 사과의 개수

3 (1) 100÷20=5이므로 귤의 개수는 학생 수의 5
　배입니다.
　(2) 귤의 개수는 학생 수의 5배이므로 한 학생이
　받는 귤의 수는 5개입니다.

4 30÷5=6(개)이므로 한 모둠이 받는 비커의 개
　수는 6개입니다.

5 (1) 전체가 4칸, 색칠한 부분이 3칸이므로 3 : 4
　(2) 전체가 8칸, 색칠한 부분이 5칸이므로 5 : 8

6 ㉣ 5에 대한 4의 비 ➡ 4 : 5

7 초콜릿의 수를 사탕의 수로 나누면 6÷2=3이
　므로 사탕의 수는 초콜릿의 수의 $\frac{1}{3}$배입니다.
　따라서 초콜릿이 48개 사용되었을 때 사탕은
　$48 \times \frac{1}{3} = 16$(개) 사용되었습니다.

8 (전체 꽃송이)=9+5=14(송이)이므로 전체 꽃
　송이에 대한 장미꽃 송이의 비는
　　　(장미꽃 송이) : (전체 꽃송이)=9 : 14
　입니다.

개념 **107** 비율과 백분율/비교하는 양과 기준량

본문 254~255쪽

1 (1) $\frac{4}{5}$, 0.8, 80%　(2) $\frac{11}{20}$, 0.55, 55%
　(3) $\frac{5}{8}$, 0.625, 62.5% **2** (1) 540, 20
　(2) 0.2, 0.2, 108　**3** (1) $\frac{1}{4}$, 0.25
　(2) $\frac{3}{5}$, 0.6　(3) $\frac{12}{25}$, 0.48
4 (1) $\frac{59}{100}$, 0.59　(2) $1\frac{35}{100}\left(=1\frac{7}{20}\right)$, 1.35
5 20 cm　**6** 25%　**7** 425 cm²

1 (1) $\frac{4}{5}=0.8$ ➡ $0.8 \times 100 = 80$ (%)
　(2) $\frac{11}{20}=0.55$ ➡ $0.55 \times 100 = 55$ (%)
　(3) $\frac{5}{8}=0.625$ ➡ $0.625 \times 100 = 62.5$ (%)

3 (1) 1 : 4 ➡ $\frac{1}{4}$ ➡ 0.25
　(2) 3 : 5 ➡ $\frac{3}{5}$ ➡ 0.6
　(3) 12 : 25 ➡ $\frac{12}{25}$ ➡ 0.48

4 (1) 59 % ➡ $\frac{59}{100}=0.59$
　(2) 135 % ➡ $\frac{135}{100}=1\frac{35}{100}\left(=1\frac{7}{20}\right)=1.35$

5 80 %를 소수로 나타내면 0.8이므로
　　　(축소한 사진의 가로의 길이)=25×0.8
　　　　　　　　　　　　　=20 (cm)

6 윤정이네 반 전체 학생 수가 32명이고 수학 학
　원을 다니는 학생 수가 8명이므로
　$\frac{8}{32} \times 100 = \frac{1}{4} \times 100 = 25$ (%)입니다.

7 평행사변형의 밑변이 기준량, 높이가 비교하는
　양, 비율이 0.68이므로
　　　(평행사변형의 높이)=25×0.68=17 (cm)
　따라서 평행사변형의 넓이는
　　　25×17=425 (cm²)
　입니다.

정답 및 풀이

개념 108 비율이 사용되는 경우

1 80 km/시	**2** 500명/km²
3 25 %	**4** 51 m/분, 3.06 km/시
5 나 도시	**6** 24 g **7** 1700 m **8** 18 %

1 1시간 30분=1.5시간입니다.
따라서 버스의 속력은 (간 거리)÷(걸린 시간)이므로
$$120 \div 1.5 = 80 (\text{km/시})$$
입니다.

2 $4000 \div 8 = 500 (\text{명/km}^2)$

3 (소금물의 진하기)$=60 \div 240 = 0.25$
따라서 소금물의 진하기는 25 %입니다.

4 85 cm/초는 1초 동안 평균 85 cm를 가는 속력입니다. 이때 1분=60초, 1시간=60분이므로
$$(\text{분속}) = 85 \times 60$$
$$= 5100 (\text{cm/분})$$
$$= 51 (\text{m/분})$$
$$(\text{시속}) = 51 \times 60$$
$$= 3060 (\text{m/시})$$
$$= 3.06 (\text{km/시})$$
입니다.

5 (가 도시의 인구 밀도)$=20874 \div 49$
$$= 426 (\text{명/km}^2)$$
(나 도시의 인구 밀도)$=12741 \div 27.4$
$$= 465 (\text{명/km}^2)$$
(다 도시의 인구 밀도)$=14464 \div 32$
$$= 452 (\text{명/km}^2)$$
따라서 나 도시의 인구 밀도가 가장 높습니다.

6 (용질의 양)=(용액의 양)×(용액의 진하기)이고 12 %를 소수로 나타내면 0.12이므로
$$(\text{소금의 양}) = 200 \times 0.12$$
$$= 24 (\text{g})$$
입니다.

7 (속력)=(간 거리)÷(걸린 시간)이므로
(간 거리)=(속력)×(걸린 시간)입니다.
따라서 동영이가 있는 곳과 번개가 발생한 지점 사이의 거리는
$$340 \times 5 = 1700 (\text{m})$$
입니다.

8 진하기가 27 %인 소금물 200 g에 들어 있는 소금의 양은
$$200 \times 0.27 = 54 (\text{g})$$
입니다.
따라서 물 100 g을 더 넣은 소금물 300 g의 진하기는
$$\frac{54}{300} \times 100 = 18 (\%)$$
입니다.

32 비례식과 비례배분 개념 109~111

개념 109 비례식과 비의 성질

1 ㄹ	**2** (1) 3, 9, 12 (2) 5, 7, 4
3 4 : 5=8 : 10 (또는 8 : 10=4 : 5)	
4 ㉠, ㅂ	**5** 21 **6** 6, 32
7 36, 4, 18	**8** 가, 다

3 $4 : 5 \Rightarrow \frac{4}{5}$, $16 : 25 \Rightarrow \frac{16}{25}$,
$5 : 4 \Rightarrow \frac{5}{4}$, $8 : 10 \Rightarrow \frac{8}{10} = \frac{4}{5}$
비율이 같은 두 비를 찾으면 4 : 5와 8 : 10이므로 비율이 같은 두 비를 비례식으로 나타내면
$$4 : 5 = 8 : 10 \text{ 또는 } 8 : 10 = 4 : 5$$
입니다.

4 비율이 같은 두 비를 등호를 사용하여 나타낸 식을 비례식이라고 합니다.
ㄹ은 두 비의 비율이 같지 않으므로 비례식이 아닙니다.

5　$2:3=(2\times4):(3\times4)=8:12$이므로
　　$\bigcirc=12$입니다.
　　$54:48=(54\div6):(48\div6)=9:8$이므로
　　$\bigcirc=9$입니다.
　　따라서
　　　　$\bigcirc+\bigcirc=12+9=21$
　　입니다.

6　$4:\bullet=16:24$에서 $4\times4=16$이므로
　　　　$\bullet\times4=24$, $\bullet=24\div4=6$
　　$\bigstar:48=16:24$에서 $48\div2=24$이므로
　　　　$\bigstar\div2=16$, $\bigstar=16\times2=32$

7　비례식을 $8:㉮=㉯:㉰$라 하면
　　$8:㉮$의 비율이 $\dfrac{2}{9}$이므로 $\dfrac{8}{㉮}=\dfrac{2}{9}$에서
　　　　$㉮=9\times4=36$
　　$8:36=㉯:㉰$에서 내항의 곱이 144이므로
　　　　$36\times㉯=144$, $㉯=144\div36=4$
　　$4:㉰$의 비율이 $\dfrac{2}{9}$이므로 $\dfrac{4}{㉰}=\dfrac{2}{9}$에서
　　　　$㉰=9\times2=18$
　　따라서 비례식을 완성하면
　　　　$8:36=4:18$
　　입니다.

8　가 : (가로의 길이) : (세로의 길이)
　　　　$=16:6=(16\div2):(6\div2)$
　　　　$=8:3$
　　나 : (가로의 길이) : (세로의 길이)
　　　　$=10:4=(10\div2):(4\div2)$
　　　　$=5:2$
　　다 : (가로의 길이) : (세로의 길이)
　　　　$=40:15=(40\div5):(15\div5)$
　　　　$=8:3$
　　라 : (가로의 길이) : (세로의 길이)
　　　　$=21:12=(21\div3):(12\div3)$
　　　　$=7:4$
　　따라서 가로와 세로의 비가 $8:3$인 직사각형은
　　가, 다입니다.

개념 110　비례식의 성질

본문 260~261쪽

1 (1) $8:15$　(2) $3:14$　(3) $4:9$　(4) $11:23$
　　(5) $21:25$　(6) $3:4$
2 135, 90, 아닙니다　**3** 12
4 $3:2$　　**5** $\bigcirc$, $\bigcirc$　　**6** $\bigcirc$, $\bigcirc$, $\bigcirc$
7 $8:7$　　**8** 65

1 (1) $\dfrac{2}{5}:\dfrac{3}{4}=\left(\dfrac{2}{5}\times20\right):\left(\dfrac{3}{4}\times20\right)=8:15$

(2) $\dfrac{3}{8}:\dfrac{7}{4}=\left(\dfrac{3}{8}\times8\right):\left(\dfrac{7}{4}\times8\right)=3:14$

(3) $0.4:0.9=(0.4\times10):(0.9\times10)=4:9$

(4) $0.11:0.23=(0.11\times100):(0.23\times100)$
　　　　　　$=11:23$

(5) $0.21:\dfrac{1}{4}=0.21:0.25$
　　　　　$=(0.21\times100):(0.25\times100)$
　　　　　$=21:25$

(6) $0.6:\dfrac{4}{5}=\dfrac{6}{10}:\dfrac{4}{5}=\left(\dfrac{6}{10}\times10\right):\left(\dfrac{4}{5}\times10\right)$
　　　　　$=6:8=3:4$

2　(외항의 곱)$=9\times15=135$
　　(내항의 곱)$=5\times18=90$
　　따라서 외항의 곱과 내항의 곱이 같지 않으므로
　　비례식이 아닙니다.

3　어떤 수를 □라고 하면
　　　　$144:84=(144\div□):(84\div□)$
　　　　　　　　$=12:7$
　　이므로 $144\div□=12$입니다.
　　따라서 $□=144\div12=12$이므로 어떤 수는 12
　　입니다.

4　(가로의 길이) : (세로의 길이)
　　$=3.5:2\dfrac{1}{3}=\dfrac{35}{10}:\dfrac{7}{3}$
　　$=\left(\dfrac{35}{10}\times30:\dfrac{7}{3}\times30\right)$
　　$=105:70$
　　$=(105\div35):(70\div35)$
　　$=3:2$

5 외항의 곱과 내항의 곱이 같은 것을 찾습니다.

㉠ $13 : 3 = 3 : 13$

➡ $13 \times 13 = 169$, $3 \times 3 = 9$

(외항의 곱)≠(내항의 곱)이므로 비례식이 아닙니다.

㉡ $0.5 : 0.3 = 15 : 9$

➡ $0.5 \times 9 = 4.5$, $0.3 \times 15 = 4.5$

(외항의 곱)=(내항의 곱)이므로 비례식입니다.

㉢ $\dfrac{7}{10} : \dfrac{2}{5} = 7 : 4$

➡ $\dfrac{7}{10} \times 4 = \dfrac{14}{5}$, $\dfrac{2}{5} \times 7 = \dfrac{14}{5}$

(외항의 곱)=(내항의 곱)이므로 비례식입니다.

㉣ $1.8 : 4.2 = 2 : 7$

➡ $1.8 \times 7 = 12.6$, $4.2 \times 2 = 8.4$

(외항의 곱)≠(내항의 곱)이므로 비례식이 아닙니다.

따라서 비례식은 ㉡, ㉢입니다.

6 ㉠ $2 : 5 = \square : 15$에서 $2 \times 15 = 5 \times \square$

$30 = 5 \times \square$, $\square = 30 \div 5 = 6$

㉡ $3.2 : 8 = \square : 5$에서 $3.2 \times 5 = 8 \times \square$

$16 = 8 \times \square$, $\square = 16 \div 8 = 2$

㉢ $3\dfrac{1}{3} : \square = 15 : 20$에서

$3\dfrac{1}{3} \times 20 = \square \times 15$, $\dfrac{200}{3} = 15 \times \square$

$\square = \dfrac{200}{3} \div 15 = \dfrac{200}{3} \times \dfrac{1}{15} = \dfrac{40}{9}$

$\quad = 4\dfrac{4}{9}$

$2 < 4\dfrac{4}{9} < 6$이므로 $\square$ 안에 들어갈 수가 작은 것부터 차례대로 기호를 쓰면 ㉡, ㉢, ㉠입니다.

7 $1.2 : 1\dfrac{1}{20} = 1.2 : 1.05$

$\quad\quad = (1.2 \times 100) : (1.05 \times 100)$

$\quad\quad = 120 : 105$

$\quad\quad = (120 \div 15) : (105 \div 15)$

$\quad\quad = 8 : 7$

8 $7 : 3 = 21 : \square$에서 외항의 곱과 내항의 곱은 같으므로

$7 \times \square = 3 \times 21$, $7 \times \square = 63$

$\square = 63 \div 7 = 9$

$9 : 13 = 45 : ㉠$에서 외항의 곱과 내항의 곱은 같으므로

$9 \times ㉠ = 13 \times 45$, $9 \times ㉠ = 585$

$㉠ = 585 \div 9 = 65$

개념 111 비례식/비례배분을 이용하기

본문 262~263쪽

1 (1) **예** $3 : 16 = 24 : \square$ (2) 128 (3) 128 L

2 (1) 240, 150 (2) 180, 270 **3** 21 cm

4 24바퀴 **5** 11.2시간, 12.8시간

6 28 cm **7** 150 kg **8** 14300원

1 (2) $3 : 16 = 24 : \square$에서 $3 \times \square = 16 \times 24$이므로

$3 \times \square = 384$, $\square = 384 \div 3 = 128$

(3) 24분 동안 나오는 물의 양은 128 L입니다.

2 (1) $390 \times \dfrac{8}{8+5} = 390 \times \dfrac{8}{13} = 30 \times 8 = 240$

$390 \times \dfrac{5}{8+5} = 390 \times \dfrac{5}{13} = 30 \times 5 = 150$

(2) $450 \times \dfrac{6}{6+9} = 450 \times \dfrac{6}{15} = 30 \times 6 = 180$

$450 \times \dfrac{9}{6+9} = 450 \times \dfrac{9}{15} = 30 \times 9 = 270$

3 세로의 길이를 $\square$ cm라고 하면 $5 : 3 = 35 : \square$이므로

$5 \times \square = 3 \times 35$, $5 \times \square = 105$

$\square = 105 \div 5 = 21$ (cm)

따라서 세로의 길이는 21 cm로 그려야 합니다.

4 톱니바퀴 ㉴가 64바퀴 도는 동안 톱니바퀴 ㉳가 $\square$바퀴 돈다고 하고 비례식을 세우면

$3 : 8 = \square : 64$, $3 \times 64 = 8 \times \square$

$8 \times \square = 192$, $\square = 192 \div 8 = 24$(바퀴)

따라서 톱니바퀴 ㉴가 64바퀴 도는 동안 톱니바퀴 ㉳는 24바퀴 돕니다.

5 $1\frac{2}{5}:1.6=1.4:1.6=14:16=7:8$ 이고 하루는 24시간이므로

$$(낮의 길이)=24\times\frac{7}{7+8}$$
$$=24\times\frac{7}{15}$$
$$=11.2(시간)$$
$$(밤의 길이)=24\times\frac{8}{7+8}$$
$$=24\times\frac{8}{15}$$
$$=12.8(시간)$$

6 (가로의 길이)+(세로의 길이)
$$=136\div2=68\,(cm)이고$$
(가로) : (세로)=7 : 10이므로
$$(가로의 길이)=68\times\frac{7}{7+10}$$
$$=68\times\frac{7}{17}$$
$$=28\,(cm)$$
따라서 직사각형의 가로의 길이를 28 cm로 그려야 합니다.

7 팔고 남은 배의 양의 비율은
$$100-78=22\,(\%)$$
이므로 전체 수확량을 □ kg이라 하고 비례식을 세우면
$$22:33=100:□$$
$$22\times□=33\times100$$
$$22\times□=3300$$
$$□=3300\div22=150\,(kg)$$
따라서 전체 수확량은 150 kg입니다.

8 $\frac{4}{5}:\frac{1}{2}=\frac{8}{10}:\frac{5}{10}=8:5$ 입니다.

사려는 선물의 가격을 □원이라 하면 현민이가 8800원을 냈으므로
$$□\times\frac{8}{8+5}=□\times\frac{8}{13}=8800$$
$$□=8800\div\frac{8}{13}=8800\times\frac{13}{8}$$
$$=14300(원)$$
따라서 사려는 선물의 가격은 14300원입니다.

본문 264 ~ 265쪽

반드시 알아야 하는 **필수** 문제

01 27명   **02** 14 : 27   **03** ③
04 ⓒ, ㉠, ⓔ   **05** 280명
06 1372 cm²   **07** 가 도시   **08** 69 g
09 ㉠, ⓒ   **10** ②, ③   **11** 84   **12** 4
13 ⓔ, ⓒ, ㉠   **14** 40명   **15** 1400

1 남학생 수를 여학생 수로 나누면 $6\div3=2$이므로 여학생 수는 남학생 수의 $\frac{1}{2}$배입니다.
따라서 남학생이 54명일 때 여학생의 수는 $54\times\frac{1}{2}=27$(명)입니다.

2 (전체 과일 수)=14+13=27(개)이므로 과일 수 전체에 대한 사과의 개수의 비는
$$(사과의 개수) : (전체 과일 수)=14:27$$
입니다.

3 ①, ②, ④, ⑤ 비교하는 양 : 3, 기준량 : 2
③ 비교하는 양 : 2, 기준량 : 3

4 ㉠ 58 % ➡ 0.58   ⓒ $\frac{5}{8}=0.625$ ⓔ 0.47
$0.625>0.58>0.47$이므로 비율이 큰 것부터 차례대로 기호를 쓰면 ⓒ, ㉠, ⓔ입니다.

5 55 %를 소수로 나타내면 0.55입니다.
이때 6학년 전체 학생 수가 기준량, 남학생 수가 비교하는 양, 비율이 0.55이므로
$$(6학년 전체 학생 수)=154\div0.55$$
$$=280(명)$$
입니다.

6 8 : 7을 비율로 나타내면 $\frac{8}{7}$입니다.
삼각형의 높이가 기준량, 밑변이 비교하는 양이므로
(삼각형의 높이)
$$=(밑변의 길이)\div(비율)$$
$$=56\div\frac{8}{7}=56\times\frac{7}{8}=49\,(cm)$$

따라서 삼각형의 넓이는

$$56 \times 49 \div 2 = 1372 \, (\text{cm}^2)$$

입니다.

7 (가 도시의 인구 밀도)$= 18900 \div 420$
$$= 45(\text{명}/\text{km}^2)$$
(나 도시의 인구 밀도)$= 226800 \div 5400$
$$= 42(\text{명}/\text{km}^2)$$
따라서 가 도시의 인구 밀도가 더 높습니다.

8 (용액의 진하기)$=$(용질의 양)$\div$(용액의 양)이
므로

(용질의 양)$=$(용액의 양)$\times$(용액의 진하기)

입니다.

이때 12 %를 소수로 나타내면 0.12이므로
(12 %의 설탕물에 녹아 있는 설탕의 양)
$$= 200 \times 0.12$$
$$= 24 \, (\text{g})$$

또, 15 %를 소수로 나타내면 0.15이므로
(15 %의 설탕물에 녹아 있는 설탕의 양)
$$= 300 \times 0.15$$
$$= 45 \, (\text{g})$$

따라서 두 설탕물에 녹아 있는 설탕의 양은
$24 + 45 = 69 \, (\text{g})$입니다.

9 ⓒ 후항은 16, 4입니다.
ⓔ 외항의 곱은 $12 \times 4 = 48$입니다.

10 $8 : 12 = (8 \div 2) : (12 \div 2) = 4 : 6$
$$= (8 \div 4) : (12 \div 4) = 2 : 3$$
$$= (8 \times 6) : (12 \times 6) = 48 : 72$$
$$= (8 \times 2) : (12 \times 2) = 16 : 24$$
$$= (8 \times 7) : (12 \times 7) = 56 : 84$$
따라서 $8 : 12$와 비율이 같은 것은 ②, ③입니다.

11 $16 : 20 = 64 : ●$에서 $16 \times 4 = 64$이므로
$$● = 20 \times 4 = 80$$
$16 : 20 = ★ : 5$에서 $20 \div 4 = 5$이므로
$$★ = 16 \div 4 = 4$$
따라서 ●와 ★에 들어갈 수의 합은
$80 + 4 = 84$입니다.

12 각 항에 분모 9와 15의 최소공배수 45를 곱하면

$$\frac{5}{9} : \frac{\square}{15} = \left(\frac{5}{9} \times 45\right) : \left(\frac{\square}{15} \times 45\right)$$
$$= 25 : (\square \times 3)$$

이때 주어진 비를 간단한 자연수의 비로 나타내
었더니 $25 : 12$이므로

$$\square \times 3 = 12, \ \square = 12 \div 3 = 4$$

입니다.

13 ㉠ $18 : 4 = 36 : \square$에서 $18 \times \square = 4 \times 36$이므로
$$18 \times \square = 144$$
$$\square = 144 \div 18 = 8$$

ⓛ $2.3 : 8 = \square : 24$에서 $2.3 \times 24 = 8 \times \square$이므로
$$8 \times \square = 55.2$$
$$\square = 55.2 \div 8 = 6.9$$

ⓒ $1\frac{1}{5} : \square = 15 : 80$에서 $1\frac{1}{5} \times 80 = \square \times 15$
이므로 $15 \times \square = 96, \ \square = 96 \div 15 = 6.4$
$6.4 < 6.9 < 8$이므로 $\square$ 안에 들어갈 수가 작은
것부터 차례대로 기호를 쓰면 ⓒ, ⓛ, ㉠입니다.

14 윤후네 반 전체 학생 수를 $\square$명이라 하고 비례식
을 세우면
$$30 : 12 = 100 : \square, \ 30 \times \square = 12 \times 100$$
$$30 \times \square = 1200, \ \square = 1200 \div 30 = 40(\text{명})$$
따라서 윤후네 반 전체 학생 수는 40명입니다.

15 $㉠ = 7000 \times \dfrac{3}{3+2} = 7000 \times \dfrac{3}{5} = 4200$

$ⓛ = 7000 \times \dfrac{2}{3+2} = 7000 \times \dfrac{2}{5} = 2800$

따라서 $㉠ - ⓛ = 4200 - 2800 = 1400$입니다.

V. 자료와 가능성

33 막대그래프
개념 112~114

개념 112 막대그래프
본문 268~269쪽

1 (1) 과목, 학생 수 (2) 수학   2 미국

3 지은, 다빈   4 막대그래프

5 파란색

2 막대의 길이가 가장 긴 나라는 미국입니다.

3 막대의 길이가 가장 긴 학생은 지은이고 가장 짧은 학생은 다빈입니다.

5 막대의 길이가 네 번째로 긴 색깔은 파란색입니다.

개념 113 막대그래프 그리기
본문 270~271쪽

1 풀이 참조   2 5, 풀이 참조

3 풀이 참조   4 10, 16, 풀이 참조

5 풀이 참조

1
[좋아하는 과목별 학생 수]

2 B형=24-9-7-3=5(명)

[혈액형별 학생 수]

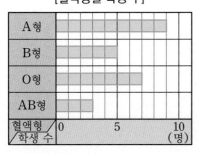

3
[배우고 있는 악기별 학생 수]

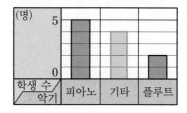

피아노와 플루트를 배우고 있는 학생 수가 각각 5명, 2명이고 조사한 학생 수가 11명이므로 기타를 배우고 있는 학생 수는

$$11-(5+2)=4(명)$$

입니다.

4 곰과 사슴의 합은 52-8-6-12=26(마리)입니다. 이때 사슴이 곰보다 6마리 더 많으므로 사슴은 16마리, 곰은 10마리 있습니다.

세로 눈금 한 칸은 2마리를 나타내므로 동물원의 동물 수를 막대그래프로 나타내면 다음과 같습니다.

[동물원의 동물 수]

5 세로 눈금 5칸이 10명을 나타내므로 한 칸은 $10 \div 5=2$(명)을 나타냅니다.

수영 학원을 다니는 학생은 $2 \times 3=6$(명)이므로 태권도 학원을 다니는 학생은 $6 \times 2+2=14$(명)입니다.

전체 학생이 32명이므로 피아노 학원에 다니는 학생은 32-14-6-4=8(명)입니다.

따라서 막대그래프를 완성하면 다음과 같습니다.

[다니는 학원별 학생 수]

정답 및 풀이

개념 114 막대그래프의 내용 알고 이용하기

본문 272 ~ 273쪽

| 1 강아지, 22명 | 2 호주 | 3 11명 |
| 4 40명 | 5 8개 | 6 1반, 4명 |

1 막대의 길이가 가장 긴 항목은 강아지이므로 가장 많이 키우는 애완동물은 강아지입니다.
이때 세로 눈금 5칸이 10명을 나타내므로 세로 눈금 한 칸의 크기는 2명입니다.
강아지는 세로 눈금 11칸이므로
$$11 \times 2 = 22(명)$$
입니다.
따라서 강아지를 키우는 학생은 22명입니다.

2 사람들이 가장 많이 좋아하는 나라가 호주이므로 여행사 직원은 호주 관련 여행 상품을 준비하는 것이 여행 상품 판매량을 늘리는 데 좋을 것 같습니다.

3 플루트를 배우고 있는 학생은 8명이고 첼로를 배우고 있는 학생은 3명이므로 플루트와 첼로를 배우고 있는 학생은 모두
$$8 + 3 = 11(명)$$
입니다.

4 세로 눈금 5칸이 25명을 나타내므로 세로 눈금 한 칸은 $25 \div 5 = 5$(명)을 나타냅니다.
목요일의 어린이 방문자 수는 55명이고 화요일의 어린이 방문자 수는 15명이므로 목요일의 어린이 방문자 수는 화요일의 어린이 방문자 수보다 $55 - 15 = 40$(명) 더 많습니다.

5 나 텐트에 들어갈 수 있는 최대 인원이 4명이고 $30 \div 4 = 7 \cdots 2$이므로 나 텐트는 적어도 8개가 필요합니다.

6 막대의 길이의 차가 1반 : 4칸, 2반 : 0칸, 3반 : 2칸, 4반 : 3칸이므로 1반이 두 막대의 길이의 차가 가장 큽니다.
이때 세로 눈금 한 칸이 1명을 나타내므로 1반의 안경을 쓴 남녀 학생의 차이는 4명입니다.

34 꺾은선그래프

개념 115~118

개념 115 꺾은선그래프

본문 274 ~ 275쪽

| 1 (1) 꺾은선그래프 (2) 13권 | 2 13회 |
| 3 오후 1시 4 예 17℃ 5 10일과 13일 사이 |
| 6 2016년과 2017년 사이 |

1 (2) 세로 눈금 5칸의 크기가 5권이므로 세로 눈금 한 칸의 크기는 1권입니다.
따라서 3월의 기훈이의 독서량은 13권입니다.

2 세로 눈금 한 칸은 1회를 나타내므로 목요일의 팔굽혀펴기 횟수는 13회입니다.

3 세로 눈금 한 칸은 1℃를 나타내므로 기온이 12℃일 때는 오후 1시입니다.

4 그래프에서 오후 12시와 1시의 중간점이 가리키는 곳의 세로 눈금을 읽으면 약 17℃입니다.

6 몸무게가 가장 많이 증가한 해는 그래프의 변화가 가장 클 때이므로 2016년과 2017년 사이입니다.

개념 116 꺾은선그래프 그리고 해석하기

본문 276 ~ 277쪽

| 1 풀이 참조 | 2 13대 |
| 3 14, 풀이 참조 | 4 금요일 |
| 5 오전 10시, 12℃ |

1

[월별 강수량]

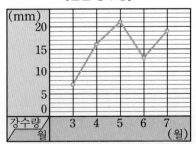

2 판매량이 가장 많을 때는 8월에 20대이고, 판매량이 가장 적을 때는 5월에 7대이므로 판매량의 차는

$$20-7=13(대)$$

입니다.

3 목요일의 음식물 쓰레기 배출량은

$$148-(36+42+30+26)=14\,(kg)$$

입니다.

따라서 요일별 음식물 쓰레기 배출량을 꺾은선그래프로 나타내면 다음과 같습니다.

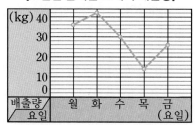

[요일별 음식물 쓰레기 배출량]

4 꺾은선그래프가 가장 많이 기울어진 곳을 찾으면 목요일과 금요일 사이입니다.

따라서 전날에 비해 관객 수의 변화가 가장 큰 요일은 금요일입니다.

5 거실과 마당의 온도의 차가 가장 클 때는 두 그래프 사이의 간격이 가장 크게 벌어졌을 때이므로 오전 10시입니다.

이때 거실의 온도는 24℃, 마당의 온도는 12℃이므로 거실과 마당의 온도의 차는

$$24-12=12\,(℃)$$

입니다.

1 (1) (가) 그래프 : 세로 눈금 5칸이 5 kg이므로 세로 눈금 한 칸의 크기는 1 kg입니다.

(나) 그래프 : 세로 눈금 5칸이 1 kg이므로 세로 눈금 한 칸의 크기는 0.2 kg입니다.

(2) 필요 없는 부분인 0 kg부터 20 kg 밑 부분까지 물결선으로 줄여서 나타냈습니다.

(3) 세로 눈금 한 칸의 크기가 작을수록 변화하는 모양을 더 뚜렷하게 알 수 있으므로 지현이의 몸무게의 변화하는 모양을 더 뚜렷하게 알 수 있는 그래프는 (나) 그래프입니다.

2

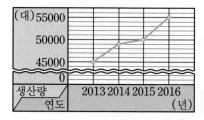

[자동차 생산량]

3 세로 눈금 5칸이 10명을 나타내므로 한 칸은 $10\div5=2(명)$을 나타냅니다. 10월의 입장객 수는 986명이고, 11월의 입장객 수는 974명이므로 $986-974=12(명)$ 줄었습니다.

4 사과 생산량이 가장 적을 때가 1200상자이므로 필요 없는 부분인 0상자부터 1000상자까지를 물결선으로 줄여서 나타냅니다.

5 현준이의 키의 변화가 가장 클 때는 꺾은선그래프가 가장 많이 기울어진 때이므로 6월과 7월 사이입니다. 이때 은상이의 키는 138.5 cm에서 138.7 cm로 0.2 cm 자랐습니다.

개념 117 물결선을 사용한 꺾은선그래프

본문 278 ~ 279쪽

1 (1) 1 kg, 0.2 kg (2) 20 kg 밑 부분까지
   (3) (나) 그래프 2 풀이 참조
3 12명 4 ㉡ 5 0.2 cm

개념 118 알맞은 그래프로 나타내고 해석하기

본문 280 ~ 281쪽

1 (1) 막 (2) 꺾 (3) 꺾 (4) 막
2 (1) 꺾은선그래프 (2) 풀이 참조
3 (가) 막대그래프, (나) 꺾은선그래프
4 풀이 참조 5 ㉡, ㉢ 6 ㉡, ㉣

정답 및 풀이

1 (1), (4) 각 항목의 크기를 비교하는 것이므로 막대그래프로 나타내는 것이 더 좋습니다.
(2), (3) 시간에 따른 연속적인 변화를 알아보는 것이므로 꺾은선그래프로 나타내는 것이 더 좋습니다.

2 (1) 시간에 따른 세진이의 줄넘기 횟수의 변화를 알아보려고 하므로 꺾은선그래프로 나타내는 것이 좋습니다.

(2)
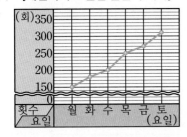
[세진이의 요일별 줄넘기 기록]

3 ㈎의 경우는 각 항목의 크기를 비교하는 것이므로 막대그래프로 나타내는 것이 좋습니다.
㈏의 경우는 시간에 따른 연속적인 변화를 알아보는 것이므로 꺾은선그래프로 나타내는 것이 좋습니다.

4 (1)
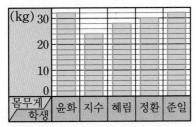
[윤화네 모둠 학생들의 몸무게]

(2)
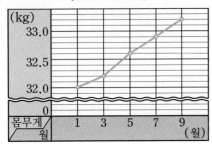
[윤화의 몸무게]

5 ㉠, ㉣ : 막대그래프
㉡, ㉢ : 꺾은선그래프

6 ㉠, ㉡ : 꺾은선그래프
㉢, ㉣ : 막대그래프

---

01 배   **02** 오락, 만화, 학습, 드라마, 가요
03 120그루   **04** 비   **05** 가 마을
06 8월   **07** 2013년과 2014년 사이
08 23℃부터 33℃까지   **09** 9 kg
10 풀이 참조
11 (1) 꺾은선그래프 (2) 막대그래프

1 막대의 길이가 가장 짧은 과일은 배입니다.

2 막대의 길이가 긴 것부터 차례대로 쓰면 오락, 만화, 학습, 드라마, 가요입니다.

3 나무가 가장 많이 심어져 있는 마을은 희망 마을이고 90그루 심어져 있습니다. 나무가 가장 적게 심어져 있는 마을은 행복 마을이고 30그루 심어져 있습니다.
따라서 두 마을에 심어져 있는 나무 수의 합은 90+30=120(그루)입니다.

4 날씨가 '맑음'인 날수는 10일이므로 날수가 5일인 날씨를 찾으면 '비'입니다.

5 가, 나, 다, 라 마을의 사람 수가 같다고 할 때 가 마을의 쓰레기 배출량이 가장 많으므로 가 마을이 쓰레기를 가장 많이 줄여야 할 필요가 있습니다.

6 판매량이 가장 많은 달은 찍힌 점이 가장 높은 8월입니다.

7 관람객 수의 변화가 가장 클 때는 꺾은선그래프가 가장 많이 기울어진 때이므로 2013년과 2014년 사이입니다.

8 가장 낮은 기온인 23 ℃부터 가장 높은 기온인 33 ℃까지 그릴 수 있어야 합니다.

9 3월의 돼지의 무게는 19 kg이고 5월의 돼지의 무게는 28 kg입니다.
따라서 3월부터 5월까지의 돼지의 무게는 28-19=9 (kg) 늘었습니다.

10

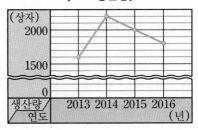

[포도 생산량]

11 (1) 시간에 따른 연속적인 변화를 알아보는 것이므로 꺾은선그래프로 나타냅니다.
(2) 각 항목의 크기를 비교하는 것이므로 막대그래프로 나타냅니다.

개념 119~120

35 자료의 표현

개념 119 평균

본문 284 ~ 285쪽

1 (1) 80초	(2) 20초	**2** 336개	**3** 11개
4 24쪽	**5** 23명	**6** 38.4 kg	**7** 준우
8 2144 g			

1 (1) $19+22+21+18=80$(초)
(2) $80÷4=20$(초)

2 (일주일 동안 만드는 가방의 수)
$=48×7=336$(개)

3 $\dfrac{9+13+10+7+16}{5}=\dfrac{55}{5}=11$(개)

4 (평균)$=\dfrac{384}{16}=24$(쪽)
재성이는 하루에 평균 24쪽을 읽었습니다.

5 (자료의 수)$=\dfrac{(\text{자료 값의 합})}{(\text{평균})}$이므로
(반 학생 수)$=\dfrac{69}{3}=23$(명)
입니다.

6 재호네 모둠 학생들의 몸무게의 총합은
$35.6×5=178$ (kg)

이므로 재호의 몸무게는
$$178-(35+32.4+35.2+37)$$
$$=178-139.6=38.4 \, (\text{kg})$$
입니다.

7 (준우의 수학 평균 점수)
$$=\frac{84+93+87}{3}$$
$$=\frac{264}{3}=88(\text{점})$$
(성호의 수학 평균 점수)
$$=\frac{92+90+79}{3}$$
$$=\frac{261}{3}=87(\text{점})$$
따라서 준우의 평균 점수가 더 높습니다.

8 (바구니 전체의 무게)
$=$(바구니의 무게)$+$(사과 6개의 무게의 합)
이때 사과 한 개의 무게의 평균이 324 g이므로 사과 6개의 무게의 합은 $324×6=1944$ (g)입니다.
따라서 바구니 전체의 무게는
$$200+1944=2144 \, (\text{g})$$
입니다.

개념 120 목적에 알맞은 그래프로 나타내기

본문 286 ~ 287쪽

1 나 도시	**2** 막대그래프	**3** 280 kg
4 꺾은선그래프	**5** ㉠, ㉣	**6** 460권
7 ㉢		

1 가 도시 : 230대, 나 도시 : 300대
다 도시 : 170대, 라 도시 : 150대
마 도시 : 240대
따라서 자동차 수가 가장 많은 도시는 나 도시입니다.

2 각 항목의 크기를 비교하는 것이므로 막대그래프로 나타냅니다.

정답 및 풀이

3 가 도시 : 450 kg, 나 도시 : 350 kg
다 도시 : 320 kg, 라 도시 : 170 kg
이므로 우유 판매량이 가장 많은 도시는 가 도시
이고, 우유 판매량이 가장 적은 도시는 라 도시
입니다.
따라서 가 도시와 라 도시의 우유 판매량의 차는
$450-170=280(kg)$입니다.

4 시간에 따른 연속적인 변화를 알아보는 것이므
로 꺾은선그래프로 나타내는 것이 더 좋습니다.

5 ⓒ 막대그래프   ⓒ 꺾은선그래프

6 네 서점의 책 판매량의 평균이 370권이므로
(네 서점의 책 판매량의 합)
$=370 \times 4=1480(권)$
한 달 동안 책 판매량이 가 서점 : 390권,
나 서점 : 360권, 라 서점 : 270권이므로
다 서점의 책 판매량은
$1480-(390+360+270)=460(권)$
입니다.

7 ⓒ 우리나라의 연도별 신생아 수는 꺾은선그래
프로 나타내는 것이 더 좋습니다.

본문 288 ~ 289쪽

반드시 알아야 하는 필수 문제

01 139 cm	**02** 23문제
03 223회	**04** 6명
05 7	**06** 94점
07 진혜	**08** 82.5점
09 1030가구	**10** ④
11 ⑤	
12 (1) ㉠, ㉢ (2) ㉡, ㉺ (3) ㉣, ㉤	

1 $(평균)=\dfrac{133+127+145+152+138}{5}$
$=\dfrac{695}{5}=139(cm)$

2 $(평균)=\dfrac{161}{7}=23(문제)$
수미는 하루에 평균 23문제를 풀었습니다.

---

3 $(평균)=\dfrac{1338}{6}=223(회)$
호수네 모둠 6명의 학생의 줄넘기 횟수의 평균
은 223회입니다.

4 희원이네 가족의 수를 □명이라고 하면
$246 \div □=41$
$□=246 \div 41=6$
따라서 희원이네 가족은 6명입니다.

5 기준 수가 6이고 평균도 6이므로 5는 6이 되기
위해서 1이 부족합니다. 따라서 □는 5에게 1을
주고 6이 되는 수를 구하면 7입니다.

6 (네 과목의 점수의 합)$=92 \times 4=368(점)$이므로
수학 과목의 점수는
$368-(97+86+91)=94(점)$
입니다.

7 $(진혜의 평균 기록)=\dfrac{19+17+17+20}{4}$
$=\dfrac{73}{4}$
$=18.25(초)$
$(수진이의 평균 기록)=\dfrac{16+19+18+21}{4}$
$=\dfrac{74}{4}$
$=18.5(초)$
따라서 100 m 달리기 평균 기록이 더 좋은 사람
은 진혜입니다.

8 (국어와 수학 점수의 합)$=89 \times 2=178(점)$
(사회와 과학 점수의 합)$=76 \times 2=152(점)$
따라서 네 과목의 점수의 합은
$178+152=330(점)$이므로
$(네 과목의 평균)=\dfrac{330}{4}=82.5(점)$
입니다.

9 가 : 260가구, 나 : 240가구, 다 : 300가구,
라 : 230가구
따라서 인터넷을 이용하는 전체 가구 수는
$260+240+300+230=1030(가구)$
입니다.

10 식빵 판매량이 가장 많은 제과점은 가 제과점
(420개)이고, 식빵 판매량이 가장 적은 제과점
은 라 제과점(260개)입니다.
따라서 두 제과점의 식빵 판매량의 차는
$$420-260=160(개)$$
입니다.

11 ⑤ 시간에 따른 자료의 변화 상태를 알아보는 것
이므로 꺾은선그래프를 이용하는 것이 좋습
니다.

36 자료의 정리 개념 121~122

개념 121 띠그래프

본문 290~291쪽

1 B형	**2** 20%	**3** 풀이 참조
4 60%	**5** 10명	**6** 14명

1 띠그래프에서 길이가 가장 긴 부분은 B형이므
로 가장 많은 학생들이 차지하는 혈액형은 B형
입니다.

2 피자를 좋아하는 학생 수의 비율은 40%이고 치
킨을 좋아하는 학생 수의 비율은 20%이므로 피
자를 좋아하는 학생 수의 비율이
$40-20=20(\%)$ 더 높습니다.

3

[성씨별 학생 수]

```
0  10  20  30  40  50  60  70  80  90 100(%)
┌──────────┬──────┬────────┬───┬────┐
│   김씨   │ 이씨 │  박씨  │한씨│기타│
│  (30%)   │(20%) │ (25%)  │(10%)(15%)│
└──────────┴──────┴────────┴───┴────┘
```

김씨 : $\dfrac{150}{500}\times100=30\,(\%)$

이씨 : $\dfrac{100}{500}\times100=20\,(\%)$

박씨 : $\dfrac{125}{500}\times100=25\,(\%)$

한씨 : $\dfrac{50}{500}\times100=10\,(\%)$

기타 : $\dfrac{75}{500}\times100=15\,(\%)$

4 TV 시청 시간이
　　1시간 미만 : 40%,
　　1시간 이상 2시간 미만 : 35%,
　　2시간 이상 3시간 미만 : 25%
이므로 TV 시청 시간이 1시간 이상 3시간 미
만인 학생 수의 비율은
$$35+25=60\,(\%)$$
입니다.

5 오락이 취미인 학생은 전체의 25%이므로
$$40\times\frac{25}{100}=10(명)$$
입니다.

6 경현이네 반 학생 수를 □명이라 하면
$$\square\times\frac{20}{100}=8$$
$$\square=8\div\frac{20}{100}=40(명)$$
이므로 경현이네 반 학생 수는 40명입니다.
따라서 오렌지 주스를 좋아하는 학생은
$$40\times\frac{35}{100}=14(명)$$
입니다.

개념 122 원그래프

본문 292~293쪽

1 25, 40, 20, 15, 100, 풀이 참조		
2 과학책	**3** 풀이 참조	**4** 30%
5 250 g	**6** 36명	

1

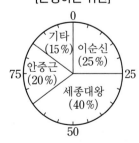

[존경하는 위인]

2 작은 눈금 한 칸이 5%이고 원그래프에서
15%를 차지하는 항목은 과학책입니다.

정답 및 풀이

3 [즐겨보는 프로그램]

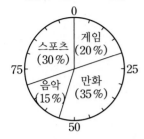

4 (O형과 AB형인 학생의 비율의 합)
$$=100-(35+25)=40\,(\%)$$
이때 O형인 학생 수가 AB형인 학생 수의 3배
이므로 O형인 학생의 비율은 30 %입니다.

5 원그래프에서 단백질이 차지하는 비율이 25 %
이므로 이 식품 500 g 안에는 단백질이
$$500\times\frac{25}{100}=125\,(g)$$
들어 있습니다.
따라서 이 식품 1 kg 안에 단백질이
$125\times2=250\,(g)$ 들어 있습니다.

6 주어진 원그래프에서 미국의 비율이 20 %이고,
미국에 가고 싶은 학생이 48명이므로 전체 학생
수를 □명이라 하면
$$\square\times\frac{20}{100}=48$$
$$\square=48\div\frac{20}{100}=48\times\frac{100}{20}=240(명)$$
원그래프에서 일본의 비율이 15 %이므로 일본
에 가고 싶은 학생은 $240\times\frac{15}{100}=36(명)$입니다.

---

37 가능성
개념 123

개념 123 사건이 일어날 가능성

본문 294~295쪽

1 (1) 1 (2) 0 **2** $\frac{1}{3}$ **3** $\frac{2}{5}$

4 $\frac{2}{6}\left(=\frac{1}{3}\right)$ **5** $\frac{3}{10}$ **6** $\frac{3}{6}\left(=\frac{1}{2}\right)$

7 $\frac{3}{20}$ **8** 6개

---

1 (1) 주머니 안에는 흰 공 4개, 검은 공 4개가 들
어 있으므로 주머니에서 1개의 공을 꺼내면
그 공은 흰 공이거나 검은 공입니다.
따라서 가능성을 수로 나타내면 1입니다.

   (2) 주머니 안에는 흰 공과 검은 공만 들어 있으
므로 빨간 공을 꺼내는 것은 불가능합니다.
따라서 가능성을 수로 나타내면 0입니다.

2 검은색 공을 꺼내는 것은 3개 중의 1개이므로
가능성은 $\frac{1}{3}$입니다.

3 5장의 숫자 카드 중에서 3이 적힌 카드는 2장이
므로 한 장의 카드를 꺼냈을 때 숫자 3이 나올
가능성은 $\frac{2}{5}$입니다.

4 원판에 4보다 큰 수는 5, 6의 2개이므로 화살을
한 개 쏘아 4보다 큰 수를 맞힐 가능성을 수로
나타내면 $\frac{2}{6}=\frac{1}{3}$입니다.

5 1부터 10까지의 수 중에서 3의 배수는 3, 6, 9이
므로 뽑은 카드가 3의 배수일 가능성을 수로 나타
내면 $\frac{3}{10}$입니다.

6 주사위 한 개를 던질 때 나올 수 있는 눈은 1, 2,
3, 4, 5, 6의 6개이고, 2의 배수의 눈은 2, 4, 6
의 3개입니다.
따라서 2의 배수의 눈이 나올 가능성은
$\frac{3}{6}=\frac{1}{2}$입니다.

7 2등 이상의 당첨 제비는 1등 1개, 2등 2개로 총
3개이므로 2등 이상인 제비를 뽑을 가능성을 수
로 나타내면 $\frac{3}{20}$입니다.

8 흰 바둑돌이 □개 들어 있다고 하면 전체 바둑
돌의 개수는 □+4이고 이 중에서 흰 바둑돌 1
개를 꺼낼 가능성을 수로 나타내면 $\frac{3}{5}$이므로
$$\frac{\square}{\square+4}=\frac{3}{5}=\frac{6}{10}\ \cdots\cdots$에서 □=6입니다.
따라서 흰 바둑돌은 6개 들어 있습니다.

반드시 알아야 하는 필수 문제

| 01 가을 | 02 32명 | 03 20 % | 04 105명 |
| 05 35명 | 06 30 % | 07 192표 | 08 6 cm |

09 $\dfrac{2}{10}\left(=\dfrac{1}{5}\right)$ 10 $\dfrac{4}{7}$ 11 $\dfrac{7}{12}$

12 서경 13 $\dfrac{46}{50}\left(=\dfrac{23}{25}\right)$

1 띠그래프에서 길이가 가장 긴 부분은 가을이므로 가장 많은 학생들이 좋아하는 계절은 가을입니다.

2 파랑을 좋아하는 학생은 전체의 16 %이므로

$$200 \times \frac{16}{100} = 32(명)$$

입니다.

3 햄버거 : 35 %, 피자 : 30 %, 떡볶이 : 20 %, 김밥 : 15 %입니다.

따라서 가장 많은 학생들이 좋아하는 간식은 햄버거이고 가장 적은 학생들이 좋아하는 간식은 김밥이므로 백분율의 차는

$$35 - 15 = 20 \ (\%)$$

입니다.

4 6학년 학생 수를 □명이라 하면 장래 희망이 선생님인 학생의 비율이 25 %이므로

$$\square \times \frac{25}{100} = 75$$

$$\square = 75 \div \frac{25}{100} = 300(명)$$

따라서 6학년 학생 수는 300명입니다.

장래 희망이 연예인인 학생의 비율이 35 %이므로 학생 수는 $300 \times \dfrac{35}{100} = 105$(명)입니다.

5 2010년에 포도를 좋아하는 사람 수는

$$350 \times \frac{32}{100} = 112(명)$$

이고, 2015년에 포도를 좋아하는 사람 수는

$$350 \times \frac{42}{100} = 147(명)$$

입니다.

따라서 포도를 좋아하는 사람은

$$147 - 112 = 35(명)$$

늘어났습니다.

6 원그래프에서 수박을 재배하는 면적의 $\dfrac{1}{4}$은

$$20 \times \frac{1}{4} = 5 \ (\%)$$

입니다.

따라서 배를 재배하는 면적의 비율이 5 % 더 늘어나게 되므로 25+5=30 (%)가 됩니다.

7 (진후의 득표율)=100−(48+16+4)=32 (%)이고 무효표가 없으므로 진후가 얻은 득표 수는

$$600 \times \frac{32}{100} = 192(표)$$

입니다.

8 (배구를 좋아하는 학생의 비율)
=100−(45+23+12)=20 (%)

따라서 길이가 30 cm인 띠그래프로 나타낼 때 배구를 좋아하는 학생은 띠의 길이를

$$30 \times \frac{20}{100} = 6 \ (cm)$$

로 나타내야 합니다.

9 10장의 카드 중에서 4의 배수는 4, 8의 2장이므로 뽑은 카드가 4의 배수일 가능성을 수로 나타내면 $\dfrac{2}{10}\left(=\dfrac{1}{5}\right)$입니다.

10 7장의 카드 중에서 홀수는 1, 3, 3, 3의 4장이므로 뽑은 카드가 홀수일 가능성을 수로 나타내면 $\dfrac{4}{7}$입니다.

11 12번의 3점 슛을 던지면 7번을 성공시키므로 3점 슛을 성공시킬 가능성을 수로 나타내면 $\dfrac{7}{12}$입니다.

12 서경이가 말한 가능성을 수로 나타내면 $\dfrac{1}{5}$이고 환희가 말한 가능성을 수로 나타내면 0입니다. $\dfrac{1}{5}$>0이므로 사건이 일어날 가능성이 더 큰 것을 말한 학생은 서경입니다.

13 50개의 제비 중 당첨 제비가 4개 있으므로 상자에서 한 개를 뽑았을 때 당첨 제비일 가능성을 수로 나타내면 $\frac{4}{50}\left(=\frac{2}{25}\right)$입니다.

따라서 뽑은 제비가 당첨되지 않을 가능성을 수로 나타내면 $1-\frac{4}{50}=\frac{46}{50}\left(=\frac{23}{25}\right)$입니다.

이렇게도 풀어요 50개 중에서 당첨 제비가 4개이므로 당첨이 아닌 제비는 46개입니다. 따라서 제비를 한 개 뽑았을 때 당첨되지 않을 가능성을 수로 나타내면 $\frac{46}{50}\left(=\frac{23}{25}\right)$입니다.

1회 개념 확인 평가   본문 298~300쪽

1 8개	**2** 33	**3** 5배	**4** 8배	**5** ⑤
6 82 g	**7** ㉠, ㉡, ㉢		**8** 218 cm²	
9 7개	**10** 다	**11** 18	**12** 1800	**13** 8 cm
14 17 cm		**15** 45명	**16** 10000부	
17 $\frac{3}{15}\left(=\frac{1}{5}\right)$		**18** <	**19** 50	**20** 4배

2 ㉠ (팔각뿔의 꼭짓점의 수)=9
㉡ (오각뿔의 면의 수)=6
㉢ (구각뿔의 모서리의 수)=18
따라서 ㉠+㉡+㉢=9+6+18=33입니다.

3 ㉠ $8\frac{2}{5}\div\frac{7}{15}=\frac{42}{5}\div\frac{7}{15}=\overset{6}{\underset{1}{\cancel{42}}}{\overset{}{}}\times\frac{\overset{3}{\cancel{15}}}{\underset{1}{\cancel{7}}}=18$

㉡ $5\frac{1}{5}\div1\frac{4}{9}=\frac{26}{5}\div\frac{13}{9}=\frac{\overset{2}{\cancel{26}}}{5}\times\frac{9}{\underset{1}{\cancel{13}}}=\frac{18}{5}$

이때

$$㉠\div㉡=18\div\frac{18}{5}=18\times\frac{5}{18}=5$$

이므로 ㉠은 ㉡의 5배입니다.

4 $2.88\div0.36=\frac{288}{100}\div\frac{36}{100}=288\div36=8$
따라서 책가방의 무게는 신발주머니의 무게의 8배입니다.

6 (설탕의 양)
=(설탕물의 양)×(설탕물의 진하기)
=200×0.14+300×0.18
=28+54=82 (g)
따라서 두 설탕물에 녹아 있는 설탕의 양은 82 g입니다.

8 (직육면체의 겉넓이)
=(합동인 세 면의 넓이의 합)×2
=(28+36+45)×2=218 (cm²)

10 가 나 다

따라서 앞에서 본 모양이 다른 하나는 다입니다.

12 $\bigcirc=9000\times\dfrac{2}{2+3}=9000\times\dfrac{2}{5}=3600$

$\bigcirc=9000\times\dfrac{3}{2+3}=9000\times\dfrac{3}{5}=5400$

따라서 $\bigcirc-\bigcirc=5400-3600=1800$입니다.

13 전개도에서 옆면의 가로의 길이는 밑면의 둘레의 길이와 같으므로

$(밑면의\ 지름)=48\div3=16\ (cm)$

따라서 밑면의 반지름은

$16\div2=8(cm)$

입니다.

14 (선분 ㄴㄷ의 길이)$=8\times2=16\ (cm)$이고, 삼각형 ㄱㄴㄷ의 둘레의 길이가 $50\ cm$이므로

(선분 ㄱㄴ의 길이)$=(50-16)\div2=17\ (cm)$

15 주어진 원그래프에서 일본의 비율이 $20\ \%$이고, 일본에 가고 싶은 학생이 60명이므로 전체 학생 수를 □명이라고 하면

$□\times\dfrac{20}{100}=60$

$□=60\div\dfrac{20}{100}=60\times\dfrac{100}{20}=300(명)$

원그래프에서 프랑스의 비율이 $15\ \%$이므로 프랑스에 가고 싶은 학생은 $300\times\dfrac{15}{100}=45(명)$

16 나 신문은 전체 신문 구독 부수의 $25\ \%$를 차지하므로

(나 신문의 구독 부수)$=40000\times\dfrac{25}{100}$

$=10000(부)$

입니다.

17 1에서 15까지의 수 중에서 4의 배수는 4, 8, 12이므로 뽑은 카드가 4의 배수일 가능성을 수로 나타내면 $\dfrac{3}{15}=\dfrac{1}{5}$입니다.

18 $11.18\div2.6=\dfrac{111.8}{10}\div\dfrac{26}{10}=111.8\div26=4.3$,

$17.48\div3.8=\dfrac{174.8}{10}\div\dfrac{38}{10}=174.8\div38=4.6$

이므로 오른쪽의 계산 결과가 더 큽니다.

20 (처음 정육면체의 겉넓이)

$=4\times4\times6=96\ (cm^2)$

(늘린 후의 한 모서리의 길이)$=4\times2=8\ (cm)$

이므로

(늘린 후의 정육면체의 겉넓이)

$=8\times8\times6=384\ (cm^2)$

$384\div96=4$이므로 각 모서리의 길이를 2배로 늘린 정육면체의 겉넓이는 처음 정육면체의 겉넓이의 4배입니다.

본문 301 ~ 303쪽

2회 개념 확인 평가

1 $108\ cm$ **2** $\bigcirc$, $\textcircled{e}$ **3** 14도막

4 $\bigcirc$ **5** $\bigcirc$, $\bigcirc$, $\bigcirc$ **6** $113.04\ cm^2$

7 $232\ cm^2$ **8** 154개 **9** 2개

10 가 **11** 3 **12** $57\ cm^3$

13 $36\ cm$ **14** $14\ cm$ **15** 54명

16 $250\ g$ **17** $\dfrac{17}{20}$ **18** 13

19 $2.36\ cm^2$ **20** $\dfrac{7}{8}\ cm$

---

1 밑면이 정구각형인 구각기둥은 길이가 $2\ cm$인 모서리가 18개, 길이가 $8\ cm$인 모서리가 9개 있으므로 모든 모서리의 길이의 합은

$2\times18+8\times9=108\ (cm)$

입니다.

2 $\bigcirc\ \dfrac{11}{15}\div\dfrac{11}{12}=\dfrac{\overset{1}{\cancel{11}}}{\underset{5}{\cancel{15}}}\times\dfrac{\overset{4}{\cancel{12}}}{\cancel{11}}=\dfrac{4}{5}$

$\bigcirc\ \dfrac{7}{11}\div\dfrac{7}{22}=\dfrac{\overset{1}{\cancel{7}}}{\cancel{11}}\times\dfrac{\overset{2}{\cancel{22}}}{\cancel{7}}=2$

$\bigcirc\ \dfrac{9}{13}\div\dfrac{9}{16}=\dfrac{\overset{1}{\cancel{9}}}{13}\times\dfrac{16}{\cancel{9}}=\dfrac{16}{13}=1\dfrac{3}{13}$

$\textcircled{e}\ \dfrac{9}{14}\div\dfrac{3}{28}=\dfrac{\overset{3}{\cancel{9}}}{\underset{1}{\cancel{14}}}\times\dfrac{\overset{2}{\cancel{28}}}{\underset{1}{\cancel{3}}}=6$

따라서 계산 결과가 자연수인 것은 $\bigcirc$, $\textcircled{e}$입니다.

4 ㉠ $3.04 \div 1.8 = 1.688 \cdots$ 이므로 몫을 소수 둘째 자리까지 구하면 1.68이고, 반올림하여 소수 둘째 자리까지 구하면 1.69입니다.

㉡ $5.12 \div 1.8 = 2.844 \cdots$ 이므로 몫을 소수 둘째 자리까지 구하면 2.84이고, 반올림하여 소수 둘째 자리까지 구하면 2.84입니다.

따라서 몫을 소수 둘째 자리까지 구한 값과 반올림하여 몫을 소수 둘째 자리까지 구한 값이 같은 것은 ㉡입니다.

5 ㉠ 6과 12의 비는 6 : 12이므로

$$(\text{비율}) = \frac{6}{12} = 0.5$$

㉡ 32에 대한 24의 비는 24 : 32이므로

$$(\text{비율}) = \frac{24}{32} = \frac{3}{4} = 0.75$$

㉢ 12의 25에 대한 비는 12 : 25이므로

$$(\text{비율}) = \frac{12}{25} = \frac{48}{100} = 0.48$$

$0.75 > 0.5 > 0.48$ 이므로 비율이 큰 것부터 차례대로 기호를 쓰면 ㉡, ㉠, ㉢입니다.

6 어두운 부분 4개를 합하면 지름이 12 cm인 원이 되므로

$$(\text{어두운 부분의 넓이}) = 6 \times 6 \times 3.14$$
$$= 113.04 \, (\text{cm}^2)$$

입니다.

7 (직육면체의 겉넓이)
$$= (8 \times 4 + 4 \times 7 + 8 \times 7) \times 2$$
$$= (32 + 28 + 56) \times 2$$
$$= 232 \, (\text{cm}^2)$$

8 주머니 안에 들어 있는 구슬의 개수를 □개라고 하면 현수가 받은 구슬이 42개이므로

$$\square \times \frac{3}{3+8} = 42, \, \square \times \frac{3}{11} = 42$$
$$\square = 42 \div \frac{3}{11} = 42 \times \frac{11}{3}$$
$$= 14 \times 11$$
$$= 154$$

따라서 주머니 안에 들어 있는 구슬은 모두 154개입니다.

12 (직육면체 가의 부피) $= 18 \times 9 = 162 \, (\text{cm}^3)$
(직육면체 나의 부피) $= 5 \times 3 \times 7 = 105 \, (\text{cm}^3)$
따라서 두 직육면체의 부피의 차는
$162 - 105 = 57 \, (\text{cm}^3)$ 입니다.

13 (큰 원의 지름) $= 75.36 \div 3.14 = 24 \, (\text{cm})$ 입니다.
작은 원의 지름은 큰 원의 반지름과 같으므로
$$(\text{작은 원의 지름}) = 24 \div 2 = 12 \, (\text{cm})$$
따라서 두 원의 지름의 합은 $24 + 12 = 36 \, (\text{cm})$ 입니다.

15 2010년에 사과를 좋아하는 사람 수는
$$450 \times \frac{28}{100} = 126 \, (\text{명})$$
2015년에 사과를 좋아하는 사람 수는
$$450 \times \frac{40}{100} = 180 \, (\text{명})$$
따라서 늘어난 사람 수는 $180 - 126 = 54 \, (\text{명})$ 입니다.

17 20개 중에 3개가 당첨 제비이므로 당첨 제비를 뽑을 가능성을 수로 나타내면 $\frac{3}{20}$입니다.
따라서 당첨 제비가 아닌 것을 뽑을 가능성을 수로 나타내면 $1 - \frac{3}{20} = \frac{17}{20}$입니다.

19 (사다리꼴의 넓이)
$$= \{(\text{윗변의 길이}) + (\text{아랫변의 길이})\}$$
$$\times (\text{높이}) \times \frac{1}{2}$$
$$= \left(1.2 + 1\frac{3}{4}\right) \times 1.6 \times \frac{1}{2}$$
$$= (1.2 + 1.75) \times 1.6 \times 0.5$$
$$= 2.95 \times 1.6 \times 0.5$$
$$= 4.72 \times 0.5$$
$$= 2.36 \, (\text{cm}^2)$$

20 (세로의 길이)
$$= (\text{직사각형의 넓이}) \div (\text{가로의 길이})$$
$$= \frac{21}{40} \div \frac{3}{5} = \frac{\overset{7}{21}}{\underset{8}{40}} \times \frac{\overset{1}{5}}{\underset{1}{3}} = \frac{7}{8} \, (\text{cm})$$

[초등학교 수학은 5개의 영역으로 구분됩니다.]

영역	4학년	5학년	6학년
수와 연산	큰 수, 곱셈과 나눗셈, 분수 / 소수의 덧셈과 뺄셈	자연수의 혼합 계산, 약수와 배수, 약분과 통분, 분수의 덧셈과 뺄셈, 분수 / 소수의 곱셈과 나눗셈	분수 / 소수의 나눗셈
도형	삼각형, 수직과 평행, 다각형	직육면체, 합동과 대칭	각기둥과 각뿔, 원기둥, 원뿔, 구, 쌓기나무
측정	각도	어림하기, 다각형의 넓이, 여러 가지 단위	원의 넓이, 입체도형의 겉넓이와 부피
규칙성	규칙 찾기	규칙과 대응	비와 비율, 비례식과 비례배분
자료와 가능성	막대그래프, 꺾은선그래프	평균, 자료의 정리	띠그래프, 원그래프, 가능성

새 교과서에 맞춘 최신 개정판

중학영문법 3300제

문법 개념 정리
출제 빈도가 높은 문법 내용을 표로 간결하게 정리

내신 대비 문제
연습 문제+영작 연습+학교 시험 대비 문제+워크북

1. **최신 개정 교과서 연계표** (중학 영어 교과서의 문법을 분석)
2. **서술형 대비 강화** (최신 출제 경향에 따라 서술형 문제 강화)
3. **문법 인덱스** (책에 수록된 문법 사항을 abc, 가나다 순서로 정리)

현직 초등 교사들이 알려 주는

초등 1·2학년 / 3·4학년 / 5·6학년
공부법의 모든 것

〈1·2학년〉 이미경·윤인아·안재형·조수원·김성옥 지음 | 216쪽 | 13,800원
〈3·4학년〉 성선희·문정현·성복선 지음 | 240쪽 | 14,800원
〈5·6학년〉 문주호·차수진·박인섭 지음 | 256쪽 | 14,800원

★ 개정 교육과정을 반영한 현장감 넘치는 설명
★ 초등학생 자녀를 둔 학부모라면 꼭 알아야 할 모든 정보가 한 권에!

KAIST SCIENCE 시리즈
미래를 달리는 로봇

박종원·이성혜 지음 | 192쪽 | 13,800원

★ KAIST 과학영재교육연구원 수업을 책으로!
★ 한 권으로 쏙쏙 이해하는 로봇의 수학·물리학·생물학·공학

하루 15분 부모와 함께하는 말하기 놀이
룰루랄라 어린이 스피치

서차연·박지현 지음 | 184쪽 | 12,800원

★ 유튜브 〈즐거운 스피치 룰루랄라 TV〉에서 저자 직강 제공

가족과 함께 집에서 하는 실험 28가지

미래 과학자를 위한
즐거운 실험실

잭 챌로너 지음 | 이승택·최세희 옮김
164쪽 | 13,800원

★ 런던왕립학회 영 피플 수상
★ 가족을 위한 미국 교사 추천

메이커: 미래 과학자를 위한 프로젝트

즐거운 종이 실험실

캐시 세서리 지음 | 이승택·이준성·
이재분 옮김 | 148쪽 | 13,800원

★ STEAM 교육 전문가의 엄선 노하우

메이커: 미래 과학자를 위한 프로젝트

즐거운 야외 실험실

잭 챌로너 지음 | 이승택·이재분 옮김
160쪽 | 13,800원

★ 메이커 교사회 필독 추천서

메이커: 미래 과학자를 위한 프로젝트

즐거운 과학 실험실

잭 챌로너 지음 | 이승택·홍민정 옮김
160쪽 | 14,800원

★ 도구와 기계의 원리를 배우는
　과학 실험

서울시 영등포구 당산로 50길 3 꿈을담는빌딩 6층 | 전화 1544-6533 | 홈페이지 dreamybook.co.kr